(Re-)konstruktionen – Internationale und Globale Studien

Reihe herausgegeben von

Wolfgang Gieler, Angewandte Sozialwissenschaften, FH Dortmund, Dortmund, Nordrhein-Westfalen, Deutschland

Meik Nowak, Gustav – Stresemann – Institut e. V., Bonn, Nordrhein-Westfalen, Deutschland

In der Schriftenreihe werden sowohl theoretische als auch anwendungsorientierte politische, soziale, kulturelle, geschichtliche und wirtschaftliche Themen in, mit und aus Ländern des Globalen Nordens und Südens veröffentlicht. Im Fokus der Analysen liegen der internationale Vergleich und die globalen Interdependenzen. Die Reihe ist offen sowohl für Monographien und Sammelbände als auch für herausragende Qualifikationsarbeiten (Dissertationen, Habilitationen) aus den Geistes- und Sozialwissenschaften. Sie dient als Forum zur Publikation ausgewählter Studien unter anderen zu Formen der kulturellen Globalisierung, der Migrationsbewegungen, dem Umgang mit „Anderen", der Geopolitik und des globalen Klima- und Umweltwandels.

Die Praxis der Beziehungen zwischen dem Globalen Norden und Globalen Süden, die sich in der Bipolarität zwischen westlicher „entwickelten Geberstaaten" und „(wirtschaftlich) unterentwickelten Nehmerstaaten" als Rezipienten abspielt, ist das Ergebnis kulturellen (und wissenschaftstheoretischen) Vormachtdenkens des Westens. Im Rahmen der Schriftenreihe soll die Eigenständigkeit und Gleichberechtigung der Staatenwelt des Globalen Südens wahrgenommen werden. Daher ist beabsichtigt durch einen interdisziplinär und transkulturell orientierten Ansatz zu einer erweiterten Kenntnis und damit auch einer veränderten Wahrnehmung des Globalen Nordens und Globalen Südens anzuregen. Mit einer (Re-)konstruktion und Relativierung universell verstandener westlicher Wissenschaft lassen sich Konfliktfelder bestimmen, welche die Kollision der unterschiedlichen „Selbstauffassungen" aufzeigen. Somit kann ein Diskurs in Gang gesetzt werden, der zum einen etwa die „westliche" Verengung der Begriffe benennt, und zum anderen nicht-westliche Erkenntnisse als gleichrangig anerkennt, um einem ernstgemeinten Verständigungsprozess auf „Augenhöhe" zu erreichen. Dass ein Umdenken über eine (Re-)konstruktion der Beziehungen von Globalen Norden und Globalen Süden notwendig ist, liegt auf der Hand. Wer den Versuch eines Umdenkens jedoch unternimmt, pendelt zwischen Machbarkeit und Zurückschrecken vor der Hybris. Dabei ist das eingeklammerte (Re-) zugleich ein Signal der Vorsicht und ein Herausstellen: Sich über die Konstruktion der Beziehung zu verständigen, kann nur im Rahmen einer möglichen Suche nach unterschiedlichen Sichtweisen eröffnet werden. Nicht zuletzt ist es ein Anliegen, das Bewusstsein unserer transkulturellen und umweltpolitischen Verantwortung gegenüber dem Planet Erde und dessen Bewohner*innen, gleichwohl, ob diese nun aus dem Globalen Norden oder Globalen Süden der aktuellen Weltkonstellation kommen, zu stärken. Denn Globale Interdependenzen machen nicht vor Grenzen Halt – weder vor geografischen noch vor gedanklichen.

Bedeutsam ist es daher, Wissenschaftler*innen aus dem Globalen Norden und dem Globalen Süden eine Austausch- und Diskussionsmöglichkeit zu bieten. Zudem wird selten berücksichtigt, dass auch Wissens- und Forschungspraktiken selbst in einem Kontext von politischer Gewalt-, Macht- und Herrschaftsverhältnissen sowie Rassismus stehen. Wissenschaft und Forschung sind keineswegs neutral. Eine „Entkolonialisierung der Wissenschaft" sollte demnach nicht nur als Tausch einer Gruppe von Wissenschaftler*innen für eine andere in Literaturlisten aufgefasst werden. Die (Re-)konstruktion unseres Wissens ist eine notwendige Voraussetzung, um sich aus der intellektuellen Einengung des westlichen Ethnozentrismus zu befreien. Denn „Fortschritt in eine Richtung kommt nicht ohne Aufhebung der Möglichkeit zum Fortschritt in eine andere Richtung zustande", wie es Paul Feyerabend formulierte.

Dorothea Hamilton

Andengold

Bergbaufluch in (Post-)
Bürgerkriegsländern Lateinamerikas

Dorothea Hamilton
Marburg, Deutschland

Bei der vorliegenden Arbeit handelt es sich um die geänderte Fassung einer an der Justus-Liebig-Universität verfassten Dissertation.

ISSN 2731-0531 ISSN 2731-054X (electronic)
(Re-)konstruktionen – Internationale und Globale Studien
ISBN 978-3-658-38064-9 ISBN 978-3-658-38065-6 (eBook)
https://doi.org/10.1007/978-3-658-38065-6

Die Deutsche Nationalbibliothek verzeichnet diese Publikation in der Deutschen Nationalbibliografie; detaillierte bibliografische Daten sind im Internet über http://dnb.d-nb.de abrufbar.

© Der/die Herausgeber bzw. der/die Autor(en), exklusiv lizenziert an Springer Fachmedien Wiesbaden GmbH, ein Teil von Springer Nature 2022
Das Werk einschließlich aller seiner Teile ist urheberrechtlich geschützt. Jede Verwertung, die nicht ausdrücklich vom Urheberrechtsgesetz zugelassen ist, bedarf der vorherigen Zustimmung des Verlags. Das gilt insbesondere für Vervielfältigungen, Bearbeitungen, Übersetzungen, Mikroverfilmungen und die Einspeicherung und Verarbeitung in elektronischen Systemen.
Die Wiedergabe von allgemein beschreibenden Bezeichnungen, Marken, Unternehmensnamen etc. in diesem Werk bedeutet nicht, dass diese frei durch jedermann benutzt werden dürfen. Die Berechtigung zur Benutzung unterliegt, auch ohne gesonderten Hinweis hierzu, den Regeln des Markenrechts. Die Rechte des jeweiligen Zeicheninhabers sind zu beachten.
Der Verlag, die Autoren und die Herausgeber gehen davon aus, dass die Angaben und Informationen in diesem Werk zum Zeitpunkt der Veröffentlichung vollständig und korrekt sind. Weder der Verlag, noch die Autoren oder die Herausgeber übernehmen, ausdrücklich oder implizit, Gewähr für den Inhalt des Werkes, etwaige Fehler oder Äußerungen. Der Verlag bleibt im Hinblick auf geografische Zuordnungen und Gebietsbezeichnungen in veröffentlichten Karten und Institutionsadressen neutral.

Planung/Lektorat: Stefanie Eggert
Springer VS ist ein Imprint der eingetragenen Gesellschaft Springer Fachmedien Wiesbaden GmbH und ist ein Teil von Springer Nature.
Die Anschrift der Gesellschaft ist: Abraham-Lincoln-Str. 46, 65189 Wiesbaden, Germany

Für meine Kinder, Wayra, Qori und Mayu:
Hört niemals auf, die Welt zu hinterfragen

Danksagung

Der Volksmund weiß, wer hinter einem erfolgreichen Mann steht. Der Volksmund weiß nicht, wer hinter einer „erfolgreichen" Frau und vor allem Mutter steht. Wie kennzeichne ich die Personen, die es mir überhaupt möglich gemacht haben, diese Arbeit zu schreiben? Die an meine statt Kinder betreut, den Haushalt geregelt (danke Oma Hilde) und Abenddienste am Fachbereich übernommen haben (danke Saskia, André, Jonas und Katharina)? Die über die Jahre dieses Werkes Windeln gewechselt, essen gekocht und Boden gewischt haben (danke Richard)? Die mich bei der Feldforschung begleitet und mit den Kindern über Märkte spaziert sind, während ich Interviews gemacht habe (danke Anki) und mit ihnen gespielt haben, während ich Daten in Cafés auswertete (danke Abuela Maruja)? Wie verweise ich auf kollaborative Kinderbetreuung während einer herausfordernder Coronazeit (danke Katinka und Sabine)? Und wie auf die vielen Stunden Korrektur von Komma- und Orthographiefehlern (danke Theresa, Kati und Tabea)? Wie für die vielen Änderungswünsche an Karte mit kryptischen Quellen (danke Lisett)? Wie bedanke ich mich bei einem Betreuer, der mich von anderen Aufgaben befreit und mich ideell unterstützt hat (danke Andreas)? Wo genau weise ich auf die ungleichen Voraussetzungen hin, die ich durch einen teil-akademischen Hintergrund mitbekommen habe (danke Patrick und Hilde)?

Wie verweise ich außerdem auf die Menschen, die den Inhalt dieser Arbeit maßgeblich mitgestaltet haben? Wie auf stundenlange Spaziergänge an der Lahn, gefüllt mit Gesprächen über epistemologische Grundsätze (danke Lea) und akademische Sachzwänge (danke Hanna)? Wie auf Mentoring-Gespräche bei gutem Wein und Salat in Momenten als ich dachte, dass ich es nicht schaffen würde (danke Johannes)? Wie gebe ich sinnvollerweise den Menschen in Peru und Kolumbien Raum, die sich Zeit genommen haben, mit mir über ihre Welt und ihre Wertvorstellungen zu sprechen (danke Adriana, Allison, Don Oskar und viele anonyme Menschen, die das hier niemals lesen werden)? Oder Menschen, die mir Interviews in schlechter Tonqualität transkribiert haben (danke Carolina)? Wo taucht die emotionale Unterstützung vor der Abgabe auf und die immer wiederkehrende Ermutigung, dass die Arbeit gut genug ist, sowie die vielen abgewaschenen Töpfe auf (danke Michi)? Nicht zuletzt, wie verweise auf meine Kinder, die durch ihre Denkanstöße zum Thema „Wertigkeit" meine Arbeit in essentieller Weise mitgeformt habe? Joshua, Tamila und Melissa: Wenn ihr das hier jemals lesen solltet: Ihr seid großartig. Hört niemals auf, die Welt zu hinterfragen.

Wieso findet sich zu diesem essentiellen Teil wissenschaftlicher Praxis in keiner mir bekannten Arbeit eine Quelle? Wo tauchen die Menschen auf, die stundenlanges Arbeiten an einem abstrakten Thema überhaupt möglich machen? Ist es nicht eine Folge von ungerechter Wertigkeit von Arbeit, dass alle diejenigen, die unsichtbare care-Aufgaben übernehmen, keine namentliche Anerkennung, keinen monetären Lohn und auch keine akademischen Meriten bekommen? Warum soll akademisches Arbeiten wichtiger sein als die Begleitung von Kindern, die später in dieser Welt leben müssen?

Auch wenn für fast alle der hier Genannten – und nicht Genannten – die namentliche Erwähnung in einem Buch kaum einen Mehrwert bieten mag, soll hier allen diesen HeldInnen gedankt sein, welche die eigentlichen TrägerInnen großer Gedanken sind.

Marburg
04.04.2022

Selbstanspruch der Arbeit

„*Chakaruna*" (quechua: *chaka*-Brücke, runa-Mensch) ist der Begriff der andinen Philosophie für Personen, die Denkwelten verbinden und andere Lebensrealitäten sichtbar machen. Die Idee dieser „Brückenmenschen" verdeutlicht den Forschungsanspruch der vorliegenden Arbeit in Bezug auf das Verständnis von Ressourcenreichtum: Nicht-westliche Denk- und Lebenswelten sichtbar machen. Oder, um es mit den Worten von Doña Nora, einer Kaffeebäuerin aus dem Südwesten Kolumbiens, zu sagen: „*eine andere Vision dessen, was Ressourcen sind*" aufzeigen. Es geht auch darum, neue zukunftsweisende Verständnisse zu generieren und mit der kolonialen Tradition zu brechen, dass Ressourcen gemäß ihrem Nutzen für den globalen Norden definiert und ausgebeutet werden. Im Sinne eines reziproken Lernprozesses soll Selbstverständliches in Frage gestellt und konkurrierende Vorstellungen einander gegenübergestellt werden.

Bergbaufluch und Ressourcenfluch in Peru und Kolumbien. Wo der Staat ganz gerne einmal die Kontrolle verliert

Die These des sogenannten Ressourcenfluchs geht davon aus, dass das Vorkommen von Bodenschätzen in Staaten des Globalen Südens nicht unbedingt zu deren wirtschaftlicher Entwicklung führen muss, sondern sogar zu Zerfalls- und Auflösungserscheinungen beitragen kann. Moderne Erweiterungen der These fokussieren jedoch nicht mehr nur die zerstörerischen Wechselwirkungen zwischen den Akteuren der Ressourcenausbeutung und staatlichen oder halbstaatlichen Organisationen und Unternehmen, sondern beziehen auch kleinere, weniger mächtige aber lokal bedeutsame Gemeinschaften in die Analysen mit ein. In der vorliegenden, hochinnovativen Arbeit wird untersucht, wo etwa Bodenschatzvorkommen Gewalt und Konflikte verschärfen oder wo sie zu wirtschaftlicher Entwicklung auf regionaler Ebene beitragen.

Genau hier setzt die vorliegende Untersuchung an. Es werden Einfluss und Wirkungen des formellen wie informellen Goldabbaus in Peru und in Kolumbien in Bezug auf den Bürgerkrieg und die Folgezeit analysiert. Dabei wird die These des Ressourcenfluchs gegenüber früheren geographischen Beiträgen kritisiert und auf die ideologischen Bezugspunkte dieses Konzepts verwiesen. In der Studie wird der sogenannte „Fluch" als ein Resultat des Entwicklungsmodells des „Extraktivismus" sowie als Langzeitfolge kolonialer Kontinuitäten verstanden, sodass nicht das Vorhandensein von Ressourcen an sich durch ihre bloße Existenz Schaden verursacht, sondern dieser erst durch deren Förderung einsetzt. Die Autorin schlägt vor dem Hintergrund ihrer Untersuchungsgebiete die Konkretisierung „Bergbau-Fluch" vor. Sie verweist des Weiteren darauf, die als Fluch interpretierten Gegebenheiten abhängig von den Akteuren zu machen, die sie fördern. In diesem Kontext wirft sie ein neues Licht auf die Begriffe „legal",

„informell" und „illegal" und resümiert zielführend, dass der Staat in den untersuchten Gebieten legale und nicht-legale extraktivistische Strukturen nicht nur duldet, sondern teilweise sogar fördert.

Dass die Erkenntnisse der vorliegenden Arbeit teilweise konträr zu etablierten Arbeiten stehen, ist sicher dem Umstand geschuldet, dass ein großer Teil der Daten, auf dem die Arbeit basiert, in mehreren selbst organisierten Feldforschungsaufenthalten in Peru und Kolumbien gesammelt wurden. Die Durchführungen dieser Feldforschung fanden zum Teil unter schwierigsten Rahmenbedingungen statt. Die Recherchen in Gebieten mit semi-legalen bis illegalen Konstellationen des Rohstoffabbaus bedingen ein gewisses Sicherheitsrisiko, das nicht alle Autoren und Autorinnen eingehen würden. Gerade deshalb bieten die auf dieser Datengrundlage basierenden Rückschlüsse eine differenzierte Sichtweise auf die genannten Konzepte.

Wie bei vielen Fallstudien stellt sich die Frage, inwiefern sich die Ergebnisse auf andere Rohstoffe oder Weltregionen übertragen lassen. Eigens entwickelte Klassifikations- und Theoriekonzepte laden dazu ein, die Erkenntnisse auf andere Beispiele zu transferieren sowie für die Praxis der Entwicklungspolitik nutzbar zu machen. Dies begründet sich insbesondere dadurch, dass der Begriff Ressource immer weiter definiert wurde und sich längst nicht mehr allein auf Bodenschätze und andere terrestrische oder maritime Ressourcen beschränkt, sondern mittlerweile auch immaterielle Werte und im weitesten Sinne sogar Bereiche der geistigen Kultur umfasst.

Andreas Dittmann

Zusammenfassung

Das seit 2016 offiziell im Frieden befindliche Kolumbien steht nach Unterschreibung des Friedensvertrages vor der Herausforderung, eine Postbürgerkriegsgesellschaft aufzubauen. Ein essentieller, aber im Friedensvertrag wenig diskutierter Bereich ist der Umgang mit dem natürlichen Ressourcenreichtum des Landes. Abgeleitet von den Erkenntnissen aus Peru wird in der vorliegenden Arbeit untersucht, welchen Einfluss hochpreisige natürliche Ressourcen auf die jeweiligen bewaffneten Konflikte hatten und wie sich deren Nutzung in der Friedenszeit wandelte. Für die untersuchten Fälle nimmt Gold einen zentralen Stellenwert ein, da es während des Konflikts zu dessen Finanzierung und somit zu seiner Verlängerung beitrug. Die Vorstellungen, welche Rolle Gold in einem friedlichen Kolumbien einnehmen soll, divergieren stark zwischen zentralstaatlicher Seite, die ein extraktivistisches Modell propagiert, und lokalen Stimmen, welche die Nicht-Förderung fordern. Die aus den unterschiedlichen Vorstellungen resultierenden Konflikte werden in der vorliegenden Arbeit beschrieben. Im Gegensatz zu anderen Studien liegt der Fokus zum einen auf der subnationalen Untersuchung von Ressourcenausbeutung und Bürgerkrieg bzw. Postbürgerkrieg, zum anderen auf der nach Abbauart differenzierten Betrachtung.

Die vorliegende Untersuchung zeigt anhand von qualitativen und quantitativen Daten, welche Wechselwirkungen zwischen Goldabbau und dem bewaffneten Konflikt sowie der Friedenszeit in Bezug auf die handwerkliche, legale und illegal Förderung bestehen und mit welchen kleinskaligen Konflikten dies einhergeht. Die Analyse des Zusammenhangs von Goldabbau und Gewalt gibt somit Aufschluss über die Voraussetzungen für einen friedensstiftenden Umgang mit Ressourcenreichtum. Die Ergebnisse zeigen des Weiteren, dass die Untersuchung zur Ausweitung des illegalen Bergbaus den gemeinhin als normativ angenommenen Zusammenhang zwischen Bürgerkrieg und illegaler Förderung in Frage stellt. Illegaler Bergbau scheint vielmehr eine vom Staat geduldete Praxis zu sein, die mit vielfältigen Umweltschädigungen einhergeht und die Bewaffnung von Gewaltakteuren bedingt. Legale Ressourcenförderung wird nach Beendigung des Konflikts als Strategie der Friedensfinanzierung verstanden, führt jedoch zu einer Reihe von negativen Aspekten, die als Bergbaufluch bezeichnet werden können. Dazu gehören auch eine neue Welle an kleinskaligen Umweltkonflikten, die einem positiven Frieden langfristig im Wege stehen. Insgesamt zeichnet sich dabei ab, dass die Bedeutung von Ressourcen nicht mit einem geodeterministischen Ressourcenfluchmodell zu erklären ist, weshalb im Rahmen dieser Arbeit ein Modell entwickelt wird, das den Einfluss von Ressourcenreichtum auf den Postkonflikt beschreiben kann.

Inhaltsverzeichnis

1	**Einleitung**	1
2	**Ressourcen, Konflikt und Entwicklung im Übergang zum Frieden**	9
2.1	Einbettung der Arbeit in die deutschsprachige geographische Forschung	9
2.2	Entwicklung und Extraktivismus	11
	2.2.1 Extraktivismus	16
	2.2.2 Neoextraktivismus	18
	2.2.3 Postextraktivismus	21
	2.2.4 Entwicklungsparadigmen im Vergleich	22
2.3	Inwertsetzungsprozess von Ressourcen	23
	2.3.1 Ressourcenklassifikationen	30
	2.3.2 Ressourcenreichtum	34
2.4	Friedens- und Konfliktverständnis	37
2.5	Paradigmen zu den Wechselwirkungen von Ressourcen, Entwicklung und Konflikt	39
	2.5.1 Ressourcen und Entwicklung	39
	2.5.1.1 Ressourcenfluch oder der „Bettler auf dem Sack voll Gold"?	39
	2.5.1.2 Gegenthesen und Erweiterungen des Ressourcenfluchs	43
	2.5.2 Konflikt und Ressourcen: Wie wird aus einem Rohstoff eine Konfliktressource?	48
	2.5.2.1 Ressourcen und Bürgerkriege: „Greedy Rebels" oder „Default Conservation"?	52

	2.5.2.2	Ressourcen und Postbürgerkrieg: "Eco-Violence" oder "Environmental Peacebuilding"?	55
	2.5.3	Konflikt und Entwicklung: Territoriumsansatz oder expansiver Extraktivismus	59

3 Methode und Fragestellung der Arbeit 61
   3.1 Fragestellung und Forschungsmethodik 62
   3.2 Beschreibung des methodischen Vorgehens 63
   3.3 Feldzugang, Zugangsschwierigkeiten und Interpretation der Daten 67
   3.4 Positionierung der vorliegenden Forschung in postkolonialen Diskurs 73

4 Bürgerkriege in Peru und Kolumbien 77
   4.1 Der bewaffnete Konflikt in Kolumbien 78
   4.2 Der bewaffnete Konflikt in Peru 89
   4.3 Vergleich der bewaffneten Konflikte 97

5 Neo- und Postextraktivimus in Bürgerkriegsszenarien 105
   5.1 Extraktivismus 106
   5.2 Neoextraktivismus 108
   5.3 Postextraktivismus 111
   5.4 Zwischenfazit 115

6 Gold-Fluch in Peru und Kolumbien? 119
   6.1 Die historische Bedeutung des Goldes in Peru und Kolumbien 127
      6.1.1 Präkoloniale Zeit 129
      6.1.2 Kolonialzeit 129
      6.1.3 Zeit der Independencia 134
      6.1.4 Im 20. Jahrhundert 135
      6.1.5 Nach dem Washington Consensus (1990) 138
   6.2 Gold als Konfliktmineralie? 141
   6.3 Parameter der Goldförderung im Übergang zum Frieden 145
      6.3.1 Kernbegriffe und juristische Rahmenbedingungen 145
           6.3.1.1 Formelle Goldproduktion 148
           6.3.1.2 Informelle Goldproduktion: KleinschürferInnen – illegal oder informell? 152

	6.3.2 Konflikte um Gold im Postbürgerkrieg	155
6.4	Zwischenfazit – Welche Determinanten bestimmen die Goldförderung?	160

7 Subnationale Case Studies: Wie wird Gold zur Konfliktressource? 169
7.1 Cauca (Kolumbien) 169
    7.1.1 Vorstellung des Untersuchungsgebiets unter Berücksichtigung des bewaffneten Konflikts 170
    7.1.2 Einfluss des Goldreichtums auf den bewaffneten Konflikt 175
        7.1.2.1 Handwerklicher Bergbau 176
        7.1.2.2 Legaler Bergbau 178
        7.1.2.3 Illegaler Bergbau 184
    7.1.3 Akteurs- und Machtkonstellationen: Wer steht hinter dem illegalen Bergbau? 187
    7.1.4 Bergbaufluch durch illegale Goldförderung? 192
    7.1.5 Umgang mit dem "Ressourcenfluch" im Postkonflikt 197
        7.1.5.1 Polizeiliche Interventionen 197
        7.1.5.2 Formalisierung 201
        7.1.5.3 Stärkung lokaler Gemeinden 202
    7.1.6 Gewalt und Konflikte um Gold 204
    7.1.7 Exkurs zum Legalitätsstatus des Bergbaus 212
    7.1.8 Bedeutung des Goldes im bewaffneten Konflikt und im Postkonflikt in Kolumbien 213
7.2 La Libertad (Peru) 215
    7.2.1 Vorstellung des Untersuchungsgebiets unter Berücksichtigung des bewaffneten Konflikts 215
    7.2.2 Einfluss des Ressourcenreichtums auf den bewaffneten Konflikt 218
    7.2.3 Goldbergbau nach Beendigung des bewaffneten Konflikts 220
        7.2.3.1 Handwerklicher Bergbau 221
        7.2.3.2 Legaler Bergbau 222
        7.2.3.3 Informeller Bergbau 224
        7.2.3.4 Illegaler Bergbau 228
    7.2.4 Akteurs- und Machtkonstellationen im Goldbergbau: Verbindungen zwischen Extraktivismus und illegalem Bergbau? 231

	7.2.5	Ein Bergbaufluch durch das extraktivistische Wirtschaftsmodell? 235
		7.2.5.1 Politischer Bergbaufluch 238
		7.2.5.2 Ökonomischer Bergbaufluch 242
		7.2.5.3 Sozialer Bergbaufluch 245
		7.2.5.4 Ökologischer Bergbaufluch 252
	7.2.6	Gewalt und Konflikte um Gold 256
	7.2.7	Inwertsetzungsprozess von Gold zur Konfliktressource 261
	7.2.8	Bedeutung des Goldes im bewaffneten Konflikt und im Postkonflikt in Peru 263
7.3	Zwischenfazit	 266
8	**Fazit**	 269
9	**Abschließende Bemerkungen und weiterführende Forschungsfragen**	 275
Glossar		 287
Literaturverzeichnis		 291

Acronyme

ANUC	*Asociación Nacional de Unión de Campesinos*
	Nationale Bauernunion, Kolumbien
ANM	*Agencia Nacional de Minería*
	Nationales Bergbaubüro, Kolumbien
ASM	*artisan small-scale mining*
	handwerklicher Kleinbergbau
BIP	Bruttoinlandsprodukt
CAPAZ	*Colombo-Alemán Instituto para la Paz*
	Deutsch-kolumbianisches Friedensinstitut
CLV	*Comisión de la Verdad y Reconciliación*
	Wahrheits- und Versöhnungskommission, Peru
DANE	*Departamento Administrativo Nacional de Estadística*
	kolumbianisches Statistikamt
ELN	*Ejército de Liberación Nacional*
	Nationale Befreiungsarmee, leninistische Guerilla (1960- andauernd, Kolumbien)
EPL	*Ejército Popular de Liberación*
	Befreiungsarmee des Volkes, Guerillagruppe (1980–1991, Kolumbien)
FARC	*Fuerzas Armadas Revolucionarias de Colombia*
	Revolutionäre Streitkräfte Kolumbiens, marxistische Guerilla (1960–2016, Kolumbien)
fdi	*Forein direct investment*
	ausländisches Direktinvestitionen

GAO	*Grupos Armados Organizados*
	neue bewaffnete Gruppen ohne ideologische Ausrichtung in Kolumbien
GREMH	*Gerencia Regional de Energías, Minas e Hidrocarburos, La Libertad*
	Regionale Behörde für Energie und Bergbau von La Libertad, Peru
GRDIS	*Gerencia Regional de Desarrollo e Inclusión Social, Sánchez Carrión*
	Behörde für Regionalentwicklung von *Sánchez Carrión*, Peru
GIZ	Gesellschaft für Internationale Zusammenarbeit
HVNR	*high value natural resources*
	Hochpreisige natürliche Ressourcen
idp	*internally displaced persons*
	Binnenflüchtlinge
INEI	*Instituto Nacional de Estadística e Informática*
	Nationales Statistikinstitut, Peru
IWF	*Internationaler Währungsfond*
M-19	*Movimiento 19 de Abril*
	Bewegung des 19. April, städtische Guerillagruppe (1980–1991, Kolumbien)
MRTA	*Movimiento Revolucionario Tupac Amaru*
	Revolutionäre Bewegung Tupac Amaru, guervaristische Guerilla (1984–1996, Peru)
OEFA	*Organismo de Evaluación y Fiscalización Ambiental*
	Agentur für Umweltprüfung und -inspektion, Peru
PCP-SL	*Partido Comunista Peruano – Sendero Luminoso*
	Kommunistische Partei Peru – Leuchtender Pfad, maoistische Guerillagruppe (1980–1994, Peru)
PNUD	*Programa de las Naciones Unidas para el Desarrollo*
QL	*Movimiento Armado Quintín Lame*
	Bewaffnete Bewegung Quintín Lame, indigene Guerilla (1980–1991, Kolumbien)
RNI	*Red Nacional de Información*
	Nationales Informationsnetzwerk der Opferregistrierung Kolumbiens
RUV	*Registro Único de Víctimas*
	Opferregister, Peru
SEGASC	*Servicio de Gestion Ambiental Sánchez Carrión*
	Umweltmanagementdienst Sánchez Carrión
SNMP	*Sociedad Nacional de Minería y Petróleo*
	Nationale Erdöl- und Bergbaugesellschaft, Peru

UNODC *United Nations Office on Drugs and Crime*
USGS   *United States Geological Service*

Abbildungsverzeichnis

Abbildung 2.1	Überblick über die Forschungsparadigmen zu Ressourcen, Entwicklung und Konflikt	12
Abbildung 2.2	Prozess der Inwertsetzung von Ressourcen	31
Abbildung 2.3	Forschungsthesen zu den Wechselwirkungen zwischen Ressourcen (R) und Entwicklung (E)	39
Abbildung 2.4	Interpretationen des Ressourcenfluchs und dessen angenommenen Wirkmechanismen	45
Abbildung 2.5	Forschungsthesen zu den Wechselwirkungen zwischen Ressourcen (R) und Konflikt (K)/ Frieden (F)	49
Abbildung 2.6	Forschungsthesen zu den Wechselwirkungen zwischen Konflikt (K), bzw. Frieden (F) und Entwicklung (E)	59
Abbildung 3.1	Schematische Darstellung der Arbeit	64
Abbildung 3.2	Schematische Darstellung der untersuchten Zusammenhänge	66
Abbildung 3.3	Forschen mit Kindern 1: Befragungen von Kleinbäuerinnen in Peru	69
Abbildung 3.4	Forschen mit Kindern 2: Besuch in einer Goldkooperative in Kolumbien	70
Abbildung 3.5	Forschen mit Kindern 3: Besuch einer illegalen Goldgrabung in Kolumbien	70
Abbildung 3.6	Forschen mit Kindern 4: Befragungen von Bäuerinnen einer Kaffee-Kooperative	71
Abbildung 3.7	Partizipative Kartierungen in Huamachuco	71

Abbildung 3.8	3D Modell als Grundlage für die partizipativen Kartierungen	72
Abbildung 3.9	Reichweite der Auswirkungen des Bergbaus, erklärt am 3D-Modell	72
Abbildung 4.1	Entführungen Kolumbien 1987–2012	83
Abbildung 4.2	Hochrechnung illegaler Ökonomien in Kolumbien	85
Abbildung 4.3	Kokafelder in Zentralperu	98
Abbildung 4.4	Kokafelder in Peru und Kolumbien 1990–2018	99
Abbildung 5.1	„Unser wirklicher Reichtum", Wandmalerei in Cajamarca, Kolumbien	115
Abbildung 6.1	Goldwaschen in Flüssen	125
Abbildung 6.2	Teiltechnisierte Förderung in Stollen	125
Abbildung 6.3	Maschinelle Goldförderung aus Flüssen	126
Abbildung 6.4	Mountain Top Removal	126
Abbildung 6.5	Gold als Forschungsthema in geographischen Fachzeitschriften nach Untersuchungszeitpunkt und Weltgegend	128
Abbildung 6.6	Goldschmuck der Quimbaya (Kolumbien), auf die der Mythos des "El Dorado" zurückführt	130
Abbildung 6.7	Konquistadoren empfangen Gold von Ursprungsbevölkerung	130
Abbildung 6.8	Verhältnis der Gold- und Silberproduktion in der 1503–1660	132
Abbildung 6.9	Goldproduktion in Peru und Kolumbien 1923–2017, ausgewählte politische Ereignisse und Verknüpfung zu Entwicklungsparadigmen	137
Abbildung 6.10	Goldförderung in Kolumbien im Hinblick auf den Goldpreis und den bewaffneten Konflikt	142
Abbildung 6.11	Goldförderung in Peru im Hinblick auf den Goldpreis und den bewaffneten Konflikt	143
Abbildung 6.12	Goldproduktion in Peru nach Jahr und Art der Förderung	148
Abbildung 6.13	Goldförderung in Kolumbien (1994–2014) nach informeller und formeller Goldproduktion	149
Abbildung 6.14	Goldförderung in Peru (1994–2014) nach informeller und formeller Goldproduktion	150
Abbildung 6.15	Goldförderung Perus unter Berücksichtigung der größten Goldmine	153

Abbildung 6.16	Informelle Goldproduktion in Peru und Kolumbien 1994–2014	156
Abbildung 6.17	„Nein zum Gold, ja zum Papagei", Protestaufkleber	158
Abbildung 6.18	„Wasser ja, Gold nein", Graffito	159
Abbildung 6.19	Darstellung der Goldreserven im Cauca	165
Abbildung 7.1	Verteilung der afrokolumbianischen (rot), bäuerlichen (grün) und indigenen (blau) Bevölkerung im Cauca	172
Abbildung 7.2	Offizielle Daten zur Goldproduktion im Cauca	177
Abbildung 7.3	Fläche (Ha) des zerstörten Flussbetts im Cauca	177
Abbildung 7.4	Kleinschürferkooperative am *Cerro Teta* im Nordcauca	182
Abbildung 7.5	Goldförderung in der *Cooperativa Multimineros*	182
Abbildung 7.6	Eingang zu einem formellen Kleinstollen der *Cooperativa Multimineros*	183
Abbildung 7.7	Cyanidlauge der Kooperative	183
Abbildung 7.8	Anzahl, Größe und Besitzer der Konzessionen im Cauca	184
Abbildung 7.9	Goldförderung an der kolumbianischen Pazifikküste	190
Abbildung 7.10	Dimensionen und Indikatoren des regionalen Bergbaufluchs	196
Abbildung 7.11	Zerstörte Bergbaumaschinen nach Polizeieinsatz am Río Sambingo	200
Abbildung 7.12	Wegen illegalen Bergbaus inhaftierte Personen	201
Abbildung 7.13	Bergbau, Kokaanbau, Armut und soziales Risiko an der Pazifikküste	205
Abbildung 7.14	Goldreichtum und ermordete Menschen- und UmweltrechtsaktivistInnen zwischen Nov. 2016 und Nov. 2018	208
Abbildung 7.15	Anteil der dokumentierten Opfer des bewaffneten Konflikts in Sánchez Carrión und Peru nach Jahr (1983–1996)	218
Abbildung 7.16	Goldbergbau in Sánchez Carrión: Orte und Volumen des formellen und informellen Bergbaus, konzessionierte Flächen (Ausschnitt Untersuchungsregion, Karte 4)	221

Abbildung 7.17	Bergbau am Cerro El Toro: Parallele Förderung im Mountain Top Removal durch das Unternehmen CDC Gold und Abbau in Minen durch informelle Förderung	228
Abbildung 7.18	Eingang zu einem informellen Stollen am Cerro El Toro	229
Abbildung 7.19	Ungeschützte Cyanidlaugebecken illegaler Bergleute am Cerro El Toro	229
Abbildung 7.20	Sprengungen am Cerro El Toro	230
Abbildung 7.21	Schematische Darstellung des Legalisierungsprozesses informell geförderten Goldes in Peru	235
Abbildung 7.22	Plaza Central der Stadt Huamachuco	243
Abbildung 7.23	Zugeschriebene Wichtigkeit der Ressourcen	260
Abbildung 7.24	Anteil der Wichtigkeit der Ressourcen für Bildungs-, Geschlechter- und Herkunftsgruppen	261
Abbildung 7.25	Genese von Gold zur Konfliktressource	264
Abbildung 9.1	Flussdiagramm zur Entstehung von handwerklichem, illegalem und legalem Bergbau	281

Tabellenverzeichnis

Tabelle 2.1	Paradigmen zum Zusammenhang zwischen Ressourcen (R), Entwicklung (E) und Konflikt (K)	13
Tabelle 2.2	Entwicklungslinien Lateinamerikas in Bezug auf Rohstoffe im Überblick	24
Tabelle 2.3	Unterschiede zwischen Rohstoffen und Ressourcen	30
Tabelle 2.4	Rohstoff- und Ressourcenklassifikationen	35
Tabelle 2.5	Indikatoren und VertreterInnen unterschiedlicher Interpretationen des Ressourcenfluchs	44
Tabelle 2.6	Konflikte um Ressourcen	53
Tabelle 4.1	Übersicht über die Guerillaorganisationen Kolumbiens	87
Tabelle 4.2	Bürgerkriege in Peru und Kolumbien im Vergleich	102
Tabelle 5.1	Neo-, Post- und klassischer Extraktivismus in Bezug auf Frieden und Konflikt	117
Tabelle 6.1	Größte goldproduzierende Länder 1970–2017 (ausgewählte Jahre)	122
Tabelle 6.2	Goldfördertechniken nach Lagerstätte	124
Tabelle 6.3	Nennung verschiedener Ressourcen in den Briefen Christopher Kolumbus an die spanische Krone	131
Tabelle 6.4	Bedeutung von Gold in Peru und Kolumbien während und nach dem bewaffneten Konflikt	164
Tabelle 6.5	Goldfördermenge und Materialwert zum Ende des bewaffneten Konflikts in Peru und Kolumbien	166
Tabelle 7.1	Anzahl, Größe und Herkunft der Konzessionsnehmer im Cauca 2017 nach Herkunft	180

Tabelle 7.2	Konzessionsvergabe im Cauca nach Konzessionsnehmer und Jahr	181
Tabelle 7.3	Anteil der Municipios im Cauca mit Bergbau	187
Tabelle 7.4	Interpretation der über Satellitendaten generierten Daten zur formellen Goldproduktion	187
Tabelle 7.5	Municipios mit Goldförderung aus Flüssen und offiziell geförderte Goldmenge 2006, 2013 und im Vergleich	188
Tabelle 7.6	Polizeiinterventionen im Cauca 2014–2017	189
Tabelle 7.7	Ökologische Auswirkungen der Förderung eines Gramms Gold	196
Tabelle 7.8	Legale Goldminen in La Libertad mit Produktionsvolumen und -beginn	225
Tabelle 7.9	Wer sind die legalen und illegalen Bergleute? Antworten auf die Frage: „Ich habe Familienangehörige, die im legalen/illegalen Bergbau beschäftigt sind"	233
Tabelle 7.10	Zustimmung zu der Aussage: „Das Gold in Sánchez Carrión ist ein Segen"	238
Tabelle 7.11	Antworten zu der Aussage: „Das Gold hier sollte von … gefördert werden"	239
Tabelle 7.12	Zustimmung zu der Aussage „Legaler Bergbau sollte beendet werden"	239
Tabelle 7.13	Zustimmung zu der Aussage „Illegaler Bergbau sollte beendet werden"	240
Tabelle 7.14	Zustimmung zu der Aussage: „In Sánchez Carrión ist Gold ein wichtiger ökonomischer Motor"	245
Tabelle 7.15	Zustimmung zu der Aussage: „Legaler Bergbau bringt Beschäftigung und Einkünfte für mein Umfeld"	245
Tabelle 7.16	Zustimmung zur Aussage: "Illegaler Bergbau bringt Beschäftigung und Einkünfte für mein Umfeld"	246
Tabelle 7.17	Zustimmung zur Frage: „Legaler Bergbau veranlasst Konflikte in der Gesellschaft"	247
Tabelle 7.18	Zustimmung zur Frage: „Illegaler Bergbau veranlasst Konflikte in der Gesellschaft"	248
Tabelle 7.19	Stellungnahme zu der Aussage, dass legaler Bergbau Prostitution und Kriminalität erhöhe	249
Tabelle 7.20	Zustimmung zu der Aussage: „Bergbau verändert unsere Kultur"	250

Tabelle 7.21	Antworten zu der Frage „Legaler Bergbau hat mein Leben verbessert"	251
Tabelle 7.22	Antworten zu der Frage „Illegaler Bergbau hat mein Leben verbessert"	251
Tabelle 7.23	Antworten zu der Frage, ob der legale Bergbau das Wasser verschmutzt	255
Tabelle 7.24	Antworten zu der Frage, ob der illegale Bergbau das Wasser verschmutzt	255
Tabelle 7.25	Antworten zu der Aussage „Das Gold in Sánchez Carrión bringt uns Krankheiten"	256
Tabelle 9.1	Indikatoren des illegalen und legalen Bergbaufluchs	278

Kartenverzeichnis

Karte 1　Illegale Ökonomien und Einflussgebiet der FARC in Kolumbien
Karte 2　Illegale Ökonomien und Einflussgebiet der bewaffneten Gruppen in Peru
Karte 3　Goldabbau im Cauca
Karte 4　Goldabbau in La Libertad

Einleitung 1

"Claro que queremos la paz, todos queremos la paz, pero esta paz sólo beneficia a los grandes productores"[1]

UMWELTAKTIVIST (Q 01_01[2])

Der im November 2016 geschlossene Friedensvertrag zwischen der größten Guerillaorganisation Kolumbiens, den „Revolutionären Streitkräften Kolumbiens" (*Fuerzas Armadas Revolucionarias de Colombia*, FARC) und dem kolumbianischen Staat beendete offiziell einen der längsten Bürgerkriege der Welt und wird international sehr gelobt. Auch die Einrichtung des deutsch-kolumbianischen Friedensinstituts (*Colombo-Alemán Instituto para la Paz*, CAPAZ) unter der Federführung der Justus Liebig Universität Gießen zeugt von der Wertschätzung des Friedensvertrages. Im Sinne des CAPAZ, dessen Ziel die wissenschaftliche Begleitung des "Friedenslabors" Kolumbien ist, können GeographInnen

---

[1] „natürlich wollen wir den Frieden, alle wollen Frieden, aber dieser Friede begünstigt vor allem die Großproduzenten"

[2] Auflistung und Erklärung der Interviewcodes befindet sich im elektronischen Zusatzmaterial in *Annex* I. Die Zitate werden mit einem Kürzel angegeben, über das sich anonymisiert auf die interviewte Person und den relevanten Absatz bezogen wird. Der Interviewcode besteht aus einer Abkürzung des Durchführungsortes und einer durchlaufenden Nummer; dabei steht „B" für Bogotá, „C" für Cauca, „L" für Lima, „LL" für La Libertad, „Q" für Quindío und "T" für Tolima, die Nummer bezieht sich auf den Absatz.

Ergänzende Information Die elektronische Version dieses Kapitels enthält Zusatzmaterial, auf das über folgenden Link zugegriffen werden kann https://doi.org/10.1007/978-3-658-38065-6_1.

© Der/die Autor(en), exklusiv lizenziert an Springer Fachmedien Wiesbaden GmbH, ein Teil von Springer Nature 2022
D. Hamilton, *Andengold*, (Re-)konstruktionen – Internationale und Globale Studien, https://doi.org/10.1007/978-3-658-38065-6_1

durch die Untersuchung der Wechselwirkungen zwischen bewaffnetem Konflikt und Ressourcenreichtum einen wichtigen Beitrag zu friedensstiftenden Ressourcennutzungen leisten.

Der ehemalige kolumbianische Präsident MANUEL SANTOS attestierte ist „*der legale Bergbau eine wichtige Säule für den Postkonflikt sein und werden (...). Die illegale Gewinnung ist ein Synonym für Erpressung, Umweltverschmutzung, illegale Ökonomien und ein Kraftstoff für Gewalt, Korruption, Drogenhandel und Geldwäsche*" (SANTOS 2017, Übers. d. Verf.). Damit spricht er der selben Ressource eine friedensfördernde und friedenshindernde Bedeutung zu, je nachdem wer sie fördert. DIETZ (2017: 378) hingegen warnt, dass der Ressourcenabbau "*den Friedensprozess in Kolumbien vor allem wegen seiner territorialen Exklusivität und die nicht-zulassung von alternativen Nutzungen das Land vor Herausforderungen*" stellen wird.

Der Umgang mit dem natürlichen Ressourcenreichtum gehört zu den im Friedensvertrag wenig thematisierten Aspekten. Der in Havanna unterschriebene "*Acuerdo de Havana*" beinhaltet u. a. die Entschädigung von Kleinbauern und -bäuerinnen, die Landverteilung, den Umgang mit Kokafeldern und die Abgabe von ca. 7 000 Waffen, klammert jedoch den geplanten Umgang mit natürlichen Ressourcen größtenteils aus, obwohl illegale Ressourcenausbeutung zu einer der Hauptfinanzierungsquellen der Konfliktparteien geworden war (UNITED NATIONS 2017). Der von der Nationalregierung geplante Umgang mit Ressourcen wird als einer der Gründe gesehen, warum lokale Stimmen dem Friedensvertrag vielfach kritisch gegenüberstehen. Dies bezeugte in eindrücklicher Weise der im Oktober 2016 durchgeführte Volksentscheid, bei dem weniger als die Hälfte der Wählenden für den Friedensbeschluss mit der FARC stimmten. HAMILTON und GRENZ (2020) zeigten, dass VertreterInnen aller Einkommensklassen den Friedensvertrag nicht uneingeschränkt befürworten. Neben konservativen Argumenten, die sich gegen die Straffreiheit der FARC richten (MAIHOLD 2016), lassen sich auch kritische Stimmen finden, die sich dem linken Milieu zuordnen. Diese mahnen an, dass es sich um einen "kosmetischen" Vertrag handle, der die eigentlichen Konfliktursachen umgehe und dessen vorrangiges Ziel die Intensivierung der neoliberalen Wirtschaftslogik sei (z. B. COLMENARES 2016, VELASQUEZ 2015). Die mit dem Friedensvertrag einhergehende Waffenabgabe werde als eine politische Voraussetzung für die räumliche Ausweitung des extraktivistischen Modells genutzt, das auf der Ausbeutung natürlicher Ressourcen durch internationales Investment in den zuvor von der FARC kontrollierten Gebieten basiert.

Deshalb steht insbesondere die fehlende Benennung des Wirtschaftsmodells im Friedensvertrag in der Kritik, welches traditionell auf Kaffee und Kohle basiert und insbesondere auf Gold ausgeweitet werden soll. De facto ginge der Vertrag

1 Einleitung

nicht über einen „*Frieden auf dem Papier*" (NAUCKE u. OETTLER 2018) hinaus, da die Kernprobleme des Landes wie ungleicher Zugang zu Land, Einkommen und Mitsprache sowie die Persistenz illegaler Ökonomien und bewaffneter Gewalteinheiten nicht gelöst seien. Unterschiedliche Stimmen zu den genannten Problemen, die insbesondere aus Peripherregionen kommen, finden insgesamt zu wenig Gehör. Der Versuch, sich gegen eine auf die legale oder illegale Ausbeutung natürlicher Ressourcen basierende Entwicklung zu stellen, endet in vielen Fällen mit der Bedrohung oder Ermordung von Schlüsselpersonen. Sichtbar wird die anhaltende Gewalt in Kolumbien insbesondere durch die Ermordung von Menschen- und UmweltrechtsaktivistInnen, was als „*ein neuer Zyklus der Gewalt*" (SALAS SALAZARet al. 2018: 27, Übers. d. Verf.) beschrieben wird.

Somit wird in Frage gestellt, ob mit dem Vertrag die Voraussetzungen für einen reellen Frieden geschaffen wurden. Der Leiter des Bauernverbandes ANUC beschrieb die Probleme der derzeitigen sogenannten Friedensphase wie folgt: „*Der Frieden von Santos ist nicht der Frieden, den wir wollen. Der Frieden der campesinos [Kleinbauern] beinhaltet soziale, ökonomische und politische Transformationen, aber dieser Frieden bedeutet, die Guerilla auszuschalten, um unser Territorium den multinationalen Konzernen zu überlassen*" (C 01_12, Übers. d. Verf.). Wie die Aussage verdeutlicht, sind unterschiedliche Friedensverständnisse eng an die Vorstellungen zum Umgang mit Ressourcen geknüpft, welche sich dann als Konflikte um Entwicklungsvorstellungen manifestieren (VELÁSQUEZ 2016: 155). Gleichzeitig formieren sich insbesondere in Regionen mit illegalen Ökonomien neue bewaffnete Gruppen mit oder ohne politischer Agenda, die auch nach Ende des Bürgerkrieges ein friedliches Zusammenleben in weite Ferne rücken. MASSÉ schätzte bereits 2015, dass es in Kolumbien nach Abgabe der Waffen durch die FARC bis zu 9 000 bewaffnete Personen geben würde (MASSÉ 2015: 276).

Vor diesem Hintergrund widmet sich die vorliegende Arbeit der Frage nach der friedens- und konfliktstiftenden Wirkung des Umgangs mit Ressourcenreichtum nach der Beendigung von Bürgerkriegen in Lateinamerika. Dazu lohnt sich ein Blick auf Kolumbiens Nachbarland Peru, das ebenfalls zu den Ländern Lateinamerikas gehört, das in letzter Zeit durch aufständische Gruppen in bürgerkriegsähnliche Zustände versetzt wurde. Der bewaffnete Konflikt zwischen der in den 1980er Jahren agierenden maoistischen Guerillaorganisation "Leuchtender Pfad" (offizielle Bezeichnung: *Partido Comunista Peru – Sendero Luminoso – PCP-SL*) und dem peruanischen Militär forderte in den 1980er und 90er Jahren ca. 77 000 Todesopfer (CLV 2004). Sowohl der PCP-SL als auch die FARC waren linksgerichtete bewaffnete Rebellenorganisationen, die ihren Kampf durch oligarchische Macht- und Landkonzentration legitimierten und eine politische Teilhabe der Kleinbauern und -bäuerinnen forderten (MERTINS 2004). Die vergleichende Untersuchung des peruanischen Beispiels zeigt, dass auch 30 Jahre nach dem bewaffneten Konflikt die Abwesenheit einer etablierten illegalen bewaffneten Gruppe bei Weitem keine Konfliktfreiheit oder gar Frieden bedeutet. Obwohl der Konflikt beendet ist, gibt es 220 kleinskalige Konflikte in Peru, die häufig von Gewalt begleitet sind (DEFENSORÍA DEL PUEBLO 2018). Ein Großteil dieser Konflikte drehen sich um unterschiedliche Vorstellungen darüber, wie mit dem Ressourcenreichtum des Landes umgegangen werden sollte und stellt somit herrschende Entwicklungskonzeptionen in Frage.

In der Literatur wird bezüglich der Frage, inwiefern Ressourcen zur Friedensbildung beitragen bzw. diese verhindern, häufig die sogenannte Ressourcenfluchthese herangezogen (BROZKA u. OẞENBRÜGGE 2013). Hierbei wird der Reichtum an sogenannten *high-value natural resources* (d. h. Erdöl, Erdgas, Mineralstoffe, Tropenhölzer) (LUJALA u. RUSTAD 2012) für negative ökonomische, politische, soziale oder ökologische Auswirkungen verantwortlich gemacht. Vielfach untersucht ist der Zusammenhang von Bürgerkriegen und Ressourcen, da Ressourcenrenten sehr oft zur Konfliktverlängerung beitrugen (z. B. Ross 2004a, LE BILLON 2008, RETTBERG 2015). Weniger untersucht ist dagegen der Umgang mit Ressourcenreichtum nach dem Abschluss von Friedensverträgen. Untersuchungen beziehen sich vor allem auf den afrikanischen Kontinent (ENGWICHT 2018, LUJALA et al. 2012, OẞENBRÜGGE 2007). Für Südamerika hingegen wurden bisher kaum Forschungen darüber angestellt, welche Art der Ressourcennutzung zu einem friedlichen Miteinander führt oder etwaige Folgekonflikte beeinflusst.

Die Erklärungsmodelle zum Einfluss von Ressourcen auf Entwicklung und Konflikte werden von zwei gegensätzlichen Sichtweisen geprägt: Entweder es wird argumentiert, dass ein Land „arm trotz seiner Rohstoffe" sei, oder es wird davon ausgegangen, dass Rohstoffe aufgrund ihrer Knappheit Konflikte schüren müssten. Wenn der Zusammenhang zwischen Ressourcenreichtum und Bürgerkriegssituationen beschrieben wird – meist zitiertes Beispiel hierfür ist der Kongo – wird davon ausgegangen, dass sich die Rebellen um die ressourcenreichen Gegenden bekämpfen (DOEVENSPECK 2012) oder der Rohstoffreichtum zu Konflikten führt (z. B. TAGESSCHAU 22.9.2020). Im Gegensatz dazu soll hier argumentiert werden, dass Rebellen sich nicht notwendigerweise dort aufhalten, wo Ressourcen sind, sondern vielmehr Ressourcen vor allem dort gefördert werden, wo es wenig staatliche Präsenz gibt. Die genauere Betrachtung dieses scheinbare „Henne-Ei-Problems" hat in seiner Konsequenz Folgen erstens bezüglich der Sichtweise auf Rebellen und zweitens für die betroffenen Staaten, die dann die Verantwortung nicht mehr auf die Ressourcen schieben können, sondern ihre fehlende Präsenz in den Blick nehmen müssen. Drittens ergeben sich Folgen für die betroffenen Regionen, da der Staat nicht mehr als homogener ressourcenreicher bzw. ressourcenarmer Raum dargestellt werden kann. Die Hypothese, dass Ressourcen da abgebaut werden, wo es wenig staatliche Präsenz oder andere lokale Kräfte gibt, die den Goldabbau verhindern, stellt auch allgemeingültige Thesen über den Einfluss von Ressourcen auf Staat und Entwicklung in Frage, die gemeinhin als Ressourcenfluch bezeichnet werden. Somit können "die Mächte unter der Erde" nicht automatisch für die Entwicklungen über ihr verantwortlich gemacht werden und den "überirdischen Akteuren" werden somit mehr Verantwortlichkeiten und Möglichkeiten zugesprochen.

Die für die vorliegende Untersuchung gewählte Beschäftigung mit der Ressource „Gold" ist als exemplarisch zu verstehen, es birgt allerdings durch seine besonderen Eigenschaften (vor allem der, einen großen Wert bei kleiner Masse zu besitzen), besondere Konfliktdynamiken. Gold weist das Alleinstellungsmerkmal auf, dass vor allem der internationale Wert den Preis bestimmt. Durch den Gegensatz zwischen dem monetären Wert und dem relativ geringen Nutzen für die lokale Bevölkerung wird Gold „*zu einem Paradox und einer Illusion für die Ärmsten, die jedoch in Armut und unbeschränkter Krise bleiben, während sich andere Länder am Gold bereichern, mit den Kosten der Ausbeutung und der sozial-ökologischen Degradation*" (ROTHEN et al. 2013: 5, Übers. d. Verf.), was häufig mit Konflikten einhergeht. Daher ist die Kernfrage der vorliegenden Untersuchung, unter welchen Umständen der Rohstoff „Gold" zu einer Konfliktressource wird und welche Konflikte sich im Postbürgerkriegskontext um Entwicklungskonzeptionen und Ressourcennutzungen ergeben.

In den Untersuchungsländern spiegeln der Umgang mit den „frei gewordenen" Ressourcen nach Abschluss des Friedensvertrages Entwicklungsparadigmen wider. Nationale Akteure sehen den Abbau von Gold durch transnationale Unternehmen als wichtigen Entwicklungsmotor, mit dessen Hilfe Sozialmaßnahmen finanziert und somit der Frieden unterstützt werden soll, was unter dem Begriff Neo-Extraktivismus diskutiert wird (LANDNER 2015). Dem gegenüber stehen lokal verankerte Entwicklungsvorstellungen, die sich gegen jegliche Förderung unterirdischer Ressourcen wehren und als Post-Extraktivismus bezeichnet werden (ACOSTA 2013, ALTVATER 2013, ULLOA 2015). Vor dem Hintergrund konkurrierender Vorstellungen zum Umgang mit den natürlichen Ressourcen wird untersucht, welche Rolle Gold während der jeweiligen bewaffneten Konflikte spielte und wie sich der Umgang damit in der Zeit danach wandelte. Der normative Umgang mit Gold resultiert in verschiedenartigen Konflikten und Gewaltausbrüchen, aus denen sich ableiten lässt, unter welchen Voraussetzungen Goldabbau zu Konflikten führt oder dem Aufbau eines friedlichen Zusammenlebens dienlich ist.

Im Gegensatz zu den meisten empirischen Studien zum Einfluss von Ressourcen auf Bürgerkriege, die sich auf Untersuchungen auf nationalem Niveau beschränken, ist die vorliegende Studie subnational angelegt, da Ressourcenabbau insbesondere lokale Konflikte bedingen oder verstärken und es hierzu große Erkenntnislücken gibt (IDE 2015, CUVELIER et al. 2014). Die vorliegende Arbeit soll deshalb hier anschließen, indem durch einen *mixed method* Ansatz sowohl qualitative Stakeholder-Interviews aus den vom jeweiligen bewaffneten Konflikt betroffenen ressourcenreichen Gegenden als auch quantitative Daten aus den Untersuchungsländern herangezogen werden.

Im Hinblick auf die skizzierten theoriegeleiteten Probleme und methodischen Herausforderungen werden zunächst die verschiedenen Entwicklungsparadigmen und insbesondere ihr Bezug zu Ressourcen vorgestellt (vgl. *Abschn.* 2.2). Die anschließende Betrachtung der Genese von Rohstoffen zu Ressourcen (vgl. *Abschn.* 2.3) und der verschiedenen Definitionen von Frieden und Konflikt (vgl. *Abschn.* 2.4) dient der Darstellung der Paradigmen, die sich mit den Wechselwirkungen zwischen den genannten Aspekten beschäftigen. Dazu gehört zum einen die Frage, ob Ressourcenreichtum Entwicklung in positiver oder negativer Weise beeinflusst oder ob nicht vielmehr das Entwicklungsparadigma die Art und Weise der Ressourcennutzung determiniert (vgl. *Abschn.* 2.5.1). Zum anderen werden die Zusammenhänge zwischen Ressourcen und bewaffneten Konflikten bzw. deren Folgezeit skizziert (vgl. *Abschn.* 2.5.2). Auf der Basis der gewonnenen theoretischen Erkenntnisse wird der methodische Zugang beschrieben, welcher versucht der Komplexität des Themas gerecht wird zu werden und postkolonialen Ansätzen zu folgen, indem nicht nur über Betroffene gesprochen wird, sondern mit ihnen (vgl. *Kap.* 3). Die anschließende Skizzierung der Bürgerkriege in Peru und Kolumbien mit einem speziellen Fokus auf deren Zusammenhang mit Ressourcen (vgl. *Kap.* 4) bietet die Grundlage für die Untersuchung der im theoretischen Teil dargestellten Paradigmen und die Analyse entwicklungspolitischer Annahmen bezüglich des Einflusses von Ressourcen auf die Postbürgerkriegszeit und das daraus entstehende Konfliktpotential (vgl. *Kap.* 5). Exemplarisch für das Beispiel Gold wird danach anhand historischer Daten die Gültigkeit theoretischer Grundsätze geprüft und es werden die ökonomischen, politischen und juristischen Parameter verglichen, um die Determinanten der Goldförderung zu verstehen (vgl. *Kap.* 6). Die darauffolgenden Einzelfallstudien für die Regionen *Cauca* (Kolumbien) und *La Libertad* (Peru) prüfen empirisch die vorher getroffenen Annahmen auf regionaler Ebene unter Einbeziehung lokaler Positionen (vgl. *Kap.* 7). Dabei werden die unterschiedlichen Dimensionen des legalen und illegalen Goldabbaus dargestellt und die daraus resultierenden Konflikte und involvierten Akteursgruppen skizziert. Als Gegendarstellung zu den akademischen Untersuchungen auf meist nationalem Niveau wird dabei ein spezieller Fokus auf die Einschätzungen der Lokalbevölkerung gelegt. Aus den Ergebnissen lässt sich ableiten, welche der anfangs dargestellten Thesen sich empirisch am besten belegen lassen und eine Einschätzung vorgenommen, unter welchen Umständen Gold in Bürgerkriegs- und Postbürgerkriegssituationen zu bestimmten Arten von Konflikten führt oder aber dem Friedensaufbau dienlich ist, und welche weiteren Forschungsfragen aus dem erfolgten Forschungsprozess erwachsen (vgl. *Kap.* 8).

2 Ressourcen, Konflikt und Entwicklung im Übergang zum Frieden

„*Nuestra riqueza ha generado siempre nuestra pobreza para alimentar la prosperidad de otros (...). En la alquimia colonial y neocolonial, el oro se transfigura en chatarra*"

GALEANO (1980: 16)[1]

2.1 Einbettung der Arbeit in die deutschsprachige geographische Forschung

Obwohl es sich bei den Zusammenhängen zwischen Ressourcen, Entwicklung, Konflikt bzw. Frieden um ein Thema zwischen Menschen, lokalisierter Natur und Raum, und damit um ein zutiefst geographisches Thema handelt, gibt es in der deutschsprachigen geographischen Literatur eine wenig ausgeprägte „Ressourcengeographie", wie SCHMITT u. SCHULZ (2016) bestätigen. In der wissenschaftlichen geographischen Untersuchung ist eine zeitliche Wende festzustellen: Während die „traditionelle Geographie" sich – nicht selten im Kontext kolonialer Bestrebungen – darauf beschränkte Rohstofflagerstätten zu beschreiben, betrachtet „modernere" (Human)Geographie Ressourcen als materialisierte, dennoch aber diskursive Elemente, die insbesondere mit Fokus auf das Machtungleichgewicht zu betrachten sind (COY et al. 2017: 93).

Somit beschränkt sich die heutige Forschung bezüglich der Auswirkungen von Ressourcen auf gesellschaftliche Prozesse nicht nur auf die „*physische Verfügbarkeit von Rohstoffen, sondern (…) um Macht und Raum, um asymmetrische Machtbeziehungen bei der Ausbeutung und Vermarktung von Rohstoffen, (…) [und]*

---

[1] „Unser Reichtum hat immer unsere Armut produziert, um den Wohlstand anderer zu nähren (…). In der kolonialen und neokolonialen Alchemie wird Gold zu Schrott"

um mediale Diskurse mit denen Politik gemacht wird" (GEBHARDT 2013: 2). REUBER (2005) weist aus diesem Grund auf die Einordnung des Themas innerhalb der Politischen Geographie aus der Perspektive der Politischen Ökologie hin, die eine akteurs- und machtbezogene Herangehensweise verlangt.

Explizite Konfliktressourcengeographie wird von OẞENBRÜGGE (2007) und DOEVENSPECK (2012) für den afrikanischen Kontinent angesprochen. Die Arbeitsgruppe DITTMANN untersucht den Einfluss von Energieressourcen insbesondere in der *MENA*-Region und Subsaharaafrika auf Konflikt- und Postkonflikt-Situationen (z. B. DITTMANN 2014; ALMOHAMAD u . DITTMANN 2016; OFOSU et al. 2020). Für den südamerikanischen Kontinent nahm MERTINS (1991, 2004, 2007) in seinen Forschungen zu Kolumbien die Ressource Kokain mit auf, betrachtete sie aber isoliert von anderen Ressourcen. Eine weitere Untersuchungslinie widmet sich dem Umgang mit mineralischen Ressourcen in Zusammenhang mit Entwicklung, jedoch wird in dieser Untersuchung kein expliziter Zusammenhang mit Gewaltkonflikten hergestellt (COY et al. 2017, HAFFNER et al. 2016). Der Zusammenhang zwischen einzelnen hochpreisigen Ressourcen und Konflikten ist vor allem didaktisch aufgearbeitet, z. B. für Gold von SCHMIDT u. LUBBECKER 2018, SECKELMANN u. POTH 2009, HEPP 2019 oder OSTERMANN 2010.

Exemplarisch für die mangelnde Betrachtung von Ressourcen und Konfliktressourcen ist die Suche in Datenbanken von in Deutschland publizierten Journals und Suchmaschinen. In der Zeitschrift *Geographie – Journal of Scientific Geography* finden sich lediglich drei Artikel unter dem Schlagwort „resources", und nur jeweils einer unter „geography of resources" und „conflict and resources". Ähnliche Ergebnisse zeigen sich in der von Geographen genutzten Datenbank *geodoc*: hier fanden sich in den letzten Jahren nur 17 Einträge zu den Schlagworten „Ressourcen und Konflikt", acht zu „Ressourcenkonflikt" und kein Eintrag zu „Konfliktressourcen".

In journalistischen Aufarbeitungen zu den genannten Themen wird häufig mit allgemeingültigen Aussagen zum Einfluss von Ressourcen auf konfliktive Umstände jongliert. Die wissenschaftliche Literaturanalyse zeigt, dass eine systematische Herangehensweise, die sich aus dem Zusammenhang der *„semantisch gehaltvollen Begriffe"* (EGNER 2010: 13) „Ressourcen", „Entwicklung" und „Konflikt/Frieden" ergibt, gänzlich fehlt.

Aus genannten Gründen liegt ein besonderer Fokus der vorliegenden Arbeit auf der Untersuchung dessen, was als Ressourcen bzw. Ressourcenreichtum verstanden wird und wann dies zu Konflikten führt bzw. dem Aufbau von Frieden dienlich ist. In den Folgekapiteln werden die Zusammenhänge zwischen den genannten Konzepten erörtert. Ein Blick in die Literatur zeigt, dass in der Regel nur von einem Zusammenhang zwischen den Konzepten ausgegangen, dabei aber die Wirkrichtung unterschlagen wird. Dies hat zur Folge, dass häufig davon ausgegangen wird, dass erstens vorhandene Ressourcen Entwicklung einseitig bestimmen und zweitens, dass Konflikte um Ressourcen sich um die Kontrolle dieser drehen.

Im Gegensatz zu allgemeingültigen Thesen soll, wie in *Tabelle* 2.1, bzw. *Abbildung* 2.1 dargestellt, differenziert vorgegangen werden: Nach einer kritischen Betrachtung der Kernkonzepte Ressourcen, Entwicklung und Konflikt widmet sich *Abschnitt* 2.5.1 den kontrastierenden Paradigmen, [1] ob und wie das Vorhandensein von bestimmten natürlichen Ressourcen Entwicklungen von Ländern beeinflusst (Ressourcenfluch oder-segen), oder ob es [2] vielmehr das Entwicklungsparadigma ist, welches die Ausbeutung bzw. nicht-Ausbeutung von natürlichen Ressourcen bedingt. *Abschnitt* 2.5.2 beleuchtet dann die Forschungsfrage, ob [3] ein bewaffneter Konflikt die Ressourcenausbeutung bedingt oder [4] die illegale Ressourcenausbeutung, meist illegaler Art, von einem bewaffneten Konflikt hervorgerufen wird. Weniger Betrachtung finden in der Literatur die Fragen, [5] ob Entwicklungsparadigmen Konflikte bedingen und ob [6] bewaffnete Konflikte bzw. das Ende dieser, bestimmte Entwicklungsparadigmen mit sich bringen. Die letzten beiden Fragen sind insbesondere in Bezug zum Übergang zu einem friedlichen Zusammenleben von Bedeutung (vgl. *Abschn.* 7.1.8 und *Abschn.* 7.2.7).

2.2 Entwicklung und Extraktivismus

Für die Arbeit ist es zentral den normativen Umgang mit Natur im Kontext von „Entwicklungsparadigmen" zu verstehen. Auch wenn aus postkolonialer Perspektive der Begriff „Entwicklung" kritisch zu betrachten ist, da er eine Hierarchisierung von Staaten nach Kriterien, die sich an den Maßstäben des Globalen Nordens orientieren, impliziert (BENDIX 2011: 273), ist die Vorstellung von Entwicklungsverständnissen und deren inhärernten Umgang mit Natur zentral. Es wird davon ausgegangen, dass der Entwicklungsbegriff nicht einheitlich zu verstehen ist, sondern auf sozial konstruierten Annahmen beruht, die implizieren, was unter „guter Entwicklung" verstanden wird und wie diese zu erreichen sind. Um eurozentristische Sichtweisen nicht unreflektiert zu reproduzieren, werden im Folgenden „europäische" und „südamerikanische" Entwicklungskonzeptionen vergleichend und mit einem besonderen Fokus auf die Sichtweise auf Natur vorgestellt.

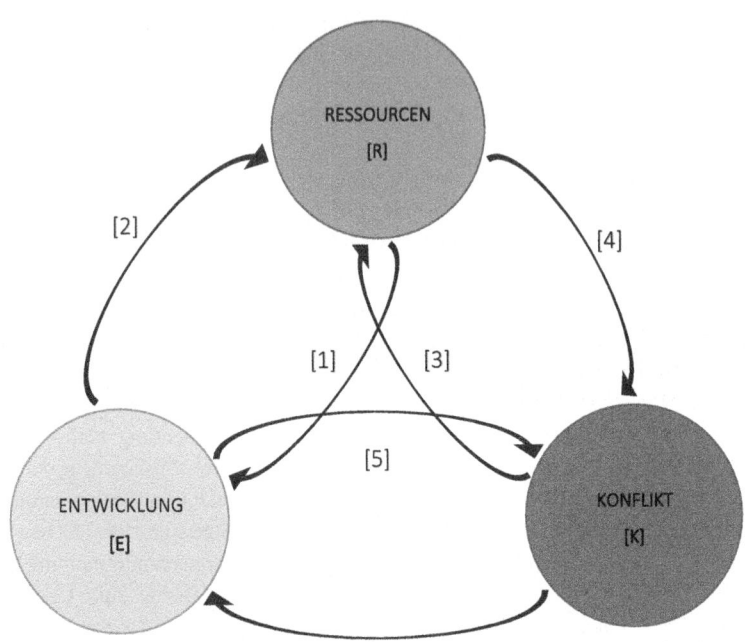

Abbildung 2.1 Überblick über die Forschungsparadigmen zu Ressourcen, Entwicklung und Konflikt. (*Quelle: Eigener Entwurf*)

In der **europäischen Entwicklungsforschung** wird nach MÜLLER- MAHN u. VERNE (2014) in Modernisierungstheorie, Dependenztheorie, Liberalisierung und Postentwicklung unterteilt. Nach dem „klassischen Entwicklungsparadigma", der sogenannten *Modernisierungstheorie*, die nach dem zweiten Weltkrieg entstand, wird Entwicklung nur als ökonomische Entwicklung verstanden, die in Stadien verläuft, welche den Übergang von einer Gesellschaft mit hohem Anteil von Agrargütern hin zu einer Industriegesellschaft beschreibt (z. B. ROSTOW 2008 [1960], ROSENSTEIN- RODEN 2008 [1944]). Dies basiert auf einem Entwicklungsverständnis, das ein auf Wachstum und technischem Fortschritt basierender positiver linear ausgerichteter Prozess ist, der sich am Modell Europas orientiert. Im Sinne dieser Entwicklungstheorie, wird Natur auf singuläre Ressourcen reduziert, deren Ausbeutung den Aufbau eines Industriesektors ermöglichen, um dadurch die Möglichkeit zu schaffen, in eine höhere Entwicklungsstufe einzutreten; somit wird die „Beherrschung" der Natur Teil des Entwicklungsprozesses. Auch wenn modernere Verständnisse „Entwicklung" nicht mehr notwendiger

2.2 Entwicklung und Extraktivismus

Tabelle 2.1 Paradigmen zum Zusammenhang zwischen Ressourcen (R), Entwicklung (E) und Konflikt (K). (Quelle: *Eigener Entwurf*)

		Forschungsfragen (Auswahl)	Bezeichnung des Diskurses	Ausgewählte VertreterInnen	Kap.
R + E	[1]	Beeinflusst Ressourcenreichtum die Entwicklung eines Landes/einer Region?	Ressourcenfluch/-segen	HOMER-DIXON AUTY	2.5.1.2
	[2]	Beeinflusst das Entwicklungsparadigma die Ausbeutung bestimmter Ressourcen?	(Neo-, Post-) Extraktivismus	COY, GUDYNAS, ACOSTA	2.5.1.1
R + K	[3]	Bestimmt ein bewaffneter Konflikt bzw. Frieden die (illegale) Ressourcen(nicht)ausbeutung?	*Default Conservation/ Environmental Peacebuilding*	RODRÍGUEZ GAVARITO et al., HAMILTON, ALI	2.5.21
	[4]	Bestimmen die vorhandenen Ressourcen Ausbruch und Persistenz eines bewaffneten Konflikts?	Konfliktressourcen/ *Greedy Rebel* These	DOEVENSPECK, OßENBRÜGGE, ROSS, COLLIER u. HOEFFLER	2.5.2.1
E + K/F	[5]	Beeinflussen die Entwicklungsmodelle eines Landes Konflikte bzw. Frieden?	Territorialkonflikte	DIETZ, BATELT	2.5.3
	[6]	Welche Konflikte gibt es um Entwicklungsparadigmen nach einem Friedensschluss?			

Weise am Anteil des Industriesektors messen, bleibt diese Vorstellung dominant für die Sichtweise, dass Ressourcenreichtum eine Grundlage für ökonomische Entwicklung ist.

Als Gegenerklärung für Entwicklung und Unterentwicklung wurde in den 1960er Jahren die sogenannte Dependenztheorie entwickelt. Diese maßgeblich aus dem lateinamerikanischen Kontext inspirierte Vorstellung, geht entgegen der Modernisierungstheorie davon aus, dass Unterentwicklung nicht ein fehlendes Entwicklungsstadium bedeutet, sondern die Konsequenz kolonialer Ressourcenausbeutung durch die sogenannten Industrieländer ist. Ein besonderer Fokus liegt auf den Kolonialmächten, deren „höheres Entwicklungsstadium" nur durch die systemische Ausbeutung von Ressourcen und Bevölkerungen möglich wurde (FRANK 1966). Aus dieser Sichtweise heraus betrachtet, ist der vermeintliche Ressourcenreichtum zunächst einmal Ursache für die tradierte Ausbeutung der Länder, jedoch finden sich keine Hinweise auf die normative Nutzung der Natur.

Da mit dem Ost-West Zusammenbruch weder die pro-westliche Modernisierung noch die kapitalismuskritische Alternative den Durchbruch für die sogenannten Entwicklungsländer gebracht hatte, entstand eine dritte Großgruppe der Entwicklungstheorien, die hier verkürzt als *Postdevelopment*- Ideen zusammengefasst werden. Dazu gehören Ansätze, in denen die Entwicklung von Ländern des Südens nicht sich erstens nicht nur an einem ökonomischen Entwicklungsbegriff orientieren und zweitens nicht nur als Konsequenz der Entwicklung der Länder des Nordens gesehen werden, sondern vielmehr eigenständige Dynamiken vorweisen und neben ökonomischen Aspekten auch soziale und ökologische miteinbeziehen (z. B. ESCOBAR 2010). Zu diesen Ansätzen gehört auch die sogenannte „fragmentierende Entwicklung", welche die Verschärfung räumlicher Disparitäten durch den globalen Wettbewerb beschreibt. Dieser wird als Voraussetzung für eine technische Modernisierung verstanden und basiert auf der Annahme basiert, dass die Ausweitung der Produktionslogik ohne Rücksicht auf lokale Interessen erfolgt (SCHOLZ 2002). Im Kontext dieses Entwicklungsparadigmas wecken vorhandene Ressourcen Begehrlichkeiten für den Kapitalismus, die aufgrund seiner dessen expansiven Natur langfristig Konflikte für lokale Ökonomien und Gesellschaften sind bedeuten (HARVEY 1975). Lösungsvorschläge für den Umgang mit Ressourcen können in dieser multidimensional angedachten Entwicklungskonzeption plural sein. Sie können entweder von nationalen Unternehmen, lokalen Kooperativen, durch Süd-Süd Partnerschaften oder auch nicht gefördert werden (vgl. *Abschn.* 2.2.2 und *Abschn..* 2.2.3).

Im **lateinamerikanischen Diskurs**, werden die Entwicklungsparadigmen nach anderen Kriterien eingeteilt (COY et al. 2017): Das Entwicklungsparadigma in der

2.2 Entwicklung und Extraktivismus

Zeit ab 1900 wird als sogenannter *desarrollo por afuera* („nach Außen gerichtete Entwicklung") bezeichnet und beinhaltet die liberalistische Vorstellung, dass technische und ökonomische Entwicklung durch die Ausbeutung und den Export natürlicher Ressourcen durch internationale Akteure zu erreichen sei. Diese Vorstellung ging häufig mit rassistischem Gedankengut einher, dass den Glauben vertrat, dass technische Entwicklung am besten durch europäische Zuwanderer zu erreichen sei (CONTRERAS 2009). Dieses Entwicklungsparadigma brachte infrastrukturelle Neuerungen wie Eisenbahnen mit sich, endete aber nach den politischen Neuordnungen nach dem zweiten Weltkrieg.

Zwischen 1950 und 1970 kehrte sich in den meisten lateinamerikanischen Ländern die Vorstellung von Entwicklung um und es gab Bestrebungen, den Industriesektor durch protektionistische Wirtschaftspolitik weiter zu fördern. Diese Haltung wird als *desarrollo por adentro* („nach innen gerichtete Entwicklung") bezeichnet, in der durch staatliche Förderung der Bodenschätze die Industrialisierung der Länder erreicht werden sollte. Die Folge waren tatsächlich die eine Diversifizierung und Modernisierung der Volkswirtschaften durch Exportsubstitution, führte jedoch oft zur Inflation und staatlichen Versorgungsdefiziten (DENZIN 2018: 1).

Anfang der 1990er Jahren wurde dieses wirtschaftspolitische Entwicklungsparadigma, das für die schlechte Wirtschaftsentwicklung und die Schuldenkrisen der 1980er Jahre verantwortlich gemacht wurde, sowie den parallelen Siegeszug des Kapitalismus, durch neoliberalistische Prinzipien ersetzt. Mit einer Konferenz, deren Ziel es war, die Länder Lateinamerikas zukünftig wettbewerbsfähig zu machen, dem sogenannten *Washington Consensus*, begann das Paradigma des *Extraktivismus* (vgl. Abschn. 2.2.1). Den Annahmen des Neoliberalismus folgend, sollte sozio-ökonomische Entwicklung durch weitestgehende Zurückhaltung des Staates der „unsichtbaren Hand" der Wirtschaft überlassen werden, was mit der Entstaatlichung weitreichender Bereiche, ins besondere der Rohstoffförderung aber auch der Bildung und dem Gesundheitssektor und der Anwerbung internationalem Direktinvestment (*fdi*) erreicht werden sollte (MARKTANNER u. MERKEL 2019: 438–439). Diese als Reprimarisierung bezeichnete Wirtschaftsentwicklung steht den traditionellen Annahmen über den abnehmenden Primärsektor als Indikator für Entwicklung entgegen (ECHAVE 2018, ZERDA SARMIENTO 2017: 319).

Die realwirtschaftliche Ausrichtung der lateinamerikanischen Länder ist seit der Kolonialzeit durch einen hohen Anteil unverarbeiteter Exportgüter gekennzeichnet, wobei sich die jeweiligen Länder auf einzelne Ressourcenextraktion spezialisiert haben. Während Venezuela, Ekuador und Kolumbien traditionell vor allem auf die Förderung fossiler Brennstoffe setzen, sind Chile und Peru stark durch die Einnahmen aus dem Bergbausektor gekennzeichnet und Argentinien und Brasilien auf durch die industrielle Landwirtschaft, insbesondere die Produktion sogenannter Bio-Kraftstoffe (MATTHES 2012: 43). Aufgrund der steigenden Weltmarktpreise wird dem Bergbausektor jedoch auch in den Nicht- Bergbauländern eine zunehmende Bedeutung beigemessen (ACOSTA 2008). Die Gründe für diese Ausrichtungen sollen durch die folgenden Erklärungen zu *Extraktivismus*, *Neoextraktivismus* und *Postextraktivismus* erklärt werden.

2.2.1 Extraktivismus

Unter *Extraktivismus* wird ein Wirtschafts- und Entwicklungsparadigma verstanden, das auf dem Export unverarbeiteter natürlicher Ressourcen beruht (HEINRICH BÖLLSTIFTUNG 2015: 4). Der Begriff leitet sich von „*ex tractum*" (lateinisch: das Herausgezogene) ab und umfasste zunächst die Beschreibung eines Wirtschaftsmodells, das darauf beruht, meist durch Großunternehmen einzelne Ressourcen der Natur zu entziehen und damit die Nationalökonomie zu stützen (DIETZ 2013: 511). Es beruht auf der neoliberalen Vorstellung, in der die sozio-ökonomische Entwicklung durch das Anwerben von Direktinvestitionen entsteht. Die Rolle des Staates wird in der Zurverfügungstellung von Rahmenbedingungen verstanden, nicht in der aktiven Einmischung oder Kontrolle von wirtschaftlichen Prozessen.

Im Kontext eines Wirtschaftsmodells wurde der Begriff zunächst von GUDYNAS verwendet, der damit die einseitige Ausrichtung lateinamerikanischer Staaten nach dem *Washington Consensus* auf die Extraktion natürlicher Ressourcen beschrieb und kritisierte. Zu den klassischen extraktivistischen Sektoren gehören nach seiner Auffassung der Bergbau von Mineralien und die sogenannten *Hidrocarburos* „Kohlenwasserstoffe", d. h. Erdgas und Erdöl. Der Extraktivismusbegriff weitete sich in den Folgejahre auch auf die Ausbeutung anderer, nicht fossiler Ressourcen, wie agrarischen Produkten aus extensiven Monokulturen wie z. B. Soja oder Zuckerrohr, aus (GUDYNAS 2011, ULLOA 2015).

Der Extraktivismus-Begriff wird heute meist von KritikerInnen dieses Modells genutzt. Dabei steht primär die Ausbeutung von Ressourcen in der Kritik, die für den Export bestimmt sind und im Land nicht oder kaum weiterverarbeitet werden. Diese Aktivitäten seien mit einer sogenannten Enklavenökonomie verbunden, d. h. der fehlenden industriellen Einbindung der Förderregionen. Es wird aber auch auf die einseitige ökonomische Ausrichtung des Staates und die damit verbundene Unterdrückung anderer Entwicklungsparadigmen und Lebensrealitäten verwiesen. Raum werde im Extraktivismus nach kapitalistischen Gesichtspunkten

2.2 Entwicklung und Extraktivismus

verändert (PYE 2012), da sich die kapitalistische Logik auf vorher „unproduktive" Räume ausweite (ALTVATER 2013: 24, SVAMPA 2019). BEBBINGTON (2012: 405) weist daraufhin, dass die Kritik am extraktivistischen Wirtschaftsmodell immer auch eine Kritik an einer expandierenden kapitalistischen Logik sei und sich somit auch immer politisch positioniere. Aus historischer Perspektive, reproduziert der Extraktivismus geopolitische Zusammenhänge der sogenannten „globalen Arbeitsteilung", in der den Ländern Lateinamerikas die Rolle der Ressourcenlieferanten zukommt, welche Ungleichheit forciert und enorme Umweltverschmutzungen generiert habe (HEINRICH BÖLL STIFTUNG 2015: 4).

Aus politikwissenschaftlicher Perspektive wird desweiteren mit dem Problem der Renten argumentiert: Rentenkapitalismus zwinge Produzenten nicht zur Ausweitung ihrer produktiven Vorhaben, um mehr Einkommen zu generieren, und kann damit tatsächlich als Entwicklungshemmnis verstanden werden (PETERS 2017). Somit ist der Extraktivismus im heutigen Verständnis weit mehr *"als ein Wirtschaftsmodell (...). [Er generiert ein] politisches System, juristische Codes, eine bestimmte Kultur, Symbole und Sehnsüchte (...). Dabei handelt er, als ob er einen leeren, unbestimmten Raum vorfände. Der Konflikt mit den Wirtschaftsweisen, dem Norden, der Kultur der Menschen, die in diesen Territorien leben, ist vorprogrammiert"* (BARTELT 2017: 32).

Zentral ist die Sichtweise auf Natur innerhalb dieses Entwicklungsparadigmas. GUDYNAS (2009: 16) schreibt, dass die Ausbeutung natürlicher Ressourcen unter Einsatz von Gewalt und mit Verstößen gegen die Menschenrechte sowie die Rechte der Natur keine Folge, sondern notwendige Bedingung von Extraktion seien, um die Aneignung von Naturressourcen überhaupt möglich zu machen. Somit wird Natur in der extraktivistischen Logik bereits als einzelne, "herausziehbare" Ressourcen verstanden, welche Wohlstand und Entwicklung bringen sollen. Dies negiert alle anderen Vorstellungen von Umwelt und Natur, welche die Interaktion und den Schutz verschiedener Naturelemente (vgl. *Abschn.* 2.2.3) betonen. ACOSTA geht so weit, den Extraktivismus synonym mit *"Ausplünderung, Akkumulation, Konzentration, Zerstörung, kolonialer und neokolonialer Verwüstung"* (ACOSTA 2009: 130, Übers. d. Verf.) zu sehen, der darauf basiert, Umwelt und Menschen dem kapitalistischen System zu unterwerfen.

Der „moderne" Extraktivismusdiskurs begann Ende der 1990er Jahre und wurde besonders im Zuge der gestiegenen Ressourcenpreise (sog. *commodity boom*) zwischen 2005 und 2012 besonders relevant, weil dies eine verstärkte Reprimarisierung der lateinamerikanischen Ökonomien mit sich zog (ECHAVE 2018). Die Fülle der Kritik eines ressourcenbasierten Entwicklungsmodells der letzten Jahre lässt vermuten, dass dies ein Produkt des Extraktivismus-Diskurses sei. Doch bereits der Literat EDUARDO GALEANO und VertreterInnen der Dependenztheorie vertraten seit den 1970er Jahren, lange vor einer Reprimarisierung der Wirtschaft und dem *Washington Consensus* die Meinung, dass die moderne Ressourcenausbeutung eine Fortführung kolonialer Ausbeutung und Unterwerfung sei (MARINI 1980, GUNDER FRANK 1960). Z. B. schrieb MARINI bereits 1979, dass das „*direkte Eingreifen ausländischer Investoren auf dem Gebiet der Produktion (...) die übermäßige Ausbeutung der Arbeitskraft als grundlegendes Prinzip der Wirtschaft hat*" (MARINI 1979: 47) und die Ursache von sogenannter Unterentwicklung sei. Mit Verweis auf die gewaltvolle Aneignung von Ressourcen in der Vergangenheit argumentiert er, dass die Kolonialmächte und lokalen Eliten von den Ressourcenrenten profitierten und dass diese bis heute die Fortführung neokolonialer Bestrebungen seien. Die historische Gewöhnung an eine Haltung des „*facilismo*", d. h. nur das zu verwerten, was sich leicht aneignen lässt, habe die Grundlage für die „moderne" Ressourcausbeutung geschaffen (SCHOEPP 2012: 143). Somit kann die Strategie, internationales Kapital durch niedrige Umweltstandards anzuwerben, als Fortführung tradierter Macht- und Ausbeutungsstrukturen gewertet werden.

Im Kontext von illegalen Ökonomien und Bürgerkriegen muss darauf hingewiesen werden, dass im Extraktivismusdiskurs nicht auf die illegale Extraktion von Ressourcen hingewiesen wird. Da der Diskurs v. a. von kapitalismuskritischen TheoretikerInnen geführt wird, trägt das Modell – bis jetzt – nicht zur Erklärung der Machtverhältnisse informeller Ökonomien bei. Es ist somit die Frage aufzuwerfen, ob Extraktivismus eine "Praxis" oder ein "Modell" ist. Fällt die informelle Ausbeutung von Ressourcen wie Metalle und Tropenhölzer oder die Drogenproduktion auch unter illegalen Extraktivismus? Gelten in diesem Kontext die gleichen Mechanismen von Rentengesellschaften, ökologischer Degradierung und ökonomischen Disparitäten? Gibt es genügend Hinweise darauf, dass von einem illegalen Extraktivismus gesprochen werden kann?

2.2.2 Neoextraktivismus

Unter Neoextraktivismus wird, im Gegensatz zum „klassischen Extraktivismus", ein Entwicklungsparadigma verstanden, in dem die Ressourcenförderung stärker staatlich kontrolliert wird und mit den gewonnenen Mehreinnahmen den neoliberalen Prämissen entgegen gewirkt werden soll um ungleiche Entwicklung gezielt einzudämmen (DIETZ 2013: 512). Im Neoextraktivismus wird gemäß der Vorstellung agiert, dass Rohstoffe der Nation und ihrer Entwicklung dienen und nicht der Bereicherung Weniger. Um die einseitige Abschöpfung der Renten durch Eliten

2.2 Entwicklung und Extraktivismus

zu unterbinden, werden Maßnahmen in die Wege geleitet, welche die gerechtere Verteilung unten allen Bevölkerungsgruppen und den Abbau der sozialen Ungleichheiten und Armut bewirken sollen (DENZIN 2018).

Der Neoextraktivismus ist als Entwicklungsmodell ein Produkt des Ressourcenpreisanstiegs zwischen 1990 und 2015, vielfach als „*commodity super cycle*" (COY et al. 2017) bezeichnet, welche die Erhöhung der absoluten Ressourcenexporte und auch den Anstieg der relativen Bedeutung im Exportkontext und die dazugehörigen Steuereinnahmen zur Folge hatte. Das starke Wirtschaftswachstum und die zusätzlichen Staatseinnahmen waren die Voraussetzung für die Finanzierung von Sozialmaßnahmen in Ländern mit linken Regierungen. Sie änderten ihr Entwicklungsparadigma dahingehend, dass die Ressourcenrenten nun zur Armutsbekämpfung, z. B. Kindergeld eingesetzt mit Hilfe von Bergbaufonds eingerichtet (LANDER 2015: 9). Gleichzeitig wurden die Ausbeutungsmöglichkeiten von Rohstoffen für staatliche Unternehmen in einigen Ländern gesichert. Somit wird der Neoextraktivismus als Antwort auf die negativen Folgen von Ressourcenabhängigkeit gesehen, ohne das Modell grundsätzlich zu hinterfragen (GUDYNAS 2009). Ein besonderer Fokus zu Forschungen des Neoextraktivismus liegt auf den Ländern Ecuador, Bolivien, Venezuela und teilweise Brasilien, die in den 2010er Jahren durch sozialdemokratische Regierungen den sogenannten links-Ruck praktizierten (BURCHARDT 2016: 4).

Das zunächst als revolutionär propagierte Modell wird wegen fehlender kritischer Auseinandersetzung mit einem auf Ressourcenausbeutung basierenden Entwicklungsmodell in Frage gestellt (GUDYNAS 2009, ACOSTA 2013, HAFNER et al. 2016). Dabei stehen die folgenden **Kritikpunkte** im Zentrum:

- Es wird argumentiert, dass es sich um die Fortsetzung eines kolonialen Entwicklungsparadigmas mit anderen Mitteln handelt, bei dem die internationale Rolle Lateinamerikas als Ressourcenlieferant und somit „*die Unterwerfung unter den Weltmarkt*" (ACOSTA nach SCHOEPP 2012: 152) nicht in Frage gestellt werden (ABAD RESTREPO 2018).
- Eine grundsätzliche Hinterfragung ob „Entwicklung" und „gutes Leben" sich am Modell der Länder des Globalen Nordens messen lassen sollte, findet nicht statt.
- Die Fortführung der extraktivistischen Logik ergreift keine konkreten Maßnahmen zum Aufbau eines nachhaltigen Wirtschaftsmodells, d. h. dass weder Maßnahmen ergriffen werden, um einen Industrie- oder Dienstleistungssektor aufzubauen, noch andere Möglichkeiten geschaffen werden, um Alternativen zu fossilen Energieträgern zu schaffen (DENZIN 2018).

- Weiterhin wird darauf hingewiesen, dass der Extraktivismus aufgrund seiner fehlenden Nachhaltigkeit auf die Ausweitung der extraktivistischen Grenzen, auch *frontiers* genannt, angewiesen ist (COY et al. 2017). Dies führt zu einer Vielzahl von „umkämpften Territorien" (ULLOA 2015: 39), d. h. Lokalkonflikten mit indigenen und lokalen Gemeinschaften, die vom Staat auch mit Polizeigewalt unterdrückt und kriminalisiert werden, um das Wirtschaftsmodell zu erhalten. Dies geht einher mit dem von HARVEY (2003) propagierten Eigenschaft des Kapitalismus als „globaler Enteignungsökonomie", mit der nicht gebrochen wird.
- Dies ist verknüpft mit den ökologischen Kosten dieses Wirtschaftsmodells: Da die langfristigen Kosten von Renaturierung und Umweltverschmutzung nicht im Preis für Ressourcenförderung enthalten sind, tragen allein die lokalen Gemeinden diese Kosten und wehren sich dementsprechend dagegen (ACOSTA 2008).
- Weiterhin fehlt eine kritische Auseinandersetzung damit, ob eine generelle Reduktion von „Natur" auf einzelne Ressourcen stattfinden sollte.
- Kritische Stimmen weisen des Weiteren auf die Marktvolatilität der Rohstoffpreise hin. Die Kopplung der Sozialmaßnahmen an Ressourcenrenten ist somit von einer nicht kontrollierbaren Variablen (Weltmarktpreis) abhängig und somit können die Sozialmaßnahmen nicht für die Zukunft zugesichert werden (DIETZ 2017, CARRERI u. DUBE 2016).
- Der Selbstanspruch des Abbaus sozialer Ungleichheiten wird kritisiert, da der Extraktivismus zwar zu einer Reduzierung der Armut führte und auch alle anderen gesellschaftlichen Schichten in einer Art „Fahrstuhl-Effekt" weiter nach oben brachte, die Disparitäten insgesamt aber nicht verringert hat (BURCHARDT 2016: 18).

Konkret wird die Ausweitung der Konzessionen bemängelt (vgl. *Abschn.* 6.3.1), die zunehmende Bedeutung des Primärsektors innerhalb der Länder und die ökologischen Konsequenzen sowie auch die damit verbundene politische Rhetorik, die Bergbau und Entwicklung linear miteinander verknüpft. LANDER (2015: 10) resümiert: „*Die Umverteilung über staatliche Zuschüsse und direkte Geldzuwendungen entspricht den unmittelbaren Forderungen der Bevölkerung; sie trägt jedoch kaum dazu bei, die Produktionsstrukturen der Gesellschaft und deren tiefgreifende Ungleichheiten aufzubrechen.*"

2.2.3 Postextraktivismus

Im Gegensatz zu den vorgehenden Entwicklungsverständnissen, handelt es sich beim Postextraktivismus um ein Entwicklungsidee, die auf der langsamen Entkopplung von einer auf unterirdischen, nicht regenerativen Ressourcenausbeutung basierenden Entwicklung. Mit Verweis auf die negativen sozialen, ökologischen und politischen Folgekosten einer stark auf der Ausbeutung natürlicher Ressourcen basierenden Entwicklung wird das auf Wachstum und Ressourcenausbeutung basierende Modell kritisiert und eine Alternative gefordert, die für Mensch und Umwelt verträglich ist (GUDYNAS 2009).

Das Konzept geht über die Kritik an der Ressourcenextraktion hinaus und hat die gesellschaftlichen Macht- und Herrschaftsverhältnisse im Fokus, sowie bestimmte Formen der Naturaneignung, die der Ressourcendefinition vorangehen (DIETZ 2013: 513). Dazu gehört der Bruch mit dem kolonialen Erbe und der dazugehörigen Rolle Lateinamerikas für die Weltwirtschaft (ACOSTA 2013). Im Gegenzug berufen sich VertreterInnen des Postextraktivismus auf präkoloniale Ideale, die „Entwicklung" und „Fortschritt" nicht durch Wachstum messen, sondern das Entwicklungsideal in einem *sumaq kausay* (*Quechua*: „gutes Leben") oder *sumak qamana* (*Aymara*) sehen (ACOSTA 2009, ESCOBAR 2010). Daran gekoppelt ist nicht nur die Nicht-Extraktion von hochpreisigen natürlichen Ressourcen, sondern ein grundsätzlich verändertes Mensch-Naturverständnis. Es stellt das anthropozentrische Weltbild in Frage, das durch seine utilitaristische Beziehung zur Natur und deren Reduktion auf „Ressourcen" gekennzeichnet ist, und die damit verbundenen Entwicklungskonzeptionen. Die imaginierte Entwicklungsvorstellung basiert auf dem Ideal eines egalitären Verhältnisses zwischen Mensch und Natur (ALAYZA MONCLOA u. GUDYNAS 2012), wodurch pluralistische Entwicklungskonzeptionen möglich sind, die nicht notwendiger Weise auf der Idee eines linearen Zusammenhangs von wirtschaftlichem Wachstum und gutem Leben basieren.

Die Vorstellung ist jedoch weniger die eines Rückschritts in ein steinzeitliches Zusammenleben, wie z. B. vom ecuadorianischen Präsidenten RAPHAEL CORREA unterstellt wurde, sondern beinhaltet eher ein Umdenken hin zu einer *„lebenserhaltenden Ökonomie"* (CORTEZ u. WAGNER 2010: 179), die auf weniger invasiven Wirtschaftszweigen basiert. Somit verschieben sich vor allem die Indikatoren für das, was als „gutes Leben" angenommen wird (ALTVATER 2013: 25). Die damit einhergehende Umfokussierung von Effizienz auf Suffizienz (ACOSTA 2013) bietet zwangsläufig viele Anknüpfungspunkte mit der in Europa geführten Postwachstums- oder *De-growth*-Debatte (BRAND et al. 2017, ENDARA

204), insbesondere, weil geringere Ressourcenausbeutung nur im Kontext eines veränderten globalen Lebensstiles realisierbar ist.

Aus dieser Perspektive bedeutet der Umgang mit den natürlichen Ressourcen eines Landes dass, entgegen gängiger Annahmen, eine „*Nichtausbeutung von Rohstoffen (...) Etikett eines neuen Denkansatzes*" (SCHOEPP 2012: 156) werden kann. Die Berufung auf den Postextraktivismus bricht somit mit der normativen Vorstellung, dass Entwicklung mit unbegrenztem Wachstum verbunden sei, das durch systemimmanenten Wettbewerb angetrieben wird. Somit trägt der Begriff immer auch eine kapitalismuskritische Konnotation.

Für die tatsächliche Umsetzung des Konzepts für die Zukunft sieht LANDER (2015: 9) die politisch organisierten Indigenengruppierungen als einen entscheidenden Träger. Juristisch wurde die Idee des *Buen Vivir* z. B. in der ecuadorianischen Verfassung etabliert, in der die Natur Rechtssubjekt ist (BURCHARDT 2016: 6). In der Realpolitik sollte das Konzept im *Yasuní*-Nationalpark umgesetzt werden. Das Erdöl, das unter dem an Biodiversität sehr reichen Gebiet liegt, sollte, gegen eine Zahlung durch die internationale Gemeinschaft, nicht gefördert werden, was sich jedoch aufgrund der fehlenden Zahlungswilligkeit der Regierungen zerschlug.

Auch wenn der Postextraktivismus auf nationaler Ebene in keinem Land umgesetzt wird, wird der Denkansatz von viele lokalen und regionalen Bewegungen aufgegriffen, die sich gegen die extraktivistische Logik wehren.

2.2.4 Entwicklungsparadigmen im Vergleich

Im Kontext der vorliegenden Arbeit sollen die Entwicklungskonzepte nicht primär als Erklärung nationaler Entwicklungsparadigmen verstanden werden, sondern als Positionen, die nebeneinander von den verschiedenen Akteuren vertreten werden. Von Seiten des Nationalstaats kann von einer extraktivistischen oder neoextraktivistischen Logik ausgegangen werden, während lokale Bewegungen oder Regionalpolitiker häufig postextraktivistische Vorstellungen vertreten. Das Zusammentreffen der verschiedenen Entwicklungsvorstellungen manifestiert sich dann in den lokalen Konflikten um die Nutzung oder Nichtnutzung und somit letztendlich in der Definition der Ressourcen (KÖHLER 2005).

In den vorherigen Ausführungen wurde deutlich, dass es sich beim Postextraktivismus um ein fundamental unterschiedliches Entwicklungskonzept handelt, dessen Umsetzung zwangsläufig zu Konflikten mit den VertreterInnen neoklassischer Konzepte führen muss. Sozial-ökologische Konflikte zeigen sich dann an den unterschiedlichen Entwicklungsverständnissen und an den daran geknüpften

Vorstellungen bezüglich der Nutzung oder Nichtnutzung unterirdischer Ressourcen. Es verbergen sich dahinter grundsätzlich verschiedene Konzeptionen von „gutem Leben", der Lebensweise und dem Mensch-Natur-Verhältnis. Während in den extraktivistischen Konzepten Natur auf einzelne Ressourcen reduziert wird, geht der Postextraktivismus von einem ganzheitlichen Naturverständnis aus, in welchem die Natur zum Rechtssubjekt wird. Daraus resultiert auch verändernte Akteurskonstellationen sowie die Ausrichtung der involvierten Akteure.

Tabelle 2.2 zeigt die Grundannahmen in Bezug auf Entwicklung, Staat, Natur, Wirtschaft und Kritikpunkte der jeweiligen Entwicklungskonzeptionen des letzten Jahrhunderts in Lateinamerika. Es wird deutlich, dass der Postextraktivismus zunächst die radikalste Änderung darstellt, was die Tatsache widerspiegelt, dass sich die Vorstellung dessen, was „Entwicklung" bedeutet, innerhalb kurzer Zeiträume gewandelt hat. Die jeweilige Entwicklungsrhetorik ist somit maßgeblich daran beteiligt, was auf nationaler und internationaler Ebene als solche verstanden wird.

Absichtlich wurde hier Abstand von einer linearen Wirkkette mit zeitlicher Verortung genommen (wie z. B. zu finden bei COY 2007), vielmehr werden die einzelnen Denkmodelle Akteuren aus Wirtschaft, Politik und Zivilgesellschaft zugeschrieben, die über zeitlichen und räumliche Grenzen hinweg wirken. Folgerichtig handelt es sich bei der *Tabelle* 2.2 um eine Annäherung, um konkurrierende Entwicklungsvorstellungen und deren Implikationen darzustellen und die zu erwartenden Konflikte zu antizipieren und zu erklären. Für die vorliegende Arbeit wird also angenommen, dass die verschiedenen Entwicklungsvorstellungen einen unterschiedlichen Umgang mit den unterirdischen Rohstoffen beinhalten und dann zu den gegebenen Ressourcenkonflikten führen.

2.3 Inwertsetzungsprozess von Ressourcen

Zu verschiedenen Zeiten, haben in fast allen Weltgegenden bestimmte Ressourcen einen Rausch produziert. Jedoch zeigt die geologische Betrachtung, dass nicht überall wo eine Ressource vorhanden ist, auch ein Rausch entsteht. Um eine Erklärung hierfür zu finden, ist es notwendig, die Begrifflichkeiten „natürliche Ressourcen[2]", „Rohstoffe" „Natur" und „Umwelt" differenziert zu betrachten.

---

[2] Im Folgenden wird unter Ressourcen immer natürliche Ressourcen verstanden. Ein erweiterter Ressourcenbegriff in Richtung von personellen Ressourcen oder weiteren externen Faktoren sind unter dem Begriff in der vorliegenden Bezeichnung nicht eingeschlossen.

Tabelle 2.2 Entwicklungslinien Lateinamerikas in Bezug auf Rohstoffe im Überblick. (Quelle: Eigener Entwurf, in Anlehnung an COY et al. (2017), BURCHARDT (2016), DENZIN (2018), ABAD RESTREPO (2018) u. CONTRERAS (2009))

Paradigmen	In Deutschland verwandte Entwicklungsparadigmen	Modernisierungstheorie	Dependenztheorie	Neoliberal	Postdevelopment/Postneoliberal	
	Lateinamerikanisches Entwicklungsparadigma	Extraktivismus „Desarrollo hacia afuera"	„Desarrollo hacia adentro"	Neoliberalisierung	Neoextraktivismus	Postextraktivismus
Entwicklung	Entwicklungsparadigma	durch Liberalisierung	durch Protektionismus	durch Neoliberalisierung	durch staatlich kontrollierte Ressourcenausbeutung	pluralistische Entwicklungsvorstellungen
	Normatives Entwicklungsverständnis	Technischer Fortschritt	Nationale Selbstversorgung	Gesellschaftlicher Fortschritt durch Wirtschaftswachstum	Beseitigung der sozialen Ungleichheiten	„sumaq kausay" (harmonisches Zusammenleben von Mensch und Natur ohne Ausbeutung)
	Entwicklungsindikatoren		Anteil Industriesektor	Wirtschaftswachstum (z. B. BIP, fdi, Währungsstabilität)	Ungleichheit, Armut	Zufriedenheit, Ausbleiben sozialer Konflikte
Ressourcen	Naturverständnis	Kontrolle über Natur als Zeichen für Entwicklung, Reduzierung von Natur auf Ressourcen		Grundlage für wirtschaftliches Wachstum	Grundlage, um Ungleichheit zu bekämpfen	Natur als Rechtssubjekt
	Rolle der unterirdischen Rohstoffe	Anwerbung internationaler Investoren	Nationalen Selbstversorgung	Atraktion internationaler Großinvestoren	Ausbeutung/ Kontrolle durch den Staat	Keine/ Einkommen für Kooperativen
	Kontrolle über Ressourcen	Private InvestorInnen	Staatsbetriebe	vom Staat verwaltet, von privaten Großinvestoren kontrolliert	vom Staat verwaltet und teilweise ausgebeutet	regionale Akteure

(Fortsetzung)

Tabelle 2.2 (Fortsetzung)

Paradigmen		Modernisierungstheorie	Dependeztheorie	Neoliberal	Postdevelopment/Postneoliberal	
	In Deutschland verwandte Entwicklungsparadigmen / Lateinamerikanisches Entwicklungsparadigma	Extraktivismus / „Desarrollo hacia afuera"	„Desarrollo hacia adentro"	Neoliberalisierung	Neoextraktivismus	Postextraktivismus
Akteure	Ausrichtung der Wirtschaft	Ressourcenausbeutung, Urbarmachung des Landes (Primärsektor)	Ausbildung eines nationalen Industriesektors (Sekundärsektor)	Anwerbung *fdi* im Primärsektor	Internationale und nationale Ausbeutung im Primärsektor	Einrichtung andersartiger Wirtschaftssektoren (v. a. Tertiärsektor)
	Rolle des Staates		Wirtschaftsakteur	Verwalter und Koordinator	Kontrolleur und Verteiler	in Funktion für die Bedürfnisse der regionalen Akteure
	Rolle der Zivilgesellschaft	Innovatoren und Konsumenten		Konsumenten		verantwortlich für den Erhalt des Gleichgewichts
Auswirkungen	Positive real-wirtschaftliche Auswirkungen	Technische Entwicklung, Infrastruktur	Entwicklung eines industriellen Sektors	Positive Auswirkungen auf das BIP	Expansive Sozialpolitik	–
	Kritikpunkte		Fehlende Versorgung der Grundbedürfnisse der Bürger, aufgeblähter Staatsapparat	Verschärfung von Disparitäten	Klientelismus, Zerstörung traditioneller Strukturen, Kriminalisierung gegensätzlicher Entwicklungsvorstellungen, fehlende lokale Wertschöpfungsketten, Unsicherheit (Marktvolatilität), Umweltverschmutzungen. Keine reelle Veränderung der Machtverhältnisse	fehlende Realisierbarkeit

Die humangeographische Untersuchung von Mensch-Umwelt-Interaktionen, steht vor dem konzeptionellen Problem, dass Teile der Natur zum einen Konstante sind, die existiert oder nicht, und gleichzeitig als diskursive Elemente zu verstehen sind, die, je nach raum-zeitlicher Differenz, unterschiedlich wahrgenommen und gefördert oder geschützt werden. Um diesem Problem Rechnung zu tragen, wird in der folgenden Arbeit nach ALTVATER u. MAHNKOPF (1997: 129 ff) zwischen den Begriffen Rohstoff und Ressource unterschieden, um auf die stofflich-materielle Existenz (Rohstoffe) auf der einen und die diskursive, sozial variable Beschaffenheit (Ressourcen) auf der anderen Seite einzugehen (*Tabelle 2.3.*). Der **Rohstoffbegriff** wird als ein in der Natur vorkommender haptischer Stoff verstanden, der sich grundsätzlich isolieren lässt und über eine natürliche Grenze verfügt. Dem entgegen steht der Begriff der **Ressourcen**, der eine über Knappheit definierte, ökonomische und somit variable Größe ist. Es handelt sich um „*der Natur entnommene Grundmittel, die für die Herstellung von Waren und Dienstleistungen genutzt werden*" (BRZOSKA 2014: 31). Er ist mit einem Mehrwert für bestimmte Gruppen verbunden, die gleichzeitig über die Macht verfügt, diese Ressourcen für sich nutzen zu können. Denn mit der Extraktion ist nach GEBHARDT (2013: 1) immer ein „*Eingriff (...) in das System Erde verbunden*", somit beeinflusst die zugeschriebene Wertigkeit einer Ressource andere Rohstoffe und damit die Personen, die davon abhängig sind.

Um auf die soziale Konstruiertheit von Ressourcen hinzuweisen, prägte der Ökonom ERICH ZIMMERMANN (1951: 39) den Satz „*Resources are not, they become*". Er wies damit darauf hin, dass es sich im Gegensatz zum Rohstoffbegriff nicht um eine statische naturgegebene Größe handelt, sondern vielmehr um eine Variable, die von ihren zeitlichen, sozialen und technischen Rahmenbedingungen abhängig ist (CARRIZOSA UMAÑA 1983: 287/288; BRZOSKA 2014: 31). Dabei liegt die Annahme zugrunde, dass es sich bei Ressourcen um Güter aus einer Fülle von anderen parallel existierenden Rohstoffen handelt (KÖHLER 2005: 24). Hieran zeigt sich das primär ökonomische Verständnis des Ressourcenbegriffs, das auf einem Naturverständnis basiert, das Natur als Grundlage menschlicher Entwicklung sieht. Natur wird als Warenlager für den Fortschritt verstanden, die durch das „Herausziehen" eines bestimmten Stoffes aus der Natur Mehrwert für eine Gruppe von Menschen schafft, ohne alle weiteren Teilelemente der Natur in Betracht zu ziehen, die durch die Extraktion mitunter in Mitleidenschaft gezogen werden. SCHMITT (2018: 105) fügt hinzu, dass über „*symbolische Bedeutungszuschreibungen (...) ein bestimmter materieller Ausschnitt der Natur eine gesellschaftliche Bedeutung*" bekommt. Somit ist aber auch auf die "*imaginativen Aspekte*" (LE BILLON U. DUFFY 2019: 249, Übers. d. Verf.) hinzuweisen, also dass die Vorstellung davon, wo sich Ressourcen in einem Raum befinden, bereits Teil des Förderungsprozesses ist.

Das Ressourcenkonzept impliziert somit eine Hierarchisierung der parallel existierenden Rohstoffe. Es gibt demnach nützliche Elemente der Natur und andere, die keinen oder einen geringeren Wert aufweisen. Welche der parallel existierenden Rohstoffe aus der Natur zum gegebenen Zeitpunkt förderungs- oder schützenswert sind, wird über die Knappheit und letztendlich über den Preis definiert (MILDNER et al. 2011: 11). Folglich ändert sich das, was als Ressource wahrgenommen wird, entsprechend des zeitlichen und sozialen Kontexts durch die „*Bedeutungs- und Präferenzzuweisungen der jeweiligen Gesellschaft*" (SCHNECKENER 2014: 14). Deshalb kommt in diesem Verständnis, Macht eine besondere Bedeutung zu. Es wird zur zentralen Frage, welche Gruppe die Macht hat, aus den parallel existierenden Rohstoffen eine zur Ressource zu erklären und schließlich zu fördern. In diesem Verständnis, zeigen sich an den geförderten Ressourcen, im Sinne der Politischen Ökologie, die Machtverhältnisse eines räumlichen Abschnitts (KRINGS 2008).

Im Diskurs um Ressourcen wird regelmäßig argumentiert, dass die Knappheit oder Seltenheit eines Rohstoffs dessen Förderung notwendig mache. Dazu müssen die beiden Begriffe definitorisch abgegrenzt werden: **Seltenheit** bezieht sich auf die absolut verfügbare Menge eines Rohstoffs (Verfügbarkeit). **Knappheit** hingegen ergibt sich aus Seltenheit und der käuflichen Nachfrage, welche dann den Wert einer Ressource bestimmt. Folglich sind Ressourcen dann knapp, wenn seltene Rohstoffe eine hohe Nachfrage haben. Im Umkehrschluss aber seltene Rohstoffe müssen nicht zu knappen Ressourcen werden, wenn an ihnen kein **Mangel** besteht (ALTVATER 2013: 25–26).

Zur Veranschaulichung der Genese eines Rohstoffs zur Ressource ist Guano zu nennen: Diese Vogelexkremente waren Jahrtausende lang auf vor Peru liegenden Inseln als Rohstoff vorhanden, bis ihr Düngewert sie im 19. Jahrhundert zu einer wichtigen Ressource Perus machte. Mit der Erfindung künstlicher Düngemittel durch Justus Liebig reduzierte sich der internationale Bedarf und somit auch der Fokus auf die „Ressource Guano". Gleiches gilt für andere Ressourcen der Vergangenheit wie Salpeter oder Kautschuk, aber auch für neu aufkommende Ressourcen wie Lithium oder Coltan, die als Rohstoff vorhanden aber als Ressourcen nicht oder noch nicht gefördert werden (SCHNECKENER 2014: 14).

Wie ein Rohstoff zur Ressource wird, beschreibt E. ALTVATER durch den Prozess der **Inwertsetzung** (s. *Abb. 2.2*). In diesem Sinne, beginnt die Ressourcengenese lange vor der physischen Extraktion, indem ein Rohstoff gedanklich aus dem Ökosystem extrahiert und als Reserve identifiziert wird (ALTVATER 2013: 17). Nachdem international definiert wurde, was als knappe Ressource gilt (*Abb. 2.2, Schritt 0 a/b*), wird auch festgelegt, welche der gleichzeitig vorhandenen Rohstoffe *„ökonomisch interessant [sind] und daher (erfolgt) auch die Identifikation jener Teile der Natur, die nicht in Wert gesetzt werden können oder sollen, also „wertlos" bleiben"* (ALTVATER u. MAHNKOPF 1997: 129) (*Schritt I*). Ist eine Ressource einmal im Raum gedanklich verortet (*Abb. 2.2, Schritt II*), muss sie, *„weil sie ausbeutbar ist, auch ausgebeutet werden"* (ANDERS 1985). Somit ist die Definition einer vorhandenen Ressource aus einer Fülle von anderen parallel existierenden Rohstoffen, die als nicht-Ressourcen deklariert werden, nach KÖHLER (2005: 24) bereits sozial umkämpft (*Abb. 2.2, Schritt III*). Es muss dabei stets die Frage gestellt werden, wer die Ressource definieren darf und kann und für wen die Inwertsetzung des Rohstoffs Vorteile bringt. Nach diesem Schritt ist die Änderung der Eigentumsrechte notwendig, damit die betreffende Ressource extrahiert werden kann, was mit der nicht-Nutzung anderer Rohstoffe einhergeht (*Abb. 2.2, Schritt IV*). Dadurch werden die Eigentumsrechte *„notwendiger Weise zu Ausschlussrechten"* (ALTVATER 2013: 19). Erst danach steht der physische Extraktionsprozess (*Abb. 2.2, Schritt V*), in der die *„als wertvoll identifizierte Ressource aus dem Raum entfernt [wird], und zurück bleiben ein schwarzes Loch und ein Berg von Aushub"* (ALTVATER u. MAHNKOPF 1997: 130). Zur Durchsetzung dieser wird dann in vielen Fällen Gewalt notwendig, um die exklusive Ressourcenextraktion durchführen zu können.

Wo ein Inwertsetzungsprozess stattfindet und wo nicht, also wo Ressourcen gefördert werden oder nicht, wird nicht allein durch den internationalen Preis und die Nachfrage bestimmt, sondern auch durch die Allokation dieser. Beispiele hierfür sind das Gold in Rhein und Eder. Diese Rohstoffe sind nach Informationen der *Bundesanstalt für Geologie und Rohstoffe* in ausreichender Konzentration vorhanden, jedoch haben die sozialen (Lohnkosten), ökologischen (Umweltauflagen und Lage in Umweltschutzgebieten) und ökonomischen Bedingungen (andere florierende Wirtschaftssektoren in Deutschland) zur Folge, dass sie weder legal noch illegal gefördert werden. Für das Beispiel des historischen Goldbergwerks in Frankenberg schreibt ELSENER (2009: 6): *„Dieser [der Eisenberg bei Korbach] soll je nach Autor und Untersuchung noch zwischen 800 kg und 10 t Gold enthalten. Da zwischenzeitlich jedoch alle ehemaligen Bergwerksanlagen am Eisenberg unter Denkmalschutz stehen, dürfte eine Aufnahme der Gewinnung mit großen Schwierigkeiten behaftet sein. Ähnlich wie der Eisenberg liegen auch viele andere*

2.3 Inwertsetzungsprozess von Ressourcen

deutsche Primärgoldvorkommen – so sie denn nicht in den vergangenen Jahrhunderten sowieso schon fast vollständig ausgebeutet worden sind – in natur-, landschafts- oder Schutzgebieten unterschiedlicher Wertigkeit, die per se eine Rohstoffgewinnung sehr stark erschweren oder gar verhindern" (ELSENER 2009: 6).

Ähnlich wie das Beispiel des Guano illustriert dieser Fall, dass der Rohstoff Gold nicht überall zur Ressource werden muss, sondern, entgegen gängiger Annahmen, auch ohne Weiteres unter der Erde bleiben kann, ohne größeren Einfluss auf das Geschehen über der Erde zu nehmen. Würden die gleichen Vorkommen in einer anderen Weltregionen gefunden, würde das vorhandene Gold je nach Entwicklungsparadigma und Staatlichkeit, legal oder illegal gefördert werden. Somit sollten gibt es große Forschungslücken in Bezug auf die Frage, wann eine Ressource zu einer solchen wird und evt. einen Rausch auslöst.

Folglich wird, wie *Tabelle* 2.3 zeigt, unter den Begriffen Rohstoff und Ressource wie folgt unterschieden. Der Begriff „Rohstoff" wird gewählt, wenn es sich um die absolute Menge vorkommender Bodenschätze oder anderer Einzelbestandteile der Natur handelt und „Ressource", wenn es sich um ein *„gesellschaftliches Naturverhältnis"* (KÖHLER u. WISSEN 2011) handelt, aus dem zum gegebenen Zeitpunkt Gewinn erzielt wird oder werden soll. Folglich ist der Rohstoffbegriff eine Konstante, während der Ressourcenbegriff eine raumzeitliche Variable ist. Die Unterscheidung zwischen den Begriffen ermöglicht eine nicht-naturdeterministische Sichtweise, da sie Rohstoffen eine *Agency* zuschreibt. Rohstoffe können dann zu Ressourcen werden und somit bestimmte Prozesse wie Konflikte initiieren, müssen es aber nicht. Somit ändert sich die klassische Forschungsfrage von „welchen Einfluss haben Rohstoffe auf Entwicklung?" hin zur Frage „wann und wieso wird ein Rohstoff zur Ressource und hat die damit verbundenen Effekte?" Der Ausspruch ZIMMERMANNS *"Ressourcen sind nicht, sie werden"* (Übers. d. Verf.) könnte folgerichtig geändert werden zu „Rohstoffe sind, Ressourcen werden gemacht".

Jedoch bleibt das Ressourcenkonzept aufgrund seiner anthropozentrischen Sichtweise auf die Natur nicht ohne Kritik. Hinter dem Begriff der Ressource verbirgt sich eine Natur-Kultur Dichotomie, die den Menschen als grundsätzlich getrennt von der Natur betrachtet, die wiederum nur über ihren Wert für den Menschen definiert wird (EGNER 2010: 110). Aufgrund der Hierarchisierung von über Knappheit definierten Teilbereichen der Natur wehren sich antikapitalistische und teilweise indigene Gruppierungen mit Verweis auf die koloniale Vergangenheit gegen die Verwendung des Ressourcenbegriffs (ABAD RESTREPO 2018, CARRIZOSA UMAÑA 1983: 292). Sie verstehen alle *„Teileelemente der Natur"* (B 08_01, Übers. d. Verf.) als gleichwertig und fordern, „Natur" als Gesamtwesen

Tabelle 2.3 Unterschiede zwischen Rohstoffen und Ressourcen. (*Quelle: Eigener Entwurf*)

	Rohstoffe	Ressourcen
Definition	Materielles, physisch nachweisbares Teilelement der Natur	Inwertgesetzes, gefördertes Teilelement der Natur, das mit einem ökonomischen Mehrwert und/oder Machterhalt einer bestimmten Gruppe einhergeht
Größe absolut/relativ	absolute Größe	variable Größe abhängig von technischem Stand der Gesellschaft, Wirtschaftssystem und Vorstellung von Entwicklung
Bezeichnung für (Nicht)Häufigkeit	selten/ häufig	knapp/ nicht knapp
Bezeichnung für zu wenig Vorkommen	–	Mangel (Verfügbarkeit + Nachfrage)

oder zumindest als ein zusammenhängendes Ökosystem zu betrachten. Sie weisen auf die systemintegrierende Vorstellung hin, dass verschiedene Naturelemente sich in gegenseitigen Abhängigkeiten befinden und gleichwertige Bedeutung haben. Dies erfordert somit einen systemischen, statt reduktionistischen Ansatz (SCHOEPP 2012: 149).

ABAD RESTROP (2018) verweist außerdem auf den kolonialen Ursprung des Ressourcenbegriffs. Er argumentiert, dass er dem Gedanken entspringe, dass bestimmte Rohstoffe für die technologische Entwicklung von Gesellschaften von Bedeutung sind. Dies impliziert somit gleichsam, dass alle nicht-modernen Entwicklungsvorstellungen und Lebensweisen ignoriert oder gezielt bekämpfen werden.

2.3.1 Ressourcenklassifikationen

Die Ressourcenwerdung ist immer mit einer Ökonomisierung eines Teils der Natur verbunden. In der wissenschaftlichen Diskussion um Ressourcenreichtum, wird neben der unklaren Ressourcendefinition (vgl. *Abschn.* 2.3.1) oft eine klare Darstellung der verwandten Klassifikationen vernachlässigt. Da die Klassifikation

2.3 Inwertsetzungsprozess von Ressourcen

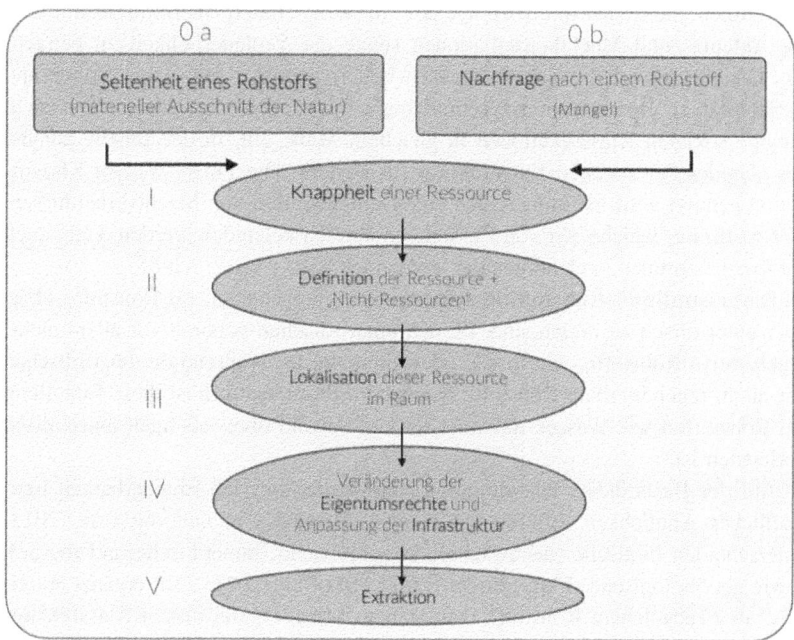

Abbildung 2.2 Prozess der Inwertsetzung von Ressourcen. (*Quelle: Eigene Darstellung, verändert nach* ALTVATER *u.* MAHNKOPF (1997))

von Ressourcen bereits ein machtpolitischer Akt ist, werden im Folgenden verschiedene parallel existierende Klassifikationen vorgestellt. Es kursieren in der Literatur Einteilungen, die z. B. nach Fundort (Verhältnis zur Erdoberfläche), stofflicher Ähnlichkeit (Halbwertszeit), Preis (Wert/Einheit), Aneignungsmöglichkeiten oder Legalität einteilen (*Tab.* 2.4 und *Abb.* 2.4). Die meisten bestehenden Studien zum Einfluss von Ressourcen auf Entwicklung oder Konflikt ignorieren meist die Existenz anderer Klassifikationsmöglichkeiten.

Analog zu der in *Abschnitt* 2.3.1 getroffenen Unterscheidung zwischen Rohstoffen und Ressourcen wird auch in der Tabelle zwischen Rohstoff- und Ressourcenklassifikationen unterschieden. Die Rohstoffklassifikationen unterteilen nach den physischen Eigenschaften oder dem Fundort der Materie relativ zur Erdoberfläche, sind also eher den Naturwissenschaften zugeordnete absolut gültige Einteilungen mit wenig Diskussionsspielraum. Die Ressourcenklassifikationen hingegen basieren auf der Annahme der raum-zeitlich sozialen Konstruktion von

Ressourcen, die immer mit der Frage des „für wen" einhergeht. Somit sind immer die Akteurs- und Machtkonstellationen sowie die Veränderlichkeit zu betrachten. Gleichzeitig ist die Einteilung nach Kriterien immer mit einer Varianz und Variabilität an Interpretationszuschreibungen verbunden, die jedoch auch nicht für alle sozialen Klassifikationen in gleichem Maße gilt, in der Tabelle anhand des „Grades der sozialen Konstruktion" dargestellt. Die Frage, wessen Klassifikation genutzt wird, ist immer auch eine Demonstration von Machtverhältnissen: wer bestimmt, welche Art von Ressourcen ähnlich behandelt werden, kann auch darüber bestimmen, welche genutzt werden (SCHMITT 2017: 62–65).

Die unstrittigste **Rohstoffklassifikationen** unterscheidet, ob Rohstoffe über- oder unterirdisch zu finden sind. Zu den unterirdischen gehören vor allem nicht-regenerative Rohstoffe, wie fossile oder mineralische, während die überirdischen vor allem regenerierbare Rohstoffe beinhalten. Problematisch ist diese Einteilung bei Rohstoffen wie Wasser, das im Kreislauf sowohl über- als auch unterirdisch vorhanden ist.

Auf der Basis dieser Klassifikation kann weiterhin nach Erneuerbarkeit bzw. stofflicher Ähnlichkeit differenziert werden; BRZOSKA u. OßENBRÜGGE (2013) unterscheiden biotische (nachwachsende), abiotische (mineralische und fossile), sowie geoökologische (Fluss, Boden)[3] und MILDNER (2011: 230) ergänzt abiotische aber recyclebare Rohstoffe (Mineralien, Metalle). Bei diesen Klassifikationen handelt es sich um absolute Einteilungen in denen soziale Zuschreibungen, wie der Wert pro Einheit, nicht mit in Betracht gezogen werden.

Zu den **Ressourcenklassifikationen** wird die Einteilung vom kanadische Geographen LE BILLON (2001) gezählt. Er unterscheidet unter anderem die Aneignungsmöglichkeiten der Ressourcen (VARISCO 2010) zwischen „plünderbare" (*lootable*) und „nicht plünderbare" (*unlootable*) Ressourcen (LE BILLON 2009). Als plünderbare werden solche bezeichnet, die ohne spezialisierte Verfahren gefördert werden können, z. B. Gold, Tropenholz oder Diamanten. Nicht plünderbar sind solche, die nur unter hohem technischem Aufwand abgebaut und gelagert werden können, wie z. B. fossile Brennträger (Erdöl, Erdgas). Die Unterscheidung macht insbesondere für die Untersuchung von Ressourcenreichtum in Bürgerkriegs- und Postbürgerkriegssituationen Sinn, da vor allem den plünderbaren Ressourcen ein essenzieller Beitrag zur Kriegsverlängerung zugeschrieben wird (ROSS 2004, vgl. *Abschn.* 2.5.2.1). Die Einteilung ist durch die absolute Beschaffenheit der Rohstoffe bedingt, aber abhängig vom Stand der Technik und

---

[3] Bei den zitierten Autoren werden diese jedoch Ressourcen genannt, da sie dich Unterscheidung nach Materialität und sozialer Konstruktion nicht machen.

2.3 Inwertsetzungsprozess von Ressourcen

somit wird der Grad der sozialen Konstruktion als niedriger angegeben als die folgenden Klassifikationsmöglichkeiten.

Die norwegische Geographin LUJALA unterteilt Ressourcen nicht nach ihrem Fundort, Erhaltbarkeit oder Förderbarkeit, sondern nach ihrem Wert pro Einheit auf dem internationalen Markt. Dementsprechend teilt sie Ressourcen in hochpreisige natürliche Ressourcen (*high value natural resources,* HVNR), zu denen sowohl biotische (Tropenhölzer) als auch abiotische (Erdöl, Erdgas, Mineralstoffe und Metalle) zählt (LUJALA 2012: 1) und nicht hochpreisige Ressourcen ein. Da hierbei auf die Marktvolatilität zu verweisen ist, sind die aufgezählten Ressourcen als eine Momentaufnahme zu betrachten. Weiterhin sollte auch darüber diskutiert werden, ob es sich bei Pflanzen, die zur Drogenproduktion dienen können, wie z. B. Koka, Marihuana oder Opium nicht auch um *high value natural resources* handelt (ZINECKER 2014).

Der Friedens- und Konfliktforscher SCHNECKENER unterteilt Ressourcen nach ihrer Notwendigkeit. Dabei unterscheidet er zwischen solchen, die für das Überleben von Menschen notwendig sind wie z. B. Wasser und Boden, solchen, die für ein bestimmtes Wirtschaftssystem unabdingbar sind, wie derzeit Erdöl, solchen, die einen besonders hohen wirtschaftlichen Nutzen für einzelnen Individuen haben wie z. B. Metalle oder seltenen Erden, und Ressourcen, die einen nichtmateriellen, sondern kulturellen oder spirituellen Wert für bestimmte Gruppen haben wie z. B. Heilkräuter[4] (SCHNECKENER 2014: 14). In dieser Einteilung ist die soziale Konstruktion von Ressourcen besonders deutlich; die Einteilung nach Notwendigkeit beinhaltet immer die Frage des „notwendig für wen", sodass Argumentationen, die auf Notwendigkeit beruhen, besonders eng an Machtfragen gebunden sind und die ethische Frage diskutiert werden muss, wessen Notwendigkeit es gilt zu respektieren.

Eine weitere stark sozial konstruierte, mitunter problematische Klassifikation, stellt die Einteilung nach Legalität dar. Hierbei handelt es sich nicht um eine rohstoffinduzierte Klassifikation, da sich, mit Ausnahme von Drogen, alle Ressourcen legal oder illegal fördern lassen. Im Kontext von Bürgerkriegen und illegalen Märkten und der damit verbundenen fehlenden staatlichen Präsenz, sollte das Konzept der Legalität diskutiert werden, da auch hier die Frage ist, wer welches Recht durchsetzen kann und was somit als legal oder illegal klassifiziert wird.

---

[4] Bei den spirituellen Werten sollte jedoch hinterfragt werden, ob die betroffenen Gruppen diese „Ressourcen" als solche betrachten, da sie nicht mit einem ökonomischen Zweck verbunden sind.

Die hier vorgestellten Rohstoff- und Ressourcenklassifikationen sind nicht als einzig mögliche Kategorien zu verstehen neben diesen gibt es zahlreiche weitere akademische Einteilungen, neben natürlich existierenden lokalen Klassifikationen, die nach grundsätzlich anderen Kriterien unterscheiden. Des Weiteren sei darauf verwiesen, dass die parallel existierenden Klassifikationen nicht bewert- oder vergleichbar sind, vielmehr ist zu fragen, welche der Klassifikationen in welchem Kontext sinnvoll anzuwenden ist.

2.3.2 Ressourcenreichtum

Häufig wird im Kontext der Untersuchung des Einflusses von Ressourcen auf Entwicklung und Konflikt der Begriff des Ressourcenreichtums verwendet. Ressourcenreichtum oder -armut wird dann eine spezielle Anfälligkeit z. B. für Bürgerkriege oder auch die positive oder negative ökonomische Entwicklung zugeschrieben. Jedoch handelt es sich um ein problematisches, weil unklar definiertes Konzept. In der Literatur wird Ressourcenreichtum, nach IDE (2015: 49) auf drei Arten definiert: 1. Relativer Anteil nicht-regenerativer Ressourcen am Export (z. B. COLLIER u. HOEFFLER 2004), 2. absolute Fördermenge nicht regenerativer Ressourcen (z. B. AUTY 1993) oder 3. vorhandene unterirdischen Reserven (z. B. LUJALA 2009). Jedoch stellen die oben erläuterten unterschiedlichen Ressourcenklassifikationen allgemeingültige Aussagen bezüglich Ressourcenreichtums grundsätzlich in Frage; unklare Definitionen dessen was als Ressourcen von wem verstanden wird und wann es sich um Reichtum dieser handelt, kann zu keinen sinnvollen Aussagen mit Allgemeingültigkeitsanspruch führen.

Keiner der oben benannten Klassifikationen nimmt das Vorhandensein regenerativer Ressourcen in Betracht. Der Einfluss des Reichtums geoökologischer Ressourcen wie Wasser ist anders einzuschätzen als das Vorhandensein hochpreisiger natürlicher Ressourcen. Genauso gut könnte der Reichtum an Fischen, der Zugang zu fruchtbarem Land und ausreichend Wasser als Ressourcenreichtum verstanden werden. In den Worten eines kolumbianischen Indigenen wird dies mit den folgenden Worten beschrieben: *"Alle Metalle, die Reichtum genannt werden, sind für uns wichtiger wenn sie unter der Erde bleiben, wo sie eine spirituelle Funktion erfüllen"* (GUEGIA HURTADO 2020, Übers. d. Verf.).

Somit sollte eine Diskussion angeregt werden, ob es sich nicht viel mehr um Ressourcenreichtümer handelt. In diesem Kontext muss dann die Frage gestellt werden, welche Akteursgruppe den Reichtum welcher Ressource als besonders wertvoll bezeichnet. Mag aus nationaler oder regionaler Sicht der Reichtum an Fischen oder fruchtbaren Boden als Ressourcenreichtum wahrgenommen werden

Tabelle 2.4 Rohstoff- und Ressourcenklassifikationen. (Quelle: Eigene Zusammenstellung)

Klassifikation	Kriterium	Einteilung	Beispiele	ausgewählte VertreterInnen
Rohstoffklassifikationen	Verhältnis zur Erdoberfläche	überirdisch	Wasser, Boden, Hölzer	
		unterirdisch	fossile Brennträger, Mineralien	
	Erneuerbarkeit/ stoffliche Ähnlichkeit	biotisch	Holz, Nahrungsmittel	BRZOSKA U. OSSENBRÜGGE 2013, MILDNER 2011
		abiotisch	fossile Brennträger (Kohle, Erdöl)	
		recycelbar	Mineralische und metallische Rohstoffe (Kupfer, Gold, Coltan)	
		geoökologisch	Fluss, Boden, Wald	
Ressourcenklassifikationen	Einfachheit der Aneignung	*lootable* (plünderbar)	Gold, Tropenholz, Diamanten	LE BILLON 2001/2008
		unlootable (nicht plünderbar)	Erdöl, Erdgas, Kohle	
	Wert/Einheit	hochpreisige natürliche Ressourcen (HVNR)	Erdöl, Erdgas, Mineralstoffe, Metalle, Tropenhölzer, [Drogen pflanzlicher Herkunft]	LUJALA et al. 2012

(Fortsetzung)

Tabelle 2.4 (Fortsetzung)

Klassifikation	Kriterium	Einteilung	Beispiele	ausgewählte VertreterInnen
	Notwendigkeit	nicht hochpreisig	Boden, Wasser, Kohle	SCHNECKENER 2014
		existenziell für das Überleben	Wasser, Boden	
		existenziell für ein Wirtschaftssystem	Erdöl, seltene Erden	
		hoher Profit	Gewürze, Metalle	
		nicht materieller sondern kultureller oder spiritueller Nutzen	Heilkräuter	
	Legalität	illegal	Drogen, illegal geförderte Mineralien oder Tropenhölzer	
		legal	Legal geförderte Mineralien	

(L07/08_03), wird aus der Perspektive des globalen Nordens Ressourcenreichtum als die Förderung von mineralischen oder fossilen, für den Konsum im globalen Norden bestimmten Ressourcen verstanden. Dies lässt sich auch an der Herkunft der oben zitierten Autoren demonstrieren. ABAD RESTREPO (2018) kritisiert somit zurecht, dass bereits die Benennung des Ressourcenreichtums auf kolonialem Gedankengut beruht da bestimmte Länder auf ihre Rolle als Ressourcenproduzenten reduziert und die (post)koloniale Ausbeutung Ressourcen legitimiert werden. Dadurch reproduziere sich die sogenannte „internationale Arbeitsteilung", die den Ländern des Globalen Südens die Rolle der Ressourcenproduzenten zukommen lässt, die in Ländern mit einem großen Industriesektor weiterverarbeitet und in einem Land des Nordens konsumiert und gesteuert werden (DANNENBERG 2020: 229–230). Der Diskurs um den als Mineralstoffreichtum verstandenen Ressourcenreichtum geht dann mit bestimmten kolonialen Entwicklungsvorstellungen einher, welche die Basis für die Unterdrückung jedes Protests an dem herrschenden Entwicklungsmodell liefern (MACHADO ARÁOZ 2013).

2.4 Friedens- und Konfliktverständnis

Wie aus den vorhergehenden Kapiteln deutlich wurde, ist Ressourcenaneignung häufig mit konflikthaften Situationen verbunden. Um den Konfliktbegriff näher zu verstehen, soll hier gemäß der Einteilung des Heidelberger *Institute for International Conflict Research* je nach dem Grad angewandter Gewalt und den Folgen nach *Disput, gewaltlose Krise, gewaltsame Krise, begrenzter Krieg* und *Krieg* eingeteilt werden (HIICP 2014). Dabei wird nach zwischenstaatlichen, innerstaatlichen (Bürgerkriegen) und regionalen Konflikten unterschieden, bei denen jeweils andere Akteursgruppen als Konfliktparteien anerkannt werden. Bei intrastaatlichen Konflikten sind besonders bewaffnete Gruppen als Akteure hervorzuheben, während regionale Konflikte auch Akteure der Zivilgesellschaft als Konfliktparteien anerkennen (HIICP 2018). Die für die Arbeit relevanten Unterformen der Konflikte sind die intrastaatlichen, welche sowohl Bürgerkriege als auch sozio-ökologische Konflikte beinhalten. Diese Differenzierung ist insbesondere nach Bürgerkriegen bedeutsam, da das Ende dieser häufig mit neuen Konflikten auf anderen Maßstabsebenen einhergeht, wie ALI (2010) es nennt, *"from macro-conflicts to micro-conflicts"*.

Die Zeit nach Abschluss eines Friedensvertrags kann somit nicht notwendiger Weise als „Friedenszeit" gelten, da die Zeit nach der Unterzeichnung eines Friedensvertrages häufig lediglich mit einer Diversifizierung der Konflikte und der Akteure einhergeht. Zur Betrachtung einer **Postbürgerkriegszeit** dient die Unterscheidung JOHANN GALTUNGS in einen „positiven" und einen „negativen Frieden". Während der negative Frieden allein die Absenz von Krieg bedeutet, beinhaltet die Vorstellung eines positiven Friedens eine gesellschaftliche Transformation, die auch mit einer gerechten Verteilung der Ressourcen einhergeht (GALTUNG 1969). Negativer Frieden kann aber auch mit einer *"pax mafiosa"* (MASSÉ 2016), einem mafiösen Frieden einhergehen, in der kriminelle Strukturen Teil der augenscheinlich friedlichen Gesellschaft sind.

Klassische Friedenskonzepte wie das „zivilisatorisches Hexagon" (SENGHAAS 1996), sahen allein die gesellschaftliche Ordnung als Voraussetzung für Frieden. Die Forschungen auf dem Gebiet der Friedens- und Konfliktforschung und die Arbeit internationaler GeographInnen wie z. B. LUJALA 2012, LE BILLON u. DUFFY 2018, BRUCH et al. 2019 oder IDE 2016 haben dazu beigetragen, Umweltaspekte und -gerechtigkeit weiter in das Zentrum wissenschaftlicher Friedensforschung zu rücken. Ein besonderer Fokus liegt dabei darauf, wie mit Ressourcen nach Beendigung bewaffneter Konflikte umgegangen werden soll. Dazu gehören die Fragen, wer bestimmen darf, welche Ressourcen von wem gefördert oder geschützt werden sollen und welcher Umgang mit Ressourcen dem jeweiligen Entwicklungsmodell zugeschrieben wird.

Häufig werden natürliche Ressourcen nicht als Kernproblem des Konflikts betrachtet und dessen Relevanz erst in der schwierigen Postbürgerkriegszeit deutlich. Dass für einen stabilen Frieden Umweltaspekte in die theoretischen Konzepte und deren praktische Umsetzungen einbezogen werden müssen, ist – trotz der Offensichtlichkeit für alle Betroffenen – im wissenschaftlichen Diskurs erst in den letzten Jahren angekommen. Wurde Umwelt im Klassiker *Building Peace after War* noch als Nebenaspekt des *„peacebuilding environment"* (BERDAL 2009: 29) verstanden, hält das Verständnis nun unter dem Begriff des *Environmental Peacebuilding* Einzug in den wissenschaftlichen Diskurs. Umwelt oder verschiedene Teilaspekte dieser werden nicht mehr als Externalität betrachtet, sondern gleichzeitig als Ursache neuer Konflikte wie auch als Möglichkeit neuer Kooperation in Friedenszeiten (ALI 2011: 32). In anderen Worten soll das *Environmental Peacebuilding* als neues interdisziplinäres Forschungsfeld zwischen Geographie, Politischer Ökologie und Friedens- und Konfliktforschung darauf abzielen, sozialgerechte Formen des Ressourcenmanagements in Konfliktprävention und Postkonflikt zu integrieren (LE BILLON u. DUFFY 2019: 245).

2.5 Paradigmen zu den Wechselwirkungen von Ressourcen, Entwicklung und Konflikt

2.5.1 Ressourcen und Entwicklung

Die Wechselwirkung von Ressourcen für Entwicklung wird, je nach Entwicklungsvorstellung, unterschiedlich bewertet (*Abb.* 2.3). Dabei wird häufig diskutiert, ob [1] Ressourcen die ökonomische Entwicklung eines Landes in positiver oder negativer Weise bestimmen. Weniger oft wird die These [2] untersucht, ob die (nicht-)Ausbeutung von Ressourcen Ergebnis eines politischen Entscheidungsprozesses ist, wie z. B. von VertreterInnen des Postextraktivismus propagiert wird.

Abbildung 2.3
Forschungsthesen zu den Wechselwirkungen zwischen Ressourcen (R) und Entwicklung (E).
(*Quelle: Eigener Entwurf*)

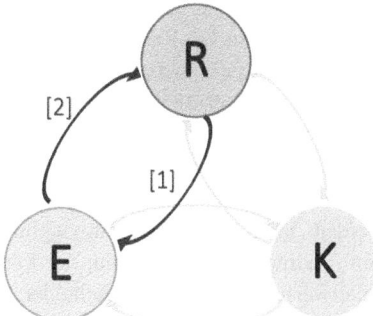

2.5.1.1 Ressourcenfluch oder der „Bettler auf dem Sack voll Gold"?

In Bezug auf den Einfluss von Ressourcen(reichtum) auf die Entwicklung von Nationen [These 1] sind in der internationalen wissenschaftlichen Literatur zwei Hauptrichtungen festzustellen. Die eine beschreibt das Vorhandensein natürlicher Ressourcen als überwiegend positiv und wird mit Verweis auf das fiktive Zitat "Peru sei ein Bettler auf einem Sack voll Gold" beschrieben. In der Gegendarstellung werden natürliche Ressourcen v. a. für negative Einflüsse verantwortlich gemacht, was mit der Bezeichnung des Ressourcenfluchs beschrieben wird.

Neoklassische Theorien vertreten in Anknüpfung an klassische Entwicklungsparadigmen die These, dass das Vorhandensein natürlicher Ressourcen zu einer positiven Wirtschaftsentwicklung führe (Ressourcensegen), die langfristig die Lebensqualität der Gesamtbevölkerung verbessert (WRIGHT u. CZELUSTA 2004).

Die Annahme ist, dass die „*natürliche Ressourcenintensität*" (OSSENBRÜGGE 2008) – meist verstanden als natürliche, nicht regenerative, hochpreisige Ressourcen wie z. B. Erdöl,- die Wirtschaft positiv durch die erhöhte verfügbare Geldmenge beeinflusst. Durch die generierten Steuereinnahmen wird zum einen der Staatshaushalt verbessert, zum anderen bringt der sogenannte *trickling-down effect* eine positive Entwicklung des sekundären Arbeitsmarktes und die Möglichkeit der Ausweitung des industriellen Sektors (z. B. PERRY u. BUSTOS 2012: 84). Diese Annahmen werden von VertreterInnen neoliberaler Politik wie z. B. der Weltbank vertreten. Dieser Sichtweise folgend ist die natürliche Ausstattung mit Rohstoffen wie z. B. Gold der ökonomischen Entwicklung eines Landes dienlich. Bei ausbleibender wirtschaftlicher Entwicklung dieser Länder liege das Problem vor allem in der fehlenden Inwertsetzung und mitunter in der Rentenverteilung.

Im lateinamerikanischen Kontext wird diese These häufig rhetorisch für politische Zwecke genutzt. Das Bild des **Bettlers auf dem Sack voll Gold** (CASTRO u. SILVA RUETE 2005: 17), das, je nach Land, dem italienischen Peru-"Entdecker" ANTONIO RAIMONDI (1824–1890) oder ALEXANDER VON HUMBOLDT (1769–1859) in den Mund gelegt wird[5], wird bemüht, um die extraktivistische Wirtschaftslogik zu legitimieren (s. HAMILTON 2018). Das Bild, das in den meisten peruanischen Schulbüchern auftaucht, ist fest verankert im Denken der Menschen und reproduziert die Idee, dass der Mineralstoffreichtum genutzt werden „muss", um „Unterentwicklung" zu bekämpfen. Diese Assoziation weckt den Eindruck, dass die Armut der Länder nur der Untätigkeit und der fehlenden Unterwerfung der Natur geschuldet ist. Um aus der selbstverschuldeten Situation herauszukommen, müsse nur der Ressourcenreichtum genutzt werden, um sich aus der misslichen Lage zu befreien. Hierbei wird oft die dahinterstehende Motivation deutlich, extraktivistische Praktiken zu legitimieren. Dies knüpft an

---

[5] Der Ursprung dieses Satzes ist jedoch weiterhin unklar. Nach Angaben der Antonio Raimondi Gesellschaft habe der italienische Entdecker Antonio Raimondi diesen Satz niemals gesagt (INSTITUTO DE INGENIEROS DE MINAS DE PERÚ 2017). In Ekuador wird der Satz Alexander von Humboldt in den Mund gelegt. Der Literaturwissenschaftler und Humboldtexperte Dr. Frank Holl geht aufgrund der Wortwahl davon aus, dass auch Alexander von Humboldt dies auch nicht gesagt habe (Interview: 27.9.2018). Die Wortwahl passt eher zu Raimondi, die vielfach abschätzigen und rassistischen Kommentare gegenüber der Lokalbevölkerung machte (z. B. "In Lima und generell in ganz Peru ist die schwarze Rasse eine Plage für die Gesellschaft […]. Die fehlende Ehrlichkeit scheint Teil ihrer Rasse zu sein […]. Meiner Meinung nach sind die Schwarzen in Bezug auf den geistigen Status weit hinter den Europäern […]. Schon an der Kopfform der Schwarzen erkennt man die Ähnlichkeit zu Tieren." Oder „Die Indios sind von ihrer Natur aus argwöhnisch und unter Alkoholeinfluss werden sie noch fauler und interpretieren alles schlecht in diesem Kontext" (zitiert nach CASTRO & SILVA RUETE 2005: 18/19))

die Ressourcensegen-Sichtweise an und blendet alle negativen Effekte von Ressourcenausbeutung auf die betroffenen Länder und Regionen aus wie auch die Profiteure der Ausbeutung.

Die Gegenthese geht davon aus, dass die *"natürliche Ressourcenintensität"* einen *Curse of the Plenty*, **Ressourcenfluch** oder Ressourcenparadox hervorruft (BROZKA u. OẞENBRÜGGE 2013). Sie basiert auf der Idee, dass dieser *„sich nicht wie von selbst in den „Wohlstand der Nationen" verwandelt, sondern sehr häufig deren Missstand vergrößert, so als ob auf dem Rohstoffreichtum ein göttlicher Fluch laste"* (ALTVATER 2013: 41). Welche Art von "Fluch" dies sei und für wen dieser gelte, wurde unterschiedlich interpretiert, wie in *Tabelle* 2.5 und *Abbildung* 2.4 dargestellt und im Folgenden genauer beschrieben wird.

Der Begriff des Ressourcenfluchs wurde erstmals 1993 von dem Ökonom R. AUTY benutzt, der die Debatte um den zuvor als evident angenommenen Zusammenhang von Ressourcen und Entwicklung durch den folgenden Satz revolutionierte: *„A growing body of evidence suggests that a favourable natural resource endowment may be less beneficial to countries at low- and mid-income levels of development than the conventional wisdom might suppose. (...) This counterintuitive outcome is the basis of the resource curse thesis."* (AUTY 1993: 1). Somit benutzt er den Begriff in einem **nationalökonomischen** Kontext. Er beschrieb den Zusammenhang von Ressourcenreichtum – worunter er Mineralstoffreichtum verstand – und Industrialisierung und kam zu dem Schluss, dass dieser sich umgekehrt proportional verhalte und die Ausbeutung von Mineralien die ökonomische Entwicklung der Länder mit geringem Einkommen verlangsame.

Als Erklärungsansatz seiner statistischen Zusammenhänge nennt er die sogenannte „holländische Krankheit". Darunter versteht er, dass die zusätzlichen Staatseinnahmen aus den Steuern des Mineralstoffsektors die nationale Wirtschaft destabilisierten, da sie Inflation begünstigten. Als Konsequenz werden Importe übervorteilt und nationale Produkte aus Industrie und Landwirtschaft relativ gesehen verteuert. Er verweist auf historische Fälle (Niederlande, Nigeria, Venezuela), in denen dadurch die nachhaltige Zerstörung des Industrie- und Landwirtschaftssektors die Folge war (AUTY 1993: 5) was teilweise bis in die Gegenwart wirkt. Neben der Inflation wird als weiterer Grund für die fehlende Industrialisierung genannt, dass Mineralstoffe nur unter hohen Kapital-, aber geringen Arbeitsinvestitionen gefördert werden. Die Folge sind fehlende lokale Arbeitsplätze und die damit geringe indirekte Wirtschaftsförderung, wohingegen die größten Gewinne beim Export und der Weiterverarbeitung Übersee abgeschöpft werden. Diesen ökonomischen Ressourcenfluchbegriff bestätigten auch z. B. SACHS u. WARNER (1995) in der Annahme, dass die hauptsächliche Fokussierung der Wirtschaft auf mineralische, unverarbeitete Exportgüter negative Folgen für die Entwicklung der Länder gemessen am Gesamtwirtschaftswachstum habe.

Seit den 2000er Jahren wurden der *Ressourcenfluchthese* weitere, nichtwirtschaftliche Interpretationen hinzugefügt. Zu den Interpretationen mit **politischem** Charakter gehören zum einen der problematische Einfluss von Renten auf die Staatsentwicklung, zum anderen der Einfluss von Ressourcen auf Bürgerkriege (vgl. *Abschn.* 2.5.2.1). Im Kontext der sogenannten *new wars*, d. h. primär nicht ideologisch geführten Konflikten vor allem in Afrika, wurde der Begriff des Ressourcenfluchs im Kontext politischer Fehlentwicklungen gewählt (BRZOSKA u. OSSENBRÜGGE 2013). Erklärt wird diese Art des Ressourcenfluchs durch das sogenannte „*rent seeking*" (KAPPEL 1999). Darunter werden Erklärungsmuster zusammengefasst, die davon ausgehen, dass sich Ressourcenrenten von Mächtigen leicht aneignen lassen und angesichts des hohen Marktwerts den Machterhalt durch Repression oder Klientelismus sichern. Um es mit den Worten J. STIGLITZ zu sagen: „*Reichtum und Reichtum erzeugt Macht, die die herrschende Klasse befähigt, ihren Reichtum zu bewahren*" (STIGLITZ 2010: 180).

In der Anwendung auf Staaten bedeutet es, dass Rentenstaaten zu Autoritarismus neigen, weil der Staatsapparat zum einen viel Geld für Repression gegen Oppositionelle ausgeben kann, zum anderen einen Großteil der BürgerInnen in einem aufgeblähten Staatsapparat von sich direkt abhängig macht (BASEDAU u. LAY 2009: 758). Das Konzept lässt sich jedoch gleichermaßen für legale politische Eliten wie auch für illegale Akteure anwenden. Durch die natürliche Verfügbarkeit von Ressourcen müssen Einkommen nicht reinvestiert werden, um die Produktivität zu erhöhen, somit bleibt der Wirtschaftsförderungseffekt auch bei der illegalen Förderung von Ressourcen aus.

Andersherum scheint die gerechte Rentenverteilung ein Problem zu sein. Aus diesem Grunde wurden unter dem Ressourcenfluch weitere **soziale Aspekte** zusammengefasst. Ressourcenreichtum wurde z. B. mit Ungleichheit in Zusammenhang gebracht (Ross 2003) und es konnte festgestellt werden, dass diese beiden Variablen miteinander korrelierten (ARISI u. GONZÁLEZ ESPINOSA 2014: 285).

Das jüngste Verständnis des Ressourcenfluchs stammt aus dem Buch des ehemaligen ecuadorianischen Minenministers A. ACOSTA „*La maldición de la abundancia*" (zu Deutsch: "Der Fluch der Vielfalt", ACOSTA 2009). Hierin beschreibt er die **ökologische Degradation**, die mit den Anreizen, die hochpreisige natürliche Ressourcen bieten, einhergehen. Die Existenz dieser hochpreisigen Ressourcen – er bezieht sich v. a. auf Erdöl – werden zu einem Fluch für die Region, da sie als einfache Einkommensquelle für die Regierung eine Versuchung darstellt, die durch die Förderung auf lokaler Ebene andere regenerativ Ressourcen stark in Mitleidenschaft zieht und gleichzeitig soziale Bewegungen, die sich gegen den Abbau wehren unterdrückt (ROA AVEDAÑO et al. 2017). Dabei bringt die Veränderung des Entwicklungsparadigmas eine veränderte Rolle des Staates mit sich (vgl. *Abschn. 2.2.4*). Anders als die vorherigen Autoren beschreibt ACOSTA den Ressourcenfluch also nicht primär in einem nationalen, sondern in einem regionalen Kontext, die durch nationale Entscheidungen ausgelöst werden. Dieses Verständnis wird vor allem im lateinamerikanischen Raum rezipiert. GUDYNAS (2009: 20, Übers. d. Verf.) schreibt zusammenfassend: *„es scheint so, als zerrinne der Reichtum in unseren Händen, um sich fern der Grenzen zu verlaufen und Teil des Flusses des internationalen Handels zu werden, ohne einen nennenswerten Beitrag zur nationalen Entwicklung beizutragen."*

Als weitere Interpretation beleuchtet OSSENBRÜGGE (2007) den Ressourcenfluch aus **historischer Perspektive**. Dabei wird, im Sinne der Dependenztheorie, Rohstoffreichtum für koloniale Unterwerfungen verantwortlich gemacht. Die VertreterInnen kommen häufig aus ehemaligen Kolonialländern, die sich der Denkweise der Dependenztheorie anschließen und sind akademischer oder literarischer Art. In dieser Sichtweise fungiert Ressourcenfluch als Erklärungsmuster für die derzeitige Unterentwicklung in den Ländern des Südens durch koloniale oder neokoloniale Mächte.

Exemplarisch hierfür ist der Bestseller des uruguayische Literaten EDUARDO GALEANO *„Las venas abiertas de América Latina"* (zu Deutsch: Die offenen Adern Lateinamerikas). Er widmet dieses bellistrische Werk dem Aufzeigen der systemischen Ressourcenausbeutung Lateinamerikas durch Länder des Nordens und macht sie für die Unterentwicklung Lateinamerikas verantwortlich. Er begründet in dem Kapitel „Die Armut der Menschen als Resultat des Reichtums der Erde" den Zusammenhang zwischen Ressourcenreichtum und kolonialer Ausbeutung. Er argumentiert, dass der Goldhunger der Spanier der Beginn einer durch externe Mächte durchgeführte Ausbeutungsstruktur wurde, die den Ländern und Bewohner Elend brachten und der fremden Mächten Reichtum. Die Ressourcen änderten sich zwar im Laufe der Jahrhunderte, doch sei das System grundsätzlich unverändert geblieben und ließe sich auf den späteren Kautschukboom, die Salpeter- und Kupferförderung sowie die Erdölförderung der Moderne übertragen (GALEANO 1980: 42).

2.5.1.2 Gegenthesen und Erweiterungen des Ressourcenfluchs

Jedoch bleibt die Ressourcenfluchthese nicht unumstritten. Da sie als These, nicht als Theorie zu verstehen ist, da es sich um eine Annahme zu kausalen Zusammenhängen handelt, ist sie per Definition streitbar (EGNER 2010: 9). Die meisten

Tabelle 2.5 Indikatoren und VertreterInnen unterschiedlicher Interpretationen des Ressourcenfluchs. (*Quelle: Eigener Entwurf*)

	Indikator für Ressourcenreichtum	Indikatoren für Ressourcenfluch	Bezugsrahmen	Art des Abbaus	ausgewählte Vertreter-Innen
ökonomisch	Anteil Mineralstoffexporte am BIP	Industriesektor Wirtschaftswachstum Inflation	national	legaler Abbau	AUTY, SACHS u. WARNER
politisch	Mineralstoffexporte	Bürgerkriege Autoritarismus Rentenstaatlichkeit	national	illegaler / legaler Abbau	ROSS
sozial	Mineralstoffexporte	Korruption Ungleichheit	national	legaler Abbau	
ökologisch	Nicht-regenerative Rohstoffe	soziale Konflikte und ökologische Degradation	lokal/ regional	legaler Abbau	ALTVATER, ACOSTA, ULLOA
historisch	Metalle und landwirtschaftliche Produkte	Unterentwicklung	national	legaler Abbau	GALEANO, GUNDER FRANK

2.5 Paradigmen zu den Wechselwirkungen von Ressourcen ...

Abbildung 2.4 Interpretationen des Ressourcenfluchs und dessen angenommenen Wirkmechanismen. (*Quelle: Eigener Entwurf*)

Erklärungsmodelle gehen davon aus, dass Ressourcen Entwicklungen negativ oder positiv bedingen [These 1]. Dem gegenüber steht die These, dass vor allem politische Entscheidungen die Voraussetzungen des Ressourcenabbau sind und somit das Entwicklungsparadigma über den Einfluss von Ressourcen auf Entwicklung entscheidet [These 2]. Mit Rekurs auf JOSEPH STIGLITZ (2010: 120) ist der Ressourcenfluch kein „*Verhängnis des Schicksals, sondern eine Entscheidung*". Ob und von wem an welcher Stelle Ressourcen gefördert werden, wird neben der natürlichen Ausstattung auch und vor allem durch politische Entscheidungen bedingt. Anders wäre die egalitäre Entwicklung eines stark ressourcenabhängigen Staates wie Norwegen oder das Fehlen von Konflikten um Gold in Rhein, Eder oder dem Harz nicht zu erklären. Wichtig ist deshalb herauszufinden, unter welchen Rahmenbedingungen vorhandene Rohstoffe die mit dem Ressourcenfluch assoziierten Problemen produzieren (DENNINGHOFF 2015: 22). Die Kritikpunkte werden exemplarisch in den folgenden Gegenthesen dargestellt:

1. **Geodeterminismus:** "Ressourcen müssen nicht zu bestimmten Entwicklungen führen."
Insbesondere aus den Reihen der GeographInnen (z. B. BORSDORF u. STADL 2013), wird die Wirkrichtung der Ressourcenfluchthese kritisiert, da es sich um eine „*theoretisch problematische, da geodeterministische Verbindung*" (OßENBRÜGGE 2007: 153) handele, welche aber „*einen wichtigen Baustein zur Erklärung und Entstehung und/oder der Persistenz von Konflikten bildet*" BORSDORF u. STADL 2013). Kritisiert wird, dass geologische Voraussetzungen nicht zwangsläufig zu bestimmten sozialen, politischen oder ökonomischen Entwicklungen führen müssen. Im Verständnis von ALTVATER u. MAHNKOPF (1997) werden Rohstoffe erst durch bestimmte Voraussetzungen zur Ressource konstituiert (vgl. *Abschn.* 2.3), d. h. Rohstoffe werden nicht überall dort gefördert, wo sie vorhanden sind. Die Ressourcenfluchthese greift in keiner Weise auf, welche Ressource zu welchen der assoziierten Folgen führt. Da der Ressourcenbegriff sich per Definition am Mangel misst, kann in Zukunft jedes potenziell knappe Gut (z. B. Wasser, Luft oder Land) zur Ressource werden. Somit sei die Frage aufgeworfen, ob nicht vielmehr das jeweilige Entwicklungsparadigma bestimmt, ob und wo welche Rohstoffe als Ressourcen bezeichnet und dann gefördert werden und somit potenziell zu Fluch oder Segen werden.

Des Weiteren fehlen genaue Klassifikationen. Viele Untersuchungen gehen – ohne dies zu Benennen – von geförderten, unterirdischen, nicht regenerativen Ressourcen aus, weshalb die Bezeichnung des „Bergbaufluchs" treffender wäre. Die Einbeziehung von Reserven, die für einen „echten Ressourcenfluch" notwendig wäre, ist aufgrund der unsicheren Datenlage problematisch, da es kaum belastbare Daten über die tatsächlich vorhandene Menge unterirdischer Reserven gibt.

2. **Ressourcensegen**: "Ressourcen führen zu positiver Entwicklung."
Zu den KritikerInnen der Ressourcenfluchthese gehören, neben den oben genannten VertreterInnen neoliberaler Sichtweisen, auch Personen, die das Aufkommen von Konflikten unter der Verwendung des Begriffs *Environmental Scarcity* vor allem der Verknappung von Ressourcen zuschreiben (z. B. HOMER-DIXON et al. 1993). Diese besonders in den 1990er Jahren populär gewordene Denkweise knüpft an neomalthusianistische Vorstellungen an: Die wachsende Weltgesellschaft müsse sich in Zukunft aufgrund des endlichen Charakters von Ressourcen auf die Verknappung dieser einstellen, was zu zunehmender Gewalt und Konflikten führen müsse. Somit sei das Vorhandensein von Rohstoffen für Länder

von Vorteil, da sie diese verwalten können, während die rohstoffarmen Staaten durch Gewalt oder Handel an diese gelangen müssten. Diese merkantilistisch angehauchte Denkweise muss in Bezug auf die Rohstoffabhängigkeit genauer untersucht werden, hakt aber an der Grundannahme, dass rohstoffreiche Länder diese erstens nicht selbstbestimmt ausbeuten können, zweitens von den Renten hochgradig abhängig sind und drittens sich der schwankende Rohstoffpreis höchst inkonsistente Staatseinnahmen mit sich bringt. Des Weiteren fehlt in dieser Sichtweise eine machtkritische Auseinandersetzung dahingehend, dass die Ressourcenförderung häufig mit einer Enklavenökonomie einhergeht, die lokal wenig Positives zu verzeichnen hat, sondern dem westlichen Lebensstil in den Ländern des Nordens und einer kleinen nationalen Elite dient (PARTZSCH 2015).

3. Anwendbarkeit auf Lateinamerika: "Die Ressourcenfluchthese ist für Lateinamerika nicht gültig."

In Bezug auf die Allgemeingültigkeit des Ressourcenfluchs wird mehrfach auf die besondere Rolle Lateinamerikas hingewiesen, in der die Separations- und Bürgerkriegstendenzen sehr viel weniger relevant sind als auf dem afrikanischen Kontinent. Die Ergebnisse werden konträr diskutiert: Während ROSS (2014) zu dem Ergebnis kommt, dass die dem Ressourcenfluch zugeschriebenen Konsequenzen für den Erdölsektor auch in Lateinamerika gelten, ist KAHHAT (2016: 171) der Meinung, dass die wenig umkämpften Nationalgrenzen sowie die Integration von ethnischen Minderheiten in die Verfassungen dazu führen, dass es keine Separationskriege in Lateinamerika gibt. Somit verweist er darauf, dass es von größtem akademischem Interesse ist, zu versuchen zubeantworten, warum einige Staaten den sogenannten Ressourcenfluch heraufbeschwören, während andere dagegen „immun" zu sein scheinen.

4. Regionaler Ressourcenfluch: "Ressourcen führen zwar national zu positiver Wirtschaftsentwicklung, doch regional sind sie ein Fluch."

Eine bis lang wenig rezipierte Interpretation der negativen Auswirkungen von Ressourcen(förderung) auf Entwicklung ist die Frage, ob die oben genannten Aspekte auch -oder ins Besondere- auf regionalem Niveau gelten. Dahinter steht die Annahme, dass das Auffinden und Fördern hochpreisiger, nicht regenerativer Ressourcen zwar die ökonomische Entwicklung von Nationen positiv beeinflussen kann, jedoch für die betroffenen ressourcenreichen subnationalen Gebiete von Nachteil ist (z. B. ARELLANO u. YAGUAS 2011). Postuliert wird, dass die dem Ressourcenfluch zugeschrieben Teilaspekte, d. h. monetäre Aufwertung, Verschärfung sozialer Ungleichheit, Erhalt von politisch oder ökonomisch privilegierten Machtgruppen sowie die Auswirkungen ökologischer Degradation (insbesondere auf regenerative Ressourcen wie Boden, Wasser und Biodiversität) auf regionaler Ebene von Nachteil sind. In der Literatur wird der *local resource curse* anhand unterschiedlicher Kriterien gemessen, beispielsweise dem Verlust von Eigentum, an Vertreibung und steigenden Disparitäten sowie an sozialökologischen Konflikten (OGWANG et al. 2019). SEXTON (2019) zeigt in seiner quantitativen Studie, unter welchen Umständen ein regionaler Ressourcenfluch zu lokalen Konflikten führt. Jedoch fehlen regionale quantitative Studien, welche die Wirkmächtigkeit eines Ressourcenfluchs nach den oben genannten Kriterien auf regionaler Ebene untersuchen. Zu betonen bleibt, dass diese Interpretation vor allem von AutorInnen aus betroffenen Ländern beschrieben wird, während dies aus der Sichtweise des Globalen Nordens weniger rezipiert wird.

5. Agency: "Ob Ressourcen zum Fluch werden, wird durch die Frage bedingt, wer sie deklariert und fördert."
Viele der Untersuchungen versäumen, in ausreichender Tiefe auf die Akteure der Ressourcenförderung einzugehen (CUVELIER et al. 2014: 348). Im Anschluss an die Geodeterminismuskritik müsste aber genauer betrachtet werden, ob die Auswirkungen des sogenannten Ressourcenfluchs davon abhängen, wer diese fördert. In den meisten Untersuchungen wird nicht genug zwischen handwerklicher, illegaler informeller und formeller Förderung differenziert. Während die Untersuchungen zum politischen Ressourcenfluch meist von informeller Förderung ausgehen, rechnen die VertreterInnen des ökonomischen Ressourcenfluchs meist nur mit den Daten der formellen Förderung. Eine differenzierte Betrachtung der verschiedenen Mechanismen ist somit von Nöten.

6. Verschleierung kolonialer Machtverhältnisse: "Die Benennung des Ressourcenfluchs dient der Verschleierung (neo)kolonialer Abhängigkeitsmuster."
KritikerInnen aus den Reihen der Dependenztheorie und der Extraktivismuskritik (z. B. ACOSTA 2009: 25) sprechen sich mitunter gegen die Verwendung der Ressourcenfluchthese aus, da durch die geodeterministische Argumentationsweise Machtverhältnisse verschleiert würden. Die daraus folgende nicht-Benennung tradierter Nord-Süd-Verhältnisse gehe mit einer Depolitisierung einher, die durch den Geodeterminismus legitimiert werde.

2.5.2 Konflikt und Ressourcen: Wie wird aus einem Rohstoff eine Konfliktressource?

Ist der Begriff der Ressource meist positiv konnotiert, da es die ökonomische Verwertbarkeit von Rohstoffen aus der Umwelt für den Menschen impliziert, hat

2.5 Paradigmen zu den Wechselwirkungen von Ressourcen ...

das Konzept der „Konfliktressourcen" eine negative, weil konfliktive Konnotation. Die Frage, wie aus einem Teil der Natur ein konfliktinduzierender Stoff wird, soll hier näher betrachtet werden. Während meist untersucht wird, inwiefern bestimmte Ressourcen einen bewaffneten Konflikt bedingen oder verlängern [These 4: *Greedy Rebels*, vgl. Abschn. 2.5.2.1], gibt es weniger Untersuchungen dazu, wie ein bewaffneter Konflikt, bzw. die Friedenszeit danach, die Ressourcen(nicht)ausbeutung bedingt [These 3: *Waldschützer-These*] (Abb. 2.5).

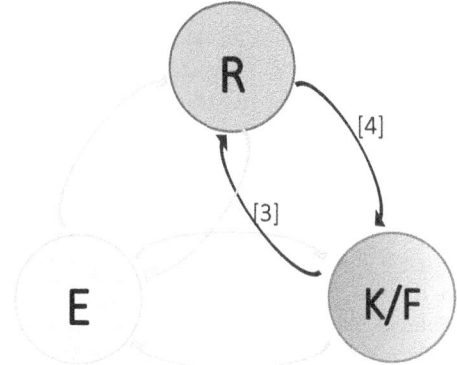

Abbildung 2.5 Forschungsthesen zu den Wechselwirkungen zwischen Ressourcen (R) und Konflikt (K)/ Frieden (F) (*Quelle: Eigener Entwurf*)

Aus der Literatur lassen sich Konflikte um Ressourcen je nach Bezugsgröße, Akteuren, Wissenschaftstraditionen und Einfluss der Ressourcen in mindestens vier verschiedene Konstellationen unterteilen (*Tab. 2.6*). Verstanden werden Konflikte nach LE BILLON u. DUFFY (2018: 242) als „*contested incompatibility between groups in relation to ecological systems*" d. h. Konflikte ergeben sich aus strittigen Vorstellungen in Bezug auf Definition, Umgang, Kontrolle und Management von Ökosystemen.

Um den Zusammenhang zwischen Ressourcen und Bürgerkriegen zu erklären, werden mit Bezug auf COLLIER u. HOEFFLER (2004) meist zwei verschiedene Modelle herangezogen: Das „*Greed*"-Modell (Gier) geht davon aus, dass Konflikte durch die Aneignung und den ökonomischen Mehrwert, den bewaffnete Gruppen durch Ressourcenextraktion bekommen, induziert werden. Das „*(resource-related) Grievance*"-Modell (zu Deutsch: Missstand) hingegen besagt, dass vor allem die negativen Effekte von Ressourcenextraktion, d. h. ökologische Folgen oder Verteilungsungerechtigkeiten zur Eskalation bewaffneter Konflikte führen (LUJALA u. RUSTAD 2012: 7, COLLIER u. HOEFFLER 2004).

Mit den *Greed*-Modellen kann somit zwischen Ressourcenkonflikten und Konfliktressourcen, wie im Folgenden dargelegt, unterschieden werden. Dabei wird angenommen, dass alle Beteiligten die Konfliktressourcen gleich definieren und sich Konflikte um den Zugang zu einzelnen Ressourcen drehen (MILDER et al. 2011).

Als **Ressourcenkonflikt** wird im Diskurs oft als Krieg bezeichnet, der entsteht, wenn „*friedliche Allokationsmechanismen zur Regulation der Konkurrenz um knappe Ressourcen versagt haben und die Konfliktparteien danach streben, die Konkurrenz für sich zu entscheiden*" (MILDNER et al. 2011: 13). In seinem traditionellen Verständnis sind die Konfliktparteien Länder, die um Grenzziehungen wegen der dort vorhandenen Ressourcen kämpfen. Beispielhaft hierfür kann der Salpeterkonflikt zwischen Peru und Chile Ende des 19. Jahrhunderts genannt werden oder Konflikte um Wassernutzung im Nahen Osten. Neben dem traditionellen Akteursverständnis von Staaten können die Akteure aber auch bewaffnete Gruppen sein, die sich um den Territorialerhalt kämpfen, um deren Rohstoffe zu kontrollieren. BRZOSKA weist darauf hin, dass Ressourcenkonflikte in der Vergangenheit häufig waren, in der Zukunft aber an Bedeutung verlieren werden, da Ressourcen von Konzernen und nicht von Ländern kontrolliert werden und es durch internationale Handelsabkommen leichter ist, diese durch Handel statt durch militärische Eroberung zu kontrollieren (BRZOSKA 2014: 32).

Ein Rohstoff wird hingegen zu einer **Konfliktressource**, wenn dieser nicht primärer Konfliktgegenstand ist, sondern „*mit dem erzielten Einkommen der Finanzierung von Konflikten und Krisen, denen andere Motive zugrunde liegen*" (MILDNER et al. 2011: 13) dienen. In diesem Fall werden Ressourcen im Sinne der *Greed*-These von Gruppen zur Finanzierung anderer Motive instrumentalisiert, sodass diese Art von Konflikt durch illegal geförderte Ressourcen induziert wird, die bewaffnete Akteure im Rahmen von Bürgerkriegen finanzieren (ROSS 2008). Als Beispiel hierfür wird in der Literatur der Koltanabbau in der DRK Kongo genannt (STOOP et al. 2019).

In der gegebenen Einteilung fehlen Konflikte, deren Ursache primär *grievance*, also die ungleiche Verteilung der Renten oder negativen ökologischen Effekte der Extraktion ist (LUJALA u. RASTAD 2012). Deshalb wird hier der Klassifikation **Distributionskonflikte** hinzugefügt, d. h. Konflikte, deren Gegenstand die Rentenverteilung auf nationaler, regionaler und lokaler Ebene ist (z. B. AVELLANO YANGUAS 2011). Konfliktpunkt ist hierbei nicht primär die Kontrolle über bestimmte Ressourcen, sondern vielmehr die Verteilung von Erträgen – dementsprechend handelt es sich meist um Konflikte zwischen internationalen Unternehmen und lokalen bzw. regionalen Akteuren (DIETZ 2018). Diese Konflikte sind sehr viel kleinskaliger und sind nach der Einteilung des HIIPC je nach Gewaltanwendung als „gewaltsame oder gewaltlose Krise" zu bezeichnen. Des Weiteren gibt es, insbesondere in Lateinamerika, eine Vielzahl von Konflikten, in denen die konfliktinduzierenden Ressourcen nicht von allen Parteien gleich definiert werden. Diese können den *Grievance*-Modellen hinzugefügt werden, da sich Bevölkerungsgruppen gegen die möglichen negativen Effekte der Ausbeutung einer bestimmten Ressource wehren, die für die keine tradierte Relevanz hatte. Beispielhaft hierfür sind viele Bergbaukonflikte in Lateinamerika, in denen unter dem Slogan „Gold oder Wasser" darauf hingewiesen wird, dass für viele der Betroffenen der Konflikt nicht erst beim Abbau generiert wird, sondern bereits in der Definition der dominanten Ressourcen liegt (KÖHLER 2005). Diese sollen als **Definitionskonflikt** bezeichnet werden. Sie beinhalten unterschiedliche Auffassungen davon, welche Ressourcen schützenswert sind und in vielen Fällen auch die Forderung der nicht-Förderung dieser hochpreisigen natürlichen Ressourcen von Seiten der lokalen Bevölkerung. Gleichzeitig sind diese Konflikte auch als „*kontroverse Ansichten unter anderem über das Wirtschafts- und Entwicklungsmodell (Rohstoffabhängigkeit)*" (ZILLA 2015: 8) zu verstehen, wodurch der Zusammenhang zwischen Ressourcen, Konflikt und Entwicklung ersichtlich wird. In diesem Konfliktverständnis können Ressourcenkonflikte als materialisierte Formen des Aufeinandertreffens verschiedener Vorstellungen des Umgangs mit Ressourcen und somit letztendlich auch als Konflikte um Entwicklungsvorstellungen verstanden werden. Kern dieser Annahme ist, dass bereits die Ressourcendefinition umkämpft ist, weil in den verschiedenen Entwicklungsparadigmen Ressourcen unterschiedlich hierarchisiert werden (KÖHLER u. WISSEN 2011). URTEAGA (2011) erklärt diese Konflikte als Folge konkurrierender Visionen zwischen Staat und lokalen Gemeinden. Während die Gemeinden Boden und Wasser als verbundene Elemente sehen, führt der Staat eine gedankliche Trennung zwischen Ober- und Unterboden durch, welche die Grundlage der Konzessionierung sind, aber dem Gedanken eines Ökosystems entgegenstehen.

Auch wenn es keine scharfe Trennlinie zwischen den Definitions- und den Distributionskonflikten gibt und der *Greed and Grievance* Ansatz vielfach als zu reduziert kritisiert wird (BEBBINGTON 2012, SCHILLING- VACAFLOR u. FLEMMING 2013), dient diese Sichtweise dem Verständnis der Konfliktveränderungen in den untersuchten Ländern zu dem speziellen Zeitpunkt am Ende eines bewaffneten Konflikts. Die unterschiedlichen Konfliktverständnisse können des Weiteren den Ressourcenfluch- und –segen-Denkmodellen zugeordnet werden *(Tab. 2.6).* Während Ressourcenkonflikte und Distributionskonflikte die positive Eigenschaft von Ressourcen hervorheben, da die Allokation der endlichen Ressourcen auf einem Territorium ein Vorteil ist, wird das Konflikt- und das Definitionsressourcenkonzept von einer kritischen bzw. negativen Behaftung vom Vorhandensein hochpreisiger Ressourcen begleitet. In der folgenden Arbeit dienen diese Konfliktdefinitionen, anders als in vielen politikwissenschaftlichen Arbeiten, nicht als Erklärungshypothese für Bürgerkriege sondern als parallel auftretende Konflikte unterschiedlicher Intensität um Ressourcen auf substaatlichem Niveau. Die Sichtweisen auf diese Konflikte und die Methoden werden verschiedenen Disziplinen entlehnt. Während die Friedens- und Konfliktforschung Konflikte um Ressourcen meist in großen quantitativen Datensätzen untersucht, geht die Politische Ökologie meist kleinräumig vor (LE BILLON u. DUFFY 2019: 245). Das Zusammenbringen der verschiedenen Denktraditionen erlaubt es im Rahmen der geographischen Forschung auf subnationalem Niveau, die verschiedenen Arten von Umweltkonflikten zu verstehen.

2.5.2.1 Ressourcen und Bürgerkriege: „Greedy Rebels" oder „Default Conservation"?

Eine spezielle Form des Zusammenhangs zwischen Ressourcen und Konflikt ist die Wechselwirkungen zwischen Ressourcen und Bürgerkriegen. In der Literatur sind zwei weitestgehend getrennte wissenschaftliche Diskurse zu dem Thema zu finden: Während sich die politikwissenschaftliche Literatur auf den Zusammenhang von *high value natural resources,* d. h. Erdöl, Diamanten oder Gold und deren Rolle für die Finanzierung und den Ausbruch von Bürgerkriegen fokussiert [These 4], gibt es einen hauptsächlich aus der Ökologie stammenden wissenschaftlichen Diskurs über den Schutz von regenerativen Ressourcen wie Biodiversität, Land und Wasser als Nebeneffekt von Bürgerkriegen [These 3]. Im Folgenden wird aus geographischer Sicht mit besonderem Bezug auf das Ressourcenverständnis ein umfassendes Bild der Haupterkenntnisse skizziert.

Es wird seit den 2000er Jahren im politikwissenschaftlichen Diskurs [These 4] davon ausgegangen, dass es während des Kalten Krieges die Möglichkeit gab, politisch motivierte Gewaltgruppen durch kommunistischen Länder kofinanzieren zu lassen und dies seit den 1990er Jahren nicht mehr möglich ist. Dementsprechend orientierten sich aufständische Gruppen der Folgezeit zunehmend am Rohstoffreichtum ihres Landes als Finanzierungsquelle (vgl. *Abschn.* 2.5.2, "Konfliktressource") (MILDER et al. 2011: 14). Diese Untersuchungslinie wird im Folgenden mit Bezug auf COLLIER u. HOEFFLER (2004) als **Greedy Rebel These** bezeichnet. Folgerichtig wird vor allem von PolitikwissenschaftlerInnen untersucht, ob der sogenannte Ressourcenreichtum Bürgerkriege erstens bedingt und zweitens verlängert (ROSS 2004a/b). Dabei werden, nach LUJALA (2010) zwei mögliche Erklärungsversuche für den Zusammenhang zwischen Ressourcenreichtum und Konflikt genannt:

2.5 Paradigmen zu den Wechselwirkungen von Ressourcen ...

Tabelle 2.6 Konflikte um Ressourcen. (Quelle: Eigene Zusammenstellung)

	Ressourcenkonflikte	Konfliktressourcen	Distributionskonflikte	Definitionskonflikte
Konfliktursache	Greed		Grievance	
Wissenschaftstradition	Friedens- und Konfliktforschung		Politische Ökologie	
Konfliktursache	Knappheit	Überfluss	Knappheit	Überfluss
Ressourcenverständnis	Knappe Ressourcen als Ursache von Konflikten (Ressourcensegen)	Ressourcen als mögliche Finanzierungsquelle bewaffneter Gruppen (Ressourcenfluch)	Ökonomischer Mehrwert durch Ressourcen führt zu Verteilungskonflikten (Ressourcensegen)	Definition der Ressourcen nicht einheitlich definiert, sondern Inhalt der Konflikte (Ressourcenfluch)
Konfliktparteien (Akteure)	Staaten	Bewaffnete Gruppen, Staat	lokale, regionale, nationale, internationale Akteure	lokale, regionale, nationale, internationale Akteure
Regionaler Bezug	zwischenstaatlich	subnational	regional	regional
Konfliktinhalte	National-politische Grenzziehung wegen des Ressourcenreichtums	Territorialkontrolle zur Förderung von HVNR	Verteilung der Renten	Welche Ressourcen sind prioritär, wer trägt die Umweltfolgekosten?
Rolle unterirdischer Ressourcen für den Konflikt	Grund der politischen Konflikte	Finanzierungsquelle polit-militärischer Inhalte		Unterschiedliche Sichtweise auf Förderung/ Nicht-Förderung
Art des Konflikts	Krieg	begrenzter Krieg	gewaltsame/ gewaltlose Krise	gewaltsame/ gewaltlose Krise

- Als direkte Mechanismen wird verstanden, dass Rebellen durch die Kontrolle oder Förderung (hochpreisiger) Ressourcen zur Verlängerung eines Konflikts beitragen. Ressourcenaneignung wird zum ökonomischen Selbstzweck der bewaffneten Gruppen. RETTBERG u. ORTIZ-RIOMALO (2016) nennen zwei Möglichkeiten, wie sich aufständische Gruppen dem Ressourcenreichtum des von ihnen kontrollierten Gebietes bemächtigen: Zum einen die direkte Ausbeutung der Ressourcen durch Mitglieder der bewaffneten Gruppen, was sich für *lootable* Ressourcen (LE BILLON 2001) anbietet, z. B. illegal geschürftes Gold oder die Besteuerung oder Entführung funktionierender legaler oder illegaler Förderungen, wie im Falle von *non-lootable resources*, z. B. im Erdölsektor.
- Als indirekte Mechanismen werden die politischen und sozialen Auswirkungen der Rentenstaatlichkeit auf benachteiligte Bevölkerungsgruppen bezeichnet, die in der Folge Bürgerkriege bedingen (*grievance*). Das Erklärungsmuster der "Bürgerkrieg-durch-Ressourcenreichtum-These" beruht auf der Annahme, dass die unterschiedliche Verteilung hochpreisiger natürlicher Ressourcen auf dem Staatsgebiet Sezessionskriege nach sich zieht (ROSS 2014). Die Erklärung für die Bürgerkriegsverlängerung durch Ressourcenreichtum ist die gewinnbringende Vermarktung, wodurch Frieden ökonomisch weniger lukrativ wird als die mit einer Schattenökonomie verbundene Konfliktsituation (WENNMANN 2012).

Die Ergebnisse werden von der wissenschaftlichen Gemeinschaft konträr diskutiert: Ihre Unterschiedlichkeit basiert nicht zuletzt auf der unterschiedlichen Datenlage in Bezug auf das, was als Ressourcenreichtum definiert wird (vgl. *Abschn.* 2.3.2). Auffällig ist jedoch, dass die meisten Studien sich auf Erdöl, Diamanten und Tropenhölzern beziehen (z. B. LUJALA 2010), Gold als Konfliktressource aber erst mit RETTBERG u. ORTIZ RÍOMALO 2016 in den wissenschaftlichen Diskurs Einzug gehalten hat.

Grundsätzlich wird in dieser Sichtweise von einem ökonomischen Selbstzweck der bewaffneten Gruppen ausgegangen, was diesen eine ideologische Ausrichtung abspricht. CUVELIER et al. (2014) und IDE (2015) hinterfragen diesen normativen Zusammenhang aufgrund fehlender Evidenz. Vielmehr stelle dies eine politisch induzierte Annahme dar, in der den bewaffneten Akteuren ihre politische Motivation abgesprochen und durch eine ökonomische ersetzt werde (LE BILLON u. DUFFY 2019: 249). Es wird ebenfalls kritisiert, dass Ressourcen Treiber für Gewalt in Bürgerkriegen seien, vielmehr produziere der ungerechte Zugang zu den Ressourcen Gewalt. Auf substaatlicher Ebene fehlten empirische Untersuchungen zu Ressourcenreichtum und Gewaltkonflikten, in denen sowohl auf die formelle als auch auf die informelle Produktion eingegangen wird (DENLY et al. 2019).

Der ökologische Diskurs in Bezug auf Ressourcen und Bürgerkriege [These 3] verweist auf die Tatsache, dass große Landabschnitte und somit auch weitreichend regenerative Ressourcen als Nebeneffekt des Kriegsgeschehens geschützt werden. Der indirekte Schutz von Biodiversität durch bewaffnete Gruppen (z. B. REARDON 2018) wird durch die nicht-Zugänglichkeit bestimmter Zonen als Nebeneffekt des bewaffneten Konflikts garantiert. Dieser Diskurs soll mit Rekurs auf den kolumbianischen Konflikt als **Waldschützer-These** (RODRÍGUEZ GARAVITO et al. 2019) bezeichnet werden. Die Kontrolle großer, meist bewaldeter Räume garantiert den bewaffneten Gruppen den Erhalt eines Rückzugsraumes, hat aber einen schützenden Nebeneffekt auf geoökologische Ressourcen wie Flora, Fauna, Wasserqualität und Boden. Nach der Befriedung werden die unterirdischen und überirdischen Ressourcen dieser Gegenden von Plünderern, Siedlern oder internationalen Investoren bedroht. Die nach der Befriedung „frei" gewordenen Räume sollen nun dem Wirtschaftsmodell untergeordnet und die Rohstofflagerstätten gewinnbringend in Wert gesetzt werden, was immer desaströse Folgen für die Ökosysteme mit sich bringt. Dieser auch als *„default conservation"* (ALI 2019), d. h. "durch Unterlassung bedingter Naturschutz" bezeichnete Zusammenhang führt dann in der Zeit nach Beendigung des bewaffneten Konflikts häufig zu einer Vielzahl neuer durch *grievance* bedingter Konflikte um Ressourcennutzung und den damit verbundenen negativen Konsequenzen von Ressourcenausbeutung; schwindende Biodiversität und die Degradation geoökologischer Ressourcen sind dann eine Folge des Friedens.

2.5.2.2 Ressourcen und Postbürgerkrieg: "Eco-Violence" oder "Environmental Peacebuilding"?

Auf Grund der vorhergehenden Darstellungen des Zusammenhangs zwischen Ressourcen und Bürgerkriegen stellt sich nach dem Ende eines solchen die Frage, welche der parallel existierenden Ressourcen von wem genutzt werden dürfen bzw. vor und von wem geschützt werden müssen (ENGWICHT 2017). Es stellt auch die Frage, ob, bzw. wie Ressourcen zum Frieden beitragen können (*Environmental Peacebuilding*) oder neue Konflikte schüren (*Eco Violence*). Postbürgerkriegsgesellschaften, in denen der Konflikt durch hochpreisige natürliche Ressourcen (mit)finanziert wurde, müssen nach dessen Ende einen Umgang mit diesen Konfliktressourcen finden. Gleichzeitig muss neu verhandelt werden, welche regenerativen und nicht regenerativen Ressourcen geschützt oder gefördert werden sollen, um einen dauerhaften Frieden zu gewährleisten. Wenn die Gebiete, die von nicht-staatlichen bewaffneten Gruppen kontrollierten wurden, gleichzeitig mit Gebieten hoher Intensität hochpreisiger Ressourcen korrelieren, besteht die Gefahr, dass dies nach der Demobilisierung zur Entstehung neuer gewaltsamer Gruppen führt (RETTBERG et al. 2014: 8). Das Risiko steigt bei fehlender staatlicher Kontrolle über das gesamte Territorialgebiet und die Entstehung von Enklaven illegaler Aktivitäten ist wahrscheinlich.

Im Kontext sich wandelnder Akteurs- und Machtkonstellationen im Übergang zur Friedenszeit wird die Ressourcennutzung neu in Frage gestellt und von neuen Konflikten begleitet. Nach dem Abtreten tradierter bewaffneten Rebellengruppen, treten neue Akteure auf; zu diesen gehören zum einen neue bewaffnete Gruppen, zum anderen auch internationale oder nationale Unternehmen, welche die Rohstoffe auf sogenannten *Greenfields* (noch nicht etablierten Förderungsgegenden) fördern möchten. Weiterhin sind traditionelle Kleinschürfer von veränderten Regelungen, die z. B. mit veränderten Flächennutzungsplänen einhergehen, betroffen (ORTIZ CUETO et al. 2017).

Viele Postbürgerkriegsländer sehen das Anwerben von internationalem Kapital als einfache Möglichkeit um staatliches Einkommen zu generieren und friedensfördernde Maßnahmen zu finanzieren (LUJALA et al. 2012). Nationalstaatliche Stellen haben ein großes Interesse in den „frei gewordenen" Gebieten nun Konzessionen an internationale Unternehmen zu vergeben, welche die dort vorhandenen hochpreisigen Rohstoffe in Wert setzen sollen. Da dies mit Steuereinnahmen einhergeht, werden lokale Gegenbewegungen, die sich beispielsweise gegen die (mögliche) Umweltdegradation wehren, zum Problem (PARTZSCH 2015: 55). ROSS wies schon 2004 darauf hin, dass die fördernden internationalen Unternehmen im Übergang zwischen Bürgerkrieg und Postbürgerkrieg ein Augenmerk auf dem Zusammenhang zwischen dem Anwerben von *fdi* und *„vorbeugender Repression"* (ROSS 2004b: 38, Übers. d. Verf.) in ressourcenreichen Gegenden gelegt werden muss. Anwohnende, die sich gegen geplante Zwangsumsiedlungen oder Wasserverschmutzungen wehren, stehen im Kontext einer Gewöhnung an Gewalt leicht im Visier und können durch Androhung oder Durchführung von Gewalt entfernt oder eingeschüchtert werden. Gerade in peripheren Gebieten führen Rohstoffe zu Konflikten, wenn deren Bewohnende unter im nationalen Durchschnitt prekären Bedingungen leben. Die Fokussierung der auf die Inwertsetzung bestimmter Ressourcen in einem vormals von Rebellengruppen kontrollierten Gebiet hat zur Folge, dass traditionelle Nutzungen der Ressourcen als weniger wertig verstanden werden. Dies drückt sich z. B. in der Kriminalisierung von Kleinschürfern aus (URÁN 2018).

In den vergangenen Jahren häufen sich Studien zu Bedeutung und Umgang mit Ressourcenreichtum in Postbürgerkriegsgesellschaften. LUJALA u. RUSTAD

2012 geben folgende Empfehlungen im Umgang mit Ressourcenreichtum in Postbürgerkriegsländern:

1. Die lokalen Ressourcenökonomien und Ressourcen einschätzen
2. Institutionelle Kapazitäten in Bezug auf die Ressourcengovernance ausbauen
3. Ressourcenausbeutung im Hinblick auf Umsatz und Vorteile maximieren
4. Ressourceneinkommen teilen und reinvestieren
5. Negative soziale und ökonomische Auswirkungen abschwächen

Sie schreiben: *"Der Ressourcenfluch ist nicht unumgänglich, aber wenige Regierungen im Postkonfliktgesellschaften haben die Möglichkeit, Investment aus dem privaten Sektor anzuwerben, faire Verträge auszuhandeln, Umsätze transparent zu verwalten, gute Investmententscheidungen zu treffen, ökonomische Diversifizierung zu unterstützen und negative soziale und ökologische Einflüsse zu mindern. Diese Herausforderungen haben dazu geführt, dass der Aufbau von Kapazitäten im Management von hochpreisigen natürlichen Ressourcen ein fundamentales Element von Friedensschaffungsprogrammen sein muss"* (LUJALA 2012, Übers. d. Verf.).

CUVELIER et al. (2014: 347) kritisieren diese Art von Studien mit normativem Charakter, die auf der Annahme beruhen, dass der Zusammenhang zwischen bewaffnetem Konflikt und *high value natural resources* im Sinne der *Greedy Rebel These* evident sei, ohne diesen nachzuweisen. Die meisten Studien nehmen an, dass erstens gute und transparente Ressourcengovernance zukünftige Konflikte mindern können und zweitens der Staat durch das Anwerben von internationalem Investment ökonomische Impulse setzen kann und sollte. Es fehlten jedoch Untersuchungen, die der Frage nachgehen, unter welchen Umständen Ressourcenreichtum zu Frieden oder zu neuen Konflikten führt.

Im Sinne des **Environmental Peacebuilding** sei darauf verwiesen, dass natürliche Ressourcen in der Zeit nach dem Friedensschluss gesondert betrachtet werden müssen, um einen nachhaltigen Frieden zu erreichen (DRESSE et al. 2019). Umwelt oder verschiedene Teilaspekte dieser werden im Sinne des Konzepts des nicht mehr als Externalität des Friedens betrachtet, sondern gleichzeitig als Ursache neuer Konflikte wie auch als Möglichkeit neuer Kooperation in Friedenszeiten (ALI 2011: 32, ROULIN et al. 2017). Sowohl die Integrität von geoökologischen Ressourcen als auch die (Nicht-)Nutzung von hochpreisigen natürlichen Ressourcen haben einen Einfluss auf die Umsetzung von Friedensprozessen auf lokaler Ebene (PARTZSCH 2015). Die Förderung hochpreisiger natürlicher Ressourcen ist für das Generieren von Staatseinkommen aus nationalökonomischer Sicht eine Möglichkeit, friedensfördernde Maßnahmen zu finanzieren. Jedoch ist die Integrität geoökologischer Ressourcen für Subsistenzbauern und -bäuerinnen von großer Bedeutung, da sie möglicherweise durch die Förderung verunreinigt werden.

Gleichzeitig können Ressourcen zu neuer Gewalt um einen derartigen Umgang mit Rohstoffen führen, der nach HOMER- DIXON (1999) als **Eco Violence** bezeichnet wird. Dazu gehören zum einen die Durchsetzung extraktivistischer Modelle, die häufig die Kriminalisierung von lokalem Widerstand bedeuten und, in extremen Fällen, auch die Ermordung von Personen, die sich gegen eine einseitige Landnutzung (Monokulturen, Bergbau) zur Wehr setzen (MIDDELDORP u. LE BILLON 2019: 333). Aus diesem Grund verweisen CUVELIER et al. darauf, dass lokale Regulierungsmechanismen häufig unterschätzt werden und die Fokussierung auf Investment die Rebellengruppen einseitig als kriminelle Banden darstellt und den Einfluss von lokalen Nutzungsregelungen durch lokale Gemeinden komplett vernachlässigt. Sie fordern deshalb die internationale wissenschaftliche Gemeinschaft auf, sich auf die komplexen lokalen Zusammenhänge zu konzentrieren und eine verständliche Sichtweise aus *"micro-perspective on 'hybrid'resource governance arrangements"* (CUVELIER et al. 2014: 349) zu entwickeln. In diesem Kontext ist dann zu fragen, wie sich die Art der Konflikte um Ressourcen wandelt – ALI (2017) geht davon aus, dass es von einem Makrokonflikt zu Mikrokonflikten kommt. Diese unterschiedlichen Arten von Konflikten auf einem regionalen Niveau zu verstehen ist Kernbestandteil der vorliegenden Arbeit.

Um die friedensfördernde Wirkung von natürlichen Ressourcen zu betrachten, müssen zum Zeitpunkt eines kürzlich beendeten Bürgerkriegs folgende Fragen diskutiert werden:

- Welche Akteursgruppen entscheiden, ob und wo nun welche hochpreisigen natürlichen Ressourcen abgebaut werden?
- Wer darf die *high value natural resources* abbauen: Kleinschürfer, nationale private Akteure, staatliche Akteure oder internationale Großunternehmen?
- Wie kann gewährleistet werden, dass *high value natural resources* nicht neue bewaffnete Gruppen finanzieren?
- In welcher Weise sollen hochpreisige natürliche Ressourcen zum Frieden beitragen?
- Wie kann der Schutz der geoökologischen Ressourcen, welche die Lebensgrundlage vieler Kleinbauern sind, nach Konfliktende gewährleistet werden?
- Wie kann, im Kontext einer Gewöhnung an Gewalt, ein konstruktiver Umgang mit Umweltkonflikten unter Gewährleistung von Menschenrechten garantiert werden?
- Wessen Vision von Ressourcen wird als gültig akzeptiert?

2.5.3 Konflikt und Entwicklung: Territoriumsansatz oder expansiver Extraktivismus

Anders als die bereits vorgestellten Paradigmen aus dem eingangs dargestellten Schemas sind zu den Forschungsthesen 5 und 6 weniger explizite Forschungsergebnisse im deutschen und englischsprachigen Diskurs zu finden. Die Paradigmen beinhalten die Fragen, ob ein Entwicklungsmodell bewaffnete Konflikte bedingt bzw. sich in der Friedenszeit ändert [These 5] und welche Konflikte aus den Entwicklungsmodellen im Übergang zum Frieden resultieren [These 6] (*Abb.* 2.6).

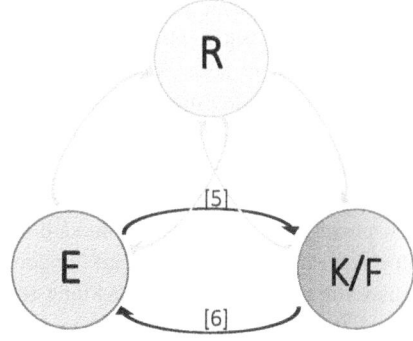

Abbildung 2.6
Forschungsthesen zu den Wechselwirkungen zwischen Konflikt (K), bzw. Frieden (F) und Entwicklung (E). (Quelle: Eigener Entwurf)

Ob und wie ein Entwicklungsmodell Konflikte beeinflusst, wird in der lateinamerikanischen Wissenschaftstradition beantwortet. Im Kern dieses Zusammenhangs steht der Begriff des Territoriums. Dieses wird in diesem Kontext als lokale Umsetzung eines Entwicklungs- und Lebensmodells im Raum verstanden, das immer als umstritten gilt (JIMÉNEZ u. NOVOA 2014: 22). Verwendung findet der Begriff häufig, wenn sich in einem Gebiet, in dem eine vornehmend subsistente Wirtschaftsweise besteht, ein expansives Entwicklungsmodell ausdehnen will (BARTELT 2017: 31). Im Territoriumsdiskurs wird dem Extraktivismus ein expansiver Charakter zugeschrieben, der sich auf "unproduktive" Räumen ausweitet (vgl. *Abschn.* 2.2.1). Die als vor der Extraktion als leer imaginierten Räume sind jedoch mit anderen Lebenswelten und Entwicklungsmodellen mit funktionierenden regionalen Ökonomien belebt. Bei der Ausweitung extraktivistischer Projekte wie Bergbau, Monokulturen, Infrastruktur- oder Energieprojekten werden diese Orte zu Schauplätzen konkurrierender Visionen dessen, was unter "gutem Leben" zu verstehen ist (BEBBINGTON 2013). Obwohl diese Arten von Konflikten lokal ausgetragen werden, beinhalten sie eine globale Komponente, da die Investoren im Sinne des auf den globalen Norden ausgerichteten Kapitalismus handeln. Des Weiteren basieren die Indikatoren, an denen "gutes Leben" gemessen wird, auf der Annahme, dass Entwicklung im Sinne eines Modells des globalen Nordens erreicht und gemessen werden soll (DIETZ u. ENGELS 2017). In der deutschsprachigen Tradition wird dieser Ansatz am ehesten von der Politischen Ökologie untersucht. Er basiert auf der Annahme, dass es parallel existierende Entwicklungsmodelle gibt, die von Akteursgruppen lokal, regional, national und international vertreten werden, die zueinander in Konkurrenz stehen (KRINGS 2008). Daraus ergeben sich lokale Konflikte um die Naturnutzung im Raum, die nicht nur lokal relevant sind, sondern den Diskurs überregional mitbestimmen. An lokalen Konflikten um Naturnutzung und -zugang entladen sich unterschiedlich Entwicklungsperzeptionen und bestehende Machtasymmetrien. Dadurch, dass in dieser Sichtweise "Entwicklung" und "Entwicklungsmodelle" nun nicht mehr nur national verstanden werden, sondern auch als lokale Perzeptionen, verfolgt diese Forschungsfrage immer einen emanzipatorischen Ansatz (BAURIEDL 2016: 542).

These 6 untersucht, ob bewaffnete Konflikte bzw. die darauffolgenden Friedensprozesse das Entwicklungsmodell beeinflussen. Mehrfach wird in der lateinamerikanischen Literatur darauf hingewiesen, dass Friedensprozesse mit einer Ausweitung expansiver Entwicklungsmodelle wie dem Extraktivismus einhergehen (für Peru: WIENER FRESCO 1996, für Kolumbien: COLMENARES 2015, VELÁSQUEZ 2015, HAMILTON u. GRENZ 2020). Dieses Aufzeigen von sich ändernden Entwicklungsmodellen auf nationaler Ebene trägt ebenfalls dazu bei, dass "Entwicklung" nicht als fester Wert- und Normsatz verstanden wird, sondern als ein sich wandelndes Konstrukt, das in einen machtpolitischen Kontext einzubetten ist. Jedoch zeigt die Literatur, dass es sehr große Forschungslücken gibt, was die Wechselwirkungen zwischen Entwicklungsmodell und bewaffnetem Konflikt bzw. Frieden angeht.

Methode und Fragestellung der Arbeit 3

Die Forschungsarbeit knüpft an den Schwerpunkt des 2016 gegründeten *Instituto Colombo-Alemán de la Paz* (CAPAZ) an, das es sich zur Aufgabe gemacht hat, den Friedensprozess des Bürgerkriegslandes Kolumbien wissenschaftlich zu begleiten. Die Koordination obliegt der Universität Gießen und Kolumbien ist einer der sechs regionalen Schwerpunkte der Internationalisierungsstrategie der Justus-Liebig-Universität (UNIFORUM 2017/1). Als gewählte Partnerinstitution für den Forschungsaufenthalt wurde die *Universidad de los Andes* gewählt, die aufgrund von Bemühungen von Seiten des Fachbereichs Geographie, namentlich Prof. Dr. Günter Mertins, die älteste Partnerschaft der JLU Gießen ist.

Auf der Basis der vorhergegangenen theoretischen Überlegungen soll im Folgenden die Fragestellung der Arbeit konkretisiert und die gewählte Methode offengelegt werden. Die epistemologische Grundlage der Untersuchung basiert auf einer qualitativ orientierten, empirischen Forschung, die von einem *"zirkulären Verhältnis von Empirie und Theorie"* (EGNER 2010: 7) ausgeht. Dies bedeutet gleichsam, dass eine strikte Trennung der Empirie und der Theorie nicht möglich, sondern als Ergebnis eines mehrjährigen Prozesses zu verstehen ist. Der Forschungsprozess und der damit einhergehende Erkenntnisgewinn ist mit Verweis auf die in der Geographie selten benannte *Grounded Theory* ein Prozess des kontinuierlichen Abgleichs zwischen empirischen und theoretischen Erkenntnissen (MEYRING 2016: 105). Dies gilt auch für die Auswertungsphase im Anschluss an die Arbeit. Theorie und die Empirie können nicht als getrennte zeitliche oder inhaltliche Abschnitte betrachtet werden, da die Erkenntnisse von den empirischen Funden und den Erkenntnissen aus der Literatur beeinflussen in einem reiterativen Prozess beeinflusst wurden.

Ein als rein linear dargestellter Forschungsprozess in der Mensch-Umwelt-Forschung unterschlägt, dass der Erkenntnisgewinn in qualitativer Forschung nicht rein deduktiv oder induktiv sein kann (FABY 2009), sondern als ein

„*offener und experimenteller Prozess des Suchens und Findens*" (SCHMITT 2018: 55) zu charakterisieren ist. Dabei ist die Prüfung von Theorien anhand empirischer Umstände eine zentrale Annahme, die sich im Forschungsprozess aber nur bedingt widerspiegelt. Um trotz der komplexen Zusammenhänge einen theoretisch fundierten Erkenntnisgewinn zu ermöglichen, wurden sich Methoden verschiedener Fachdisziplinen entlehnt. Diese reichen von teilnehmenden Beobachtungen über standardisierte und nicht-standardisierte Fragebögen bis hin zur quantitativen Erfassung von Informationen mittels Fragebögen und der Arbeit mit Satellitendaten um sich den beobachteten Phänomenen anzunähern.

Die Herangehensweise der Arbeit ist mehrschrittig angelegt und folgt, je nach Schritt, deskriptiven, analytischen und normativen Grundsätzen. Während die Erfassung der Situation zunächst deskriptiv ist, um dem Phänomen der Ressourcenausbeutung nahe zu kommen, ist der anschließende Vergleich mit den Theorien um die Zusammenhänge zwischen Ressourcen, Entwicklung, Konflikt und Frieden als analytisch zu bezeichnen. Die Interpretation der empirischen Ergebnisse vor dem Hintergrund der Theorien ermöglicht dann eine normative Bewertung der Situation.

3.1 Fragestellung und Forschungsmethodik

Aus den vorhergehenden Ausführungen folgen die Fragestellungen in Anlehnung an *Abschnitt* 2.1, die in *Abbildung* 3.1 schematisch dargestellt werden. Die Annahme, dass insbesondere hochpreisige natürliche Ressourcen zu Konfliktressourcen in Bürgerkriegen werden, soll für die Länder Peru und Kolumbien am Beispiel des Goldes untersucht werden. Geleitet von den Annahmen der Ressourcenfluchthese, soll des Weiteren untersucht werden, ob sich ein Determinismus von der Existenz bestimmter Rohstoffe in Bezug auf Konflikte um Entwicklung im Postkonflikt ableiten lässt. Sollte sich dies nicht Bewahrheiten, werden Parameter untersucht, welche die Entstehung des sogenannten Ressourcenfluchs bedingen. Der Zusammenhang zwischen Ressourcenreichtum und dem bewaffneten Konflikt bzw. dessen Ausbleiben lässt dann fundierte Aussagen bezüglich der Ursprungsthese zu.

Die Fragen nach den im Postkonflikt veränderten Wechselwirkungen, beinhaltet die Frage, welche Art der Ressourcennutzung dem Friedensaufbau dienlich sind. Die Fragen werden für Peru und Kolumbien vergleichend anhand der nachfolgenden Fragestellungen empirisch untersucht:

1. Welche Unterschiede und Gemeinsamkeiten lassen sind zwischen den bewaffneten Konflikten und dem Ressourcenreichtum und aus welchen Parametern lassen sich diese begründen?
2. Welche Ressource eignet sich für die genauere Betrachtung ihrer Nutzung im Übergang zum Postkonflikt? Wie lassen sich die Beschreibungen des Umgangs mit Ressourcen bestimmten Entwicklungsvorstellungen zuordnen?
3. Kann aus historischer Perspektive von einem Gold-Fluch gesprochen werden? Welche Indikationen zeigt der historisch-räumliche Vergleich, die Rückschlüsse auf die Gültigkeit eines Ressourcenfluchs zulassen? Oder gibt es vielmehr politisch-rechtliche Hintergründe, die dafürsprechen, dass ein extraktivistisches Entwicklungsmodell den Zusammenhang von Gold und Konflikt beeinflusst/e?
4. Welche Wechselwirkungen bestanden de facto zwischen Ressourcen und dem jeweiligen bewaffneten Konflikt und können auf subnationaler Ebene nachgewiesen werden? Welche Determinanten bestimmen die Genese von Rohstoffen zu Konfliktressourcen in den untersuchten Regionen? Wie verändert sich die legale und illegale Ressourcenförderung vor und nach dem offiziellen Ende des bewaffneten Konflikts?
5. Wie verändern sich im Postbürgerkrieg die Ressourcennutzung, das Entwicklungsparadigma und die Interdependenzen zwischen diesen? Welche Auswirkungen hat die Ressourcenausbeutung auf die davon betroffenen Regionen? Wie wird dies von den Betroffenen wahrgenommen? Lässt sich anhand der Aussagen die Annahme eines Ressourcenfluchs regional bestätigen? Welchen Beitrag kann Ressourcennutzung zu einem positiven Frieden im Sinne des *Environmental Peacebuildings* leisten?

3.2 Beschreibung des methodischen Vorgehens

Es wurde ein mehrstufiges empirisches Verfahren entwickelt, welches die Beantwortung der Forschungsfragen theoriegeleitet ermöglicht. Da die meisten Studien in Bezug auf Gewaltkonflikte und Ressourcen quantitativ gestaltet sind (IDE 2015), wurden für die vorliegende Studie, inspiriert von der Politischen Ökologie ein *mixed method*-Zugang gewählt. Ein besonderer Fokus liegt darauf, die lokalen und regionalen Zusammenhänge in Peru und Kolumbien zu erfassen. Hierzu wurde eine selbstständig organisierte achtmonatige Feldforschungskampagne in Peru und Kolumbien in Begleitung der eigenen Kinder (09/2017–04/2018) und ein weiterer dreiwöchiger Aufenthalt in Peru und Kolumbien (07–08/2019)

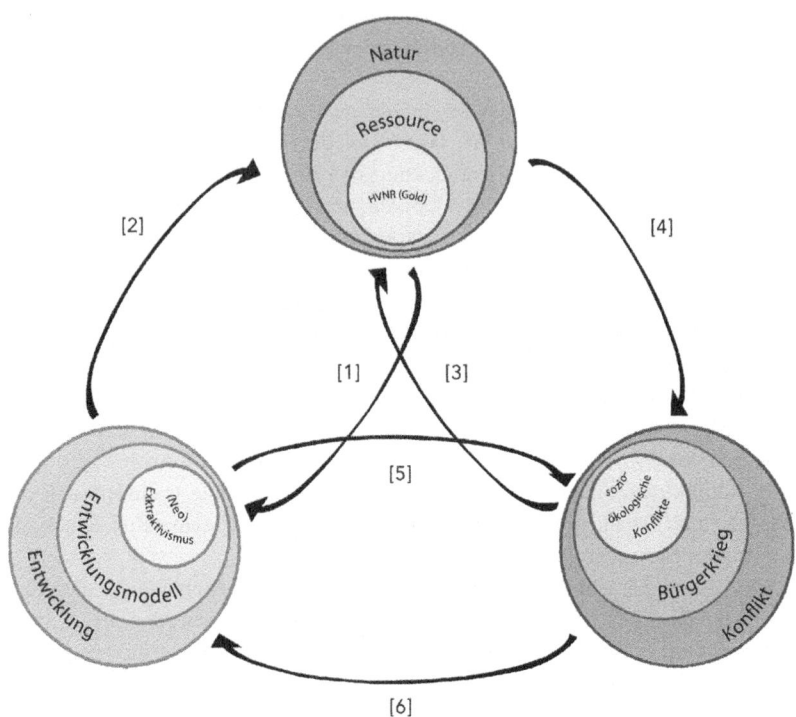

Abbildung 3.1 Schematische Darstellung der Arbeit. (*Quelle: Eigener Entwurf*)

durchgeführt und durch eine selbstgeleitete Kolumbien-Exkursion ergänzt. Der anschließend geplante zwei-monatiger Feldaufenthalt im Cauca musste aus Sicherheitsgründen ausfallen.

Zunächst wurden semistrukturierte Leitfadeninterviews mit zivilgesellschaftlichen Interessensgruppen in der jeweiligen Hauptstadt bezüglich der Rolle natürlicher Ressourcen für den Aufbau einer Postkonfliktgesellschaft geführt (MISOCH 2015: 65–69). Die aus der Literatur entnommenen Kernthesen wurden dann anhand von explorativen Interviews, Kartierungen und Gruppeninterviews in jeweils einer Untersuchungsregion durchgeführt (für Kolumbien: *Cauca*, für Peru: *La Libertad*, Abb. 3.2).

3.2 Beschreibung des methodischen Vorgehens

Zunächst wurden aus der Literatur inspirierte strukturierte Experteninterviews in Bogotá mit VertreterInnen aus Politik, Wirtschaft, Wissenschaft und Zivilgesellschaft geführt (N = 10) (s. *Annex* I) um das Forschungsthema einzugrenzen. Weiterhin wurden in dem Aufenthalt in der Hauptstadt der Literaturbeschaffung und Bibliotheksrecherchen in den dortigen Universitäten und Buchhandlungen durchgeführt.

Den zweiten empirischen Schritt stellten die Forschungen im *Departamento Cauca* dar. Der *Cauca* wurde aufgrund seiner Bedeutung für den bewaffneten Konflikt, seiner Goldvorkommen und persönlicher Kontakte ausgewählt. Dort wurden semistrukturierte, explorative Experteninterviews mit Personen aus unterschiedlichen Teilen des *Departamentos* geführt (s. *Annex* II), die im direkten oder indirekten Kontakt zum Goldabbau standen, bzw. sich gegen diesen wehrten. Dazu gehörten Betroffenen, Bergleute, lokale Autoritäten, ehemalige FARC-Kämpfer, Politiker, AktivistInnen und Journalisten (N = 31). Zudem diente die Teilnahme an verschiedenen Veranstaltungen und Fortbildungen sowie teilnehmende Beobachtungen in von Bergbau betroffenen Gebieten dem Erkenntnisgewinn. Die vermuteten Zusammenhänge, wurde ein Pretest (N = 30) getestet, der zum einen der Gestaltung des in *La Libertad* durchgeführten Fragebogens (N = 380) dienen sollte, zum anderen bei einem weiteren Forschungsaufenthalt mit einer Stichprobe (N = 380) im Juli 2019 in *Mercaderes* (*Cauca*) durchgeführt werden sollte, was aufgrund späterer Sicherheitsbedenken nicht umgesetzt werden konnte.

Der dritte empirische Schritt wurde analog zum ersten in *Lima*, der Hauptstadt Perus, vollzogen. Auch hier standen strukturierte Experteninterviews mit verschiedenen öffentlichen Personen aus der Wirtschaft (Vertretung der Minengesellschaften) und Zivilgesellschaft (Vertretung verschiedener NGOs) (N = 6), Teilnahme an Foren, Bibliotheksrecherchen in Instituten, Universitäten und Archiven, sowie die Auswahl eines Untersuchungsgebietes im Vordergrund. Kriterien für die Auswahl waren die Präsenz einer bewaffneten Gruppe während des bewaffneten Konflikts, bekannte Goldvorkommen, deren legaler und illegaler Abbau, persönliche Kontakte sowie die Sicherheit des Gebiets.

Der abschließende empirische vierte Schritt beinhaltete analog zu dem Aufenthalt im *Cauca* die Untersuchung der Zusammenhänge in *La Libertad* (Peru). Neben qualitativen Interviews mit Regionalpolitiker, Mitarbeiter von Behörden und Betroffenen (N = 13) wurde während des Aufenthalts ein Fokus auf die Beschaffung und Sichtung behördlicher Dokumente wie Opferregister, Entwicklungspläne sowie Daten zu Gewässerqualität und informellen Schürfer gelegt. Außerdem wurden teilnehmende Beobachtungen und partizipative Kartierungen in zwei Fokusgruppen in der Stadt *Huamachuco* durchgeführt. Im Zentrum der

Forschungen in *La Libertad* stand jedoch eine quantitative Erhebung (N = 380) eines regional angepassten Fragebogens.

Parallel zu den Forschungen wurden in Lima die Interviews von Einheimischen transkribiert, kartographische Inhalte georeferenziert und Fragebögen digitalisiert, sodass die anschließende Analyse in Gießen mit bereits bereinigtem Material stattfinden konnte.

Beim zweiten Forschungsaufenthalt im Juli/August 2019 sollten, zum Zweck der Triangulation, die Ergebnisse in Gesprächen validiert und der quantitative Fragebogen im *Cauca* in ähnlicher Stichprobengröße durchgeführt werden. Aufgrund der Sicherheitslage konnte diese jedoch nicht stattfinden. Die Ergebnisse wurden aber mit Personen in anderen *Departamentos* (*Quindío, Tolima, Bogotá*) diskutiert (*Abb.* 3.2).

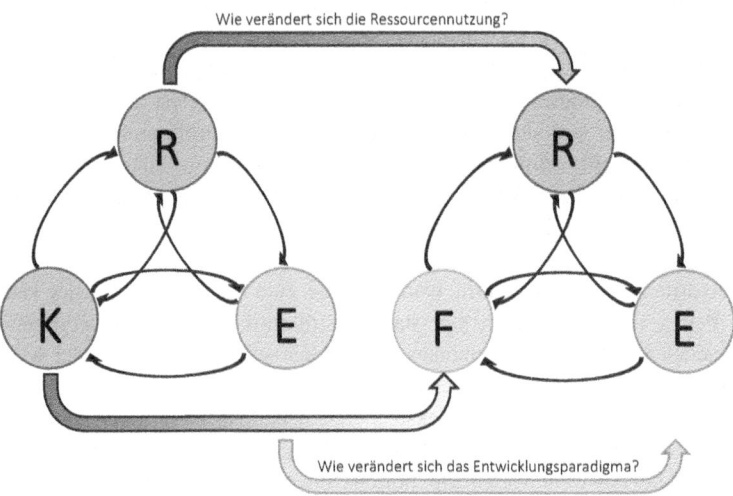

Abbildung 3.2 Schematische Darstellung der untersuchten Zusammenhänge. (*Quelle: Eigener Entwurf*)

3.3 Feldzugang, Zugangsschwierigkeiten und Interpretation der Daten

Die vorliegende Forschung ist durch das gewählte Thema, das sich mit Umständen beschäftigt, die sich außerhalb des legalen Rahmens befindet und durch die Postbürgerkriegssituation als „*fieldresearch (...) in violent and difficult situations*" (SRIRAM et al. 2009) zu bezeichnen. MERTUS 2009 verweist auf die ethischen, wahrheits- und sicherheitsbezogenen Probleme sowie die Probleme des Zugangs und des Verhaltens unter schwierigen Forschungsbedingungen. Spezielle Herausforderungen entstehen z. B. dadurch, dass die Untersuchung informeller Netzwerke niemals vollständig reproduzierbare Konditionen ergeben kann und dass alle offiziellen und inoffiziellen Datensätze inklusive der des *United States Geological Surveys* (USGS) Inkohärenzen beinhalten. In vielen Fällen, insbesondere im Kontext des illegalen Bergbaus, berufen sich die Aussagen auf Schätzungen und Hochrechnungen. Die Aussagen zu den Auswirkungen des illegalen Bergbaus in Kolumbien berufen sich auf zwei zufällige Gemeinden, in deren Umfeld illegaler Bergbau stattfindet, die nur kurz und teilweise unter verdeckter Identität besucht wurden, um den Wahrheitsgehalt der Informationen zu erhöhen.

Eine Besonderheit im Feldzugang war die Forschung in Begleitung der eigenen Familie. Verschiedene EthnologInnen betonen die Rolle von Kindern bei ethnographischen Forschungsdesigns, durch die der Feldzugang, vor allem in ländlichen, peripheren Räumen, verbessert wird (z. B. SCHOLZ 2012, DITTMANN u. DITTMANN 2002). Dies unterstützte den Forschungsansatz nicht nur mit Mächtigen zu sprechen, sondern eine Vielzahl an Stimmen zu Wort kommen zu lassen. Für die vorliegende Forschung konnte beobachtet werden, dass die gemeinsame Bereisung von Forschungsgebieten mit Kindern sowohl in Peru als auch in Kolumbien den Feldzugang insbesondere zu Frauen in ländlichen Regionen erleichterte (*Abb.* 3.3, 3.6). Außerdem brachte dies die Möglichkeit tendenziell gefährliche Gebiete zu bereisen (*Abb.* 3.4, 3.5), da die Außenwahrnehmung sich durch die Begleitung der Kinder stark verändert. Für viele der Befragten, konnte dadurch eine Vertrauensbasis geschaffen werden, indem die Verfasserin als „Mutter" und nicht als „fremde weiße Frau" wahrgenommen wurde.

Ein Problem des schwierigen Forschungskontexts war die Dokumentation der Ergebnisse. Zwar wurden die Interviews mit offiziellen VertreterInnen von Institutionen, so weit möglich, mit einem Tonbandgerät aufgenommen, jedoch konnten nicht alle anderen aufgrund der immanenten Begleitgefahren auditiv aufgezeichnet werden. Besonders bei informellen Gesprächen zu sensiblen Themen mit Anwohnenden, Polizisten und ehemaligen Kämpfern der FARC konnten nur Gedächtnisprotokolle aufgezeichnet werden, da davon ausgegangen werden musste, dass die Interviewten einer Aufnahme nicht zugestimmt hätten oder es ihre Aussagen verzerrt hätte (SANDNER LE GALL 2007: 88). Da viele der Befragten dirket von Gewalt bedroht sind, wurde zum Schutz der Personen werden die Interviews in den Konfliktgebieten anonymisiert wiedergegeben.

Die Ergebnisse der vorliegenden Arbeit wurden durch weitere, nicht dokumentierte Gespräche in Alltagssituationen auf Märkten, in öffentlichen Transportmitteln, in Taxis oder auf öffentlichen Plätzen, die der Methode der teilnehmenden Beobachtung zuzuordnen sind, stark beeinflusst. Dementsprechend wurde während der Feldforschung viel Zeit an öffentlichen, nicht akademisch geprägten Orten wie Märkten, Plätzen und Cafés verbracht, um, so weit möglich, ein Gefühl für lokale Meinungen zu entwickeln. Auch war der Wohnort jeweils in einem ländlichen Umfeld gewählt, sodass bestimmte Alltagskontakte sich aus den jeweiligen nicht-städtischen Umständen ergaben (s. ARELLANO YANGUAS 2011).

Die angedachten Forschungsideen musste an die Umstände angepasst werden: Beispielsweise verzögerte sich gleich zu Beginn der Forschung im *Cauca* (Oktober 2017) die Ankunft in der *Departamento*-Hauptstadt *Popayán* durch die wochenlange Besetzung der transamerikanischen Hauptverkehrsstraße *Panamericana* durch die Indigenengruppe *Nasa* im Nordosten des *Cauca*, die gegen die fehlenden Umsetzung der im Friedensvertrag festgelegten Bedingungen protestierten. Gebiete konnten zeitweise oder dauerhaft aus Sicherheitsgründen nicht bereist werden, Interviews wurden abgesagt, unterbrochen oder verschoben, Aufnahmegeräte wurden entwendet und Wetterereignisse verzögerten Termine. Weiterhin führten bergbauinduzierte Atemwegsprobleme der Verfasserin in Peru zu einer Verkürzung der Feldforschung in der Bergbaustadt *Huamachuco*. Als besonders schwerwiegend ist der Verlust der Kartierungen des illegalen Bergbaus in der Provinz *Sánchez Carrión* Aufgrund eines Diebstahls in Lima zu werten. In *Popayán* mussten Interviewte aufgrund ihrer politischen Aktivität wegen Morddrohungen und vereitelten Anschlägen untertauchen, was sich auf die methodische Vorgehensweise auswirkte und die ursprünglich im Sinne eines postkolonialen Forschungsansatzes als partizipative Forschungsmethodik angedachte Herangehensweise (ALLEN et al. 2015) an die Gegebenheiten angepasst werden musste. Die ursprüngliche Idee einer partizipativen Kartierung nach dem Vorbild von RISLER u. ARES (2013) konnte aufgrund der schwer planbaren Umstände nicht umgesetzt werden und entpuppte sich als eine Idee, die Fernab des Geschehens entworfen worden, aber nicht an die Bürgerkriegsumstände angepasst war.

3.3 Feldzugang, Zugangsschwierigkeiten und Interpretation der Daten 69

Die versuchte Umsetzung der partizipativen Kartierung in *Sánchez Carrión* lieferte trotz verschiedener Versuche in Peru nicht die gewünschten Ergebnisse. Trotz der Erstellung eines 3D Modells (*Abb.* 3.8, 3.9), das für die räumliche Erfassung der Auswirkungen des illegalen Bergbaus angedacht war und der geographischen Erfassung illegaler Goldminen (*Abb.* 3.7), konnten die Daten trotz mehrfachen versuchen und veränderten Herangehensweisen, kaum verwendet werden.

Für die erhobenen Daten bedeutet es, dass, mit Verweis auf KUZMITS (2008: 40), von den methodischen Ursprungsideen Abstand genommen werden musste, da sie zu anfällig für die praktische Umsetzung in gewaltsamen Kontexten waren und sich ein Großteil der Feldforschung, insbesondere im *Cauca*, auf informelle Gespräche, die aus mehr oder weniger zufälligen Begegnungen entstanden, reduzierten (*Abb.* 3.3, *Abb.* 3.4, *Abb.* 3.5, und *Abb.* 3.6).

Abbildung 3.3 Forschen mit Kindern 1: Befragungen von Kleinbäuerinnen in Peru. (***Quelle: Eigene Aufnahme (Huamachuco, La Libertad, Peru: März 2018)***)

Abbildung 3.4 Forschen mit Kindern 2: Besuch in einer Goldkooperative in Kolumbien. (*Quelle: Eigene Aufnahme (Buenos Aires, Cauca, Kolumbien: Januar 2018)*)

Abbildung 3.5 Forschen mit Kindern 3: Besuch einer illegalen Goldgrabung in Kolumbien. (*Quelle: Eigene Aufnahme (Buenos Aires, Cauca, Kolumbien: Januar 2018)*)

3.3 Feldzugang, Zugangsschwierigkeiten und Interpretation der Daten

Abbildung 3.6 Forschen mit Kindern 4: Befragungen von Bäuerinnen einer Kaffee-Kooperative. (*Quelle: Eigene Aufnahme (Morales, Cauca, Kolumbien: Dezember 2017)*)

Abbildung 3.7 Partizipative Kartierungen in Huamachuco. (*Quelle: Eigene **Aufnahme** (**Huamachuco**, La **Libertad**, Peru: **April 2018**)*)

Abbildung 3.8 3D Modell als Grundlage für die partizipativen Kartierungen. (*Quelle: Eigene Aufnahme (Huamachuco, La Libertad, Peru: März 2018)*)

Abbildung 3.9 Reichweite der Auswirkungen des Bergbaus, erklärt am 3D-Modell. (*Quelle: Eigene Aufnahme (Huamachuco, La Libertad: März 2018)*)

3.4 Positionierung der vorliegenden Forschung in postkolonialen Diskurs

„Para quién estás investigando?"[1]
GEOGRAPHIESTUDENT AUF DEM „JUGENDKONGRESS FÜR GEOGRAPHIE" IN CALI

Die vorliegende ursprünglich deduktiv angelegte Forschung, wurde durch die Erfahrungen vor Ort, wie z. B. im obenstehenden Kommentar deutlich, geprägt. Die in Kolumbien übliche Verknüpfung und Positionierung von Universitäten mit gesellschaftspolitischen Inhalten, erschütterte das Wissenschaftsverständnis der Autorin. Während es in der deutschsprachigen Geographie weiterhin häufig als oberstes Ziel gilt, sich einer objektiven Realität anzunähern, deren Zweck es ist, *"das Denken ausschließlich auf den Gegenstand"* zu richten mit *"vollständiger Ausschaltung alles Subjektiven"* (BOCHENSKI 1993: 26), zeigte die Forschung vor Ort, dass sich Forschende durch die Wahl ihres Forschungsgegenstandes und ihrer wissenschaftlichen Herangehensweise immer gesellschaftlich positionieren. Insbesondere im Kontext extremer Exklusion und Machtgefälle, in dem Wissen als Machtinstrument genutzt wird, wurde deutlich, dass allein die Auswahl des Forschungsgegenstandes sowie die interviewten Personen die Ergebnisse beeinflussen und somit politische ist. Der Vergleich mit anderen, v. a. politikwissenschaftlichen Studien zeigte auch, dass dort im meist mit Machthabenden gesprochen wird. Im Gegensatz dazu wurde sich in der vorliegenden Studie ähnlich ethnologischer Ansätze bemüht, die Positionen weniger Privilegierter zu hören.

Forschende stehen vor dem Dilemma, dass sie sich niemals außerhalb von Machtasymmetrien positionieren können und diese mitunter reproduzieren. Dazu gehören sowohl internationale Machtgefälle zwischen den Ländern des Nordens und des Südens, außenpolitische Interessenslagen der Wissenschaftspolitik sowie auch die starke soziale Spaltung der Länder Lateinamerikas, die Bildung nur einer kleinen Elite zugänglich macht. In vielen ethnologischen Arbeiten ist es bereits Usus, sich mit dem Verhältnis zwischen dem Forschenden und dem "Forschungsgegenstand" zu beschäftigen (z. B. SCHOLZ 2012). Unter GeographInnen gibt es einige Vorreiter, die sich zu Beginn ihrer Arbeit der unbequemen Frage stellen, ob *„Wissenschaft als Forschung (…) ein neokoloniales Projekt"* (SCHMITT 2018: 49) sei. Auf die problematische Geschichte der Geographie als Rechtfertigung kolonialer Bestrebungen ist mehrfach hingewiesen worden (ZIMMERER

---

[1] „Für wen forschst du?"

2004), deshalb soll auch an dieser Stelle die Frage gestellt werden, ob und inwiefern ein einseitiges Beschäftigen mit „*marginalen Randgruppen (...) um durch ihre Arbeit posthum zu akademischen Meriten zu gelangen (...) ein Ausdruck von Imperialismus, gar Neokolonialismus*" (SCHOLZ 2012: 78) ist, bzw. ob das Untersuchen „exotischer" Gegebenheiten "am anderen Ende der Welt" mit dem Ziel akademischer Profilierung im Entsendeland eine Kontinuität kolonialen Handelns ist.

Zumindest sei aber im Sinne postkolonialer Verortung darauf verwiesen, dass es alles andere als „natürlich" ist, dass junge WissenschaftlerInnen aus Deutschland mit einer Finanzierung, welche das Gehalt eines lokalen Wissenschaftlers um ein Vielfaches übersteigt, in Länder des Südens reisen, um dort Forschung zu betreiben (s. dazu LOSSAU 2002). Es wirft mindestens zwei unbequeme Fragen auf: Erstens ob lokale WissenschaftlerInnen nicht geeigneter wären, um die Forschungsfrage zu untersuchen oder zweitens, warum nicht beispielsweise kolumbianische oder peruanische WissenschaftlerInnen Konflikte um Kohle in Deutschland untersuchen.

Als Antwort auf die postkoloniale Geschichte der Geographie, die sich häufig in einem „sprechen über" statt einem „sprechen mit" Forschungssubjekten bis heute fortsetzt (MÜLLER- MAHN u. VERNE 2014: 100), werden im Rahmen dieser Arbeit wenn möglich direkte Zitate aus den Interviews wiedergegeben. Jedes Kapitel beginnt mit einem einleitenden Zitat, das meist aus einem der geführten Interviews stammt und das die Lesenden der anschließenden sprachlich sehr stark akademischen und deutschen Analyse an die reelle Kontextualisierung der Problematiken erinnern soll. Diese Anfangszitate sind sowohl in der Originalsprache als auch in ihrer deutschen Übersetzung aufgeführt und bleiben bewusst unkommentiert. Dies ist der Versuch, auf das Problem einzugehen, dass weiße WissenschaftlerInnen die Aussagen betroffener Personen im globalen Süden erst „in die richtige Sprache" übersetzen müssen, um diese zu akademischem Wissen werden zu lassen (z. B. SPIVAK 2014). Dieser für die Geographie ungewöhnliche Umgang soll eine Antwort auf die epistemologischen Ungereimtheiten und die damit einhergehenden Machtverhältnisse bieten, auch wenn genannte Verhältnisse sich dadurch nicht ändern werden.

Trotz der schwierigen Bedingungen und der immanenten Reproduktion von Machtverhältnissen stellte es sich für den gegebenen Untersuchungsgegenstand insbesondere im Kontext Kolumbiens als Vorteil heraus, keine familiären Kontakte in das Land zu haben und in keiner Weise durch familiäre Gewalterfahrung mit der einen oder anderen Konfliktpartei eine voreingenommene Meinung zu den Themen zu haben. Zum einen gehen die kontroversen Meinungen zum

3.4 Positionierung der vorliegenden Forschung ...

Umgang mit Ressourcenreichtum bei vielen mit einer sehr emotionalisierten Meinung einher, von der durch die Rolle als „Außenstehende" Abstand gewonnen werden konnte. Zum anderen ist die Untersuchung von illegalen Aktivitäten in Ländern mit hohem Gewaltpotential auch für unbeteiligte Familienangehörige mitunter gefährlich – sodass die meisten ForscherInnen vor Ort das Thema aus Sicherheitsgründen meiden.

Weiterhin zeigt sich die starke soziale und ökonomische Spaltung der untersuchten Länder an Hautfarbe und Nachname. Die Rolle als „außenstehende weiße Frau", bzw. „außenstehende weiße Mutter", machte es möglich, mit sehr konträren Personen wie der Vorsitzenden der Minenlobby und dem ehemaligen Kommandanten der FARC, einem ehemaligen Präsidentschaftskandidaten und ehemaligem Mitglied der M-19, sowie vielfältigen Regionalpolitikern und auch Bäuerinnen, Minenarbeitern und informellen Verkäuferinnen zu sprechen, ohne in den Verdacht zu geraten, zu der einen oder anderen Gruppe zu gehören. Auch KOCH (2018) verwies in seiner Forschung zu FARC Mitgliedern darauf hin, dass in Gewaltkontexten die Perspektive von außen einen wichtigen Beitrag leistet.

Bürgerkriege in Peru und Kolumbien 4

Bewaffnete Konflikte in Lateinamerika sind in Bezug zu Natur mit Ausnahme von Koka sehr wenig untersucht (ROSS 2003, ROSS 2004b). Vor diesem Hintergrund werden in diesem Kapitel die bewaffneten Konflikte Perus und Kolumbiens vorgestellt und die jeweils wichtigste Guerilla in ihrer Ausrichtung untersucht. Dabei folgt die Untersuchung der Frage, welche ideologischen, zeitlichen und akteursbezogenen Unterschiede in Bezug auf Ressourcennutzung zu finden sind.

Während des Kalten Krieges entstanden in den meisten lateinamerikanischen Ländern bewaffnete aufständische Gruppen, die, inspiriert durch die kubanische Revolution, ihre Gewaltanwendungen durch das Ziel einer kommunistischen Weltrevolution legitimierten. Sie begründeten ihren Kampf mit tradierten oligarchischen Besitz- und Machtverhältnissen und der Dominanz einer aus der Hauptstadt agierenden Oligarchie und beriefen sich auf diverse kommunistische Denker (etwa ERNESTO „CHE" GUERVARA, KARL MARX, VLADIMIR LENIN, JOSEPH STALIN oder MAO ZEDONG) und handelten je nach Vordenker mit unterschiedlichen Zielen (BERNECKER 2019: 292–293). Gemeinsamkeiten sind in den Aktionsräumen zu finden: Die Gruppen agierten in Regionen, in denen die zentralistisch organisierten Staaten wenig präsent waren und ersetzten die Staatsgewalt z. B. durch die Zurverfügungstellung von Bildung, Infrastruktur oder einer Exekutive in diesen Gebieten (RÍOS SIERRA et al. 2018: 80), sodass in diesem Kontext auf die Rolle von sogenannten *Failed States* (DITTMANN 2014) als Voraussetzung für die Entstehung bewaffneter Gruppen eingegangen werden

Ergänzende Information Die elektronische Version dieses Kapitels enthält Zusatzmaterial, auf das über folgenden Link zugegriffen werden kann https://doi.org/10.1007/978-3-658-38065-6_4.

soll. Unbeantwortet bleibt in diesem Kontext, in welcher Weise die bestehende Ressourcenabhängigkeit Lateinamerikas auf die Bürgerkriege einwirkte.

4.1 Der bewaffnete Konflikt in Kolumbien

Der kolumbianische Konflikt gehört mit der offiziellen Dauer von über 50 Jahren zu den längsten internen bewaffneten Konflikten der Welt (HIICP 2018). Jedoch gibt es unterschiedliche Meinungen darüber, ob der bewaffnete Konflikt mit der Gründung der FARC begann oder vielmehr eine Folge der tradierten Ungleichheiten und verschiedener bewaffneter Aufstände seit mindestens 100 Jahren ist (KRAMER 2011: 121–22). Der Konflikt fand zwischen mehreren bewaffneten Guerillagruppen (vgl. *Abschn.* 4.1 – "*Weitere involvierte Akteure*"), unterschiedlichen paramilitärischen Gruppen und dem kolumbianischen Staat statt, wobei Paramilitärs häufig mit dem Militär zusammenarbeiteten (JENNS 2016). Der im November 2016 unterschriebene Friedensvertrag zwischen der FARC und dem kolumbianischen Staat gilt als das Ende des bewaffneten Konflikts, jedoch sind andere bewaffnete Akteure weiterhin in den Konflikt involviert und viele der Entstehungsbedingungen des Konflikts blieben unverändert.

Die größten Guerillagruppen bildeten sich 1964 zum Ende der sogenannten *Violencia*, um als bewaffnete bäuerliche Selbstschutzgruppen nach erfolglosen und brutal niedergeschlagenen Protesten zur Landverteilung sowie dem Verbot der kommunistischen Partei für eine kommunistische Revolution zu kämpfen (Ríos SIERRA et al. 2018: 25–32). Sie weiteten in den Folgejahren ihr Wirkungsgebiet unter Berufung auf verschiedene linke Denker aus, um einen kommunistischen Staat zu schaffen.

Einfluss der Ressourcen auf die Konfliktentwicklung
Nach ECHANDÍA (2015) lässt sich der kolumbianische Bürgerkrieg in die folgenden drei Phasen einteilen: In der Anfangsphase zwischen 1964 und 1981 hatte die FARC eine Größe von wenigen 100 bis 1000 Kämpfenden. Diese Phase ist durch eine geringe Schlagkraft und eine langsame Ausbreitung gekennzeichnet. Der Einfluss des bewaffneten Konflikts auf die natürlichen Ressourcen zeigte sich in dieser Zeit vor allem durch das Handeln der Großgrundbesitzer. Diese schützen sich vor der waldaffinen Guerilla, indem sie fruchtbare Täler in Viehweiden umwandelten und somit die Entwaldung in doppelter Weise vorantreiben: Zum einen wurde das vorher teils bewaldete Land mithilfe der Kühe in Grasland verwandelt, zum anderen mussten die dort vorher ansässigen Kleinbauern nun in den

weniger fruchtbaren ehemals bewaldeten Hanglagen ihre Subsistenzwirtschaft betreiben (REYES POSADA 2016: 47).

Zwischen 1982 und 2002 wird von der „Aufstiegsphase" gesprochen, in welcher die Zahl der Kämpfenden exponentiell auf 20 000 anstieg und sich das kontrollierte Gebiet auf große Teile Kolumbiens ausweitete (s. *Karte* 1[1]). Die FARC hatte 1982 als strategisches Ziel, die Kontrolle in allen *Departamentos* zu übernehmen und konnte diese auch in der Hälfte umsetzen. Gründe für die territoriale und militärische Ausweitung sind im Kampf des Staates gegen die Drogenkartelle zu sehen, was zu einer Schwächung der militärischen Kraft zum einen und zu zusätzlichen Einnahmequellen für die FARC zum anderen resultierte (MERTINS 2004: 43). Damit ändert sich die Taktik der FARC, die es zunächst abgelehnt hatte, Einkommen aus Kokain zu beziehen, da es *„Produkte kapitalistischer Dekadenz"* (JÄGER 2007: 60) seien. Damit beginnt in dieser Phase die Ressource Kokain einen Einfluss auf den Konflikt zu nehmen.

Zeitgleich wurden 1982 paramilitärische Einheiten zum Schutz vor Entführungen gegründet, die zunächst von den bereits bestehenden Drogenkartellen finanziert wurden und sich als Bewegung MAS (*Muerte a los Secuestradores*, „Tod den Entführern") präsentierten. In den Folgejahren diversifizierten sich ihre Financiers, sodass sie später von Großgrundbesitzer, Militärs, internationalen Unternehmen und Politiker ausgebildet und eingesetzt wurden, um linken Gruppen und ihre Sympathisanten zu unterdrücken. Ihre Herangehensweise ist durch große Brutalität, insbesondere Massaker, Vertreibungen, Folterungen und Verschwindenlassen, geprägt und sie nutzen Abschreckung als wichtigstes Instrument der psychologischen Kriegsführung (KRAMER 2011: 130–133).

Obwohl 1991 erfolgreich ein Friedensvertrag mit den kleineren Guerillagruppen geschlossen wurde, konnte die FARC ihre räumliche und militärische Dominanz im Zeitraum zwischen 1995 und 2002 am meisten ausbauen und ihre Gebietskontrolle auf das Pazifikgebiet ausweiten. 1998 war die Schlagkraft so groß, dass ein militärischer Erfolg einer Guerilla über den Staat bei der FARC als wahrscheinlich galt (RÍOS SIERRA u. CAIRU CAROU 2017: 44). Die Friedensgespräche mit der Regierung ANDRÉS PASTRANA ARANGO (1998–2002) kamen jedoch diesem militärischen Schlag zuvor (C 12_01-03). Teil dieser Gespräche war die Einrichtung einer „demilitarisierten Zone" der Größe der Schweiz, in der die FARC die Staatsmacht in allen gesellschaftlichen Teilbereichen ersetzte (RÍOS SIERRA u. CAIRU CAROU 2017: 72). In dieser Phase setzt sich der Koka,

---

[1] Die zugehörigen Karten sind im elektronischen Zusatzmaterial einsehbar.

Marihuana- und Mohnanbau fort, der zur Finanzierung der FARC diente. Gleichzeitig kann diese Zone als *Default Conservation-Area* verstanden werden, da in ihr weitestgehender Schutz vor nicht subsistent lebenden Personen bestand.

Die dritte Phase wird auf die Jahre 2003 bis 2014 datiert und als „Abstieg und Niederlage" bezeichnet. Nach der Zeit der höchsten Konfliktintensität 2003 bis 2006 sank die Zahl der Kombattanten der FARC linear auf ca. 6000 und auch die Kämpfenden der ELN reduzierten sich auf die Hälfte (SALAS SALAZAR 2016: 52). Räumlich zog sich die FARC in periphere Regionen Kolumbiens und die Grenzgebiete zurück. Gründe für den militärischen Rückschlag waren in den 1990er Jahren der Zusammenschluss paramilitärischer Gruppen sowie die verstärkte Aufrüstung des Militärs (REYES POSADA 2005). Der Präsident ALVARO URIBE (2002–2010) plante mit harter Hand gegen die Aufständischen vorzugehen, was durch die militärische Aufrüstung, die Teil des US-finanzierten *Plan Colombia* war, möglich wurde (JÄGER 2007: 237–246). Somit wurden die USA im Rahmen der Initiative *War on Drugs* zu einem sichtbaren Akteur im kolumbianischen Konflikt, der innerhalb von sechs Jahren das kolumbianische Militär mit 3 Mrd. US-Dollar unterstützte, die offiziell nur zur Drogenbekämpfung eingesetzt werden sollten (RÍOS SIERRA u. CAIRU CAROU 2017: 84). Jedoch sind indirekte Unterstützungen wie die Bewaffnung und militärische Ausbildung seitens der USA für das Militär und paramilitärische Gruppen seit den 1960er Jahren bekannt (KRAMER 2011: 129–144).

Als Zeichen der personellen und militärischen Schwächung der Guerilla in dieser Zeit wird die Art der Kriegsführung benannt, die sich hauptsächlich auf Sabotagen, Personenminen und Autobomben in den peripheren Gebieten beschränkte (ECHANDÍA 1999). Gleichzeitig ändert sich durch die Bekämpfung des Kokaanbaus auch die Finanzierung: Nach der gezielten Vernichtung dieser Felder richteten sich die illegalen Ökonomien, die z. T. auch in Verbindung mit den Guerillas standen, in größerem Maße auf den illegalen Goldabbau aus (B 09_02). Die anschließende militärische Schwächung ebnete den Weg für eine politische Lösung des Konflikts, die sich, im Falle der FARC, im November 2016 im Friedensvertrag von Havanna manifestierte.

Offizielle Beendigung des Konflikts
Als vierte Phase ist hier die Zeit nach der Unterzeichnung des Friedensvertrages von Havanna zu sehen. Das offizielle Ende des bewaffneten Konflikts in Kolumbien wurde mit dem Friedensvertrag von Havanna 2016 und der anschließenden Abgabe von 7132 Waffen an die UN erreicht (UNITED NATIONS 2017). Obwohl das Ergebnis des Plebiszits bezüglich des Friedensvertrags zunächst negativ war,

wurde dieser nach kleineren Änderungen unterschrieben und der bewaffnete Konflikt somit offiziell beendet. Als Gründe für die fehlende Zustimmung breiter Teile der Bevölkerung nennt MAIHOLD (2016: 2) die Mobilisierung gegen den Friedensvertrag durch den ehemaligen Präsidenten ALVARO URIBE, der die politische Rechte vertritt, sowie die fehlende Ursachenbekämpfung, und GRENZ (2018) sieht eine besondere Rolle im negativen Image der FARC durch die Medien.

Zu den ungeklärten Herausforderungen eines „*territorialen Friedens*" (MAIHOLD 2016: 3) gehört die Kontrolle der vorher von der FARC kontrollierten Gebiete. Dies waren zuletzt insgesamt 61 Mio. ha Land sowie die Präsenz der FARC in 242 *Municipios* und die damit einhergehende Kontrolle von 12 % der Bevölkerung. In diesen Gebieten stellen das Aufkommen neuer bewaffneter Gruppen (SALAS SALAZAR et al. 2018), die Wiederbewaffnung von Teilen der FARC (MORENO 2019), die Persistenz und die Ausweitung der Kokainproduktion (UNODC 2019a/b), der Umgang mit den damit assoziierten Profiteuren illegaler Ökonomien inklusive der vorhandenen Waffen (DUARTE u. BETANCOURT 2017), die bestehende Ungleichheit und das Entwicklungsparadigma eine Herausforderung für die Erschaffung eines dauerhaften Friedens dar (PETERS 2019).

Aktionsraum
Die FARC ist als eine Bergguerilla zu verstehen, die in den drei Kordilleren Kolumbiens agierte. Die Bewaldung, die schlechte Durchdringung mit Infrastruktur sowie die weitestgehende Besiedlung durch Kleinbauern und -bäuerinnen begründet diese Gebietswahl. Nach der Aufrüstung des Militärs agierten sie v. a. in den peripheren Gebieten und Grenzräumen zu den Nachbarstaaten. Gründe für diese starke Peripherisierung sind zum einen in der Ideologie als Schutzgruppe der Kleinbauern und -bäuerinnen zu sehen, durch die sie die Staatsgewalt ersetzten. Insbesondere ab 2003 wurde die räumliche Bedeutung der Grenzgebiete für den Schmuggel (MERTINS 2007) und die strategische Kontrolle von ressourcenreichen Gebieten (LABROUSSE 1999: 331) von zunehmender Bedeutung für die Gebietsauswahl.

Organisationsform und Ideologie
Die FARC legitimierte sich als Volksarmee, die einer leninistischen Ideologie folgte. Anfang der 1950er Jahre begann sie, sogenannte kommunistische Republiken in verschiedenen peripheren Teilen Kolumbiens einzurichten (LABROUSSE 1999: 313). Dies beinhaltete die Garantie für Kleinbauern und -bäuerinnen, nicht von Großgrundbesitzern in der gängigen Praxis vertrieben zu werden, die darin bestand, sich durch Subsistenzbauern das bewaldete Land urbar machen zu lassen

und sie nach zwei Jahren von dort zu vertreiben, um die Ländereien zu vergrößern. Diese Praxis führte zu einer weiteren Konzentration der Landesfläche in den Händen Weniger und hatte zudem die drastische Dezimierung des Waldbestandes sowie Konflikte zwischen den Siedlern und Indigenen zur Folge (REYES POSADA 2016: 43). Ab den 1980er Jahren verlagerten sie ihre Aktivitäten v. a. in die wirtschaftlich attraktiven Gebiete wie goldreiche Regionen und solche, die sich für den Anbau illegaler Pflanzungen eigneten (LABROUSSE 1999: 318–323).

Der leninistischen Ideologie entsprechend war die FARC stark militärisch, nicht aber streng hierarchisch aufgebaut (ZELIK u. AZZELINI 2000: 57). Sie agierte in 65 teilweise autonomen *"Frentes"* (zu Deutsch: „Fronten"), d. h. Kampfgruppen in Bataillonsstärke (MERTINS 2004: 44). Ob die FARC ihren Mitgliedern einen Sold bezahlte, wird unterschiedlich beantwortet; während MERTINS (2007: 44) davon ausging, dass sich die Mitglieder mit dem Versprechen eines Soldes v. a. aus der urbanen Unterschicht sowie aus den Reihen der ländlichen Bewohnern mit wenig Zugang zu Bildung rekrutierten, dementieren hochrangige Mitglieder dies (C 12, RÍOS SIERRA u. CAIRU CAROU 2017: 43). Laut LABROUSSE bildeten die jährlichen Zahlungen von ca. 7 000 US$ pro Jahr für die Familienmitglieder sowie der soziale Aufstieg die Motivation der Kämpfenden (LABROUSSE 1998: 335).

Aufgrund der engen Verbindung zur Drogenwirtschaft wird der FARC häufig die ideologische Ausrichtung abgesprochen. Jedoch sah sich die FARC als Teil einer Weltrevolution und Befreiung der unterdrückten Landbevölkerung von der Oligarchie, die den Staat repräsentiert, auch wenn dies von betroffenen Bauern und Bäuerinnen und durch die starke Gewaltanwendung vielfach anders wahrgenommen wird (GAITÁN 2017)[2].

Finanzierung
Die Finanzierung der Organisation orientierte sich an den räumlichen und zeitlichen Möglichkeiten, die sich nur schwer quantifizieren lassen. Anhand der Literatur lassen sich folgende Einkommensquellen identifizieren:

- Während sie in den Regionen der Großgrundbesitzer und legaler Großprojekte wie Erdölförderung und landwirtschaftlicher Produktion für den Export v. a. **Schutzgelderpressungen** durchführten (JÄGER 2007: 67–69), wurden in anderen Gegenden **Entführungen** mit Lösegeldzahlungen praktiziert. 1991 soll

---

[2] Die persistenten Ungleichheiten der kolumbianischen Gesellschaft, die sich scheinbar unumstößlich sind, kommentierte ein deutscher Entwicklungshelfer mit den Worten "Hier in Kolumbien werde ich zum Marxist", worauf der Ethnologe Dr. Xaver Faust antwortete "Ne, hier in Kolumbien werde ich zum Stalinist"

dabei nach LABROUSSE (1999: 323) ein Umsatz von ca. 45 Mio. US-Dollar umgesetzt worden sein. MERTINS (2007: 182) geht jedoch von sehr viel höheren Einnahmen von fast 200 Mio. US-Dollar im Jahr 1998 aus. In der Hochzeit der Entführungen zwischen 1999 und 2002 wurden jährlich von den Guerillagruppen FARC und ELN 800 Entführungen pro Jahr durchgeführt (RÍOS SIERRA u. CAIRU CAROU 2017: 121). Die Zahl der Entführungen sank ab 2004 rapide auf unter 100 ab (*Abb.* 4.1) und ab 2005 wurden Entführungen als Einnahmequelle ausgeschlossen.

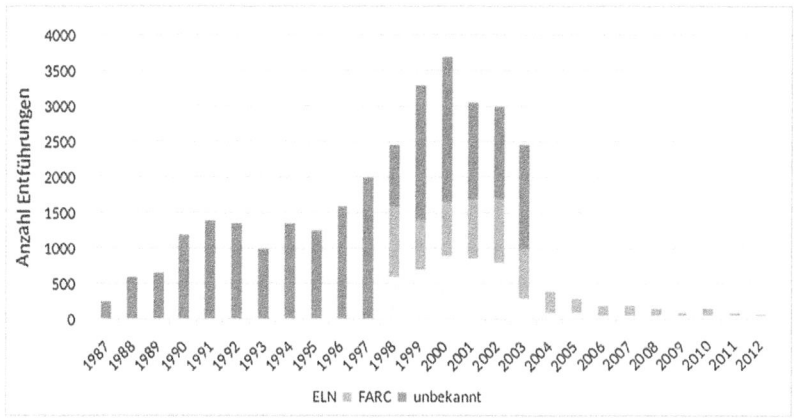

Abbildung 4.1 Entführungen Kolumbien 1987–2012. (*Quelle: Eigener Entwurf nach Daten von JÄGER (2007) (zu Jahren 1987–2003) und RÍO SIERRA u. CAIRO CAROU (2017: 121) (Daten zu den Jahren 1998–2012, nach ELN und FARC getrennt)*)

- In den Regionen, in denen seit den 1980er Jahren Koka, Marihuana und Mohnpflanzen für die **Drogenproduktion** angebaut wurden, diente die Besteuerung von 7–15 % der Produktion und eine Landegebühr für Flugzeuge dem Schutz der Plantagen und Laboratorien der Finanzierung (RÍOS SIERRA u. CAIRU CAROU 2017: 117, LABROUSSE 1999: 379, MERTINS 1991). Auch wenn die FARC zunächst die Kooperation mit den Drogenmafias aus ideologischen Gründen ablehnte, stieg sie ab den 1980er Jahren aus pragmatischen Gründen in die Kokain- und später Heroinproduktion ein und legitimierte ihren Einsatz durch ihre Selbstbezeichnung als „*Beschützer der Kokabauern*" (LABROUSSE

1999: 329). Sie sah sich selbst als Vermittler zwischen Erzeugern und Händlern, sorgte aktiv für eine faire Bezahlung der Kokabauern sowie für die Verhinderung einer Monokultur für einen begrenzten Anteil der durch Koka bebauten Fläche (maximal 2/3 der Besitzfläche). Darüber, ob Mitglieder der FARC auch selbst Kokain herstellen, gibt es keine gesicherten Aussagen. MERTINS (2007: 44) schätzte das Jahreseinkommen aus der Kokainproduktion von 2007 auf 400–700 Mio. US-Dollar pro Jahr, was jedoch aufgrund vergleichender Daten als zu hoch eingeschätzt werden muss.

- Insbesondere an der Pazifikküste wurden ab den 2000er Jahren die **illegalen Goldgrabungen** besteuert (vgl. *Abschn.* 7.1). Auch wenn bereits 1991 fünf Millionen US-Dollar durch die Besteuerung des Goldabbaus gewonnen werden konnten, machte dies zum Zeitpunkt lediglich 3 % der Gesamteinnahmen aus. In den letzten Jahren, insbesondere seit der gezielten Vernichtung der Kokapflanzen, verlagerten sich die Einnahmen zusehends von Kokain auf Gold (MASSÉ 2016: 262). Einige Medienberichte gehen davon aus, dass während des Goldhöchstpreises und der staatlichen Eingriffe gegen die Kokaplantagen 2014 der größte Teil des Einkommens aus den Goldförderungen stammte (BBC 2012). Das jährliche Einkommen durch den illegalen Bergbau schätzen RETTBERG U. ORTIZ RÍOMALO (2016) auf 10 und MASSÉ (2016) auf 18 Mio. US-Dollar. Die Berechnungen des Einkommens aus illegalen Ökonomien (s. *Abb.* 4.2) suggerieren aber, dass ein Vielfaches der genannten Summe generiert wurde. Unter der Annahme, dass 10 % des Einkommens aus dem produzierten Gold für die Finanzierung einer bewaffneten Gruppe genutzt wurde, liegt es bei einer Größenordnung von 200 Mio. US-Dollar (C 13_16). Wird den Annahmen, die den Hochrechnungen zu illegalen Ökonomien aus *Abbildung* 4.2 Glauben geschenkt, ist es somit durchaus wahrscheinlich, dass in den Jahren 2008 bis 2014 mehr Einkommen aus Gold als aus Koka gewonnen wurde. Jedoch ändert sich dies mit der Zunahme von Kokaanbaufläche nach der Unterschreibung des Friedensvertrages.
- Weiterhin lenkten die FARC und ELN teilweise **Regierungsgelder,** z. B. Bergbauabgaben oder internationale Hilfsfonds durch direkte oder indirekte Wege um. Für 1998 gibt MERTINS (2004) eine Höhe von 40 Mio. US-Dollar an.

Trotz der medialen Darstellung, die auf die Aussage des ehemaligen US-Botschafters Lewis Tamp zurückgeht, die FARC sei eine „*narcoguerilla*", welche in das Konzept der *Greedy Rebels* passt, weißt JÄGER (2008: 80) darauf hin, dass dies eine unzulängliche Bezeichnung ist. Die Guerillas machten sich den Umstand der Besteuerung in staatsfernen Räumen und des entstehenden Kokaanbaus zu Nutze, jedoch ersetzen ökonomische Motive nicht die Hauptideologie. Weiterhin

4.1 Der bewaffnete Konflikt in Kolumbien

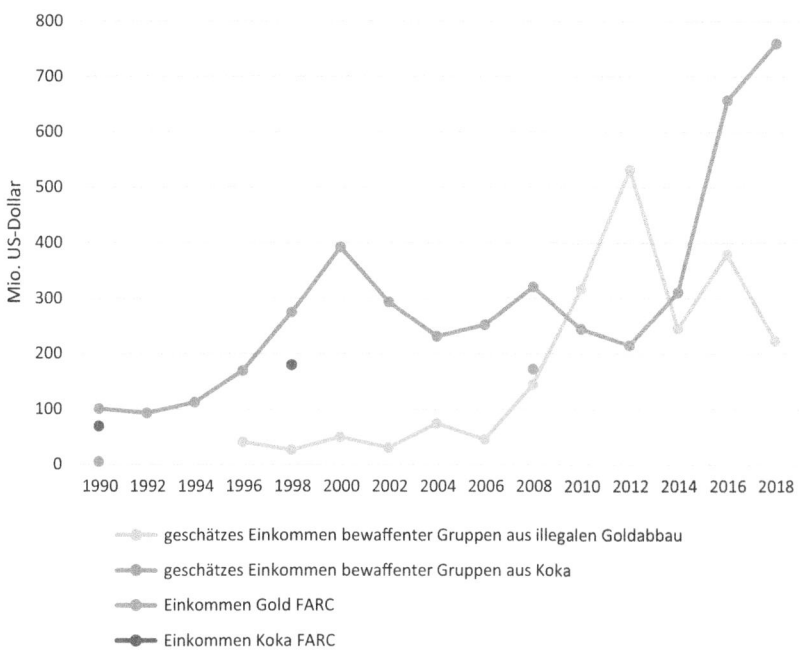

- geschätzes Einkommen bewaffneter Gruppen aus illegalen Goldabbau
- geschätzes Einkommen bewaffneter Gruppen aus Koka
- Einkommen Gold FARC
- Einkommen Koka FARC

Abbildung 4.2 Hochrechnung illegaler Ökonomien in Kolumbien. *(Quelle: Eigene Berechnung nach folgenden Quellen:*
*– zum geschätzten Einkommen bewaffneter Gruppen aus illegalem Goldabbau = (Goldproduktion (MINISTERÍO DE MINAS Y ENERGÍA 2016) * Goldwert des jeweiligen Jahres (GOLD.DE 2020b))/10 (Anteil des Schutzgeldes aus dem Kokaanbau an bewaffnete Gruppen).*
*– zum geschätzten Einkommen bewaffneter Gruppen aus Kokaanbau = Kokaanbaufläche/Jahr (UNODCCP 2001: 71) * Kokapreis in Kolumbien/Jahr (UNODC 2014: 60).*
– Einkommen Gold FARC; 1990 (LABROUSSE 1999: 373); 2008 (berechnet nach RETTBERG U. ORTIZ-RÍOMALO (2016: 36) Anzahl Produktionseinheiten 4133).*
– Einkommen Koka FARC; 1990 (LABROUSSE 1999: 373), 1998 (MERTINS 2007: 177)).

wird darauf verwiesen, dass die Rolle der FARC nicht einheitlich gesehen werden kann und vielmehr in den verschiedenen Regionen differenziert betrachtet werden muss. Waren sie in einigen Regionen regelrechte Drogenkartelle, präsentierten sie sich in anderen als bewaffnete Schutztruppe der Kokabauern und in wiederum anderen Regionen als bewaffnete politische Organisation aller Kleinbauern in peripheren Gebieten (T 01_01).

Weitere involvierte Akteure

Neben der größten Guerillagruppe der FARC agierten ab den 1960er Jahren weitere bewaffnete Gruppierungen. Zu diesen gehört die ELN (*Ejercito de Liberación Nacional,* „Nationale Befreiungsarmee") und die weniger bekannte EPL (*Ejercito Popular de Liberación,* „Volksarmee der Befreiung"). In den 1970er Jahren kamen die Guerillas der sogenannten zweiten Generation hinzu, hierzu gehört die urbane M-19 (*Movimiento 19 de Abril,* „Bewegung des 19. April"), die indigene Guerillagruppe *Quntín Lame* (*QL,* benannt nach einem indigenem Aufständischen 1880) sowie weitere kleinere und regional agierende bewaffnete Gruppen (*Tab.* 4.1).

Die zweitgrößte Guerillaorganisation ELN, die sich in ihrer Kampfweise auf „CHÉ" GUERVARA beruft und einen stärkeren akademischen Bezug hat, wurde 2007 auf ca. 6 000 Kämpfende geschätzt (MERTINS 2007: 40). Die Finanzierung der Organisation setzte stärker auf natürliche Ressourcen, insbesondere das Erdöl, wie sich schon in der Selbstdarstellung auf ihrer Fahne mit einem Ölbohrturm zeigt (JÄGER 2008: 71). Im Rahmen der Friedensverhandlungen mit der FARC wurden auch Verhandlungen mit der ELN einberufen. Der sogenannte *"Acuerdo de Quito"* (zu Deutsch: "Vertrag von Quito"), der den Friedensvertrag mit dieser Gruppe bezeichnen soll, ist jedoch sehr viel schwieriger zu erreichen, was zum einen durch die Organisationsform der Guerilla liegt, die basisdemokratischer aufgebaut ist, zum anderen an den größeren inhaltlichen Differenzen zwischen den Konfliktparteien. Dabei steht vor allem der Bruch mit der extraktivistischen Logik bei der ELN als Forderung im Raum, was im Friedensvertrag von Havanna nicht thematisiert wurde (MAIHOLD 2016: 5).

Neben den sich selbst einer linken Ideologie zuordnenden Gruppen sind paramilitärische Vereinigungen als Akteure zu benennen. Sie formierten sich in den 1980er Jahren als „antisubversive" Gruppen zum Schutz der Großgrundbesitzern vor Entführungen und schlossen sich später zur AUC (*Autodefensas de Colombia,* „Selbstschutztruppe Kolumbiens") zusammen. Nach der offiziellen Abgabe der Waffen 2006 diversifizierten sich diese Gruppen zu einzelnen Splitterparteien, die im Auftrag von Drogenmafias und Großgrundbesitzern agieren (REYES POSADA 2016: 127 ff.). Insbesondere nach der Auflösung der FARC werden viele Landesteile von bewaffneten Gruppen kontrolliert, die gemeinhin als *bacrim (bandas criminales,* kriminelle Banden) oder GAO (*grupos armados organisados,* organisierte bewaffnete Gruppen) bezeichnet werden. Es handelt es sich um bewaffnete Splittergruppen in einer Größenordnung von 3 500–4 000 Personen, die zum einen im Kontext illegaler Ökonomien existieren, zum anderen aber auch als private Sicherheitskräfte von legalen Unternehmen finanziert werden (MASSÉ 2016: 275).

Tabelle 4.1 Übersicht über die Guerillaorganisationen Kolumbiens

	FARC	ELN	EPL	M-19	Quintín Lame
max. Anzahl an Kombattant-Innen (Jahr)	20 000 (1998)	6 000 (1998)	2 500 (1991)	~1 000 (1990)	~200 (1991)
hauptsächliche Finanzierung	Koka und illegaler Goldabbau, Entführungen	Entführungen, „Besteuerung" der Erdöl-produktion, Koka	k. A	k. A	k. A
Aktionszeitraum	1964–2016	1964–andauernd	1965–1991	1974–1991	1985–1991
Ideologie	leninistisch	cheguevaristisch	maoistisch	antimperial und antineoliberal	„indigen", anti-kolonial
Aktionsraum	ländlich	Ländlich	ländlich	urban	ländlich – indigen
	national	Periphergebiete	Nordosten	Großstädte	Südosten

Quelle: Eigener Entwurf nach ECHANDÍA (2015), MERTINS (2004), REYES POSADA (2016), RÍOS SIERRA U. CAIRU CAROU (2017), ZELIK U. AZZELINI (2000)

Opfer
Der Bürgerkrieg forderte eine schwer quantifizierbare Zahl an Opfern, die v. a. in den ländlichen Gegenden zu verzeichnen sind. Für den Zeitraum 2000–2011 wurden etwa 3,3 Mio. Binnenflüchtlinge erfasst (Río Sierra 2017: 99), womit Kolumbien weltweit die meisten intern Vertriebenen dokumentiert hat. Das *Centro de Memoria Histórica* (Zentrum für Historische Erinnerung) zählte weiterhin für die Jahre zwischen 1958 und 2018 350 000 Menschenrechtsverletzungen, davon 260 000 Tote und 37 000 Entführungen. Die Morde werden zu etwa der Hälfte auf paramilitärische Gruppen zurückgeführt und zu ca. 15 % auf Guerillagruppen. Des Weiteren ist von einer großen Zahl an Verschwundenen und weiteren Verbrechen wie Erpressungen, Sexualdelikten und psychologischer Gewalt auszugehen (Centro de Memoria Histórica 2018).

Ökologische Dimensionen des Konflikts
Die politische Ausrichtung der FARC hatte in Bezug auf die Ressourcennutzung zur Folge, dass sie im Zuge der Bekämpfung des amerikanischen Imperialismus die Ausweitung formaler extraktiver Projekte boykottierte (C 13). Weiterhin ersetzte sie zeitweise den Staat, legte ressourcenbezogene Nutzungsregeln fest und arbeitete teilweise mit der UN an der Umsetzung von Landwirtschaftsprogrammen zur nachhaltigen Entwicklung (Labrousse 1999: 319).

Die Guerillas wirkten in ambivalenter Weise auf die Ressourcen Kolumbiens: Zum einen nutzten sie Gold, Koka und Erdöl zur Finanzierung ihres Krieges und nahmen dafür die umweltzerstörenden Konsequenzen wie Abholzung, die ökologische Degradation von Flussbetten und Öllecks in Kauf. Zum anderen verhinderten sie, in den von ihnen kontrollierten Territorien, eine ungebremste Ausweitung extraktivistischer Logik. Dazu gehört sowohl die Ausweitung der Viehwirtschaft durch Großgrundbesitzer (Labrousse 1999: 318) als auch die ungebremste Ausweitung der Abholzung für den Kokaanbau oder international finanzierte Großprojekte.

Zudem setzten sie sich aktiv für den Schutz der Wälder ein, in denen sie zu Hause waren und müssen somit auch als *Guardabosque* (Waldschützer) bezeichnet werden (B 01_19, vgl. *Abschn.* 2.5.2.1). Als Indikatoren für die *Guardabosque*-These zählen die Ausweitung der Kokaanbaufläche zwischen 2016 und 2017 um 17 % (UNODC 2018: 21) und die gestiegenen Abholzungsraten seit Abschluss des Friedensvertrages (Steigerung der Abholzungsraten von 2019–2020 um 20 % (Thomson Reuter Foundation 2020)), die in neueren Publikationen aus dem Bereich der Ökologie thematisiert wurden (Reardon 2018).

4.2 Der bewaffnete Konflikt in Peru

Neben Kolumbien gehört auch Peru zu den Ländern Lateinamerikas, in deren jüngster Geschichte aufständische Gruppen das Land in bürgerkriegsähnliche Zustände versetzt haben. Der Bürgerkrieg wurde zwischen dem Staat und der „Kommunistischen Partei Peru – Leuchtender Pfad" (*Partido Comunista Perú – PCP-SL Luminoso;* kurz: PCP – SL) zwischen 1980 und 1991 geführt[3]. Die Guerillagruppe, später mit der Selbstbezeichnung „Guerilla-Volksarmee", gründete sich Ende der 1970er Jahre in der Hochlandgemeinde *Ayacucho* (s. *Karte 2*).

Zu den Gründen, warum sie sich ausgerechnet in *Ayacucho* formierte, werden die hohe Armutsrate, die Abgeschiedenheit im zentralistisch organisierten Peru und die erst in den 1960er Jahren gegründete Universität genannt (Río SIERRA et al. 2018). Jedoch war PCP-SL zwar die bekannteste, nicht aber die einzige Guerillaorganisation Perus und wandte sich inhaltlich gegen die weitestgehend gescheiterte Agrarreform.

Entwicklung des Konflikts
Die Wahrheitskommission (*Comisión de la Verdad y Reconciliación,* CLV 2003: 90) unterteilt den Konflikt wie folgt: Der Beginn des bewaffneten Konflikts wird auf die Verbrennung der Wahlurnen *Ayacuchos* im Dorf *Cuschi* im Dezember 1980 datiert (CLV 2004: 58). Bis 1982 gab es vereinzelte Aktionen und Übergriffe mit dem Ziel der Schwächung des Staates und unter der Geheimhaltung der Organisation, während derer sie viele ideelle und materielle Unterstützungen durch die ländliche Bevölkerung erhielt (GAVILÁN 2017: 45). Die Aktionen blieben seitens des Staates weitestgehend unbeantwortet, sodass sich die Organisation ungehindert auf weite Teile der Anden ausbreiten konnte *(s. Karte 2).* Als Gründe für die anfängliche Nichteinmischung von Seiten des Militärs werden zum einen innenpolitische Aspekte genannt, d. h. die strukturellen Veränderungen, die mit dem Übergang von einer Militärregierung zur Demokratie einhergingen, und zum anderen außenpolitische Aspekte, d. h. der Konflikt mit Ecuador (Ríos et al. 2018: 83).

Ab 1982 begann das Militär mit massiven repressiven Maßnahmen gegen die Mitglieder des PCP-SL und vermeintliche Sympathisanten, was sich an der

---

[3] Der Namens bezeichnet eine der Subgruppen des Kommunistischen Partei Peru und geht auf den Ausspruch „Por el Sendero Luminoso de Mariátegui" (Für den leuchtenden Pfad von Mariátiguis" zurück und bezieht sich auf den marxistischen Journalisten und Philosophen José Carlos Mariategui (1894–1930), der in den 1920er Jahren den bewaffneten Kampf gegen die Bugousie forderte (Ríos u. Sánchez 2018: 47).

höchsten Rate von Ermordungen und Menschenrechtsverbrechen in dieser Zeit zeigt.

Ab 1986 begann die massive räumliche Ausweitung des Konflikts. Nach der Wahl ALÁN GARCIAS zum peruanischen Präsidenten weitete der PCP-SL sein Aktionsgebiet von den Südanden auf den nördlichen Andenraum und schließlich bis nach Lima und weitere Großstädte aus (*Abb.* 4.3), wo er seine Macht durch gezielte Entführungen, Ermordungen, Stromausfälle und Sabotagen demonstrierte.

Ab 1988 antwortete das Militär mit dem sogenannten „schmutzigen Krieg" (*guerra sucia*), von dem in neuer Form Massaker, Folterungen und Vergewaltigungen bekannt sind und zur Politisierung eingesetzt wurden, ebenso „verschwanden" Mitwisser von Gewaltaktionen (HERTOGHE et al. 1990: 110).

Ende der 1990er Jahre erreichte die Organisation ihre größte Schlagkraft, wodurch das Ziel eines Staatsstreichs zu den Neuwahlen 1990 in greifbare Nähe rückte (HERTOGNE et al. 1991: 168, CHAVEZ WURM 2011: 103). Staatliche Gewaltträger hatten sich nach systematischen Morden aus den am meisten betroffenen Gebieten zurückgezogen, sodass der PCP-SL de facto die Macht in weiten Teilen des Landes darstellte.

Insgesamt lässt sich anhand der Literatur in keiner Phase ein besonderer Einfluss des Konflikts auf die Ressourcen bzw. der Ressourcen auf den Konflikt feststellen. Lediglich die Entvölkerung bestimmter Landstriche veränderte die natürliche Umwelt.

Beendigung des Konflikts

Das Ende der Organisation ist auf die Präsidentschaft ALBERTO FUJIMORIS (1991–2000) zurückzuführen, der durch den sogenannten „Selbstputsch" („autogolpe") an die Macht gelangte und mit einer stark autoritären Politik das Ende des Bürgerkriegs herbeiführte (COTLER 2000: 115). Zum Gelingen dessen trugen weniger die weitestgehend ergebnislosen Operationen des Militärs als vielmehr die Einbindung von gewaltbereiten bäuerlichen Selbstschutzgruppen (*Rondas Campesinas*), der gezielte Einsatz von Todesschwadronen des Militärs (*Grupo Colina*) und die Arbeit des Geheimdienstes zur Verhaftung ABIMAEL GUZMÁNS 1992 in Lima bei (CHAVEZ WURM 2011: 105). Nach der Verhaftung konnte der autokratisch organisierte PCP-SL zerschlagen werden, da die Durchsetzung einer „Politik der harten Hand" („*política de mano dura*") im Volk große Unterstützung fand, obwohl dies mit undemokratischen Prozessen einherging (WIENER FRESCO 1996: 63). Paradoxerweise führte insbesondere die Bewaffnung ländlicher Selbstschutzgruppen zur Zerstörung des PCP-SL. Somit verhalf die Bevölkerungsgruppe, mit deren Lebensverbesserung der PCP-SL seine

Aktionen legitimierte, zum Sieg über denselben. Seit 1993 gilt der PCP-SL als zerschlagen, jedoch wurde bis ins Jahr 2000 politisch motivierte Kriminalität im Namen dieser Organisation verzeichnet (CLV 2004: 80).

Aktionsraum
Räumlich agierte der PCP-SL, auch als Gegenpol zu der stark zentralistischen Struktur Perus, zunächst v. a. in den zentralandinen Provinzen *Ayacucho* und *Huancavelica* (s. Karte 2). In den späteren Jahren, weitete sich das Herrschaftsgebiet entlang der Anden nach Norden und Süden aus, wo auf die Unterstützung der Bauernschaft gehofft wurde. Von besonderer Bedeutung war das *Huallaga-Tal,* das sich aufgrund seiner klimatischen Verhältnisse und seiner peripheren Lage zum Kokaanbau eignete. Ab 1985 wurden Bombenanschläge in der Hauptstadt Lima und anderen peruanischen Großstädten durchgeführt (CLV 2003: 69), jedoch blieb das bäuerlich geprägte Hochland das „*Epizentrum des Konflikts*" (RÍOS SIERRA et al. 2018: 85, Übers. d. Verf.), was auch die meisten Todesopfer verzeichnete.

Organisationsform und Selbstlegitimation
Der PCP-SL formierte sich in den 1960er Jahren als marginalisierter militanter Arm der kommunistischen Partei und setzte sich zunächst aus einer Gruppe Studierender des Philosophieprofessors ABIMAÉL GUZMAN in der Andenstadt *Ayacucho* zusammen. Dieser war bei einem geheimen Studienaufenthalt in Peking bereits 1965 in Theorie und Praxis des gesellschaftlichen Umbruchs geschult worden und plante die Vorbereitung eines totalen Krieges gegen den peruanischen Staat nach chinesischem Vorbild (RÍOS SIERRA et al. 2018: 44). Mit der Berufung auf MAO TSE-TUNG sollte mit Gewalt ein neuer und auf das Bauerntum ausgerichteter Staat erschaffen werden (RÍOS et al. 2018: 25) und Peru damit gleichzeitig „*ein Leuchtturm der [kommunistischen] Weltrevolution*" (GÚZMAN nach GORRITTI 2017: 49, Übers. d. Verf.) werden.

Die Organisation war autokratisch und hierarchisch um den Begründer aufgebaut. Sie war nicht darauf ausgerichtet, eine Massenorganisation zu werden, sondern ein hochausgebildeter subversiv agierender Revolutionskader, der nach Chavez Wurm (2011: 254) zu keinem Zeitpunkt mehr als 4 000 aktive Mitglieder gehabt haben soll. Hingegen stellt Gavilán die Organisation im direkten Umfeld Ayacuchos als sehr viel größer dar (2017: 73). Wichtig ist die Betonung des klandestinen Charakters der Organisation; neue Mitglieder wurden in sogenannten Volksschulen (escuelas populares) sowohl bezüglich der Doktrin als auch der Methodik geschult. Insgesamt lässt sich ein starker Zusammenhang mit Bildungsinstitutionen erkennen, zum einen ist dabei die Universitätsadministration zu nennen (Río u. Sánchez 2018: 50), zum anderen aber auch die gezielte Besetzung von Lehrstellen in Dörfern der Anden durch Sympathisanten des PCP-SL, die häufig in Ayacucho ausgebildet worden waren (Hertoghe et al. 1990: 71). Die Mitglieder lassen sich in drei Gruppen einteilen: Höhere Entscheidungsträger, eine „militante Basis", welche mit Gewalt die Ideen ausführte, und zuletzt die unterstützende Masse (GIBRAJE VARGAS-PRADO 1990). Die höheren Entscheidungsträger werden als *mestize* intellektuelle Provinzelite bezeichnet, die aus hundertjähriger Unterdrückung und Diskriminierung hervorgegangen war (HERTOGHE et al. 1990: 64) und die sich als Gegenstück zur weißhäutigen Wirtschaftsoligarchie Limas präsentierte. Die militante Basis stammte in der Anfangszeit v. a. aus dem studentischen Milieu und setzte sich somit aus Söhnen und Töchtern privilegierter Familien der ärmsten Provinzen Perus zusammen (CÁRDENAS 2005). Entgegen der Selbstpräsentation als Vertreter von Bauern und Arbeitern, handelte es sich bei dieser ausführenden Gruppe um junge und relativ gut ausgebildete Menschen, die mehrfach, d. h. durch Herkunft, Geschlecht und/oder Hautfarbe unterprivilegiert waren und denen dadurch gesellschaftliche Aufstiegschancen verwehrt blieben (GIBRAJE VARGAS-PRADA 1990: 31–45). Die „unterstützende Masse" wird als utilitaristische Gruppe aus dem ländlichen Umfeld beschrieben, die weder den PCP-SL noch die Demokratie aus ideologischen Gründen unterstützen, sondern diese als die jeweilige Schutzmacht akzeptierte. Der PCP-SL versuchte mit Rekurs auf die Arbeiter und Bauernideologie des Kommunismus auch die Subsistenzbauern und -bäuerinnen sowie die Arbeiterbewegungen vom bewaffneten Kampf zu überzeugen. De facto war die Rekrutierung der Bauern und Bäuerinnen oft nur schwer mit freiwilligen Mitteln möglich, später wurde vermehrt von Zwangsrekrutierungen berichtet (HERTOGHE et al. 1990: 80).

Ideologisch sah sich GUZMÁN, der sich als *Presidente Gonzalo* bezeichnen ließ, als Anführer des „vierten Schwertes", also der vierten kommunistischen Revolution nach JOSEPH STALIN, VLADIMIR LENIN und MAO TSE-TUNG nach peruanischer Interpretation. Die politische Ideologie wurde mit metaphysischen Aspekten der andinen Kosmovision gespickt und bekam dadurch einen sektenartigen quasireligiösen Charakter mit dem Heilsversprechen einer gerechteren Gesellschaft (GIBRAJE VARGAS-PRADO 1990: 47). Die Umsetzung war jedoch nicht durch den Aufbau neuer Gesellschaftsformen gekennzeichnet, sondern durch die Zerstörung jeglicher feudalen und kapitalistischen Ausprägungen (HERTOGHE et al. 1990: 194). Ziel war es, demokratische Strukturen zu unterminieren und schrittweise nach dem maoistischen Prinzip „*vom Land in die Stadt*"

(RÍOS et al. 2018: 75, Übers. d. Verf.) quasistaatliche Territorialkontrolle in den eroberten Gebieten zu übernehmen.

Zum Erreichen des Zieles wurde ein „baño de sangre" (zu Deutsch: „ein Blutbad") (GONZALO nach GAVILÁN 2017: 36, Übers. d. Verf.) als notwendig angesehen, was die vier Kampfformen Guerillakrieg, Sabotage von Infrastruktur, gezielter Terror (meist Ermordungen) und psychologische Kriegsführung legitimierte (HERTOGHE et al. 1990: 100).

Der PCP-SL grenzte sich gezielt von anderen linken Gruppen ab und sah sich als alleiniger Heilsbringer für die zukünftige kommunistische Gesellschaft. Die fehlende Zusammenarbeit mit anderen linken Organisationen wie Syndikaten, Parteien oder auch der parallel agierenden Guerilla „Movimiento Revolucionario Tupac Amaru" (zu Deutsch: „Revolutionäre Bewegung Tupac Amaru", MRTA) führte schlussendlich zum Niedergang der Organisation (WIENER FRESCO 1996: 67).

Finanzierung

Der PCP-SL agierte mit sehr geringen Finanzmitteln. Obwohl ältere Quellen davon ausgehen, dass der PCP-SL eine „Koksguerilla" (HERTOGHE et al. 1990) gewesen sei, zeigt CHAVEZ WURM (2011: 280) in der späteren v. a. auch medialen Verbindung zum Drogenhandel eine weitere Möglichkeit zur Kriminalisierung der Vereinigung. Bis Ende der 1980er Jahre finanzierte sich die Organisation durch Sachspenden und Mitgliedsbeiträge. Die geringe Finanzkraft war dadurch möglich, dass die meisten urbanen Mitglieder aufgrund des klandestinen Charakters normalen Beschäftigungen nachgingen und ohne monetäre Gegenleistung auskamen (CHAVEZ WURM 2011: 257) und sich die bewaffneten Rekruten auf dem Land v. a. durch Schutzzölle, Nahrungsmittelspenden und erbeutete Materialien unterhielten (GAVILÁN 2017: 50).

Für die These der geringen finanziellen Mittel spricht auch die Ausführung der meisten Attentate mit erbeuteten oder selbst hergestellten Waffen wie selbstgebaute Sprengsätze, Macheten und erbeutetes Dynamit, während die mitgeführten Gewehre häufig lediglich zur Einschüchterung eingesetzt wurden (CHAVEZ WURM 2011: 259). Die schlechte Rüstungssituation wurde durch eine weitestgehend psychologische Kriegsführung verschleiert: Autobomben, Attentate und Feuerzeichen schürten die Angst der Bevölkerung und ließen die Gruppe sehr viel größer und besser ausgerüstet erscheinen. Insgesamt verübte der PCP-SL im Jahr 1982 in ganz Peru 1 000 Anschläge (HERTOGHE et al. 1990: 78).

Zusätzlich unterstreichen die geringen finanziellen Mittel und die Tatsache, dass die Wirkungsgebiete in den ärmsten Gegenden Perus liegen, die Annahme, dass es sich vornehmlich um einen politischen Anspruch handelt und der Bewegung nur sehr sekundär eine ökonomische Bedeutung zugesprochen werden kann. Die geringe Finanzkraft des PCP-SL war Teil der anti-bürgerlichen Ideologie: statt Großgrundbesitzer zu entführen oder Banken zu erpressen, wurden diese ausgelöscht (LABROUSSE 1998: 321).

Ab dem Ende der 1980er Jahre nutzte der PCP-SL die Besteuerung des bereits bestehenden Drogenhandels im *Huallaga*-Tal für ihre Einnahmen (HERTOGHE et al. 1990: 11, s. *Abb.* 4.3). Jedoch wurden dabei relativ wenige finanzielle Mittel umgesetzt, LABROUSSE (1999: 337) geht von einem Umsatz von insgesamt 8–10 Mio. US-Dollar pro Jahr aus. Trotzdem kann nicht ausgeschlossen werden, dass sich einzelne Mitglieder persönlich am Drogenhandel bereicherten. Gleiches gilt jedoch auch für Regierungsmitglieder und hohe Militärs, die nachweislich sehr viel stärker in den Drogenhandel verwickelt waren als der PCP-SL, sodass in diesem Kontext von einer Narco-Politik gesprochen werden muss (COTLER 2000: 123).

Weitere involvierte Akteure
Der PCP-SL war zu seiner Zeit nicht die einzige bewaffnete Organisation in Peru. Die ab 1984/85 agierende MRTA verfolgte einen marxistischen Ansatz und ist für zahlreiche Entführungen, Ermordungen und andere Aktionen gegen staatliche Sicherheitskräfte und ausländische Staatsrepräsentanten verantwortlich (CHAVEZ WURM 2011: 108). Die ideellen Unterschiede sind in der Selbstdarstellung als Volksheer in guevaristischer Tradition mit Uniformen, Militärcamps und einem klaren Bekenntnis zu den von ihnen durchgeführten Aktionen sowie einer städtischen Ausrichtung zu erkennen (CLV 2004: 67). Zwischen beiden bewaffneten Gruppen wurden mehrfach Gefechte um die Kontrolle der Hauptkokaanbaugebiete geführt (HERTOGHE et al. 1990: 33). Die Vereinigung konnte ab 1996 durch den Geheimdienst ausgeschaltet werden und blieb als politischer Akteur neben dem PCP-SL relativ unbedeutend.

Weiterhin operierten ab den 1990er Jahren paramilitärische Einheiten, die eng an den Staat gebunden waren und Massaker an potenziell gefährlichen Organisationen ausführten. Diese waren über eine Befehlskette mit dem Präsidenten ALBERTO FUJIMORI verbunden und sind für die Ausführung von Menschenrechtsverbrechen verantwortlich, für die er später zu lebenslanger Haft verurteilt wurde (CHAVEZ WURM 2011: 109).

Eine bedeutende Rolle spielen weiterhin die bäuerlichen Selbstschutztruppen, die sich selbst *Rondas Campesinas* nennen. Diese kämpften zunächst in Selbstjustiz mit einfachen bäuerlichen Waffen wie Messern und Macheten und wurden später durch die Unterstützung des Heeres mit Schusswaffen ausgerüstet, um sich gegen den PCP-SL zu verteidigen (GAVILÁN 2017: 60). Diese Einheiten waren dezentral organisiert und v. a. durch Rache aufgrund der durch den PCP-SL verübten Gewalttaten motiviert. Sie trugen schlussendlich in bedeutendem Maße zum Untergang des PCP-SL bei, da sie sich zum einen durch ihre Orts- und Sprachkenntnis auszeichneten und zum anderen besser an die örtlichen Gegebenheiten angepasst waren, als die häufig aus dem Tiefland stammenden Militärs.

Des Weiteren muss auch im peruanischen Fall die Rolle der US-amerikanischen Regierung betrachtet werden. Obwohl diese den Konflikt nicht direkt mit Waffen unterstützte, weisen ROSELL et al. (2018) auf die Rolle der Ausbildung des peruanischen Militärs in einem Ausbildungslager in Panama hin, welches die US-Regierung zur Unterdrückung linker bewaffneter Organisationen betrieb und mit dem Vorwand der Eindämmung der Kokainproduktion legitimierte.

Opfer

Insgesamt sind von der zur Aufklärung der Gewalttaten eingesetzten Wahrheitskommission (*Comisión de la Verdad*) für die Zeit zwischen den 1980er und 90er Jahren 77 000 Todesopfer dokumentiert. Nach Angaben des Berichts der CLV wurden 30 % der Gewalttaten durch das Militär, 46 % durch den PCP-SL und 24 % durch andere bewaffnete Gruppen ausgeführt (CLV 2004, Anexo II: 13). Neuere Studien des Nationalen Opferregisters (*Registro Único de Victimas*, RUV), die nicht nur Todesopfer sondern auch Opfer von Folter und Sexualverbrechen dokumentierten, registrierten bis 2020 mehr als 250 000 Opfer (RUV 2020). Die größte Opfergruppe bilden Bauern und Bäuerinnen, die der Mitarbeit der einen oder anderen Gruppe bezichtigt wurden und Massakern durch den PCP-SL oder durch das Militär zum Opfer fielen. Die zweitgrößte Opfergruppe waren formelle oder informelle Lokalpolitiker (CHAVEZ WURM 2011: 110).

Die Zeit, welche die meisten Opfer forderte, war das Jahr 1981, als das Militär versprach, nach argentinischem Vorbild den PCP-SL innerhalb von zwei Monaten zu zerschlagen. Die Aussage des ehemaligen Kommandanten LUIS CISCNERO ist exemplarisch und erklärend für das Vorgehen dieser Zeit: „*Sie müssen beginnen, Anhänger des Leuchtenden Pfades und Nichtanhänger zu töten, denn das ist der einzige Weg, um Erfolg zu garantieren. Sie bringen 60 Personen um und unter ihnen sind vielleicht die vom Leuchtenden Pfad... Und sicher wird die Polizei sagen, dass alle sechzig Terroristen waren.*" (zitiert nach ROSELL et al. 2018: 60).

Neben den Ermordeten gibt es eine schlecht dokumentierte Gruppe an intern vertriebenen Personen, einzig das RUV dokumentiert 60 000 *idps*. Da sich diese aber mit „normalen" Land-Stadt- Wanderungen mischen, ist eine Rückverfolgung der tatsächlich vom bewaffneten Konflikt Betroffenen nicht möglich. Für einzelne

Provinzen in *Ayacucho* wird ein Bevölkerungsrückgang von 50 % angegeben (ROSSELL et al. 2018: 70).

Nachwirkungen
Die Mission des PCP-SL, dem Aufbau eines neuen und gerechteren Staates zuträglich zu sein, muss als gescheitert bewertet werden. Vielmehr ist der Erfolg des oft als Diktator dargestellten und wegen Menschenrechtsverbrechen verurteilten Präsidenten ALBERTO FUJIMORI Resultat der „linken Gewalt" des PCP-SL (WIENER FRESCO 1995: 67).

Des Weiteren müssen aus geographischer Perspektive die psychologischen Konsequenzen des Konflikts mit räumlicher Wirkung genauer betrachtet werden: Die tradierte Unterprivilegierung der Hochlandbewohner wandelte sich in einen politisch argumentieren Rassismus um. Die Bewohner Limas assoziierten die Gräueltaten des PCP-SL mit den Hochlandbewohner, sodass diese häufig während und nach dem Ende Konflikts unter anderem im Amazonastiefland nach alternativen Einkommen suchten (vgl. *Abschn.* 6.3.2).

Auch wenn der PCP-SL seit 1994 als zerschlagen gilt, gibt es in der Region zwischen *Ayacucho* und *Cusco* sowie im *Huallagatal* Splittergruppen, die dem Neo-PCP-SL zugeordnet werden (DÍAZ 2014). Weitere Gruppen befinden sich in Gegenden, die die größte Kokainproduktion Perus beherbergen, nachdem Peru zwischen 2013 und 2014 zum weltweit größten Kokainproduzenten geworden war (*s. Karte 2,* UNODC 2017: 18).

Neben den bewaffneten Gruppen ist als Nachwirkung des Konflikts die weitestgehend fehlende Aufarbeitung zu nennen. Bis heute soll es z. B. 4 000 ungeöffnete Massengräber geben, gegen deren Öffnung sich viele Machthabenden aussprechen (ROSSELL et al. 2018).

In Bezug auf die aktuelle Situation ist weiterhin die Kriminalisierung sozialer Proteste mit Rekurs auf "den Terrorismus" zu nennen. Die Personengruppe, die heute am meisten unter den Umweltfolgen der extraktivistischen Logik leidet handelt es sich um dieselbe Opfergruppe des bewaffneten Konflikts. Wenn sich diese bäuerlichen und indigenen Gemeinschaften nun teilweise auch unter Anwendung von Gewalt gegen die negativen Folgen von Bergbauprojekten wehren, werden sie medial und politisch häufig mit „*dem Terrorismus*" (SANTISTEVAN 2016) assoziiert.

Ökologische Dimensionen des Konflikts
Insgesamt sind die Auswirkungen des Ressourcenreichtums Perus auf den Konflikt gering. Der PCP-SL passte sich aufgrund seiner Ideologie den lokalen

Ernährungsgewohnheiten an. Er mischte sich in ihre Produktionsweise lediglich dadurch ein, dass er den Bauern vorschrieb, nur Produkte für den Verzehr, nicht für den Verkauf anzubauen (ROSSELL et al. 2018). Allein im *Huallagatal* trug er indirekt zur Ausweitung des Kokaanbaus bei, der aber von Kleinbauern und -bäuerinnen (*Abb.* 4.3) durchgeführt wurde. Weiterhin änderten sich die Naturnutzungen durch den Konflikt nicht.

Jedoch schützte der PCP-SL durch seine Präsenz indirekt die regenerativen natürliche Ressourcen vor ihrer Ausbeutung bzw. Verschmutzung, sodass von einer *Default Conservation* gesprochen werden kann. Z. B. schlossen diverse Minen aufgrund der Bedrohung durch den PCP-SL (SNMP 1991) und die Entvölkerung bestimmter Landstriche, die durch das Kampfgeschehen und die damit in Verbindung stehenden Fluchtbewegungen trugen weiterhin dazu bei, dass die *Guardabosque*-These für Peru Gültigkeit findet. Der naturschützende Effekt wird v. a. in der Folgezeit deutlich (vgl. *Abschn.* 6.1): Die seit 1990 zunehmende Verschmutzung von Trinkwasser durch Bergbau, das Verschwinden von traditionellen Hochwäldern oder der Artenverlust in der Agrobiodiversität kann sicherlich nicht unilateral, aber dennoch auch auf die Präsenz des PCP-SL zurückgeführt werden.

Für das peruanische Beispiel sind dies aber eher marginale Nebeneffekte. Die wissenschaftlichen Erklärungsmuster bezüglich der *Greedy Rebel* These sind für den peruanischen Kontext zu vernachlässigen, jedoch hat eine *Default Conservation* stattgefunden.

4.3 Vergleich der bewaffneten Konflikte

Auch wenn sich die untersuchten Guerillaorganisationen FARC und PCP-SL auf linke Ideologien berufen, gibt es doch bedeutende Unterschiede in den Konfliktakteuren, Herangehensweisen, Zielen, dem Ende der Bewegung und den ökologischen Auswirkungen des jeweiligen Konflikts (*Tab.* 4.2).

Ziel der FARC war die Übernahme des Staates und die Neugestaltung des kolumbianischen Staates nach sozialistischen Prinzipien. Dem entgegen war das Ziel des PCP-SL primär die Zerstörung aller demokratischen und kapitalistischen Strukturen, um danach einen neuen Staat zu erbauen. Die unterschiedlichen Herangehensweisen sind auch ideologisch begründet. Während die FARC sich ideologisch auf W. LENIN bezog und sich als Volksarmee darstellte, in der es militärische Ränge und Vollzeitrekruten gab, ist der PCP-SL eine Terrororganisation, die sich an der stark gewaltlegitimierenden **Ideologie** M. TSE TUNGS orientierte. Der Bezug zu LENIN erklärt die stark militärisch ausgerichtete Organisation mit hierarchisch organisierten Fronten („*frentes*"), die eine starke Resilienz

Abbildung 4.3 Kokafelder in Zentralperu. *(Quelle: Eigene Aufnahme (Tingo Maria, Huánuco, Peru: August 2009))*

gegenüber der Ausschaltung einzelner Mitglieder hatte und auch letztendlich die geordnete Abgabe der Waffen ermöglichte. Der Bezug zu MAO hatte, im Falle des PCP-SL, auch einen starken Personenkult zur Folge – die Konzentration von finanziellen und ideologischen Konzepten auf eine Person wirkte sich schließlich auch auf das Ende des Konflikts aus. Die FARC war somit darauf ausgerichtet, eine Massenorganisation zu werden, während der PCP-SL sich als Elitetruppe zur gesellschaftlichen Transformation sah.

Die Ziele wirkten sich auch auf die **Finanzierung** aus: Die große Kombattantenzahl der FARC erlaubte und benötigte vielfältige Finanzierungsmöglichkeiten (Schutzgelderpressungen, Entführungen, Kontrolle von Koka und Goldabbau), ohne dass dies den eigentlichen Konflikt mit dem Militär beeinflusste. Der geschätzte Jahresumsatz der FARC von bis zu 400 Mio. US-Dollar entspricht dem Staatshaushalt eines kleinen Staates wie Kapverden und entspricht ca. 1/10 der Gesamt Militärausgaben Kolumbiens (*Tab.* 4.2). Die Finanzkraft ermöglichte der FARC als *de facto* Staatsmacht, in bestimmten Regionen zu agieren und dort staatliche Dienstleistungen zur Verfügung zu stellen. Die geringe Anzahl an Kombattanten des PCP-SL und die Fokussierung auf bestimmte Aktivitäten ließ den finanziellen Aspekt mit einer geschätzten maximalen Finanzkraft von ca. 10 Mio. US-Dollar in den Hintergrund treten. Der PCP-SL besteuerte ebenfalls Kokabauern und Kokainproduzenten, jedoch auf einer niedrigeren Stufe der Handelskette somit auf Finanzmittel der Mitglieder angewiesen war. *Greedy Rebel* These postuliert, jedoch lassen sich die illegal in Wert gesetzten Ressourcen nicht allein durch die Präsenz der bewaffneten Gruppen erklären. Drogenanbau entstand vor dem Eintreffen der bewaffneten Gruppen in Räumen geringer Staatlichkeit. Die Gruppen ersetzten in diesem quasi anarchischen Gebieten die Staatsmacht und nutzen die illegalen Ökonomien zu ihrer Finanzierung. Der PCP-SL wehrte sich weitestgehend gegen eine Kapitalisierung seines Kampfes, während die FARC die illegalen Ökonomien zur Weiterführung ihres Kampfes nutze. *Abbildung* 4.4 zeigt, dass außerdem die Kokaanbaufläche in Peru nach Ende des bewaffneten Konfliktes sank, während sie in Kolumbien stark anstieg, sodass über den Einfluss von Drogen auf Bürgerkriege keine einheitlichen Aussagen getroffen werden können.

In Bezug auf die **Ausweitung** beider Gruppen sind die 1980er Jahre von besonderer Bedeutung, als die Kokainnachfrage zunahm und sich beide räumlich stark ausbreiten konnten. Jedoch bleibt die Finanzierung des PCP-SL weit hinter der Finanzierung der FARC zurück, was sowohl strukturelle Gründe (Ausweitung der Kokainwirtschaft nach 1990), organisatorische (Organisationsaufstellung der PCP-SL) wie auch ideologische Gründe hatte.

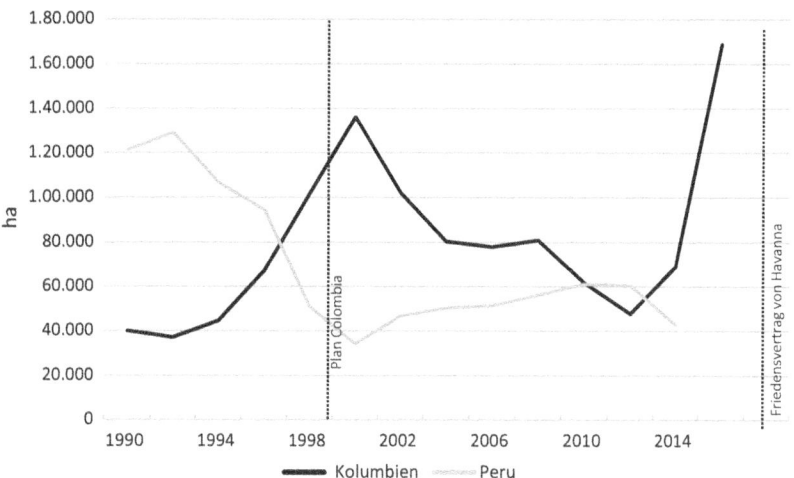

Abbildung 4.4 Kokafelder in Peru und Kolumbien 1990–2018. *(Quelle: Eigener Entwurf nach Daten des UNODCCP (2001: 71), UNODC (2017 a: 22), UNODC (2017 b: 31))*

Schließlich lässt auch die Gesamtzahl der **Opfer** Unterschiede in der Kriegsführung erkennen: Während in Kolumbien in 52 Jahren 220 000 Tote (ca. 4 200 pro Jahr) registriert wurden, waren es in Peru 70 000 in 14 Jahren (ca. 5 000 pro Jahr), und die auf die Jahre gemittelten Opfer von Gewalt gleichbleibend sind. Insgesamt ist jedoch auf die höhere Opferzahl Perus zu verweisen, die sich in Bezug auf den relativen Anteil an der Gesamtbevölkerung noch drastischer zeigt, da Peru während des Bürgerkrieges nur ca. die Hälfte der Einwohner Kolumbiens hatte. Gründe hierfür sind in der insgesamt aggressiveren Vorgehensweise des PCP-SL und der fehlenden Taktik des Heeres zu finden. Jedoch war die aus dem bewaffneten Konflikt resultierende Gewalt – gemessen an den *idps* – in Kolumbien weitaus höher. Wie HAMILTON et al. (2020) zeigen konnten, sind für Kolumbien Vertriebene der bessere Indikator für Gewalt, da viele konfliktbedingte Tote nicht registriert wurden. Andersherum ist im Falle Perus aufgrund fehlender Reparationszahlungen davon auszugehen, dass die Zahl der konfliktbedingten Vertriebenen höher ist als dokumentiert.

In beiden Fällen waren FARC und PCP-SL die größte, aber nicht die einzige Guerillagruppe im jeweiligen bewaffneten Konflikt, andere **parallel existierende bewaffnete Gruppen** verfolgten ähnliche, aber nicht identische Ziele. In Kolumbien sind dies die ELN, die EPL sowie die bereits aufgelösten Gruppierungen M-19 und QL. In Peru hatte es bereits in den 1960er Jahren kleinere Guerillagruppen gegeben – in den 1980er Jahren agierte noch die MRTA nach ähnlichen Grundsätzen wie die FARC. Trotz inhaltlicher Ähnlichkeiten sind keine transnationalen Verbindungen zu anderen Guerillaeinheiten bekannt.

Das Aufkommen verschiedener bewaffneter Gruppen spricht aber v. a. für eine geringe staatliche Durchschlagskraft gepaart mit tradierten Ungleichheiten, die in einem quasi-anarchischen Raum mit starken Tendenzen eines *Failing States* resultieren. In diesem Raum entwickelten sich, fernab legaler Mechanismen, parallele Machtstrukturen und illegale Ökonomien. Gemein ist beiden Ländern, dass sich die illegalen Ökonomien zwar parallel zum Bürgerkrieg ausweiteten, jedoch nicht notwendigerweise durch die bewaffneten Gruppen vorangetrieben wurden. Die bewaffneten Gruppen traten als quasi-Exekutive innerhalb dieses staatfernen Raumes auf, in dem auch die illegalen Ökonomien entstanden sind und sich reproduzierten und sich die ökonomischen und institutionellen Informalitäten als Staatsersatz reproduzierten.

Bezüglich der **Nachwirkungen** zeigt das Beispiel Perus, dass die Gewöhnung an Gewalt, die geringe staatliche Präsenz und die damit verbundenen bestehenden illegalen Ökonomien zur Proliferation bewaffneter Gruppen und mafiösen Strukturen führen. Auch wenn in den peruanischen Medien wenig von der Kontrolle bewaffneter Gruppen berichtet wird, zeigten unter anderem die Feldforschungen, dass verschiedene nicht-staatliche bewaffnete Akteure mit oder ohne ideologische Begründung weiterhin illegale Ökonomien kontrollieren (vgl. *Abschn.* 7.2.2). Waren dies zunächst nur Kokafelder, weitet sich dies auf den Goldabbau aus. Auch in Kolumbien ist davon auszugehen, dass sich aus den ehemaligen Rekruten und bereits bestehenden Gruppierungen neue bewaffnete Gruppen formieren werden, welche die illegalen Ökonomien kontrollieren werden.

Des Weiteren ist die **Rolle Dritter** im bewaffneten Konflikt fundamental verschieden: Während in Kolumbien die Großgrundbesitzer Paramilitärs zu ihrem eigenen Schutz einsetzen, waren es in Peru die Selbstschutzgruppen der Kleinbauern, die am Ende mit zur Zerschlagung der schlecht bewaffneten Organisation beitrugen. Die wohl finanzierte FARC war militärisch sehr viel professioneller aufgestellt, sodass ein militärischer Sieg des Staates nicht gelang. Die darauffolgende politische Lösung hat Alleinstellungscharakter und ist das Resultat vieler gescheiterter Friedensbemühungen der Vergangenheit. Die gute militärische Aufstellung der FARC entwickelte sich parallel zu der militärischen Aufrüstung des Staates mit Hilfe von US-Mitteln.

Trotz aller Unterschiede existieren Ähnlichkeiten und es ist eine ironische Wendung des Schicksals auf die Zeit nach der bewaffneten Auseinandersetzung festzustellen: War es das erklärte Ziel beider bewaffneter Gruppen, eine sozialistische Gesellschaft mit egalitären Bedingungen in peripheren Gebieten aufzubauen, entwickelten sich in der **Folgezeit** Tendenzen in die entgegengesetzte Richtung. Die jeweiligen Präsidenten der Folgezeit, ALBERTO FUJIMORI in Peru und IVÁN DUQUE in Kolumbien, zeichneten sich durch ihre politisch rechte Position sowie die starke Ausrichtung auf einen neoliberalen Wirtschaftskurs aus. Sie verhielten sich durch die Unterstützung bestehender Ungleichheitsstrukturen ideologisch inhärent und ließen Rohstoffe zur Unterstützung einer mächtigen Gruppe ausbeuten, ohne dabei die ökologischen Folgekosten einzukalkulieren.

Auch in Bezug auf die **ökologischen Auswirkungen** müssen die bewaffneten Konflikte differenziert betrachtet werden. Während in Kolumbien der bewaffnete Konflikt einerseits zu einer *Default-Conservation* (vgl. *Abschn.* 2.5.2.1) führte, hatten der illegale Ressourcenabbau und die Sabotageaktionen auch umweltverschmutzende Wirkung. In Peru hingegen ist durch andere physische Gegebenheiten zwar eine Entvölkerung bestimmter Landstriche zu verzeichnen, jedoch kein expliziter Schutz durch die Präsenz der bewaffneten Gruppen. Dazu kommt noch die Nutzung bestimmter Ressourcen und die damit verbundenen Umweltverschmutzungen. Implizite Schutzleistungen sind lediglich durch die Verhinderung von internationalem Investment zu beobachten.

Tabelle 4.2 Bürgerkriege in Peru und Kolumbien im Vergleich

		Kolumbien	Peru
Konfliktdauer		1964–2016	1980–1994
Hauptakteure und KombattantInnen	Guerilla (Wirkungsdauer und max. Anzahl der Mitglieder (Jahr))	FARC (1964–2016) 17 000 (2002) + 13 000 urbane Unterstützer, 23 000–35 000 ELN (1964- andauernd) 6 000 (2002)	PCP-SL (1980–1994): 4 000 MRTA (1985–1995)
	paramilitärische Einheiten	AUC (1980–2005) 16 500, neue paramilitärische Gruppen	*Grupo Colina* (bewaffnete Spezialeinheit des Heers)
	Heer	70 000	k. A
	weitere	Narkotrafikanten, Finanzierung durch die USA	Bäuerliche Selbstschutzgruppen (*Rondas Campesinas*), Narkotrafikanten
Hauptguerillaorganisation	Bezeichnung	*Fuerzas Armadas Revolucionarias de Colombia* (FARC)	*Partido Comunista Peru – Sendero Luminoso* (PCP-SL)
	Ideologie	leninistisch	Maoistisch
	Struktur	militärisch	autokratisch
	Wirkungsweise	Vollzeitliche Volksarmee	Untergrundorganisation
	Finanzmittel (max.)	ca. 400 Mio. US-Dollar (2000)	ca. 10 Mio. US-Dollar (1988)

(Fortsetzung)

4.3 Vergleich der bewaffneten Konflikte

Tabelle 4.2 (Fortsetzung)

		Kolumbien	Peru
Konfliktdauer		1964–2016	1980–1994
	Ziel	Aufbau eines sozialistischen Staates	Zerstörung des kapitalistischen von Lima dominierten Staates
Rolle in den von ihnen kontrollierten Gebieten		Übernahme staatlicher Aufgaben (z. B. Gewaltausübung, Gerichtsbarkeit)	Zerstörung staatlicher Gewalt, ideologische Bildung in „*escuelas populares*"
Rahmenbedingungen	Rekruten	v. a. aus der urbanen und ruralen Unterschicht	v. a. aus Bildungsinstitutionen, Zwangsrekruten aus der andinen Bauernschaft
	Finanzierung	Besteuerung des Kokaanbaus, illegaler Bergbau, Entführungen	Besteuerung des Kokaanbaus, private Spenden, Unterstützung durch die ländliche Bevölkerung, Sachspenden
Räumliche Verortung		Periphergebiete	zentraler Andenraum und Lima
Dokumentierte Opfer (gesamt)	Tote	220 000	70 000
	Opfer von Gewalt	130 000	35 000
	Vertriebene	7 670 000	600 000

(Fortsetzung)

Tabelle 4.2 (Fortsetzung)

		Kolumbien	Peru
Konfliktdauer		1964–2016	1980–1994
Dokumentierte Opfer/Jahr	Tote	4 230	5 000
	Opfer von Gewalt	2 500	2 500
	Vertriebene	147 500	42 857
Beendigung		Friedensvertrag und Waffenabgabe Nov. 2016 (politisch)	Festnahme ABIMAËL GUZMANS, Zerschlagung durch Militär und private Gewalteinheiten (militärisch)
Ökologische Komponente		indirekter Schutz der Natur vor Ausbeutung (*Default Conservation*), Umweltzerstörung durch Ausweitung des Kokaanbaus und illegaler Goldschürfungen	indirekter Schutz der Natur vor Ausbeutung (*Default Conservation*)

Quelle: Eigener Entwurf nach CLV (2004), CHAVEZ WURM (2011), REYES POSADA (2016), GORRITI (2016), HERTOGHE et al. (1990), MERTINS (2007), CENTRO NACIONAL DE MEMORIA HISTÓRICA (2013), JÄGER (2007), LABROUSSE (1998)

Neo- und Postextraktivimus in Bürgerkriegsszenarien

Nach Beendigung des jeweiligen bewaffneten Konflikts entstanden bzw. entstehen unterschiedliche Positionen bezüglich des Umgangs mit Ressourcen als Teil einer Entwicklungsstrategie, die der Friedenskonsolidierung dienen soll. In der Literatur sind diesbezüglich wenige Ergebnisse zu finden [*These* 6] (vgl. *Abschn.* 2.5.3). Deshalb wurden ExpertInnen in den Untersuchungsländern nach den wichtigsten Ressourcen, zu den Akteuren, zu ihrem Einfluss auf den Konflikt und ihre Bedeutung für den Aufbau einer Postbürgerkriegsgesellschaft befragt und die Positionen den Entwicklungsparadigmen (vgl. *Abschn.* 2.2) zugeordnet. Die Positionen geben Aufschluss über die zu erwartenden Konfliktkonstellationen und die genaue Analyse der Interviews und bilden, wie im Methodenkapitel dargestellt, die Grundlage für die Auswahl einer Ressource, die in den Folgekapiteln im Detail beleuchtet werden soll.[1]

---

[1] Die folgenden ExpertInnen wurden nach dem Schneeballprinzip ausgewählt, um ein möglichst diverses Meinungsbild bezüglich der Rolle und des Umgangs mit Ressourcen im Postbürgerkriegskontext in Peru und Kolumbien darzustellen. Insgesamt wurden in Bogotá 10 öffentliche Personen mithilfe des standardisierten Fragebogens interviewt (s. Annex III). Unter ihnen waren ein Vertreter aus der Politik, eine Politikwissenschaftlerin, eine Vertreterin aus der Wirtschaft, zwei Vertreter zivilgesellschaftlicher Organisationen, zwei Politikberater und ein Vertreter einer UN-Institution. Es wurden zwei Frauen und sieben Männer im Oktober/November 2017 in der Hauptstadt Bogotá anhand eines standardisierten Fragebogens befragt, die Interviews mit einem Aufnahmegerät dokumentiert und anschließend transkribiert. In Peru (Lima) wurden vier weitere Personen mithilfe desselben Fragebogens zwischen Februar und April 2018 interviewt. Dazu gehörten zwei Vertreter von extraktivismuskritischen NGOs und zwei Vertreter der Minenlobby, ein Interview mit dem Minenministerium in Peru konnte leider nicht stattfinden.

5.1 Extraktivismus

"No puede ser que nosotros tengamos un subsuelo riquísimo y unos habitantes del suelo en la inmunda"[2]

VORSITZENDE DER MINENLOBBY (B 07_11, Übers. d. Verf.)

Zu den befragten Personen, deren Positionen einem extraktivistischen Entwicklungsmodell (vgl. *Abschn.* 2.2.1) zugeordnet wurden, gehören Regierungs- und MinenvertreterInnen. Zugeordnet wurden die Interviews der VertreterInnen der Minenlobbys (B 07; L 07/08) in Peru und Kolumbien, sowie einer Vertreterin des Minenministeriums in Kolumbien (B 05).

Ressourcenverständnis und Bedeutung für Entwicklung
Die interviewten Personen verstehen die wichtigsten Ressourcen als die *high value natural resources* Gold und Smaragde (B 07_01) sowie Kohle, jedoch wird auch die Biodiversität genannt (B 05_01). Gold wird wegen seiner Gewinnspanne und der Tatsache, dass es legal und illegal gefördert werden kann, besonders hervorgehoben (L 07/08_16, B 05_03).

Im Sinne dieses Entwicklungsmodells müssen die genannten Ressourcen inwertgesetzt, d. h. kapitalisiert werden, um ökonomische Entwicklung für die Länder und Regionen zu bringen. Dies wird mit sozialen Aspekten begründet wie fehlenden direkten und indirekten Arbeitsplätzen, der bestehenden Ungleichheit (B 07_03) und der damit verbundenen Hinwendung zu illegaler Aktivität (B 07_01) sowie der Unfähigkeit des Staates (B 07_13). Weiterhin ermöglichten die kontrollierte Förderung dieser Ressourcen und die damit verbundenen Einnahmen erst den Schutz geoökologischer Ressourcen durch das generierte Steueraufkommen (B 07_04). Die Inwertsetzung könne nur unter Mithilfe von internationalem Kapital erfolgen, da andere Akteure nicht die Möglichkeiten oder das Kapital hätten.

Ressourcen und Konflikt
Der Zusammenhang zwischen dem bewaffneten Konflikt und den natürlichen Ressourcen wird über die *Greedy Rebel These* positioniert: Bewaffnete Guerillagruppen nutzten neben Kokain zunehmend Gold als Finanzierungsquelle (B 07_05). Die Gebiete, in denen bis jetzt keine legale Inwertsetzung der vorhandenen unterirdischen Ressourcen stattgefunden hat, werden in dieser Sichtweise als

---

[2] "Es kann nicht sein, dass wir einen so reichen Unterboden haben, und deren Bewohner im Dreck sitzen"

"leer" imaginiert, *"praktisch als Niemandsland (...) wo bis vor einem Jahr noch die Mächte des Bösen"* (B 07_07, Übers. d. Verf.) agierten. Somit werden alle anderen Lebensmodelle in kolonialer Tradition als weniger wert, sogar als inexistent dargestellt.

Ressourcen und Frieden
In Bezug zum Frieden wird argumentiert, dass es in Kolumbien zunächst keinen Einfluss des Friedensprozesses auf die Ressourcenförderung gibt, da das *"ökonomische Modell nicht in Verhandlung"* (B 07_19, Übers. d. Verf.) sei. Jedoch könnten die genannten Ressourcen zum Frieden beitragen, wenn sie *"angemessen genutzt"* (B 07_04, Übers. d. Verf.) würden, um die Ungleichheit zu reduzieren. Somit wird der Förderung der *high value natural resources* ein friedensfördernder Nutzen zugeschrieben, der durch die Inwertsetzung in Form von Arbeitsplätzen geschieht.

Akteure
Der Staat erhält in dieser Sichtweise die Aufgabe, den *"optimalen Nutzen"* (B 05_03, Übers. d. Verf.) für die Ressourcennutzung zu finden, was insbesondere in einer effizienten Raumordnung sichtbar wird. Derzeit wird dem Staat Unfähigkeit bei der Aufgabe sein Territorium zu kontrollieren unterstellt Insbesondere Regionalpolitiker werden als korrupt präsentiert (B 07_05). Aufgrund fehlender Durchsetzungsfähigkeit solle der Zentralstaat vor allem seine Rolle als Koordinator der Inwertsetzung einnehmen (L07/08_05;10) und in diesem Rahmen seine Funktion als Raumplaner erfüllen (B 05_11). Internationale Unternehmen sollten im Sinne einer neoliberalen Denkweise staatliche Aufgaben wie die Förderung der Ressourcen, aber auch die Zurverfügungstellung von Infrastruktur erfüllen. Traditionelle Bergleute werden als von den bewaffneten Gruppen "gekauft" verstanden, die keine andere Wahl hätten, als sich gegen die Konzerne zu stellen (B 07_05).

Einordnung in die Paradigmen
Diese Perspektive kann dem Paradigma des "Bettlers auf dem Sack voll Gold" und dem Ressourcensegen zugeordnet werden. Die VertreterInnen argumentieren, dass vorhandene hochpreisige Ressourcen inwertgesetzt werden *"müssen"* (L 07/08_04, 09), da das Land *"dazu bestimmt sei, Mineralien zu produzieren"* (L 07/08_09, Übers. d. Verf.). Somit werden innerhalb dieser Position Machtverhältnisse und tradierte Abhängigkeiten mit Hilfe geodeterministischer Argumentationen verschleiert. "Entwicklung" wird innerhalb dieses Paradigmas als ein neoliberales Modell verstanden, das sich an der Kaufkraft und *fdi* misst.

Illegaler Bergbau wird im Sinne der *Greedy Rebel These* als Kernproblem verstanden, das durch den Bürgerkrieg initiiert und erhalten wurde (B 05_07). Laut dieser Logik, würde die Stärkung des legalen Bergbaus zur Reduzierung von illegalem Bergbau führen.

Normativer Umgang mit Ressourcenreichtum
Die extraktivistische Argumentation besteht darin, dass es einen Ressourcenausbeutungsimperativ der oben genannten Ressourcen gibt, um Entwicklung zu erreichen. Begründet wird dies, wie im Eingangszitat deutlich, durch die Notwendigkeit der *"Verwandlung [dieser] in Güter und Dienstleistungen"* (B 05_03, Übers. d. Verf.), die einen wichtigen und unausweichlichen Entwicklungsimpuls für das Land und die entsprechenden Regionen bringe.

Aufgrund der inhärenten Normativität der Argumentation werden alle KritikerInnen dieses Entwicklungsmodells verbal abgewertet. Zu diesen gehören zum einen bewaffnete Gruppen (B 05_07), die kein Interesse an legaler Nutzung hätten, weil sie von der illegalen Produktion stark profitierten. Andererseits gehört zu den KritikerInnen auch *"der Sektor der Linken"* (L 07/08_22, Übers. d. Verf.), welchem eine Ökologisierung politisch motivierter Proteste vorgeworfen wird (L 07/08_22; B 07_05; B 05_07). Es wird argumentiert, dass diese Gruppen, mit denen Unterstützergruppen antiextraktiver Proteste gemeint sind, versuchten, aus politischen Motiven, die Ressourcenausbeutung durch internationales Kapital und den damit verbundenen Fortschritt zu verhindern, wobei das Argument des Naturschutzes nur vorgeschoben sei.

5.2 Neoextraktivismus

„sin ninguno de esos recursos no se habría logrado algunas cosas que tiene Colombia, en términos de ampliar la cobertura estatal en educación, salud, infraestructura"[3]

POLITIKPROFESSORIN (B 09_18, Übers. d. Verf.)

Einer neoextraktivistischen Argumentation im Sinne von *Abschnitt* 2.2.2 werden die Interviews des leitenden Mitarbeiters der UN-Menschenrechtsorganisation (B 03), dem Politikberater und Publizist (B 06), der Politikwissenschaftlerin (B 10) und dem ehemaligen Umweltminister Perus (L 02) zugeordnet. Obwohl diese in

---

[3] "ohne diese Ressourcen hätte Kolumbien manche Dinge, wie eine flächendeckende staatliche Präsenz in Bezug auf Bildung, Gesundheit und Infrastruktur nicht erreicht"

Bezug auf ihr Ressourcenverständnis keine einheitliche Position haben, argumentieren alle für eine stärkere national kontrollierte Förderung der unterirdischen Ressourcen mit dem Ziel der Umverteilung und der langsamen Entkopplung von Wirtschaft und Ressourcen.

Ressourcenverständnis und Bedeutung für Entwicklung
Als prioritäre Ressourcen werden innerhalb dieses Entwicklungsverständnisses v. a. jene verstanden, die Einfluss auf den Staatshaushalt haben. Zu diesen gehören in Kolumbien Kohle, Erdöl und in zunehmender Weise auch Gold (B 10_01). Sie werden durch ihre nationalökonomische Bedeutung für die langfristige Finanzierung des Staates definiert (B 10_08). Ökologische Bedenken bezüglich der Umweltfolgekosten werden in dieser Sichtweise nicht besonders in den Fokus gerückt. Vielmehr ermögliche es die kontrollierte Ressourcenförderung, soziale Probleme abzuschwächen.

Ressourcen und Konflikt
Die Bedeutung von Gold wird in dieser Sichtweise besonders hervorgehoben, da es an der Schnittstelle zwischen bewaffnetem Konflikt und Frieden eine zentrale Rolle einnimmt. Anders als andere Ressourcen trug es zur Verlängerung des bewaffneten Konflikts bei, und es wird gehofft, dass es im Postkonflikt legale Förderung zur Finanzierung des Friedens beitragen kann (B 06_04). Gleichzeitig verwiesen die VertreterInnen dieser Sichtweise auf die *Default Conservation*, also den Umstand, dass der bewaffnete Konflikt einen naturschützenden Nebeneffekt hatte, der nach Schließung des Friedensvertrages entfällt (B 06_18, B 03_02), wie die *Waldschützer-These* postuliert. Aus peruanischer Perspektive wird ein ungebremster neoliberaler Kurs und der bewaffnete Konflikt als Folge desselben Problems, nämlich der fehlenden staatlichen Durchsetzungsfähigkeit und der ungleichen Landverteilungen, verstanden (L 02_15; 17).

Ressourcen und Frieden
In diesem Verständnis wird hervorgehoben, dass die Ausbeutung bestimmter Ressourcen zum Frieden beitragen kann, wenn es die ökonomische Situation der Gemeinden verbessert (B 09_02). Dies ist durch die verstärkte staatliche Kontrolle der Ressourcenförderung möglich. Dazu müssten die neuen Instrumente des Friedensvertrages genutzt werden, um eine Demokratisierung der Ressourcennutzung voranzutreiben. Gleichzeitig sollte jedoch sichergestellt werden, dass die Bürgerbefragungen (*Consulta Popular*) nicht den Fortschritt verhindern (B 10_14). Jedoch müsse es dafür eine bessere Kommunikation mit den Gemeinden geben (L 02_09).

Akteure

Derzeit seien es „*Interessen aus anderen Ländern und kriminelle Interessen*" welche die Ressourcen kontrollierten und der Bergbau sei „*von Sektoren verwaltet, die nicht ausreichend reguliert sind*" (B 06_09, Übers. d. Verf.). Somit wird argumentiert, dass hochpreisige Ressourcen missbraucht würden, da der Staat als Regulator nicht oder in nicht ausreichender Weise auftrete. Der Staat solle seine Kapazitäten ausbauen, um das Staatsgebiet nicht nur militärisch gegen illegale Ökonomien oder illegale Gerichtsbarkeiten zu verteidigen, sondern auch, um die soziale Infrastruktur zu verbessern, damit die Betroffenen nicht in die Illegalität abrutschen (B 10_06).

Dem Staat wird in dieser Argumentation Untätigkeit bzw. Unfähigkeit vorgeworfen. Ein Vertreter verwies darauf, dass er von der internationalen Bergbaulobby übernommen worden sei: Der Staat "*hat keine Fehler begangen, er wurde kooptiert, d. h. die Entscheidungen, die als Staatsentscheidungen scheinen, wurden direkt oder indirekt vom Bergbau getroffen*" (B 06_07, Übers. d. Verf.). Als Zeichen fehlender staatlicher Durchsetzungsfähigkeit wird die Bekämpfung des illegalen Bergbaus angeführt. Da der Staat selbst keine Möglichkeit der Durchsetzung habe, wird die Forcierung des Großgoldbergbaus als Bekämpfungsmaßnahme der Illegalität verstanden (B 06_13). Weiterhin übertrage der Staat seine Aufgaben wie die Zurverfügungstellung von Infrastruktur aus den Bereichen Gesundheit und Bildung an internationale Unternehmen, was zum einen keine nachhaltige Bereitstellung beinhalte, zum anderen auch anfällig für fallende Rohstoffpreise mache (L 02_03).

Einordnung in die Paradigmen

Der Reichtum an natürlichen Ressourcen wird weder dezidiert als Fluch noch als Segen gewertet. Aus kolumbianischer Perspektive werden sie jedoch zu einem „*Laster, wo die ganze Ausrichtung darauf beruht, diese auszubeuten*" (B 10_15, Übers. d. Verf.). Allerdings offerierten sie Möglichkeiten und werden somit eher als positiv eingeschätzt, obwohl sie "*eine bittere Seite*" (B 09_18, Übers. d. Verf.) haben. Die peruanische Perspektive bezeichnet die Ressourcen bzw. die Möglichkeiten, die sie bieten, als "*verschwendet*" (L 02_25, Übers. d. Verf.), da die Renten bis jetzt nicht dazu beigetragen haben, die grundsätzliche Funktionsfähigkeit des Staates und das Leben seiner BewohnerInnen zu verbessern (L 02_02).

Normativer Umgang mit Ressourcenreichtum

Innerhalb dieses Entwicklungsmodells wird argumentiert, dass neue staatliche Mechanismen gefunden werden müssten, wo kontrolliert Ressourcen abgebaut und wo Natur geschützt werden sollte. Um diese zu minimieren, solle der Staat mehr eingreifen und kontrollieren (L 02_05). Natürlichen Ressourcen wird somit eine Art Anschubsfinanzierungsfunktion zugeschrieben und sie könnten einer späteren Diversifizierung der Ökonomie als Folge gesunkener Ungleichheiten dienen. Gleichzeitig bieten natürliche Ressourcen die Möglichkeit, die Kapazitäten des Staates durch den Aufbau eines finanziellen Puffers auszubauen. Somit wird argumentiert, dass die vorhandenen Ressourcen nicht adäquat genutzt würden.

5.3 Postextraktivismus

"la paz no se consigue por medio de un conflicto permanente de acceso debido a los recursos" [4]

VERTRETER EINER INDIGENENORGANISATION (B 08_05)

VertreterInnen des Postextraktivismus argumentieren, wie in *Abschnitt* 2.2.3 dargestellt, dass ein auf Ausbeutung nicht regenerativer natürlicher Ressourcen basierendes Entwicklungsmodell nicht nachhaltig sein kann und plädieren für eine grundsätzlich andere Lebens- und Wirtschaftsweise. Interviewte VertreterInnen kommen vor allem aus zivilgesellschaftlichen Gruppen, die häufig die Interessen von Indigenen oder der Landbevölkerung repräsentieren. Dazu gehört ein Teilnehmer der Friedensverträge von Havanna (B 02), ein ehemaliger Kämpfer der demobilisierten M-19 und heutiger Senator (B 04), ein Vertreter der holländischen NGO *"Fundación Tropenbos"* (B 08), eine Vertreterin der kolumbianischen NGO *"CENSAT Agua Vida"* (B 09), eine Vertreterin der kolumbianischen NGO *"Equipo Colombiano de Investigación de Conflicto y Paz"* (B 01), ein Vertreter der peruanischen NGO *"Red Muqui"* (L 01) und ein Vertreter der extraktivismuskritischen NGO *"CooperAcción"* (L 06).

Ressourcenverständnis und Bedeutung für Entwicklung
Die Befragten verweisen darauf, dass sie Natur nicht auf einzelne Ressourcen reduzieren wollen, da dies einer *"integralen Vision von Ökosystemen"* (B 07_02, Übers. d. Verf., L01_01) entgegensteht, die sich dadurch auszeichnet, dass sie interagierende Elementen hat. Vielmehr wollen einige Befragte Ressourcen als *"Elemente der Natur"* (B 08_01, Übers. d. Verf.) bezeichnen, um schon sprachlich sichtbar zu machen, dass durch die Isolierung einzelner Stoffe das Gesamtsystem

---

[4] „Der Frieden kann durch den permanenten Konflikt um Ressourcenzugang nicht erreicht werden"

in Mitleidenschaft gezogen wird. Das Sprechen über "Ressourcen" respektive "Ressourcenreichtum" sei bereits eine gedankliche *"Fragmentierung"* (B 07_03, Übers. d. Verf.) der Natur, die mit einschränkender Nutzung eines Landstückes für bestimmte Gruppen mit anderen Entwicklungsvorstellungen einhergehe. Wie in *Abbildung* 5.1 sichtbar, steht die Frage, was Ressourcenreichtum ist, im Zentrum. Einige VertreterInnen verweisen auf die einseitig auf nicht-regenerative Ressourcen fokussierte Definition und fordern eine Neudefinition des Ressourcenbegriffs, der sich an der Zukunftsfähigkeit misst. Rohstoffe wie Kohle, Erdöl oder Gold sind *„keine Ressource, sondern Vermögenswerte, die vorhanden sind, aber nicht benutzt werden sollten (...) unser Ressourcenreichtum ist die Biodiversität"* (B 04_04, 05, Übers. d. Verf.). Sie verweisen darauf, dass per Definition die Ausbeutung nicht regenerativer Ressourcen dem Nachhaltigkeitsgedanken entgegenläuft und somit Synonym für kurzfristige, auf Profit ausgerichtete Verständnisse von Entwicklung sind.

Den regenerativen Ressourcen Wasser, Land und Biodiversität wird eine höhere Bedeutung zugemessen, da sie die Grundlage für ein Wirtschaftsmodell sind, das nachhaltig gestaltet werden kann (B 02_01, L 01_01). Es wird darauf verwiesen, dass die Extraktion von nicht regenerativen Ressourcen, wobei zunehmend Gold eine bedeutende Rolle spielt, mit nachhaltigen Nutzungsformen im Konflikt steht. *„Es gibt einen Konflikt zwischen Bergbau und Biodiversität, zwischen Bergbau und Wasser und Bergbau und dem Leben als solches"* (B 04_04, Übers. d. Verf.), sagte ein Vertreter zusammenfassend. Somit wird die Benennung von Natur als Ressource bereits Teil des Konflikts zwischen Entwicklungsverständnissen wahrgenommen.

Ressourcen und Konflikt
Umweltkonflikte werden als Definitions- und nicht als Ressourcenkonflikte (vgl. *Abschn*. 2.5.2) im klassischen Sinne verstanden. Konflikte seien ein *"Krieg um das Territorium"* (B 01_24, Übers. d. Verf.), in dem es um konkurrierende Entwicklungsvorstellungen und Naturnutzungen gehe. Alternative Entwicklungsvorstellungen, die sich nicht im Sinne einer aufholenden Entwicklung an einem fortschrittsorientierten und modernistischen Lebensstil orientierten, würden von Seiten des Staates und internationaler Unternehmen kategorisch abgewertet, ignoriert oder unterdrückt.

In Bezug auf den bewaffneten Konflikt wird innerhalb dieser Argumentationsweise besonders auf die Rolle der FARC als Waldschützer hingewiesen. Sie setzten Nutzungsregeln durch und konnten die ungebremste illegale Abholzung, das Vorrücken der agrarischen oder mineralischen *Frontiers* durch internationale

5.3 Postextraktivismus

Konzerne (B 01_02, B 02_03) und die Ausweitung menschlicher Präsenz als solcher (B 04_03) verhindern.

Illegaler Bergbau wird als Problem dargestellt, das nicht primär die Folge eines bewaffneten Konflikts sei, sondern ein *"Modell informeller Ökonomie"* (B 01_08, Übers. d. Verf.), von dem auch viele legale mächtige Personen profitierten. Von peruanischer Seite wird der illegale Abbau bereits als Teil eines extraktivistischen Modells verstanden, in dem der Staat die Organisation der Ausbeutung anderen Akteuren überlässt (L 01_11), das sich durch fehlende staatliche Präsenz und Armut perpetuiert und dann bewaffnete Gruppen kofinanziert (B 01_08). Fehlender staatlicher Wille und Korruption werden als Gründe mangelnder Bekämpfung benannt (B 04_06,08; L 01_12).

Ressourcen und Frieden
In Bezug auf die Zeit nach Unterschreibung des Friedensvertrages sprechen die interviewten kolumbianischen Personen nicht von einem *postconflicto* (Postbürgerkrieg), sondern von einem *postacuerdo*, also einer *"Zeit nach dem Friedensvertrag"* (B 09_03, Übers. d. Verf.) da die Unterschreibung des Friedensvertrages von Havanna ohne fehlende Beseitigung der Ursachen nicht als Frieden gewertet werden könne. Als besondere Ursache werden der Umgang und Zugang zu und mit der Natur verstanden, der aus dem Vertrag größtenteils ausgeklammert wurde. Dem Friedensvertrag wird vorgeworfen, den Raum für einen expansiven Extraktivismus zu erweitern und kein Interesse an einem reellen dauerhaften "positiven Frieden" (vgl. *Abschn.* 2.4) zu haben, der die Bedürfnisse der Betroffenen aus den ländlichen Regionen miteinbezieht (B 08_03). Dennoch wird die Zeit nach dem Friedensvertrag hoffnungsvoll betrachtet, da dadurch neue demokratische Mechanismen durchgesetzt werden können, welche anderen Entwicklungsvorstellungen und Naturverständnissen mehr Gehör schenken (B 08_12).

Akteure
Analog zur neoextraktivistsichen Sichtweise wird dem Staat vorgeworfen, sich gemäß seiner kolonialen Vergangenheit an den Interessen anderer zu orientieren (B 01_22), was sich sowohl an den Gesetzen als auch an der Exekutive zeige, die auf internationale Interessen ausgerichtet sind (L 01_10). Dies zeige sich in der raumordnenden Funktion des Staates, die sich an der Existenz mineralischer und fossiler Ressourcen orientiere, die für den Export bestimmt seien, somit sei es ein „*Staat wo die Bergleute das Sagen haben*" (L 01_13, Übers. d. Verf.). Die Interessen der eigenen Bevölkerung und andere lebensgenerierende Ressourcen wie Wasser seien den Mineralien untergeordnet (B 08_09). Gleichzeitig wird dem Staat wenig Macht zugesprochen (B 02_06), weshalb statt

einer zentralistischen Staatsform dezentrale Organisationsformen gefordert werden, in denen die Betroffenen selbst über die Ressourcennutzung ihres jeweiligen Gebietes bestimmen sollten (B 09_04). Bewohnende werden als ExpertInnen für ihre eigene Region verstanden, die keine äußere Instanz brauchen, um nachhaltig zukunftsfähige Entwicklung zu praktizieren.

Einordnung in die Paradigmen
Die VertreterInnen des Postextraktivismus distanzieren sich von geodeterministischen Argumentationsweisen, die postulieren, dass Ressourcen Entwicklung oder Konflikt bedingen oder beschreiben. Dem hingegen schreiben sie dem Diskurs über die Ressourcen eine hohe Bedeutung zu, da hierdurch das Entwicklungsmodell bestimmt wird, welches dann für die Folgekonflikte verantwortlich ist (B 08_06). Die Diskussion um Ressourcenreichtum sehen sie als Fortführung kolonialer Bestrebungen und als Orientierung an den Notwendigkeiten anderer Weltregionen statt an den lokalen Bedürfnissen (B 01_24). Als Gegenentwurf wird versucht, Ressourcenreichtum diskursiv anders zu besetzen, wie in *Abbildung 5.1* deutlich wird.

Auf die Frage nach der Einordnung in das Ressourcenfluch oder –segen-Paradigma antwortete ein Vertreter mit der Anekdote: *"Hier in Kolumbien sagen wir, dass, als Gott die Welt erschuf, er dem Land zwei Ozeane, Gebirgsketten, Urwald und Hochebenen gab. Warum so viele Privilegien? Gott antwortete: Wartet nur ab, welche Menschen ich ihnen gebe"* (B 07_16, Übers. d. Verf.). Somit verweist er darauf, dass Ressourcen an sich keine Auswirkungen auf Entwicklung haben, nur die *"schlechte Nutzung sei der Fluch"* (B 08_22, Übers. d. Verf.). Somit verweisen die Befragten darauf, dass sich an der Ressourcennutzung Zugänge manifestieren und das Vorhandensein „*eine große Verführung*" (L 03_15, Übers. d. Verf.) darstellt. Des Weiteren wird auf die Machtasymmetrien verwiesen, die sich seit der Kolonialzeit reproduzieren und an der Ressourcennutzung zeigen (B 01_16–17).

Normativer Umgang mit Ressourcenreichtum
Aus genannten Gründen argumentierten sie, dass es vor allem wichtig ist, *"die Vision zu verändern"* (B 08_12, Übers. d. Verf.) und somit *"mit der Logik zu brechen"* (L 01_23, Übers. d. Verf.) was unter "Entwicklung" und "gutem Leben" verstanden wird. Dies geht in der Argumentation dieser Sichtweise mit einem veränderten Natur- und Lebensverständnis einher.

Sie verweisen darauf, dass Gold ein besonders zu untersuchender Rohstoff ist, da es sich um eine *"Verschwendung der Natur"* (B 02_15, Übers. d. Verf.) handelt, die *"der Schöpfer unter der Erde gelassen hat, (…) um das Gleichgewicht zu halten"* (B 08_18) und deshalb *"unter der Erde bleiben"* (B 02_15, Übers. d. Verf.) sollte.

Abbildung 5.1 „Unser wirklicher Reichtum", Wandmalerei in Cajamarca, Kolumbien. (*Quelle: Eigene Aufnahme (Cajamarca, Tolima, Kolumbien: August 2019)*)

Gold ist für VertreterInnen zum Symbol extraktivistischer Herangehensweisen geworden, da es schon in der Vergangenheit Unterdrückung und ungleichen Zugang symbolisierte (B 04_04, Übers. d. Verf.). Daher stehe es exemplarisch für eine Ressource, bei der Gewinne privat erzielt und die Umweltkosten *"für das ganze Leben"* (L 01_26, Übers. d. Verf.) kollektiv getragen werden. Es könne nicht sein, dass *„die nationalen Prioritäten seien, dass der Staat Entwaldung und Wasserverschmutzung gegen eine Hand voll Dollar in Kauf nehme"* (B 04_08, Übers. d. Verf.). Vielmehr wird darauf plädiert, lebenserhaltende Ökonomien mit einem nachhaltigen Charakter zu fördern, welche langfristig ein gutes Leben für Mensch und Umwelt ermöglichen.

5.4 Zwischenfazit

Für die Zeit nach dem Friedensvertrag werden unterschiedliche Umgangsformen mit dem Ressourcenreichtum vorgeschlagen, die sich den Positionen des Extraktivismus, Neoextraktivismus und Postextraktivismus zuschreiben lassen. Das Naturverständnis unterscheidet sich dabei eklatant innerhalb der verschiedenen Entwicklungsdiskurse (*Tab.* 5.1). Während es im Extraktivismus und Neoextraktivismus eine Reduktion auf den Reichtum unterirdischer Ressourcen gibt, orientiert sich der Postextraktivismus an den überirdischen regenerativen Ressourcen wie Wasser, Boden und systemische Naturverständnissen. Entwicklung wird im Extraktivismus als die Inwertsetzung unterirdischer Ressourcen verstanden, die im Sinne des Neoliberalismus den Geldfluss erhöht und durch den *trickling-down* effekt den technischen Fortschritt und das Wirtschaftswachstum anhebe. Im Neoextraktivismus wird den Ressourcen eine Anschubfinanzierungsfunktion zugeschrieben. Eine stärker durch den Staat kontrollierte Ausbeutung werde die zukünftige Diversifizierung der Einkommen ermöglichen. Im Postextraktivismus hingegen ist Entwicklung angelehnt an das Konzept des *sumaq kausay,* das auf einer anderen Weltanschauung beruht und Entwicklung nicht an technischem Fortschritt orientiert, sondern an einer langfristigen Harmonie zwischen Mensch und Umwelt.

Gold wird von allen Akteuren als besonders relevante Ressource bzw. Rohstoff thematisiert. Aufgrund seines fehlenden praktischen Nutzens und seines hohen monetären Wertes kann es als Indikator verstanden werden, an dem sich die Entwicklungsverständnisse zeigen, da es zum einen durch internationale Akteure im extraktivistischen Sinne gefördert werden kann, zum anderen die fehlende staatliche Kontrolle aus neoextraktivistischer Sicht zum Fortbestand der illegalen Förderung beiträgt und aus postextraktivstischer Perspektive die Förderung keinen Stellenwert hat, wenn es andere Ressourcen in Mitleidenschaft zieht. An Gold zeigt sich die Diskrepanz zwischen dem ökonomischen, kurzfristigen Nutzen für einige Wenige und den kollektiv getragenen Umweltkosten besonders deutlich. Im Gegensatz zu anderen Rohstoffen ist es in beiden Ländern zu finden und wird durch verschiedene Akteure bereits gefördert, bzw. soll gefördert werden. Somit wird dessen Förderung oder Nicht-Förderung zum Symbol für ein bestimmtes Natur- und Entwicklungsverständnis. Aufgrund der exklusiven Landnutzung, die mit der Goldförderung einhergeht, ist an Gold besonders sichtbar, dass andere Entwicklungs- und Naturverständnisse unterdrückt werden müssen. Die Diskussion um Ressourcen geht somit immer mit der Frage einher, wer Ressourcenreichtum definiert und diese Nutzung durchsetzen kann. Gleichzeitig wird dadurch die Naturnutzung im Sinne der Politischen Ökologie zu einem Symbol für Machtverhältnisse (BRAD 2019: 22–29). Die Denkweisen können auch den Ressourcenfluch- und –segen-Paradigmen zugeordnet werden, jedoch greift dieses Verständnis erst, wenn eine bestimmte Ressource von einer mächtigen Gruppe als solche deklariert wird. Werden unterirdische Ressourcen als solche definiert, so sind sie aus der Perspektive des Extraktivismus ein Segen, aus der Perspektive des Neoextraktivismus bis jetzt „verschwendet" worden und im Postextraktivismus werden sie zur Versuchung bzw. zum Fluch.

Tabelle 5.1 Neo-, Post- und klassischer Extraktivismus in Bezug auf Frieden und Konflikt

Extraktivismus	Ressourcenverständnis	Nicht-regenerative Ressourcen (Gold, Kohle, Erdöl)
	Ressourcen und Entwicklung	Förderung nicht-regenerativer Ressourcen bringt Kapital ins Land, neoliberale Vorstellung mit *trickling-down* Effekt
	Ressourcen und bewaffneter Konflikt	Bewaffneter Konflikt hat Investment verhindert
	Ressourcen und Frieden	Internationales Investment im Bergbausektor bringt Arbeitsplätze und Steuern
	Paradigmen	Ressourcensegen, „Bettler auf dem Sack voll Gold", *Greedy Rebel These*, neoliberale Entwicklungsvorstellung, geodeterministische Argumentation
	Normativer Umgang	Ressourcenausbeutungsimperativ
Neoextraktivismus	Ressourcenverständnis	*high value natural resources*
	Ressourcen und Entwicklung	Ressourcen bringen Kapital, das zur Finanzierung des Staatshaushaltes notwendig ist, aber verstärkte Kontrolle durch den Staat, geplante langfristige Entkopplung von ressourcenbasierter Entwicklung
	Ressourcen und Konflikt	Durch bewaffneten Konflikt starke illegale Ausbeutung, zukünftige sozio-ökologische Konflikte zu erwarten
	Ressourcen und Frieden	Förderung nicht regenerativer Ressourcen zur Finanzierung eines stabilen Friedens notwendig
	Paradigmen	„Ressourcenverschwendung"
	Normativer Umgang	Kontrollierte Ressourcenausbeutung, langsame Abkehr von einem ressourcenbasierten Entwicklungsmodells

(Fortsetzung)

Tabelle 5.1 (Fortsetzung)

Postextraktivismus	Ressourcenverständnis	Regenerative Ressourcen (Wasser, Land, Wald, Boden)
	Ressourcen und Entwicklung	Regenerative Ressourcen sind die Grundlage einer langfristigen, nachhaltigen Entwicklung; nicht regenerativen Ressourcen wird keine oder kaum eine Bedeutung beigemessen
	Ressourcen und Konflikt	Konflikte um Ressourcen sind Definitionskonflikte im Sinne der Territorialkonflikte, bewaffneter Konflikt führt zu D*efault Conservation*
	Ressourcen und Frieden	Umweltdegradation und -konflikte durch fehlende bewaffnete Gruppen (*Waldschützer-These*), dem Friedensvertrag wird vorgeworfen, extraktivistische Logik ausweiten zu wollen, gleichzeitig mehr Mitsprache möglich
	Paradigmen	Extraktivismus als Teil kolonialen Handelns, Ressourcenversuchung, Ressourcenfluch als Entscheidung
	Normativer Umgang	Nutzung regenerativer Ressourcen, Nichtnutzung nicht-regenerativer Ressourcen

Quelle: Eigener Entwurf

Gold-Fluch in Peru und Kolumbien? 6

„dicen que el oro es maldito"[1]

AFROKOLUMBIANISCHER REISBAUER (C 23_23)

Wie im vorhergehenden Kapitel erläutert, eignet sich Gold in besonderer Weise zu Untersuchung des Einflusses von Ressourcen auf Entwicklung und Konflikt, da es in besonderem Maße bei unterschiedlicher Abbauweise Konfliktmuster bedingt und Entwicklungsparadigmen symbolisiert. Anders als andere Ressourcen lassen sich anhand des bis heute hohen zugeschriebenen Wertes die angenommenen Zusammenhänge exemplarisch nachvollziehen. Es wird im Folgenden der Frage nachgegangen, ob in Peru und Kolumbien ein negativer Einfluss von Ressourcen in Bezug auf die Entwicklung oder die Verlängerung des Konflikts, auch bekannt als Ressourcenfluch (vgl. *Abschn.* 2.5.1), feststellbar ist. In den letzten Jahren wird Gold eine neue Prominenz als Konfliktmineralie eingeräumt, wie das Wirtschaftsmagazin *Forbes* schreibt: *„Forget diamonds, the new commodity is gold"* (FORBES 16.1.2020). Es sei explizit darauf verwiesen, wie in *Abschnitt* 2.3.2 erläutert, dass Ressourcenreichtum nicht mit Goldreichtum gleichgesetzt wird.

Gold ist nach den **Klassifikationen** (vgl. *Abschn.* 2.3.1) ein unterirdischer, abiotischer, jedoch recyclingfähiger Rohstoff. Als Ressource weist Gold folgende Eigenschaften auf: es ist plünderbar (*lootable*), legal und illegal förderbar, hochpreisig und sowohl machterhaltend als auch ein Symbol für die Machtdurchsetzung bestimmter Gruppen. Jedoch hat die Ressource Gold neben dem

---

[1] "man sagt, das Gold sei verflucht"

praktischen Nutzen einen emotionalen Wert, der ihr von vielen Seiten zugeschrieben wird. Des Weiteren werden bei der Förderung größere Mengen geoökologischer Ressourcen wie Boden, Wasser und Wald zerstört. Anders als andere Rohstoffe, hat Gold über kulturelle und zeitliche Grenzen hinweg seine Bedeutung als Ressource nicht verloren. Als Gründe für den konstant hohen **Wert** nennt DE SOUSA (2013: 117–118) die geringe Konzentration (1-10g/Tonne Erde), die chemischen (fehlende Korrosion) und physikalischen Eigenschaften (Dichte). Die Summe dieser Charakteristika machte es zu einem Nutzmaterial in vielen Kulturen. Jedoch kam insbesondere in Münzkulturen Gold ein besonderer Wert zu, da sich schwerlich fälschbare Münzen herstellen ließen.

Das Argument, dass der hohe Preis des Goldes heute Resultat der Seltenheit sei, ist zu widerlegen, da Gold in geringer Konzentration, aber in relativ gleichmäßiger Verteilung über alle Kontinente vorhanden ist (MILDNER 2011: 133). Vielmehr bringt die geringe Konzentration den langsamen Zuwachs der verfügbaren Menge mit sich (derzeitige geschätzte Gesamtgoldmenge: 197 575,7 Tonnen (GOLD.DE 2020b)) wodurch, in Kombination mit der fehlenden Korrosion, der Werterhalt gewährleistet ist (DE SOUSA 2013: 118). Neben den physischen Eigenschaften des Goldes wird der hohe Preis vor allem durch die konstante Nachfrage, die von **emotionalen Bedeutungszuschreibungen** bestimmt ist, geprägt. Gold ist seit langem Symbol für Sicherheit und Beständigkeit und repräsentiert materiellen Besitz (z. B. Vermögen) und Wert füreinander (z. B. in Eheringen). Gerade in Zeiten globaler Unsicherheit wird diese emotionale Bedeutung sichtbar: Der Goldwert passt sich ökonomischen Krisenzeiten antizyklisch an, da es als konstanter Wert gilt. Besonders deutlich wird dies am Anstieg des Goldpreises nach den Anschlägen im Jahr 2001 oder der Finanzkrise 2008, als der Wert exponentiell von 279,11 auf 1 668,98 US-Dollar/Feinunze im Jahr 2012 anstieg (STATISTA RESEARCH DEPARTMENT 2020). Auch zu Beginn der Corona-Krise stieg der Goldpreis auf ein neues Rekordhoch an.

Geologisch zählt Gold aufgrund seiner fehlenden Oxidation zu den Edelmetallen (MILDER u. LAUSTER 2011: 134). Goldvorkommen lassen sich in Primärlagerstätten, d. h. in Quarzadern (spanisch: *de filón*) oder in geringerer Konzentration in dispersen Verteilungen in Bergkuppen oder in Sekundärlagerstätten, d. h. in Flüssen (spanisch: *aluvial*), einteilen (GARCÍA JEROME 1978: 12).

Jährlich werden weltweit ca. 3 300 t/Jahr Gold gefördert; zu den größten **Produkteuren** gehören derzeit die Länder China, Australien, Russland, USA, Kanada und Südafrika (*Tab.* 6.1). Die größten Lagerstätten befinden sich laut Angaben des *World Gold Council* in den USA, Russland, Indonesien und Südafrika. Jedoch lassen sich, bedingt durch die geringe Konzentration von Gold in Gesteinen, keine gesicherten Aussagen über die real vorhandene Goldmenge treffen. Entgegen gängiger Meinung, gibt es in Europa ebenfalls bedeutende Goldvorkommen – in Zeiten des Goldpreispeaks und ökonomischer Krisen wurde in den östlichen und südlichen europäischen Ländern wie Spanien, Griechenland oder Rumänien die Inbetriebnahme von Goldminen zur Schaffung von Arbeitsplätzen und Steuereinnahmen diskutiert (FOCUS 2012). Jedoch wurden Goldminen in Westeuropa, wie im französischen *Salsigne*, aufgrund von Umweltfolgen und nicht wegen erschöpfter Vorräte geschlossen (MULTINATIONALS OBSERVATORY 2015).

Die größten **Goldimporteure** waren 2014 Indien (933 t), China (811 t), die USA (194 t) und Deutschland (159 t) (ORO 2014). Genutzt wird Gold heute v. a. für Schmuck (51 %), als Geldanlage (31 %) und in der Medizintechnik und Technologie (12 %) (GOLDFACTS.ORG 2020). Zwar machen es die nichtoxidierenden Eigenschaften zu einem wichtigen Rohstoff für Elektrogeräte, aber der hohe Preis hemmt die Nutzung für praktische Anwendungen.

Ob und wie **Goldförderung** stattfindet, wird durch die Art der Lagerstätten, den Grad der Technisierung, bestehende juristische Voraussetzungen und die Durchsetzung von Umweltstandards bestimmt (GIATOC 2016) (*Tab.* 6.2). Die Förderung von Gold findet aufgrund der geringen Goldmenge pro Tonne Erde entweder über mechanische Separierung oder chemische Verfahren, d. h. durch den Einsatz von Quecksilber oder Cyanid, statt. Die einfachste Förderung, die mit dem geringsten ökologischen Eingriff verbunden ist, stellt das handwerkliche Waschen aus Goldseifen in Flüssen dar, was seit mehreren tausend Jahren praktiziert wird (*Abb.* 6.1). Das Fördern aus unterirdischen Minen ist eine weitere handwerkliche Technik, die lange Tradition hat, für die jedoch der Einsatz lösender Chemikalien notwendig ist, um an das Gold zu gelangen (*Abb.* 6.2). Zur Förderung größerer Geldmengen werden seit ca. 150 Jahren teiltechnisierte Verfahren eingesetzt. Bei Quarzadern werden dazu Schlagbohrer genutzt und anschließend geröllzerkleinernde Maschinen, um dann das Gold mithilfe chemikalischer Verfahren zu separieren (*Abb.* 6.1). Für den Abbau aus Flüssen wird der Flussschlamm seit den 1920er Jahren mit Maschinen angesaugt, genannt *dredging* und manuell oder teilmanuell mit Hilfe chemischer Verfahren separiert (*Abb.* 6.2). Seit den 1990er Jahren sind auch Reserven mit einer relativ geringen Konzentration im Tagebau förderbar. Dieses sogenannte *Mountain Top Removal* beinhaltet das Abtragen von Bergkuppen, in denen die Goldkonzentration am höchsten ist (*Abb.* 6.4).

Mit fortschreitendem Grad der Technisierung ist die abnehmende Goldmenge im Gestein förderbar, jedoch müssen zunehmende **ökologische Auswirkungen** in Kauf genommen werden (GARCÍA JACOME 1978). Nach Expertenaussagen wird pro gefördertem Gramm Gold ca. 1 Tonne Erde umgesetzt, 1 000 Liter

Tabelle 6.1 Größte goldproduzierende Länder 1970–2017 (ausgewählte Jahre). (Quelle: Eigene Berechnungen nach USGS (2018))

	1970		1975		1980		1985		1996	
1	Südafrika	67 %	Südafrika	58 %	Südafrika	44 %	Südafrika	44 %	Südafrika	22 %
2	US-DollarSr	13 %	US-DollarSr	16 %	Kanada	3 %	Kanada	6 %	USA	14 %
3	Kanada	5 %	Kanada	6 %	USA	2 %	USA	5 %	Australien	13 %
4	USA	4 %	USA	4 %	Brasilien	3 %	Brasilien	5 %	China	6 %
5	Australien	1 %	Australien	2 %	Australien	1 %	China	4 %	Russland	5 %
6							Australien	4 %	Usbekistan	3 %
7							Papua Neuguinea	2 %	Brasilien	3 %
8							Philippinen	2 %		
9							**Kolumbien**	2 %		
10										
	2000		**2005**		**2009**		**2016**		**2017**	
1	Südafrika	17 %	Südafrika	12 %	China	12 %	China	15 %	China	14 %
2	USA	13 %	Australien	12 %	Australien	9 %	Australien	9 %	Australien	10 %
3	Australien	12 %	USA	12 %	USA	8 %	Russland	8 %	Russland	8 %
4	China	6 %	China	10 %	Südafrika	8 %	USA	7 %	USA	8 %
5	**Peru**	7 %	Russland	9 %	Russland	8 %	Kanada	5 %	Kanada	6 %
6	Indonesien	6 %	**Peru**	7 %	**Peru**	7 %	**Peru**	5 %	**Peru**	5 %
7	Russland	5 %	Indonesien	7 %	Kanada	4 %	Südafrika	5 %	Südafrika	5 %
8			Kanada	5 %	Indonesien	3 %	Mexiko	4 %	Mexiko	3 %

(Fortsetzung)

Tabelle 6.1 (Fortsetzung)

	1970	1975		1980		1985		1996	
9		Papua Neuguinea	3 %	Ghana	3 %	Uzbekistan	3 %	Uzbekistan	3 %
10		Ghana	3 %	Uzbekistan	3 %	Brasilien	3 %	Brasilien	3 %

Tabelle 6.2 Goldfördertechniken nach Lagerstätte. (*Quelle: Eigener Entwurf*)

Fördertechnik				
maschinell (seit ca. 100 Jahren praktiziert)	Umwälzen des Flussbetts mithilfe von Baggern und Bulldozern oder Flussbaggern, anschließende Trennung durch Quecksilber (chemische Separierung) (*Abb.* 6.3)	Abbau in modernen unterirdischen Stollen mit kontrollierter Amalgamierung (chemische Separierung)	Abtragen der Gesteinsschichten über Tage, v. a. in Bergen (*Mountain Top Removal*), kontrollierte Amalgamierung (chemische Separierug) (*Abb.* 6.4)	
teiltechnisiert (seit ca. 150 Jahren praktiziert)	Ansaugen des Sediments (*dredging*) (chemische Separierung)	Abbau mit Schlagbohrern (chemische Separierung mit Quecksilber oder Cyanid) (*Abb.* 6.2)	--	
handwerklich (seit min. 3000 Jahren praktiziert)	Goldwaschen (mechanische Separierung) (*Abb.* 6.1)	Einfaches Werkzeug	--	
	in Flüssen (alluvial)	**in Goldadern**	**dispers**	
Art der Lagerstätte				

Wasser (HERNÁNDEZ REYES 2013: 50) benutzt und die 1 bis 7 Mal geförderte Menge an Quecksilber oder Cyanid gebraucht (L 04, C 10). Die Chemikalien werden zur Amalgamierung eingesetzt, d. h. um die gering vorkommende Goldmenge aus dem Erz zu binden. Goldabbau bleibt somit, auch in seiner technischen Ausführung, in Bezug auf die ökologischen Folgen ein risikoreiches Unterfangen, das fast immer mit langfristigen Beeinträchtigungen der geoökologischen Ressourcen und somit Lebensqualität der umliegenden Dörfer einhergeht (FELIX- HENNINGSEN et al. 2011, HAMILTON 2018a).

Im unterirdischen Kleinbergbau wird Quecksilber genutzt, um das Gold aus den geförderten Erzen zu binden. Obwohl Quecksilber verfliegt und sich schlecht

Abbildung 6.1 Goldwaschen in Flüssen. (*Quelle: Eigene Aufnahme (Buenos Aires, Cauca, Kolumbien: Januar 2018)*)

Abbildung 6.2 Teiltechnisierte Förderung in Stollen. (*Quelle: Eigene Aufnahme (Buenos Aires, Cauca, Kolumbien: Januar 2018)*)

Abbildung 6.3 Maschinelle Goldförderung aus Flüssen. (*Quelle: Eigene Aufnahme (Mercaderes, Cauca, Kolumbien: Januar 2018)*)

Abbildung 6.4 Mountain Top Removal. (*Quelle: Nueva Minería (2013) (Cajamarca, Peru)*)

im Boden nachweisen lässt, hat es toxische Wirkung auf die verarbeitenden Personen und durch die äolische Verteilung auch auf das Umland. Im Falle der Großanlagen werden Cyanidanlagen genutzt, die zwar einen geschlossenen Kreislauf bilden, jedoch kommt es durch Starkregenereignisse zu Lecks, die negative Auswirkungen auf das Ökosystem, insbesondere das Wasser, haben (PIETH 2019: 69). Im Fall der Tagebaue in den Anden ist dies besonders relevant, da sich diffus vorkommendes Gold meist auf Bergkuppen befindet, die auch als Hochmoore eine herausragende Bedeutung für die gesamte Wasserversorgung der Region haben (CUADROS FALLA 2013: 209-210). Da die ökologischen Folgekosten in den Produktionskosten nicht geltend gemacht werden können, leiden vor allem die lokalen Gemeinden unter den ökologischen Auswirkungen.

Entgegen der Annahme, dass Gold dort gefördert würde, wo es vorhanden ist, wie der Gold-Fluch postuliert, stellt sich vielmehr die Frage, wann wer ein Interesse daran hat, dass Gold in einer Region gefördert wird und die ökologischen Folgekosten in Kauf zu nehmen sind. Die diskursive Untersuchung des Schlagworts "Gold" in deutschsprachigen geographischen Aufsätzen, zeigt, dass Goldförderung eine zeitlich variable Größe ist (*Abb.* 6.5) Entgegen der Tatsache, dass Gold fast auf der ganzen Welt verfügbar ist, wird es mit bestimmten Förderregionen wie z. B. Südafrika oder Nordamerika assoziiert. Jedoch ändert sich die Vorstellung davon, wo Gold zu finden sei, wie in der Grafik ersichtlich, wurden bis 2015 Untersuchungen zu Gold über alle Kontinente untersucht und erst ab dann Lateinamerika als Ort, an dem überproportional viel Gold vorhanden ist, beforscht. Daraus lässt sich schließen, dass die Untersuchung der Rahmenbedingungen essentiell sind um herauszufinden, ob ein Gold-Fluch in den Untersuchungsländern vorliegt. Dazu soll anhand der historischen Goldproduktion untersucht werden, welche Determinanten die Förderung und die assoziierten Konsequenzen bedingen.

6.1 Die historische Bedeutung des Goldes in Peru und Kolumbien

Wie im vorherigen Kapitel ersichtlich, avancierten die Länder Lateinamerikas zu den meist untersuchtesten in Bezug auf ihre Goldförderung. Da Peru der 5. größte Goldexporteur der Welt ist und Kolumbien auf Platz 17 liegt, wird häufig davon ausgegangen, dass Peru über größere Goldreserven verfügt. Historische Funde weisen jedoch darauf hin, dass auch in Kolumbien große, wenn nicht größere, Goldreserven vorhanden sind. Im Folgenden soll anhand historischer, ökonomischer, außenwirtschaftlicher, die politisch-juristischer und die soziale Bedeutung

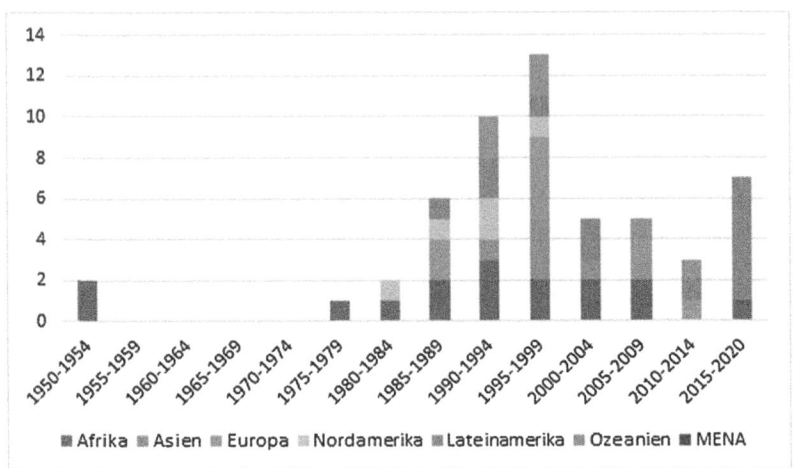

Abbildung 6.5 Gold als Forschungsthema in geographischen Fachzeitschriften nach Untersuchungszeitpunkt und Weltgegend. *(Quelle: Eigener Entwurf nach Untersuchung der Datenbank "Geodok")*
zur Methode: Es wurden alle Ergebnisse zum Schlagwort "Gold" gesucht aber nur die verwandt, die sich auf das Edelmetall bezogen und nicht auf Gold als Synonym für Reichtum (z.B. "grünes Gold")

des Goldreichtums vor, während und nach Ende des Bürgerkrieges untersucht werden. Im Sinne des postkolonialen Forschungsanspruchs, ist es dabei von besonderer Wichtigkeit auf die historische Bedeutung des Goldes zu achten und die sich ändernden Machtverhältnisse zu beleuchten.

Um den Zusammenhang zwischen Gold, Entwicklung und Konflikt für die genannten Beispielländer zu verstehen, wird zunächst die historische Bedeutung des Goldabbaus in Peru und Kolumbien vergleichend analysiert. Um die Rolle von Gold für die spezielle Situation des Übergangs zu einer Postbürgerkriegsgesellschaft in Peru und Kolumbien nachvollziehen zu können, ist neben den räumlichen Unterschieden die zeitliche Komponente zu betrachten. Hierfür werden Parameter für Peru und Kolumbien in Bezug auf die Ressource Gold zum Zeitpunkt des Endes des bewaffneten Konflikts miteinander verglichen und die Daten der aktuellen Tendenzen aus dem peruanischen Beispiel herangezogen.

6.1.1 Präkoloniale Zeit

Im präkolonialen Südamerika wurde Gold in verschiedenen Kulturen wahrscheinlich ab 2000 v. Chr. aus Seifen gewonnen (BEBBINGTON u. BURY 2013). Während es zahlreiche Hinweise darauf gibt, dass Gold ein spiritueller Wert in den präkolonialen Kulturen beigemessen wurde ist strittig, ob es in dieser Zeit bereits als Zahlungsmittel genutzt wurde. Wie PIETH (2019: 43) schreibt: *"mag [es] für uns heute schwer vorstellbar sein, aber Gold hatte keinen Wert als Währung für die indigenen lateinamerikanischen Völker, die es gewonnen hatten."* Auch GÜIZA SUÁREZ (2014: 102) und CUADROS FALLA (2013: 191) sind der Meinung, dass ihm nur sakrale aber keine ökonomische Bedeutung zugemessen wurde, BEBBINGTON u. BURY (2013: 34) gehen jedoch von der Nutzung als Zahlungsmitteln in den Hochkulturen Lateinamerikas aus.

Die Goldmuseen Bogotás und Limas sind Zeugen vielfältiger Objekte wie rituellen Gegenständen, Schmuckstücken und Behältnissen, die von unterschiedlichen Kulturen aus Gold gefertigt wurden (z. B. *Abb.* 6.6). Trotzdem gibt es keine Hinweise darauf, dass Gold Konfliktgegenstand zwischen den verschiedenen Ethnien gewesen wäre (ROTHEN et al. 2013: 6). Gründe hierfür sind zum einen in der relativen Häufigkeit zu finden, wichtiger scheint jedoch, dass keine der Kulturen Münzen als Tauschgegenstand benutzte und es somit keine Knappheit darum gab. Daher fehlte, im Gegensatz zu Europa, das bereits seit den Römern Goldmünzen nutze, die Konkurrenz um das seltene Metall (DE SOUSA 2013). Ge- und Verbote zur Goldnutzung machten es nicht zu einem Akkumulationsträger von Reichtum. Somit wird postuliert, dass Gold als Rohstoff bekannt war und als Ressource genutzt wurde, sich jedoch nicht zur Konfliktressource entwickelte, da keine der Parteien einen politischen oder ökonomischen Vorteil durch die Kontrolle von möglichst großen Mengen an Gold hatte.

6.1.2 Kolonialzeit

Mit dem Eintreffen der Europäer im heutigen Südamerika hatte eine von außerhalb kommende Gruppe ein besonderes politisches und ökonomisches Interesse an der Ressource Gold, welche für sie mit Macht und Reichtum verbunden war. Wie VITALE (1969: 72) schreibt, hatte die Entdeckung mit der Ausbeutung und Kommerzialisierung von Edelmetallen v. a. kapitalistische Motive. Für die Anfangszeit der Eroberung kam dem tatsächlichem und dem erdachten Goldreichtum eine besondere Rolle zu, wie aus den Briefen, die Christopher Kolumbus an die spanische Krone schrieb, hervorgeht. In den Briefen berichtete er von

Abbildung 6.6
Goldschmuck der
Quimbaya (Kolumbien), auf
die der Mythos des "El
Dorado" zurückführt.
(Quelle: zitiert nach
SCHNEIDER *(2015: 37))*

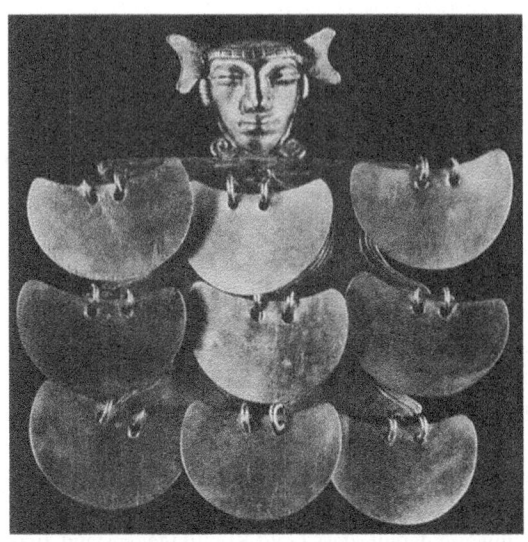

Abbildung 6.7
Konquistadoren empfangen
Gold von
Ursprungsbevölkerung.
(Quelle: MATTHAEUS
MERIAN *zitiert nach*
KLÜVER *(2015: 22))*

"unendlich viel Gold" (COLUMBUS 1964 [1946]: 115, Übers. d. Verf.) und benutzt insgesamt 250 Mal den Begriff „Gold" (*Tab.* 6.3). Dies motivierte die Vorstellungskraft seiner Financiers, den spanischen Machthabern, und ist als Hauptmotiv für die Eroberung des südamerikanischen Kontinents zu sehen. Die strategische Imagination des Christopher Kolumbus kann als Kalkül betrachtet werden, da dies ihm im Wissen um die Bedeutung des Goldes für das spanische Königshaus zukünftige Fahrten ermöglichen würden (BURY u. BEBBINGTON 2013: 31). Somit bekam die in *Abbildung* 6.7 dargestellte Übergabe des Goldes in den folgenden Jahren eine gewaltvolle Konnotation und Gold erlangte eine politische Dimension in Lateinamerika.

Tabelle 6.3 Nennung verschiedener Ressourcen in den Briefen Christopher Kolumbus an die spanische Krone. (Quelle: Eigene Zusammenstellung nach COLUMBUS (1964 [1946]))

Ressource	Nennungen
Gold	250
Perlen	15
Edelsteine	12
Silber	9

Aus dem Nutzmaterial Gold mit sakraler Bedeutung wurde in der Folgezeit eine Ressource, die nicht nur mit Macht und Anerkennung im Herkunftsland verbunden war, sondern durch die in Europa empfundene Knappheit zum Symbol von Reichtum wurde (ROTHEN et al. 2013: 5). Somit konzentrierten sich die spanischen Eroberer in der Folgezeit auf die möglichst schnelle Aneignung aller zugänglichen Goldschätze. Dazu gehörte zunächst die planlose und unter hohem Einsatz von Gewaltanwendung vollzogene Aneignung von rituellen Gegenständen aus Gold (VALENCIA LLANO 1996b: 41), sodass die Anfangsjahre gerechtfertigterweise als „*große Plünderung*" (REINHARD 2016: 339) bezeichnet werden können.

Gold war bis 1530 Hauptexportprodukt des heutigen Lateinamerikas, doch da die angesammelten Reichtümer der Indigenen bald erschöpft waren, gewann Silber nach der Entdeckung von Silberlagerstätten im heutigen Bolivien an Bedeutung (*Abb.* 6.8). Ab 1530 wird von der zweiten Phase der Edelstahlproduktion gesprochen, die durch eine systematischere Ausbeutung in Fronarbeit mithilfe der Ursprungsbevölkerung gekennzeichnet ist (VALENCIA LLANO 1996b: 41). Neben neuen Krankheiten und den Konsequenzen kriegerischer Ereignisse wird auch die Arbeit in den Minen, die mit der selektiven Beschäftigung von

Männern an entfernten Orten einherging, als Ursache der demographischen Krise Lateinamerikas betrachtet.

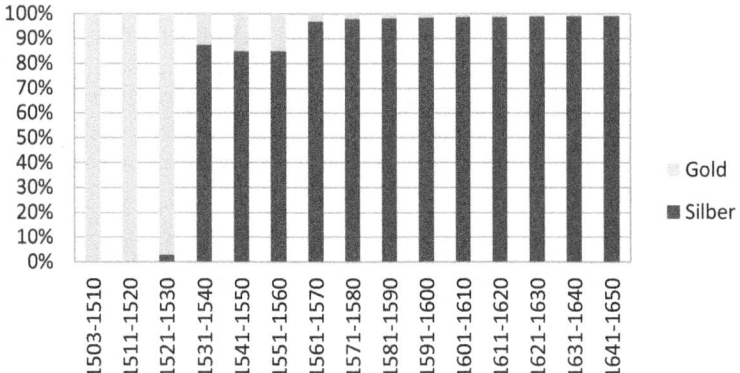

Abbildung 6.8 Verhältnis der Gold- und Silberproduktion in der 1503–1660. *(Quelle: Eigener Entwurf nach Daten von* HAMILTON *(1934)*

Die Gesamtgoldmenge, die zwischen 1503 und 1660 aus Lateinamerika verschifft wurde, wird nach historischen Dokumenten auf 118 Tonnen Gold datiert (HAMILTON 1934). REINHARD (1985: 108) geht aber von einem realen Volumen von 300 Tonnen und BEBBINGTON u. BURY (2013: 30) sogar von 1682 Tonnen Gold bis zum Jahr 1810 aus.

In Europa wurde das Gold meist eingeschmolzen und musste zu großen Teilen an die Finanzfamilien übergeben werden, welche die aus europäischer Perspektive als „Entdeckung" Südamerikas dargestellte Eroberung vorfinanziert hatten. Diesem Gold wird der Übertritt Europas in die Neuzeit und die damit verbundenen kulturellen Errungenschaften zugeschrieben (HAMILTON 1934). Zu beachten ist, dass es auf die Kolonialmacht Spanien und deren ökonomische Entwicklung einen negativen Einfluss hatte – sowohl in Bezug auf den Handel als auch für die Innovationsfähigkeit (ZELIK u. AZZELINI 2000: 44). Das erbeutete Gold begünstigte das Entstehen eines Rentenstaats und eine Art „holländische Krankheit" in Übersee (vgl. *Abschn.* 2.5.1.1). Des Weiteren führte die große Menge an hinzukommendem Gold zur Inflation des Goldwertes in Europa, wie ADAM SMITH in seinem Hauptwerk *„The Wealth of the Nations"* (SMITH 1776 zit. nach SMITH u. SUTHERLAND 1993 [1976]) vielfach betont und bewirkte dadurch das Ende der Ausbeutung geringerer Goldvorkommen an vielen Orten Europas wie z. B. dem Goldberg bei Korbach.

In Bezug auf das heutige **Kolumbien** wird berichtet, dass die Goldfunde die Motivation für die Ausweitung der Eroberung auf das lateinamerikanische Festland und das heutige Staatsgebiet Kolumbiens war (ROMERO 1996: 25). Zunächst wurden die reichhaltigen Goldfunde im heutigen *Departamento Antioquia* (Nordosten) bekannt, aber die Funde im heutigen *Cauca* wurden bald darauf entdeckt (s. *Karte 1*). Nach DÍAZ (1996: 53) waren die Goldfunde sowohl Hauptmotiv für die Gründung der Stadt *Popayán* durch SEBASTIÁN DE BELALCAZÁR im Jahre 1540, welche vor *Bogotá* die erste Landeshauptstadt war. Die Eroberung des heutigen Kolumbiens wurde mit der Imagination einer goldenen Stadt „*El Dorado*" geleitet, welche im Südosten Kolumbiens erdacht wurde (ROMERO 1996: 27). Indigene Gruppen nutzen die strategische Imagination, um die spanischen Entdecker von ihrem Territorium abzulenken und in andere Gegenden zu locken (SCHNEIDER 2015). Der spätere Rückgang der indigenen Bevölkerung resultierte in fehlender Arbeitskraft in den Minen und führte ab dem Ende des 16. Jahrhundert zur Erlaubnis des Papstes, afrikanische Sklaven einzuführen, um die Indigenen von der Minenarbeit zu entlasten (REINHARD 2016: 339, 356). Die Konsequenzen der großen Goldfunde waren in den Anfangsjahren, dass bei gleichzeitiger Abwesenheit von „europäischen" Lebensmitteln auch vor Ort Inflation. Insgesamt stammen 22 % des in Lateinamerika zwischen 1491 und 1810 geförderten Goldes aus Kolumbien (BEBBINGTON U. BURY 2013: 37).

Parallel zur Eroberung des heutigen Kolumbiens eroberte FRANZISCO PIZARRO **Peru** ab 1525 über den Seeweg. Auch hier bewirkte nach dem Ende der Plünderungen die Vorstellung eines sagenumwobenen mythischen Ortes aus Gold „*Paititi*" das Vordringen in entlegene Gegenden. Räumlich waren die ersten Spanier zunächst mit dem Goldreichtum des nördlichen Andenraums bei *Cajamarca* in Kontakt gekommen. Hier versuchte der Inkakönig ATAHUALPA 1533 nach seiner Gefangennahme vergeblich, sein Leben durch das Füllen eines ganzen Raumes mit Gold von dem Eroberer zu erkaufen. Der Goldschatz Atahualpas allein wird auf 6 000 kg geschätzt (CUADROS FALLA 2013: 191). Später setzten spanische Eroberer ihre Suche nach Gold im Südosten des Landes fort, wo sie das sagenumwobene „*Paititi*" vermuteten (MOSQUERA 2009: 11) und entdeckten weitere Goldschätze in der ehemaligen Inka-Hauptstadt *Cusco* und im heutigen *Puno* (s. *Karte 2*).

In Peru entstand während der Kolonialzeit eine Bergbauökonomie, die sich jedoch v. a. auf die Silber- und Quecksilberproduktion in den Zentralanden (*Cerro de Pasco* und *Huancavelica*) konzentrierte. Der peruanische Bergbau dieser Zeit basierte auf vielen dezentralisierten Kleinproduzenten, die im Gegensatz zu Kolumbien von *Indios*, *Mestizos* und *Cholos* der Anrainergebiete sowie von

Wanderarbeitern verrichtet wurde und nicht von afrikanischen Sklaven (LONG u. ROBERTS 2001: 59).

6.1.3 Zeit der Independencia

Als *Independencia* wird die Zeit nach der Unabhängigkeit der Länder Lateinamerikas von der Kolonialmacht Spaniens bezeichnet. Diese begann nach den Unabhängigkeitskriegen, die von SIMÓN BOLIVAR (1783-1830) angeführt wurden und endete mit der Gründung der heutigen Länder.

In **Kolumbien** nahm die Goldproduktion in den Jahren nach der Unabhängigkeit ab, obwohl das Wissen um die Förderstätten bekannt war, und geriet zum Ende des 17. Jahrhunderts in eine „Krise des Sklavenbergbaus" (BERRY 2015: 186, Übers. d. Verf.). Ursache sind vermutlich die durch Unabhängigkeit Kolumbiens resultierenden fehlenden Sklavenarbeiter. In der Folge weitete sich die Ressourcenextraktion auf andere Ressourcen wie Zuckerrohr aus.

Laut Angaben des kolumbianischen Begründers der Geographie AGUSTÍN CODAZZI gab es 1855 viele goldführende Flüsse mit sichtbaren Goldnuggets, welche aber nicht gefördert wurden (CODAZZI 1855:91). In *Santander de Quilichao* im Norden des *Cauca* arbeiteten laut seinen Aufzeichnungen schon 1789 „einige Tausend Schwarze in den Minen", jedoch seien die meisten *"aufgrund fehlender Arbeitskräfte verlassen oder in der Hand von Männern ohne Unternehmertum"* (CODAZZI 1855: 287, Übers. d. Verf.). Auch der Gehilfe Alexander von Humboldts JEAN-BAPTISTE BOUSSINGAULT erwähnte Goldseifen und Goldminen, die 1825 vor allem in *Antioquia* gefördert wurden (BOUSSINGAULT 1825: 269 in KNOBLOCH 2015).

Ab Ende des 19. Jahrhunderts stieg die Bedeutung des Goldes wieder an und Kolumbien wurde zum größten Goldproduzenten der Welt (DIETZ u. ENGELS 2017: 365). Das Gebiet des heutigen *Cauca* war von besonderer Bedeutung, da es in dieser Zeit 40 bis 90 % der national registrierten Jahresproduktionsmenge förderte (VALENCIA LLANO 1996: 128a).

Auch in **Peru** bleibt der Bergbau während der *Independencia* ein dominanter Wirtschaftssektor mit besonderer politischer Förderung (CUADROS FALLA 2013: 192). Der peruanische Bergbau konzentriert sich jedoch auf die Silber- und Quecksilberproduktion – es finden sich kaum Hinweise auf Goldförderung in dieser Zeit. Nach BURY u. BEBBINGTON (2013: 37) stammten nur ca. 3 % des zwischen 1491 und 1810 geförderten lateinamerikanischen Goldes aus Peru. Über die Gründe lässt sich nur spekulieren. Möglicherweise ist dies der Art der Lagerstätten geschuldet oder der insgesamt geringeren Goldkonzentration.

6.1.4 Im 20. Jahrhundert

Wie Ökonomiebücher der 1960er Jahre belegen, produzierten *"Colombia and a number of other countries (...) some gold, but the region produces only about 5 percent of the world total"* (BENHAM 1961: 42), wodurch die geringe gesamtgesellschaftliche Bedeutung Lateinamerikas als Goldproduzenten in dieser Zeit deutlich wird.

In **Kolumbien** nahm Anfang des 20. Jahrhunderts die Goldproduktion erst aufgrund der kriegerischen Auseinandersetzungen des sogenannten Tausend-Tage-Krieges (1899-1902) und der daraus resultierenden Abwanderung der Bergleute ab (VALENCIA LLANO 1996: 128a). Danach erholte sich die kolumbianische Wirtschaft von den Kriegswirren und es kontrollierten, im Sinne des liberalistischen Gedankenguts des *desarrollo para afuera* (vgl. Abschn. 2.2), internationale Investoren den Goldabbau. 1910 förderten 35 internationale Investoren kolumbianisches Gold, was in dieser Zeit 10 % der kolumbianischen Exporte ausmachte (DARÍO URIBE et al. 2013: 10). Anfang der 1930er Jahre stieg die Goldproduktion aufgrund des hohen Goldpreises – ein Resultat der Weltwirtschaftskrise – und 1937 avancierte Kolumbien zum größter Goldproduzent Lateinamerikas (HERNANDEZ REYES 2013: 35), wodurch die gesamtwirtschaftliche Bedeutung auf 25 % aller Exporteinnahmen stieg.

Ab den 1950er Jahren sank die Bedeutung der Goldproduktion im Zuge des *desarrollo por adentro* (vgl. Abschn. 2.2), welches ein Resultat der durch die Militärjunta eingeleiteten protektionistischen Gesetze war. Da Gold auf nationaler Ebene kaum nachgefragt und zuvor vor allem von internationalen Investoren gefördert wurde, reduzierte sich die Gesamtgoldmenge von 19,4 (1941) auf 5,8 Tonnen (1971) (URIBE 2013: 37).

Erst die Entkopplung des US-Dollars vom Gold in den 1970er Jahren hatte einen erneuten Anstieg des Goldpreises und damit auch der geförderten Goldmenge in Kolumbien zur Folge (*Abb. 6.9*). Aufgrund der protektionistischen Gesetzgebungen waren es aber nun v. a. kleine und mittlere Produzenten (1980: 86, 2 %), die den Goldmarkt bestritten, womit der Anteil des BIP aus Gold nun lediglich bei 5 % lag (URIBE 2013: 40). In den 1980er Jahren entwickelte sich die Goldproduktion parallel zum steigenden Goldpreis und Kolumbien wurde erneut zum größten Goldexporteur Südamerikas und gehörte damit 1985 zu den zehn größten Goldexporteuren der Welt.

Auch in **Peru** begann laut CONTRERAS (2009) das 20. Jahrhundert unter den liberalen Prämissen, dass internationale Investoren die Produktivität des Landes im Sinne des *desarrollo por afuera* voranbringen würden. Die staatliche Subvention von technischen Geräten sowie der Bau von Eisenbahnen hatte die Modernisierung des Kupfer- und Silberbergbaus sowie das Entstehen neuer Minen in den Zentralanden zur Folge (CUADRAS FALLA 2013: 192). Jedoch findet sich in dieser Zeit kein Hinweis auf Goldbergbau und die absolute Fördermenge stagnierte bei ca. 10 Tonnen pro Jahr, welche vornehmlich aus Nebenprodukten der Kupferminen stammten.

Um 1925 gab es einen ersten Anstieg der Goldproduktion, die mit der Beendigung des Kautschukbooms begründet wird. Zum Teil als Entwicklungsstrategie der Kolonialisierung des Amazonastieflandes, zum Teil aufgrund fehlender ökonomischer Alternativen ließen sich erste Siedler im *Departamento Madre de Dios* nieder und schürften dort Gold in den Flüssen (CUADRAS FALLA 2013: 201).

Während des *desarrollo por afuera* stellte der Bergbausektor zwischen 1930 und 1960 40 und 60 % der Gesamtexporte dar (CLV 2004: 197). Technische Neuerungen im Bergbausektor hatte die Verringerung der Anzahl der Bergleute zur Folge, aber kaum einen Einfluss auf die geförderte Goldmenge. Dies ist jedoch damit zu begründen, dass Gold in dieser Zeit vor allem Nebenprodukt von anderen Minen war und in geringer Menge von Kleinschürfern gefördert wurde.

Anders als in Kolumbien, behielt der Bergbau während der protektionistischen Haltung der Militärdiktatur JUAN VELASCO ALVARADOS (1969–1970) im Sinne des *desarrollo por adentro seine Bedeutung*. Teil dessen war die Wirtschaftsreform, welche die Enteignung aller Großgrundbesitzer vorsah (MERTINS 1996) und auch die Nationalisierung des Kupferbergbaus beinhaltete. Dies beeinflusste den Goldabbau aufgrund der Geringfügigkeit nur wenig (CONTRERAS 2009: 69). MONGE (2012: 81) spricht hier bereits von einem gescheiterten neoextraktivistischem Modell, da das Ziel der Umverteilung ohne Veränderung des Rentenmodells nicht erreicht werden konnte.

Nach dem Rückzug des Militärs 1979 sollte unter der zweiten Amtszeit FERNANDO BELAÚNDE (1980–1985) die Öffnung der Märkte durch das Anwerben internationaler Investitionen die Wirtschaft stabilisieren. Trotzdem veränderte diese wirtschaftspolitische Änderung kaum die formelle Goldproduktion. Jedoch bewirkte die Agrarreform und der bewaffneten Konflikts bei gleichzeitiger Hyperinflation von über 7000 % die Ausweitung des informellen Bergbaus insbesondere in der Region *Madre de Dios*, was durch einen leichten Anstieg sichtbar ist (MOSQUERA 2009: 61, *Abb.* 6.9).

6.1 Die historische Bedeutung des Goldes in Peru und Kolumbien 137

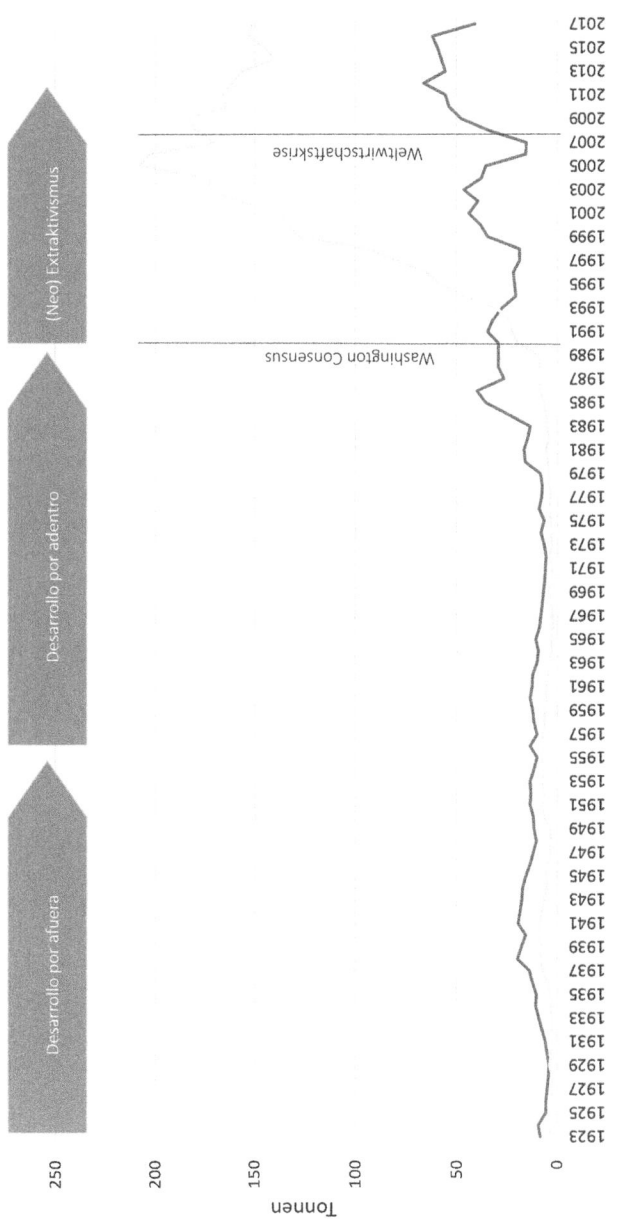

Abbildung 6.9 Goldproduktion in Peru und Kolumbien 1923–2017, ausgewählte politische Ereignisse und Verknüpfung zu Entwicklungsparadigmen. (*Quelle: Eigener Entwurf nach folgenden Daten: GARCÍA JAROME (1978: 23); MINISTERIO DE MINAS Y ENERGÍAS COLOMBIA (2014), MINISTERIO DE ENERGÍA Y MINAS PERÚ (1976), MINISTERIO DE ENERGÍA Y MINAS PERÚ (1989), INEI (2015), INEI (2013), GLAVE U. KURAMOTO (2002)) Zuordnung Entwicklungsparadigmen: COY et al.2017*

6.1.5 Nach dem Washington Consensus (1990)

Der sogenannte *Washington Consensus* (vgl. *Abschn.* 2.2.1) brachte in den Ländern Lateinamerikas ein neues Wirtschaftsparadigma hervor. Die neoliberalen Prämissen sollten zur Verringerung von Armut und Wirtschaftswachstum beitragen.

In **Kolumbien** zeigte die Neoliberalisierung im Gegensatz zu anderen Primärgütern wie Erdöl oder Steinkohle zunächst wenig Auswirkungen auf den Goldabbau (DUNNING u. WIRPSA 2008). Obwohl 1991 die unter dem Präsidenten CÉSAR GAVIRIÁN beschlossene Verfassung – eine Folge des Friedensvertrages mit den Guerillaorganisationen M-19, EPL und QL – eine Dezentralisierung und Entstaatlichung des Goldabbaus beinhaltete, wirkte sich dies nicht auf die Leitidee des Anwerbens von *fdi* im Goldsektor aus (ZERDA SARMIENTO 2017: 326) (s. *Abb.* 6.10). Unter den Folgepräsidenten ERNESTO SAMPER (1994-1998) und ANDRÉS PASTRANA (1998-2002) änderte sich das Goldfördervolumen nur geringfügig, obwohl bereits 1989 und 1991 der Schutz von Konzessionen und die Erleichterung der Investition im Bergbau ermöglicht worden war (TORRES 1995). Dennoch wurden während der Regierungszeit PASTRANAS wichtige institutionelle Änderungen vorgenommen, die den Goldsektor indirekt beeinflussten: Durch die mit der Unterschreibung des *Plan Colombia* einhergehende Zerstörung der Kokafelder wichen Schattenökonomien auf die Förderung illegalen Goldes aus, was sich am Anstieg der Goldproduktion erkennen lässt (RETTBERG 2015). Erst nach der institutionellen Neuerung der Bergbaugesetzgebung (*Nuevo Código Minero*) 2001 änderte sich der Fokus auf legale Goldförderung, indem sich die Zuständigkeiten des Staates grundlegend an die Ziele des *Washington Consensus* angepasst wurden (SAADE HAZIN 2017): Nun sollte er Sicherheit garantieren, um internationales Investment anzulocken. Dazu ging die Regierung ALVARO URIBES (2002-2008) mit der sogenannten "Politik der harten Hand" (*"política de mano dura"*) gegen die bewaffneten Gruppen vor. Der Abfall der Goldproduktion um 50 % zwischen 2006 und 2007 erklärt sich veränderten Steuern auf Gold, sodass davon auszugehen ist, dass die Produktion abnahm, aber v. a. verschiedene Mechanismen wie den Schmuggel oder das Deklarieren als Altgold die gesunkene Produktion erklären (HERNÁNDEZ REYES 2013: 66).

Unter der Regierung MANUEL SANTOS (2008–2016) wurde der Goldbergbau als Strategie für das Anwerben von *fdi* zur Priorität seiner Entwicklungsstrategie (RIAÑO 2017b: 54) (Abb.), was DIETZ u. ENGELS (2017: 366) als „*expansive Bergbaupolitik*" bezeichnen. Im nationalen Entwicklungsplan 2010–2014 (*Plan Nacional de Desarrollo*) wird der Bergbausektor als *Locomotora minera* (zu

Deutsch: Bergbaulokomotive), als eine der fünf „Wachstumslokomotiven" vorgestellt, der im Sinne des Extraktivismus zu Wohlstand und einer Abnahme der Armut führen sollte. Der Anstieg der geförderten Goldmenge ab 2009 (*Abb*. 6.10) ist somit durch die Wirtschaftpolitik der Regierung zu erklären.

Die ab 2014 rückläufige Goldproduktion ist v. a. auf die sinkenden Rohstoffpreise im Zuge des *post-super-cycles* (vgl. Abschn. 2.2.2.) zurückzuführen. Dennoch war Gold im Jahr 2015, nach Erdöl und Kohle, Hauptexportprodukt Kolumbiens und lag damit bereits vor dem traditionellen Exportprodukt Kaffee (MASSÉ 2016: 259). Die Neuausrichtung der kolumbianischen Wirtschaft auf den Goldsektor erklärt VERA (2017: 352) als Strategiewechsel, der durch das baldige Erschöpfen des Erdöls und der zukünftig abnehmenden Nachfrage nach Steinkohle begründet ist. Bei gleichbleibend extraktivistischem Wirtschaftsmodell suche Kolumbien neue Sektoren, welche sich unter einer ähnlichen Entwicklungslogik erschließen lassen.

In **Peru** fällt der offensichtliche Anstieg des Goldexports ab den 1990er Jahren mit der Präsidentschaft ALBERTO FUJIMORIS (1990–2000), dem Siegeszug des Kapitalismus sowie der Währungsstabilisierung durch die Neoliberalisierung zusammen (WIENER FRESCO 1996: 35) (*Abb*. 6.11). Die Leitidee war das Anwerben von *fdi* und die Ausrichtung der Wirtschaft am Exportsektor sowie den Rückzug des Staates aus privatwirtschaftlichen Belangen. Die neoliberalen Prämissen wurden zunächst im Bergbau getestet. Dafür wurde das Staatsmonopol auf Verhüttung und Abbaurecht aufgegeben, nationale Bergbauunternehmen privatisiert und gesetzliche Neuerungen zur Anwerbung internationalen Kapitals zur Gewinnung der Bodenschätze umgesetzt. Die vorher auf Importsubstitution ausgerichtete Wirtschaft wurde auf den *Washington Consensus* ausgerichtet, wozu u. a. auch die Privatisierung von insgesamt 200 Staatsunternehmen, allein aus dem Bergbausektor 29, gehörte, woraufhin das *fdi* um 100 % innerhalb eines Jahres anstieg (GURMENDI 1994: 675). Der *United States Geological Survey* resümiert: *„After the (…) Government succeeded in controlling the terrorist group (…) and stabilizing the country's economy, foreign investors viewed such efforts as a distinct sign of the real change that took place (…), making it an attractive open-market economy in Latin America."* (GURMENDI 1995: 1).

Den Annahmen dieses Wirtschaftsmodells folgend, ist der Ressourcenabbau ein Entwicklungsmotor, der nur funktionieren würde, wenn die Sicherheit im gesamten Staatsgebiet wiederhergestellt würde (SNMP 1991: 2). Es sei also die Hypothese aufgestellt, dass das verstärkte aggressive Vorgehen gegen den *PCP-SL* in den Jahren ab 1991 eng mit der Kontrolle über die ressourcenreichen Regionen zusammenhing (GURMENDI 1995: 1). In dieser Zeit wurde auch die erste Großmine Perus *Yanacocha* in Cajamarca eröffnet, zu deren Anteilseignern auch der *IWF* gehört. Somit lässt sich resümieren, dass in der Zeit nach der Beendigung des bewaffneten Konflikts die Weichen für die heutige Situation im Bergbau gestellt wurden. Die Öffnung der Märkte, die Deregulierung und die weitestgehende Nicht-Implementierung von Umweltstandards bestimmen die Bedeutung von Peru als Goldproduzent.

An der Goldproduktion Perus lässt sich das veränderte Wirtschaftsmodell erstmalig 1993 ablesen, als sie die Goldproduktion Kolumbiens überstieg (*Abb.* 6.11). 1990 begann der sprunghafte Anstieg der Goldproduktion auf das zehnfache der ursprünglichen Menge von 9,3 Tonnen/Jahr (1989) auf 128 Tonnen/Jahr (1999), wobei das größte Wachstum im Vergleich zum Vorjahr zwischen 1990 und 1994 stattfand. Insbesondere der Ausbau der Mine *Yanacocha* ab 1990 (*Cajamarca*) führte dazu, dass Peru seit dem Jahr 2000 zu den sechs größten Goldproduzenten der Welt gehört. Auch wenn die Produktion seit 2005 rückläufig ist, schwankt Peru je nach Quelle zwischen dem vierten und dem sechsten Platz der weltweiten Goldexporteure. Die Frage, warum die Goldfördermenge ab 2005 trotz des steigenden Goldpreises sinkt, gegründet der USGS mit der Abnahme der Goldmenge in den Hauptminen (USGS 2018).

Die Marktöffnung legte den Grundstein für das Wirtschaftsmodell der folgenden Jahre, das MONGE (2012: 81, Übers. d. Verf.) „*den modernen neoliberalen Extraktivismus peruanischer Ausprägung*" nennt und der durch geringe Umweltstandards, die Ausbeutung in Großminen und den Wettbewerb um *fdi* gekennzeichnet ist. Die wirtschaftspolitische Ausrichtung veränderte sich unter den nachfolgenden Präsidenten ALEJANDRO TOLEDO (2000-2005), ALAN GARCÍA (2. Amtszeit, 2006-2011), OLLANTA HUMALA (2011-2016), PABLO KUCZYNSKY (2016–2018) und MARTÍN VISCARRA (2018-2020)[2] nicht grundlegend.

Im **Vergleich** der beiden Länder lässt sich feststellen, dass sich der volatile Goldpreis in Bezug auf die Gesamtwirtschaftsleistung in der Fördermenge sowie der unterschiedlichen Zusammensetzung der Wirtschaft beider Staaten widerspiegelt. Der Anteil an Erzen und Mineralien am Gesamtexport Kolumbiens ist verschwindend gering (zwischen 0,5 und 2 %), während er in Peru durchgehend zwischen 40 und 60 % liegt. Jedoch ist auch in Kolumbien der Anteil an unverarbeiteten Primärgütern im Bereich des Exports seit 2007 gestiegen. Besondere ökonomische Bedeutung kommen der Kohle und dem Erdöl zu; so macht der Anteil des Bergbaus am BIP (2012) 10 % aus (Vera 2017: 339).

---

[2] Zum Zeitpunkt der Verfassung des Textes stand noch nicht fest, welcher der dauerhafte Folgepräsident sein würde und welche wirtschaftspolitische Ausrichtung dieser hätte.

Die Frage nach der Förderung bzw. Nicht-Förderung ist, wie *Abbildung* 6.10 *und* 6.11 zeigen, durch endogene Faktoren geprägt: Der Goldpreis bestimmt im Fall Kolumbiens seit 2007 die Zunahme des geförderten Goldes, was sich durch den hohen Anteil an informeller Förderung erklären lässt, die sich spontan an die Gegebenheiten des Marktes anpasst. In Peru hingegen ist die Entwicklung der geförderten Menge nicht primär durch den Goldpreis bestimmt, sondern eine politische Entscheidung in Folge des *Washington Consensus*. Im Falle Perus sinkt die absolute Fördermenge sogar bei steigendem Goldpreis. Somit lässt sich die Goldproduktion nicht durch den Goldpreis erklären.

6.2 Gold als Konfliktmineralie?

Im Kontext der Frage, ob Goldreichtum die Existenz aufständischer Gruppen bedinge oder Bürgerkriege verlängere (*Greedy-Rebel These,* vgl. *Abschn.* 2.5.2.1), ist aus geographischer Perspektive der räumliche Zusammenhang des Wirkungsgebiets der Rebellengruppen und der Goldvorkommen zu prüfen, um dann über die Nutzung der jeweiligen Gruppen bezüglich der *high value natural resources* Aussagen treffen zu können.

Die größten Goldfunde **Kolumbiens** liegen an der Pazifikküste (s. *Karte* 1). Aus der Karte wird ersichtlich, dass ein Großteil der goldreichen Regionen von der FARC kontrolliert waren. Bis in die 1980er Jahre wurden 82 % des Goldes in *Antioquia* gefördert und ca. 10 % im *Chocó* (GARCÍA JAROME 1978: 21). Ab dem Ende der 1990er Jahre diversifizierten sich die Goldabbauregionen und nur noch 50 % des Goldes stammten aus den genannten Provinzen (URIBE 2013). Laut eines Berichts des *United Nation Office on Drug and Crime* (UNODC) sind die größten Flussgoldproduzenten heute *Chocó, Antioquia, Nariño, Valle del Cauca* und *Cauca* (UNODC 2016). Somit lässt sich festhalten, dass sich die Goldproduktion hin zu Regionen mit anhaltenden Kämpfen verlagerte. Wie in *Abschnitt* 4.1 dargestellt, wurde in Kolumbien der illegale Goldabbau, insbesondere aus Flüssen in den letzten Jahren vor der Unterschreibung des Friedensvertrages zur Konfliktressource, da es zeitweise zur Hauptfinanzierungsquellen der FARC wurde. RETTBERG und ORTIZ-RÍOMALO (2016) verweisen auf Mechanismen, wie bewaffnete Gruppen Einkommen aus dem Bergbau generieren. Zum einen besteuern sie illegalen Grabungen, zum anderen werden Grabungen durchgeführt. Weiterhin zeigt *Karte* 1 die räumliche Verschiebung in Gebiete mit bereits bestehenden illegalen Ökonomien, was die Verbindungen zwischen den illegalen Ökonomien wie Bergbau und Kokaanbau bestätigt (UNODC 2016). Durch den Legalitätsstatus des Goldes eignet es sich für die Geldwäsche (HAMILTON 2018a)

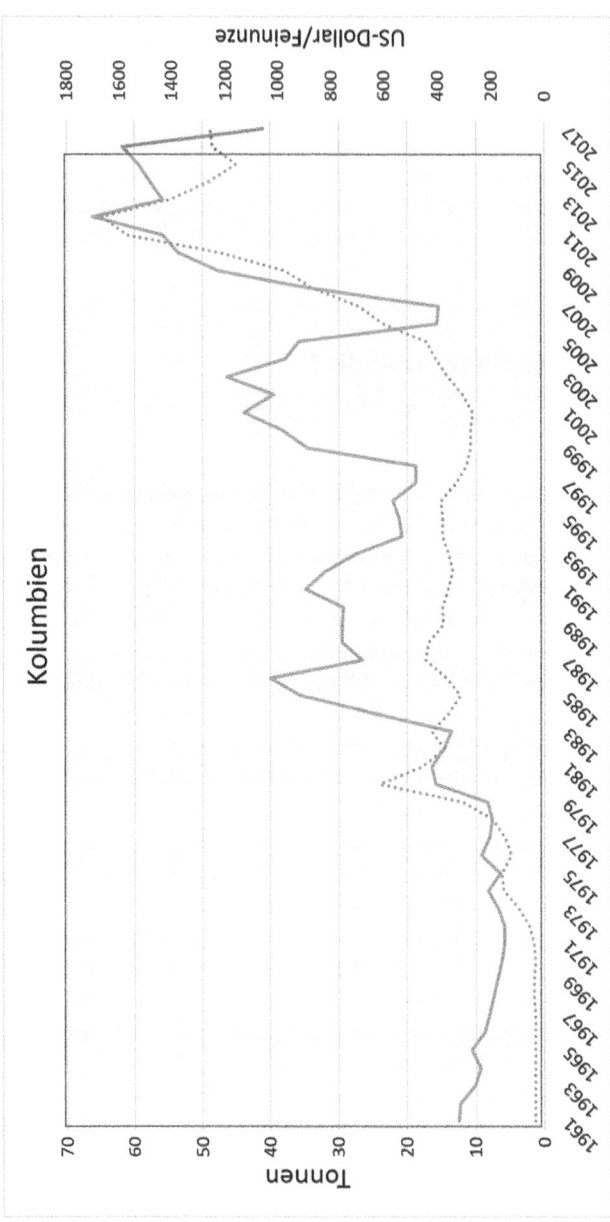

Abbildung 6.10 Goldförderung in Kolumbien im Hinblick auf den Goldpreis und den bewaffneten Konflikt. (Quelle: *Eigener Entwurf nach Daten des USGS (1994–2017) und* GOLD.DE *(2020a)*)

6.2 Gold als Konfliktmineralie?

Abbildung 6.11 Goldförderung in Peru im Hinblick auf den Goldpreis und den bewaffneten Konflikt. (*Quelle: Eigener Entwurf nach Daten des USGS (1994–2017) und GOLD.DE (2020a)*)

und dennoch bleibt die Frage, ob bewaffnete Gruppen Goldgrabungen forcieren oder ob illegaler Goldabbau dort entsteht, wo weder staatliche Einheiten noch andere lokale Kräfte diesen verhindern.

Gold steht auch auf anderer Weise in Verbindung mit dem bewaffneten Konflikt; z.b. gibt es Hinweise auf Massaker an der Zivilbevölkerung, die von internationalen Investoren beauftragt und von Paramilitärs durchgeführt wurden. Im bekanntesten Fall brannten 1988 paramilitärische Gruppen Dörfer nieder, in denen sich Anwohnende gegen die Arbeitsbedingungen der Mine gewehrt hatten (ZELIK u. AZZELINI 2000: 94). Somit ist das in Kolumbien vorhandene Gold nicht nur der Finanzierung bewaffneter Guerillagruppen dienlich, sondern wird auch Konfliktgegenstand, indem es Gegengewalt provoziert (*Abschn.* 7.1.7).

In **Peru** ist Gold v. a. in den Zentralanden, den Küstengebieten des Südostens und an den Grenzen zu Brasilien und Bolivien zu finden (s. *Karte* 2). Gleichzeitig agierte der PCP-SL aufgrund seiner dezentralen Ideologie v. a. in den Zentralanden, wo außerdem die längste Bergbautradition zu finden ist (CLV 2004: 200, LONG u. ROBERTS 2001: 180).

Trotz der räumlichen Überschneidung des Goldvorkommens und des Wirkungsgebiets des PCP-SL gibt es keine Hinweise darauf, dass Gold einen Einfluss auf den Beginn oder die Dauer des bewaffneten Konflikts hatte. Der Bergbau findet lediglich im Kontext von Sprengstoffraub durch Mitglieder des PCP-SL Erwähnung, welche diesen für Anschläge nutzten (CLV 2004: 198-201). Laut der Bergbau- und Erdölvertretung *Sociedad Nacional de Minería y Petroleo* (SNMP) (1991: 2) wurden bis 1991 304 Anschläge auf den Bergbausektor verübt, bei denen in 40 % der Überfälle Sprengstoff erbeutet wurde. Dem PCP-SL wird die Schuld an der Schließung vieler kleiner und mittlerer Minen in den 1980er Jahren gegeben (SNMP 1991: 14, CLV 2004: 15). Jedoch besteuerten im Gegensatz zur FARC die Mitglieder des PCP-SL keine Goldminen. Folgende Gründe könnten erklären, wieso in Peru Gold nicht zur Konfliktressource wurde:

- Der Goldpreis lag sehr viel niedriger; dies hatte zur Folge, dass legaler Goldbergbau auf die Förderung von Gold als Nebenprodukt beschränkt war und die Zahl der illegalen Schürfungen sehr viel niedriger ausfiel.
- Die unterschiedliche Organisationsstruktur der beiden Guerillas ist diesbezüglich zu betrachten: Während die FARC eine Volksarmee mit dauerhaften „Soldaten" war, gingen die Mitglieder des PCP-SL zum großen Teil alltäglichen Beschäftigungen nach (CHAVEZ WURM 2011: 257). Hieraus ergeben sich ein sehr viel geringerer finanzieller Bedarf, aber auch geringere zeitliche Kapazitäten der Mitglieder. Ein zeitaufwändiges Geschäft wie der Bergbau

wäre bei der weitestgehend politischen Ausrichtung des PCP-SL nicht möglich gewesen.
- Zudem ist auf die Dauer des Konflikts zu verweisen: Der zehnjährige peruanische Guerillakrieg dauerte insgesamt sehr viel kürzer als der über fünfzigjährige kolumbianische. Die Länge des Konflikts brachte sowohl eine Professionalisierung der Kriegsführung als auch die dazugehörige Ökonomisierung mit sich.
- Weiterhin liegt dies auch in der Ideologie begründet: Während sich die FARC als leninistische Volksarmee legitimierte, war der PCP-SL eine Untergrundorganisation nach maoistischem Vorbild. In beiden Fällen war es zwar das Ziel, die Staatsmacht zu besiegen, jedoch im Falle des PCP-SL mit gezielten Terrorattacken, im Fall der FARC mittels der de facto Kontrolle verschiedener Territorien. Weiterhin blieb der PCP-SL seiner Ideologie treu, sich nicht durch kapitalistisch ausgerichtete Organisationen finanzieren zu lassen. Die gleiche Argumentation nutzte die FARC bis Anfang der 1980 Jahre, änderte sie aber mit dem Beginn der sich ausweitenden Kokaproduktion und wurde zu einem lukrativen Unternehmen mit großen finanziellen Mitteln (vgl. *Abschn.* 4.1.).

6.3 Parameter der Goldförderung im Übergang zum Frieden

Die Daten zeigen, dass das Vorhandensein des Rohstoffs Gold keine gleichförmige Auswirkung auf die bewaffneten Konflikte hatte. Welchen Einfluss Gold für den Aufbau einer Postbürgerkriegsgesellschaft hat, soll demnach als Nächstes erörtert werden. Zum Verständnis der Unterschiede und deren Einfluss auf die Entwicklung der untersuchten Länder, werden im folgenden Determinanten miteinander verglichen und die Gültigkeit des Ressourcenfluchs genauer untersucht.

6.3.1 Kernbegriffe und juristische Rahmenbedingungen

Seit der Verfassungsänderung Anfang der 1990er Jahre wurden sowohl in Peru als auch in Kolumbien der Besitz des Oberbodens (*tierra*) und des Unterbodens (*subsuelo*) getrennt. In beiden Ländern ist im Gesetz verankert, dass der „Unterboden" und alle nicht erneuerbaren Ressourcen, unabhängig vom Besitztitel des Oberbodens, der Nation gehören. Diese Art der Gesetzgebung ist eine Folge der

Maßnahmen des *Washington Consensus* und Grundstein für die Vorstellung sozioökonomischer Entwicklung, die auf dem Anwerben von *fdi* beruht (ORTIZ CUETO et al. 2017: 15). Um Gold legal zu fördern, ergibt sich aus der Trennung zwischen Boden und Unterboden die Notwendigkeit von zwei Besitzurkunden – Landtitel und Konzession (Abbaurecht) (RETTBERG u. ORTIZ- RÍOMALO 2016). Dennoch unterliegt Goldförderung in den untersuchten Ländern verschiedene Klassifikationen in Bezug auf Legalitätsstatus, Größe und Abbautechnik. Auch wenn es dazwischen diverse Grauzonen gibt, soll im Folgenden ein Überblick über die Goldförderarten in den beiden Ländern gegeben werden.

In **Kolumbien** wird nach dem Gesetz (*de jure*) Goldförderung nach seiner Größe eingeteilt: handwerklich (*artesanal*), kleiner Bergbau (*pequeña minería*), mittlerer Bergbau (*mediana minería*) und Großbergbau (*gran minería*) (ORTIZ CUETO et al. 2017: 17). Lokale Gemeinden klassifizieren den Bergbau primär nach der benutzten Abbautechnik, d. h. unter Tage aus Goldadern (*de filón*) mit Hilfe von Baggern oder Saugbaggern, aus Flüssen oder Flussbetten (*de aluvión/aluvial*) oder im Tagebau (MELO 2016: 22).

Legaler Bergbau ist nach dem kolumbianischen Gesetz dann gegeben, wenn die fördernde Person sowohl die Konzession als auch den Boden besitzt. In Kolumbien stammen nur 13 % des geförderten Goldes aus vollständig formalisierten Quellen (*Abb. 6.13*). Der legale Bergbau ist in verschiedene Skalen zu unterteilen: Im Kleinbergbau (*pequeña escala*) wird zwischen Subsistenz- und Kleinbergbau unterschieden. Subsistenzbergbau ist in Kolumbien weit verbreitet, hierbei handelt es sich um traditionelle Fördertechniken, um ohne Maschinen und Chemikalien das Gold aus den Flüssen zu waschen. Diese Technik wird im lokalen Sprachgebrauch *barrequeo* genannt und besonders von der afrokolumbianischen Bevölkerung peripherer Regionen als zusätzliches Einkommen zur Subsistenzlandwirtschaft genutzt (HERNÁNDEZ REYES 2013: 46) und ermöglicht die Förderung von 1-4 g/Tag. Kleinbergbau umfasst aber auch, v. a. in den traditionellen Bergbauregionen wie *Antioquia*, tradierte Bergbaufamilien, die seit Generationen Untertage Bergbau betreiben sowie Kooperativen (ORTIZ CUETO et al. 2017).

Dem sogenannten mittelgroßen Bergbau (*mediana minería*) werden Betriebe zugeordnet, die legalen Bergbau unter Tage oder in Flussbetten betreiben. Diese sind v. a. in Regionen mit traditionellem Bergbau wie *Antioquia* zu finden und befinden sich häufig in einer institutionellen Grauzone. Sie haben das Ziel der Legalisierung (GUÍO u. PEREZ 2017), arbeiten aber *de facto* ohne die notwendigen Lizenzen. Hierbei gibt es die zu erwartenden Schattenverbindungen zwischen legalem Kleinbergbau und illegalen Netzwerken.

6.3 Parameter der Goldförderung im Übergang zum Frieden

Der Großbergbau (*gran minería*) vollzieht sich v. a. durch *fdi*. Diese, in den letzten Jahren politisch geförderte Art des Goldbergbaus wird von der Zentralregierung nach dem Slogan *Minería bien hecha* (zu Deutsch: „gut betriebener Bergbau") unterstützt. Über die derzeit agierenden Großminen in Kolumbien sind keine gesicherten Informationen zu finden, aber ein Großteil der Konzessionen ist an südafrikanische und kanadische Unternehmen vergeben worden (MUÑOS CASALLAS et al. 2010: 60). Verschiedene Pläne zu Großminen wurden in den letzten Jahren politisch gefördert, werden aber von vielen Bewohnern gefürchtet (vgl. *Abschn.* 6.3.2).

Nicht im Gesetz verankert ist der illegale Bergbau, für den es in Kolumbien *de facto* die besondere Bezeichnung „krimineller Bergbau" (*minería criminal*) gibt und der direkt oder indirekt zur Finanzierung bewaffneter Gruppen beiträgt. Jedoch kann es keine harte Abgrenzung zwischen kriminellem, illegalem und informellem Bergbau geben, da davon auszugehen ist, dass ein Großteil der Goldminen Schutzzölle an bewaffnete Gruppen bezahlen oder bezahlten (RETTBERG u. MIKLIAN 2017).

In **Peru** wird beim Bergbau neben der Größe auch im Hinblick auf seinen Legalitätsstatus unterschieden. Nach offiziellen Angaben stammen ca. 80 % des geförderten Goldes aus formeller Produktion (*Abb.* 6.12).

Legaler Bergbau, der analog zu Kolumbien auf dem Besitz der Konzession und des Landtitels beruht, tritt in Peru v. a. als mittlerer und großen Bergbau in Erscheinung, während der Anteil kleinerer Förderer verschwindend gering ist (*Abb.* 6.11). Großbergbau wird in Peru im Tagebau oder unter Tage praktiziert und meist von internationalen Betreiberunternehmen finanziert. Viele der mittelgroßen Minen werden von nationalen Anteilseignern, welche meist aus einflussreichen peruanischen Familien stammen, geleitet.

Im Gegensatz zu Kolumbien wird in Peru wird auch *de jure* zwischen informellem und illegalem Bergbau unterschieden. Illegal ist nach peruanischer Rechtsprechung Bergbau, der in Gebieten praktiziert wird, die Bergbau per Gesetz ausschließen, wie z. B. in Naturschutzgebieten. Informell, der ohne Lizenz, aber in Gegenden, die für den Bergbau bestimmt sind, praktiziert wird (CUADRAS FALLA 2013: 196). *De facto* bedeutet das, dass informelle Bergleute auf konzessionierten Flächen arbeiten dürfen, wenn sie eine Erlaubnis der Konzessionsnehmer haben, wobei es zu frequenten Problemen kommt (ARISTA 2018). An der Formalisierung scheiterten viele Versuche, die informellen Bergleute zu integrieren, sodass sich diese weiterhin in einer institutionellen Grauzone befinden (LL 01).

Für beide Länder ist zu vermerken, dass die Rechtsprechung an die Anwerbung von *fdi* angepasst ist und der Prozess der Formalisierung von Kleinschürfern weniger nationale Priorität hat.

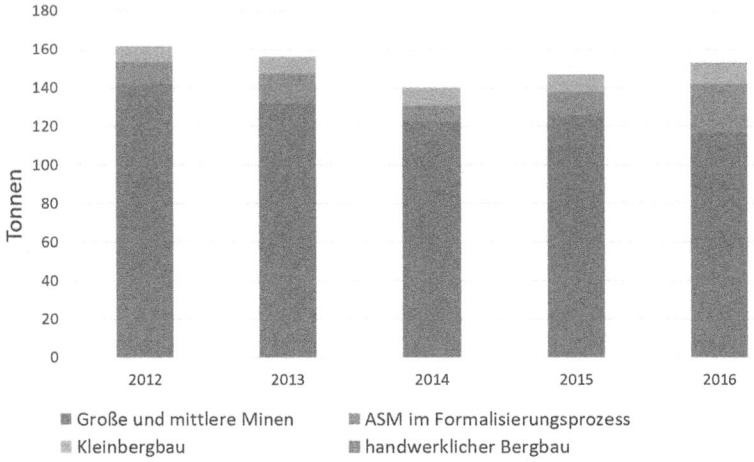

Abbildung 6.12 Goldproduktion in Peru nach Jahr und Art der Förderung. (*Quelle: Eigener Entwurf nach Daten des INEI (2015: 1082)*)

6.3.1.1 Formelle Goldproduktion

Die formelle Goldproduktion als prioritären Wirtschaftszweig zu deklarieren, ist ein Beispiel für die Umsetzung extraktivistischer Entwicklungsvorstellungen, da die Ausschließlichkeit der Bodennutzung, die mit der Förderung einzelner Ressourcen im Tagebau einhergeht, Teil einer zentralistisch geprägten neoliberalen Idee von Fortschritt und Entwicklung ist. In dieser Vorstellung dient der Rohstoff Gold, der in wirtschaftlich „unproduktiven" Räumen vorhanden ist, dem Anwerben von *fdi* und damit der Wirtschaftsförderung (DIETZ u. ENGELS 2017). Um diese zu erreichen, wird die Rechtsprechung auf die Interessen internationaler Unternehmen ausgerichtet, was häufig mit der eingeschränkten Nutzbarkeit von kommunal genutztem Land einhergeht. Das vorrangige Ziel ist das Erwirtschaften von Förderabgaben, die als *Regalías* (engl. *Royalties*) bezeichnet werden und von den fördernden Entitäten an den Staat abgeben müssen. Das Minenministerium Kolumbien definiert sie als *„ökonomische Gegenleistung, die der Staat für die Ausbeutung der natürlichen Ressourcen erhält, die in Geld oder Naturalien ausgezahlt*

6.3 Parameter der Goldförderung im Übergang zum Frieden

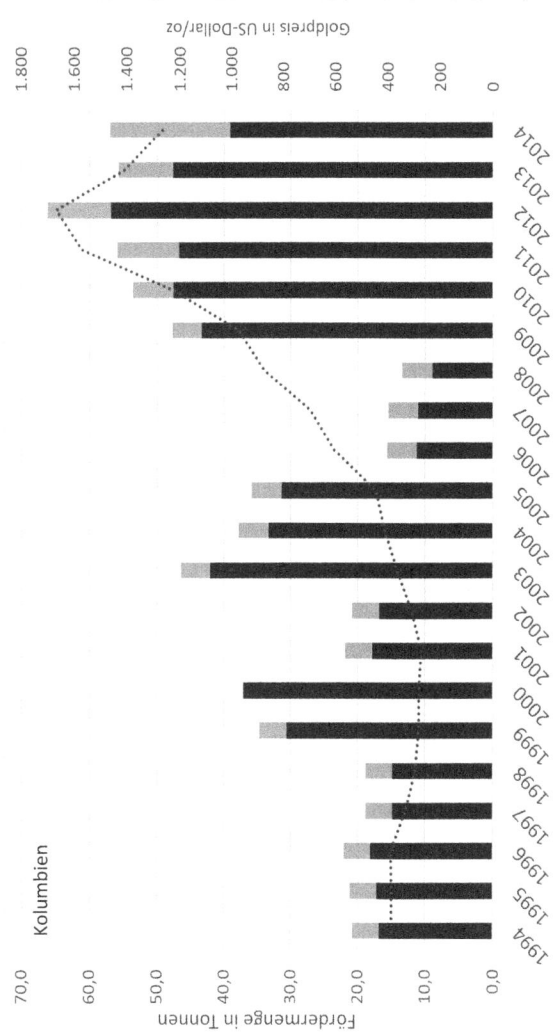

Abbildung 6.13 Goldförderung in Kolumbien (1994–2014) nach informeller und formeller Goldproduktion. (*Quelle: Eigene Zusammenstellung nach Daten der Länderberichte des USGS 1994–2016*[3])

---

[3] Die Daten beziehen sich auf die Fördermenge der größten Goldminen und den errechneten Anteil informeller Förderung. Dabei ist zu bemerken, dass die Daten erhebliche Inkohärenzen aufweisen. Die Summe der Fördermenge stimmt nicht mit der absoluten geförderten Goldmenge/Jahr auf nationalem Niveau überein. Dies ist durch diverse Verschneidungen zwischen formellem und informellem Bergbau zu erklären sowie Exporten von Gold in Nachbarländer (TORRES 2007, GIaTOC 2015).

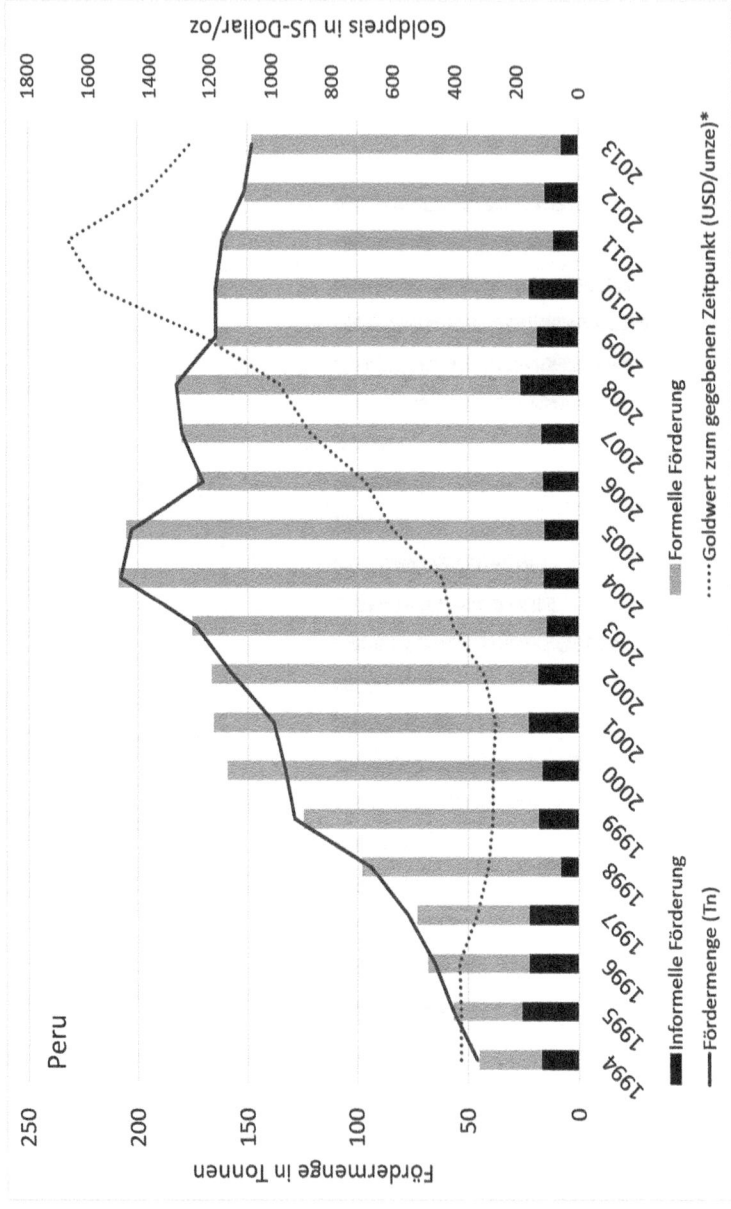

Abbildung 6.14 Goldförderung in Peru (1994–2014) nach informeller und formeller Goldproduktion. (*Quelle: Eigene Zusammenstellung nach Daten der Länderberichte des USGS (1994–2016)*)

6.3 Parameter der Goldförderung im Übergang zum Frieden

werden können" (MINISTERIO DE MINAS Y ENERGÍA COLOMBIA 2020, ÜBERS. D. VERF.).

Für die Goldförderung werden in **Kolumbien** *Regalías* zwischen 4 und 6 % des Mineralwerts angegeben (EY 2017: 7). *De facto* haben Unternehmen auch die Möglichkeit, ihre *Regalías* direkt in Infrastruktur oder Schulen investieren. Laut der Verfassung von 1991 wurden die *Regalías* an die fördernden *Departamentos* ausgezahlt, was dazu führte, dass fünf *Departamentos* fast 60 % der Regalías erhielten (ARISI u. GONZÁLEZ ESPINOSA 2014: 285). Während der Amtszeit von MANUEL SANTOS wurde 2011 diese Verteilungsregelung geändert, um eine größeren Anteil der Bevölkerung von den Einnahmen profitieren zu lassen. Die *Regalías* werden nun für allgemeinstaatliche Aufgaben gleichmäßig auf alle Regionen verteilt (HERNÁNDEZ REYES 2013: 40).

In **Peru** gibt es keinen festen Satz für *Regalías,* sondern ein komplexes System, das sich an der Investition misst (EY 2017b). Verteilt werden diese zu 95 % innerhalb der Förderregion und nur 5 % finanzieren die nationalen Universitäten (MINISTERIO DE ECONOMÍAS Y FINANZAS 2020). Somit profitieren die Förderregionen in sehr großem Maße von den Mineneinkommen.

Der Vergleich zeigt, dass die einzelnen Regionen in Kolumbien sehr viel weniger Vorteile von der Goldförderung haben als in Peru. Dies lässt im Kontext einer Postbürgerkriegssituation darauf schließen, dass mehr Konflikte von Seiten der Förderregionen zu erwarten sind.

In der Betrachtung der Rolle des Goldes im Übergang von einem bewaffneten Konflikt zu einer Postbürgerkriegsgesellschaft ist nicht nur die absolute Menge des geförderten Goldes, sondern auch die Verteilung der Arbeitsplätze von Bedeutung. Vor Beginn der Privatisierungen und während des Konflikts wurde Gold in Peru zu 60 % von Kleinschürfern (*„garimperos"*) gefördert. Für den gesamten Bergbausektor wird angegeben, dass 400 Kleinunternehmen operierten, die aber Ende der 1980er Jahre von Schließungen betroffen waren (SNMP 1991). Des Weiteren produzierten die zehn größten Minen und Tagebaustätten 34 % des gesamten Goldes v. a. als Nebenprodukt aus Kupfer- oder Zinkminen (GURMENDI 1994). Jedoch ist der Beitrag der Goldförderung an der Gesamtwirtschaft so gering, dass es in vielen Dokumenten nicht angegeben wird (z. B. SNMP 1991: 15).

Die Zusammensetzung und die absolute Fördermenge änderte sich erst signifikant mit der Aufnahme der Arbeit der Goldmine *Yanacocha*, deren Anteil an der absoluten Goldförderung in den Jahren 1994 bis 1998 logarithmisch anstieg und ab 1998 zwischen 35 und 40 % der gesamten Goldproduktion ausmachte.

In den Folgejahren nach der Beendigung des bewaffneten Konflikts kamen weitere Großbergbaustätten hinzu und seit dem Jahr 2000 fördern die vier größten Bergbaustätten über 80 % des gesamten Goldes (*Abb. 6.15*).

6.3.1.2 Informelle Goldproduktion: KleinschürferInnen – illegal oder informell?

In der Literatur wird die informelle Goldförderung in „handwerkliche Kleinproduzenten" (*artisan small-scale mining* (ASM)) und illegalen Bergbau eingeteilt (GIATOC 2016). Während beide Gruppen ähnliches technisches Know-how einsetzen, unterscheiden sie sich durch die Freiwilligkeit der Beschäftigung und die Art der Beziehung zu bewaffneten Gruppen und/oder organisiertem Verbrechen. Obwohl es sich bei beiden Arten des Bergbaus häufig um fehlende legale Voraussetzungen handelt, ist es wichtig sie zu differenzieren, da ansonsten Kleinschürfer zu Unrecht kriminalisiert werden.

In **Kolumbien** stammen je nach Autor 68 bis 83 % der Goldproduktion aus nicht formalisierten Quellen (PÉREZ 2017: 58). Obwohl bereits in den 1970er Jahren die Goldproduktion von Drogenmafias kontrolliert wurde, verlor der Rohstoff in der Folgezeit an Bedeutung aufgrund der steigenden Kokain-Preise. Seit dem Friedensvertrag rückt es zunehmend wieder in den Fokus, da sich die Finanzierung bewaffneter Gruppen in den letzten Jahren auf die illegale Goldproduktion bzw. deren Besteuerung spezialisiert hat.

Die veränderte Gesetzgebung von 2012, führte dazu, dass es *de jure* illegalen Bergbau in Kolumbien gibt (RIAÑO 2017a: 16). Eine Begleiterscheinung ist die Kriminalisierung von traditionell arbeitenden Bergbaufamilien (URÁN 2018, CUETO et al. 2017). Für Kolumbien schätzten ORTIZ CUETO et al. (2017), dass ca. 15 000 Familien vom Kleinbergbau abhängig sind. Davon sind ca. 8 000 Menschen direkt beschäftigt, andere Autoren gehen von 350 000 bis zu 1 000 000 temporär beschäftigten Personen im Bergbau aus, von denen nur ca. 5 % einen legalen Titel haben (MASSÉ 2016: 259).

Diese sind von der Gesetzgebung besonders betroffen: Die Polizei hat das Mandat Maschinen, die ohne Lizenz arbeiten, zu zerstören und informell arbeitende Bergleute mit der Anklage der „Umweltzerstörung" zu belangen. Nach Angaben MASSÉS führte die kolumbianische Polizei zwischen 2010 und 2015 insgesamt 232 Einsätze durch, inhaftierte 7 419 Personen, zerstörte 176 Bagger und konfiszierte 1 352 Bagger. Jedoch ist schwer nachprüfbar, ob diese nach Zahlung einer Kaution wieder zurückgegeben wurden. Zentrales Problem dabei ist, dass „*die Grenzen zwischen den Bergbauarten sehr unklar sind*" (MASSÉ 2016: 263, Übers. d. Verf.), d. h., dass die Grenze zwischen "informell" und "illegal" schwer zu ziehen ist.

6.3 Parameter der Goldförderung im Übergang zum Frieden

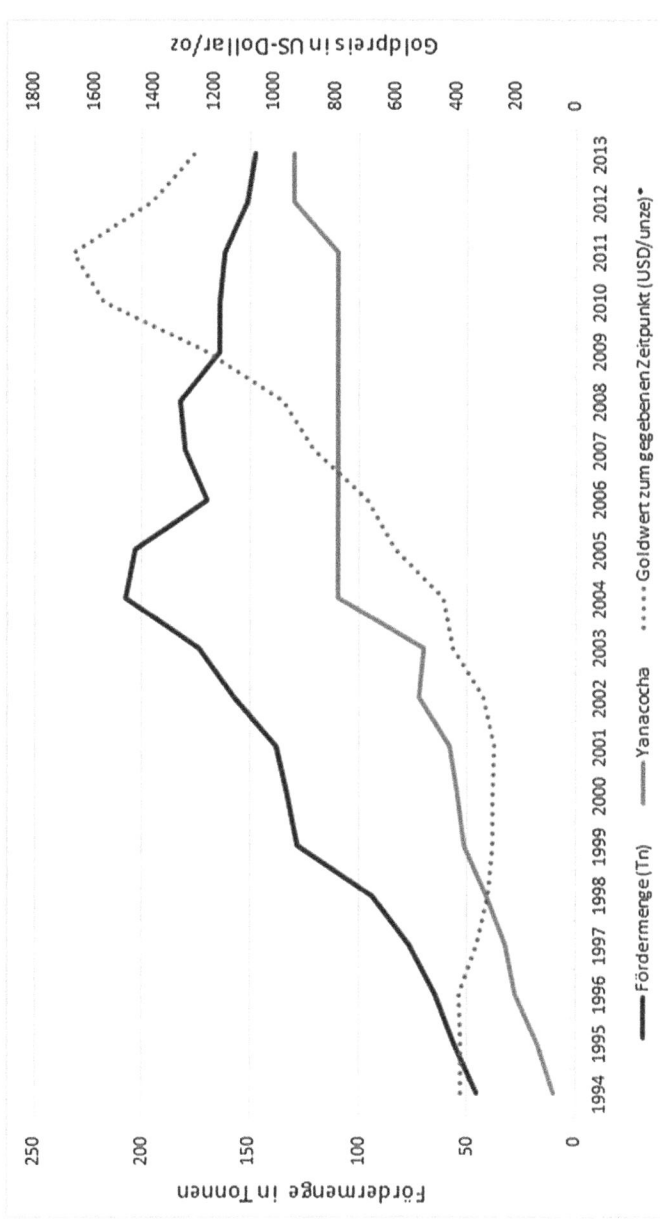

Abbildung 6.15 Goldförderung Perus unter Berücksichtigung der größten Goldmine. (*Quelle: Eigener Entwurf nach Daten des USGS (1994–2014)*)

In **Peru** geht, entsprechend des zunehmenden Förderanteils der Großminen, der relative Anteil der Kleinschürfer zurück, jedoch nimmt die absolute Fördermenge zu. Die Ausweitung des illegalen bzw. informellen Bergbaus in Peru ist ein Phänomen, das in Zyklen auf ökonomische oder politische Krisen reagiert (CUADROS FALLA 2013: 196) und sich regional von den traditionellen Schürfregionen um *Madre de Dios* auf neue Gebiete wie *Puno, Arequipa* und die Nordprovinzen ausweitet.

Die regionale Ausweitung der Goldförderung in den 1980er Jahren steht im Zusammenhang mit der demographischen Zunahme, den Vertriebenen aufgrund des bewaffneten Konflikts, der ökonomischen Krise sowie der Stigmatisierung der Hochlandbewohner als Folge des bewaffneten Konflikts (MOSQUERA 2009: 7, L 03_02). Der traditionelle innerperuanische Rassismus der Bewohner der ökonomisch lukrativeren Küstenregionen gegenüber Hochlandbewohnern verstärkte sich während des bewaffneten Konflikts und die Arbeitsmigration verlagerte sich in alternative Gegenden mit potentiell hohem Einkommen für ungelernte Arbeiter trotz eingeschränkter Spanischkenntnisse. Dadurch wurde der Kleinbergbau in Flüssen und Minen, der nur unter hohem Arbeitseinsatz durchgeführt werden kann, zu einer gewinnbringenden Alternative von andinen Subsistenzbauern (HAMILTON 2021). Die Zunahme der Beschäftigung im Kleinbergbau verstärkte sich zusätzlich durch den Verlust von Arbeitsplätzen nach Schließungen staatlicher Minen im Zuge der Privatisierungen (CUADRAS FALLA 2013: 201).

Da sich keine verlässlichen Angaben über die tatsächliche Größe der im Kleinbergbau Beschäftigten finden lässt, kann die folgende Hochrechnung eine Approximation geben. Danach müssten 1990 bei einer Produktion von 11,8 Tonnen/Jahr (INEI 2000) zwischen 26 000 und 40 000 Personen im handwerklichen Goldabbau beschäftigt gewesen sein. Andere Quellen schätzen für 1991 60 000 direkte Beschäftigte im Bergbau (CLV 2004: 197) und für 2014 100 000 bis 500 000 Personen, die direkt oder indirekt im Bergbau tätig sind (TORRES CUZCANO 2015: 25). CUADROS FALLA (2013) weist darauf hin, dass Ressourcenpreisabfall zur Ausweitung des Bergbaus führt, da weitere Personen, auch Frauen und Kinder, bei Zulieferarbeiten beteiligt sein müssen, um die gleiche Geldmenge zu generieren.

Seit 2012 werden in Peru Kleinschürfern als „informelle" Bergleute bezeichnet. Verschiedene Gesetzgebungen zur Formalisierung sollten den Eintritt in die Legalität ermöglichen, was jedoch nur mit geringem Erfolg stattfand. Unter diese Kategorie fallen jedoch nicht nur ungelernte Arbeiter aus peripheren Gebieten, sondern auch private Investoren aus dem In- und Ausland, die sich der institutionellen Grauzone bedienen, wie aus der Liste der „Bergleute im Formalisierungsprozess" (*mineros en camino de formalisación*) hervorgeht (ARISTA 2018).

Beim **Vergleich** der absoluten Menge des aus informellen bzw. illegalen Quellen stammenden Goldes in Peru und Kolumbien (*Abb. 6.16)* kann, mit Einschränkung aller Ungenauigkeiten aufgrund des illegalen Charakters, gezeigt werden, dass sich diese Zahlen nur wenig unterscheiden: Für 2016 wird anhand der vorhandenen Quellen errechnet, dass in Kolumbien 68 % der 51,8 Tonnen Gold aus nicht legalen Quellen stammen, was eine absolute Menge von 35,2 Tonnen (ca. 1 Mrd. US-Dollar) ausmacht. In Peru lässt sich annehmen, dass 20 % der 153 Tonnen geförderten Goldes aus nicht legalen Quellen stammen, was einer absoluten Menge von 30,6 Tonnen und damit 915 Mio. US-Dollar entspricht. Die Daten zeigen, dass die absolute Fördermenge aus informell stammenden Quellen in Peru niedriger ist. Es ist jedoch zu vermuten, dass dies einer statistischen Abnahme, jedoch keiner reellen Abnahme geschuldet ist. Vielmehr wird in Peru aufgrund der Vielzahl von offiziellen Goldminen das Gold informeller Schürfungen bzw. das Erz von Großminen aufgekauft (ECHAVE 2018: 434). Dafür spricht die abnehmende Menge zu den Peak-Zeiten des Goldpreises, in der sich Goldschürfungen in ganz Peru stark ausweiteten. Die Integration von illegalem Gold in den legalen Markt ist in Kolumbien aufgrund der geringeren Anzahl an Großminen nicht ohne Weiteres möglich.

Die starke Zunahme der illegalen Goldproduktion Kolumbiens ab 2008 korreliert mit den Zerstörungen der Kokafelder unter der Regierung ALVARO URIBES. Jedoch ist es unwahrscheinlich, dass dies einen Produktionszuwachs von 40 Tonnen Gold in einem Jahr produzierte, somit ist von diversen Schmuggelrouten auszugehen.

Die Annahme, dass illegaler bzw. informeller Bergbau ein Bürgerkriegsphänomen ist, sei hiermit demzufolge widerlegt. Für Peru fehlen Hinweise auf national agierende bewaffneten Gruppen, die sich durch den informellen Bergbau finanzieren, jedoch gibt es journalistische Darstellungen von Verbindungen zwischen Kokamafias und Bergbau auf regionalem Niveau (MORE 2008).

6.3.2 Konflikte um Gold im Postbürgerkrieg

Aufgrund seiner exklusiven Nutzung, dem generierten Einkommen und dem Zusammenhang mit Gewalt und bewaffneten Gruppen geht Bergbau sehr häufig mit Konflikten einher. Mehr noch als der Abbau anderer Bodenschätze wird Goldabbau als besonders konflikthaft betrachtet, da es erstens häufig im Tagebau

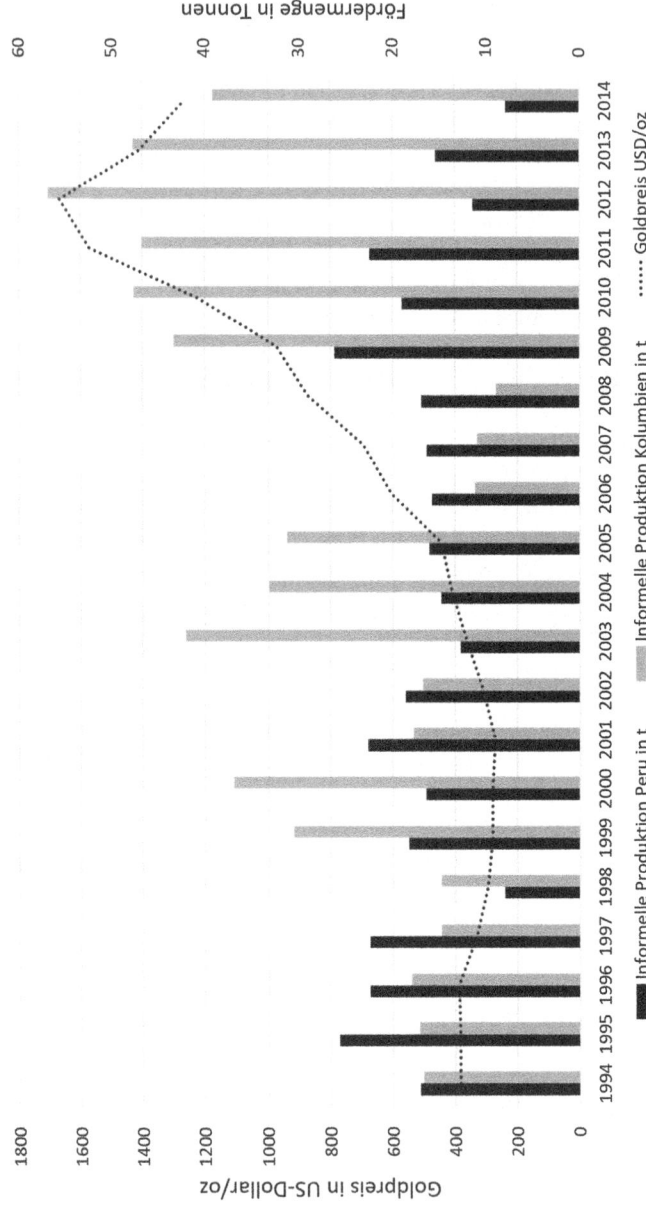

Abbildung 6.16 Informelle Goldproduktion in Peru und Kolumbien 1994–2014. (Quelle: Eigene Berechnungen auf Datengrundlage des USGS 1994–2014 (Peru und Kolumbien))
Zur Methode: Aus den Jahresförderberichten des USGS wurde die Produktion der genannten Goldminen von der absoluten Fördermenge pro Jahr abgezogen und als informelle Produktion gewertet. Jedoch sind die Daten in sich nicht kohärent.

abgebaut wird und zweitens durch die notwendige Nutzung von Chemikalien zu einer besonders hohen Umweltbelastung führt (HASLAM u. TANIMOUNE 2016: 416). Scheinbar ist es auch aufgrund der symbolischen Verknüpfung von Gold und Reichtum in besonderer Weise für die Mobilisierung lokaler Akteure von Bedeutung, die eine Voraussetzung für das Entstehen sozial-ökologischer Konflikte sind (SEXTON 2019: 6). Diese Konflikte sind nicht gleichförmig, wie in *Abschnitt* 2.5.2 dargestellt, und lassen sich nach GUÍO und PÉREZ (2017) wie folgt unterteilen:

- **Konflikte um die Ausweitung des Extraktivismus**

In **Kolumbien** wehren sich viele Gemeinden, in denen bis jetzt kein Bergbau stattfindet, gegen die Ausweitung des legalen Bergbaus. Prominentestes Beispiel hierfür ist die Goldmine *La Colosa* in *Cajamarca (Tolima)*, wo sich lokale Gemeinden mit Hilfe eines Bürgerbegehrens (*Consulta popular*) grievancebedingt erfolgreich gegen die Pläne einer Großmine zur Wehr setzten (DIETZ u. ENGELS 2017). Gründe für diese Art von Konflikten sind entweder ökologisch motiviert oder beruhen auf fehlender Teilhabe, Mitsprache und der Verteilung des Einkommens (GÓMEZ LEE 2016). In Kolumbien gehören 85 % aller Ressourcenkonflikte und 45 % der Goldkonflikte zu diesen Konflikten (GUÍO u. PÉREZ (2017: 112, 120) und fallen unter die Definitions- oder Verteilungskonflikte. Bei den Definitionskonflikten wird darauf verwiesen, dass für die AnwohnerInnen nicht das Gold der Konfliktgegenstand ist, sondern die Auswirkungen des Goldabbaus auf die Wasserqualität bzw. die Ökosysteme. Dabei wird meist der Slogan *"mehr Wasser, weniger Gold"* (z. B. *Popayán*) benutzt oder *"Nein zum Wasser, ja zum Papagei"* (*Quindío*) *(Abb. 6.18)* oder auch ein Bezug dazu, dass das Ökosystem als „*eigentlicher Reichtum*" verstanden wird.

In **Peru** ist in den letzten Jahren eine zunehmende Anzahl von Bergbaukonflikten entstanden. Die Gründe liegen in der Ausweitung der extraktivistischen Logik und der besseren Vernetzung durch das Internet. Zwischen 2011 und 2016 gab es 210 registrierte Umweltkonflikte pro Monat, insgesamt 750 Verletzte und 50 Tote als Folge dieser (ZAPATA 2016). Höhepunkte der Bergbaukonflikte sind das Massaker von *Bagua* (Nordperu), in dem 2008 mehrere Indigene erschossen wurden, als sie für die sogenannte *Consulta Previa* (Volksanhörung) demonstrierten. Dies spitzte sich ab 2012 in *Cajamarca* zu, als die Ausweitung der Goldmine *Yanacocha* beschlossen werden sollte (*Abb.* 6.18). Die Hoffnung, dass der Präsident OLLANTA HUMALA sein Wort halten und mit dem ungebremsten neoliberalen Ideal brechen würde, wurde enttäuscht, woraufhin eine Protestwelle der direkt und indirekt Betroffener entstand (LI 2017). Dennoch gab es 2014 erneut Konflikte im Südwesten der Großmine *Tía Maria* in der Region *Arequipa* und 2017 um die chinesisch geführten Minen *Las Bambas* in der Region *Cusco* (GÓMEZ 2013: 123-125).

Abbildung 6.17 „Nein zum Gold, ja zum Papagei", Protestaufkleber. (*Quelle: Eigene Aufnahme (Salento, Quindío, Kolumbien: August 2019)*)

- **Konflikte um Formalisierung von Kleinbergleuten**

Diese Konflikte finden zwischen Regierungsvertretern und traditionellen Goldbergleuten, welche aufgrund der Gesetzgebung kriminalisiert werden, statt. Dazu zählten laut GUÍO u. PÉREZ (2017: 120) für **Kolumbien** 22 % der sozialökologischen Konflikte. Auch in **Peru** gibt es periodisch auftretende Konflikte mit den sogenannten „Informales". Insbesondere mit der neuen Gesetzgebung ab 2012 kam es zu landesweiten Ausschreitungen der informellen Bergleute, die gegen die Kriminalisierung ihrer Aktivitäten angehen wollten (ECHAVE 2018).

6.3 Parameter der Goldförderung im Übergang zum Frieden

Abbildung 6.18 „Wasser ja, Gold nein", Graffito. (*Quelle: Private Aufnahme von Theresa Kohls (Cajamarca, Cajamarca Peru: April 2019)*)

- **Konflikte im Zusammenhang mit illegalem Bergbau**

In **Kolumbien** wehren sich einige Gemeinden gegen den Vormarsch des illegalen Bergbaus und den damit verbundenen Zugang bewaffneter Gruppen zu ihrem Territorium (z. B. HAMILTON 2018a). Hierzu zählen laut GUÍO u. PÉREZ (2017) 30 % der Konflikte im Zusammenhang mit Goldbergbau.

Auch für **Peru** sind Konflikte des illegalen Bergbaus dokumentiert und werden mit 41 % aller Konflikte beziffert (ECHAVE 2018: 80). Am besten dokumentiert ist die Region des Südostens um *Madre de Dios,* in der es in den letzten Jahren zu einer exponentiellen Ausweitung des illegalen Bergbaus gekommen ist und es sehr gespaltene Meinungen der umliegenden Gemeinden bzgl. des Goldbergbaus gibt (PACHAS 2014). Von dort aus breitet sich der illegale Bergbau in fast alle Regionen Perus aus, in denen geringe staatliche Präsenz zu verzeichnen ist (L 06) und wo sich einige Gemeinden gegen diese Ausweitung wehren.

6.4 Zwischenfazit – Welche Determinanten bestimmen die Goldförderung?

Was bestimmt das Fördervolumen von *high value natural resources* am Beispiel des Goldes? Verschiedenen theoretischen Modellen folgend wird zur Erklärung von Förderung und Nicht-Förderung angegeben, dass diese durch eine der folgenden Determinanten bestimmt ist:

(1). Ressourcen sind gemäß dem Fluch- oder Segenmodell eine geodeterministische Konstante, welche die (Nicht-)Förderung bestimmt. Diese Denkweise wird mit Rekurs auf die englische Bezeichnung von „Fluch" als **Curse-Hypothese** bezeichnet.
(2). Der internationale Marktpreis (*commodity*) bestimmt die (Nicht-)Förderung von *high value natural resources* (z. B. URIBE 1999). Dies wird gemäß der englischen Bezeichnung als **Commodity-Hypothese** bezeichnet.
(3). Die Existenz bewaffneter Gruppen bedingt die Förderung von *high value natural resources* (COLLIER u. HOEFFLER 2004), was mit Bezug zum *Greed-and-Grievance*-Ansatz als **Greed-Hypothese** bezeichnet werden soll.
(4). Die Entwicklung des Fördervolumens ist insbesondere ein Resultat politischer Entscheidungen. Da diese Hypothese von europäischen AkademikerInnen weniger rezipiert wird, wird diese mit dem Begriff „*creed*" (englisch für Kredo) als **Creed-Hypothese** bezeichnet.

Insbesondere von Ökonomen wird häufig davon ausgegangen, dass das Fördervolumen maßgeblich durch den internationalen Goldpreis beeinflusst wird (***Commodity-Hypothese***). Aus dieser Annahme ergibt sich, dass beide Länder zu ähnlichen Zeiten, d. h. zu den Peak-Zeiten des Goldpreises, eine Zunahme der Goldproduktion zu verzeichnen hätten. Die Ergebnisse weisen darauf hin, dass es nicht der internationale Goldpreis sein kann, der die Förderung bestimmt. Zwar korreliert der informelle Markt mit den Goldpreisschwankungen, die legale Förderung reagiert mitunter aber antizyklisch.

Der zeitliche Vergleich der Goldproduktion beider Länder stellt des Weiteren die Allgemeingültigkeit der Ressourcenfluchthese (**Curse-Hypothese**) in Frage, da weder die Existenz des Rohstoffs Gold noch der steigende Ressourcenpreis zwingend die Förderung beeinflussen. Der historisch bekannte große Goldreichtum hatte für die Länder zwischen 1550 und 1990 quasi keinen Effekt. Gold war in dieser Zeit zwar als Rohstoff vorhanden, jedoch nicht als Ressource von Bedeutung. Erst im Zuge politischer Entscheidungen, welche aufgrund von exogenen Faktoren wie den gestiegenen Rohstoffpreisen und international veränderter

6.4 Zwischenfazit – Welche Determinanten bestimmen die Goldförderung?

Entwicklungsparadigmen getroffen wurden, wird Gold von einer profitierenden Elite zur Ressource gemacht.

Es lässt sich also in Bezug auf die Ressourcenfluchthese resümieren, dass diese vor allem als politisches Schlagwort, weniger jedoch als Theorie dient. Zwar kann eine Ressource zu einer Konfliktressource werden, jedoch fehlt in der Ressourcenfluchdebatte der vorgeschaltete Diskurs, unter welchen Rahmenbedingungen ein Rohstoff überhaupt als Ressource wahrgenommen und schließlich zur Konfliktressource wird. Aus historischer Perspektive ist die Ressourcenfluchthese sicher eine gerechtfertigte postkoloniale Argumentation, da die Ressourcen die spanische Eroberungen legitimierte. Aus politischer Perspektive ist der Ressourcenabbau eine mögliche Finanzierungsquelle, aber hat keinen direkten Kausalzusammenhang, wie in der (v. a. politikwissenschaftlichen) Literatur angekommen wird.

Bezüglich der **Greed-Hypothese** zeigen die Untersuchungen, dass es in beiden Ländern keinen gleichförmigen Einfluss des Goldes auf den jeweiligen bewaffneten Konflikt gab (Tab. 6.4.). War in Kolumbien der Goldreichtum eine Hauptfinanzierungsquelle durch den direkten Abbau und Schutzgelderpressungen, spielt in Peru Gold für den bewaffneten Konflikt nur eine indirekte Rolle. Die Minen wurden als "Vorratskammer für Sprengstoff" gesehen, um der unterfinanzierten Organisation ihre bewaffneten Angriffe zu ermöglichen. Somit lässt sich Gold in Kolumbien als Konfliktressource bezeichnen, während es in Peru, anders als in der Theorie propagiert, keinen Einfluss auf die Dauer oder die Intensität des Konflikts hatte. Dies steht im Gegensatz zu der Annahme, dass die Aneignung von Ressourcen zum Selbstzweck bewaffneter Organisationen werden muss und ist ein Gegenbeispiel dafür, dass hochpreisige natürliche Ressourcen per se Bürgerkriege beeinflussen. Viel mehr nutzen bewaffnete Gruppen illegale Ökonomien, die im Kontext schwacher Staatlichkeit entstehen. Weiterhin zeigt (Tab. 6.5 – „Wert des informell geförderten Goldes"), dass illegaler Bergbau kein Resultat von Bürgerkriegen ist, sondern vielmehr ein Symptom geringer staatlicher Strukturen, die auch nach Beendigung eines solches erhalten bleiben.

Jedoch hatte die Art des Goldabbaus in beiden Ländern nach Beendigung der jeweiligen bewaffneten Konflikte Ähnlichkeiten in Bezug auf die Fördermenge (Tab. 6.5 – „Absolute Fördermenge"). Diese lag jeweils bei ca. 50 Tonnen pro Jahr und wurde vor allem durch kleine und mittlere Produzenten geschürft. Die eklatanten Unterschiede in der Goldförderung werden vor allem nach dem Ende des bewaffneten Konflikts sichtbar. Erst hier stieg in Peru aufgrund politischer Entscheidungen die geförderte Menge stark an. Um dies möglich zu machen wird argumentiert, dass die Herstellung territorialer Sicherheit Voraussetzung für die Ausweitung großer Tagebaue sei. Die These kapitalismuskritischer Intellektueller, dass der kolumbianische Frieden vor allem zugunsten des Großbergbau geschaffen worden sei (z. B. PULIDO 2015) [*These 6*], ist sicher eine Übertreibung, jedoch merkt URÁN (2018: 287) an, dass „*the [Colombian, Anm. d. Verf.] peace process should be percieved not just as a new political agenda, but also as related to the reproduction of the economic system*". Dies erinnert sehr stark an die Argumente der Bergbaulobby von Peru, die 1991 konstatierte: „*Es ist unbedingt notwendig, die innere Ordnung [respektive Sicherheit, Anm. d. Verf.] wieder herzustellen, um die Schließung von Produktionsstätten als Konsequenz terroristischer Aktionen zu verhindern und die effiziente Erkundung des gesamten Nationalgebietes zu ermöglichen, um dem Bergbau neue Horizonte zu eröffnen und dadurch Anreize zur regionalen und nationalen Entwicklung zu ermöglichen*" (SNMP 1991:15, Übers. d. Verf.).

Im Kontext der Konfliktressourcen ist es somit unabdingbar, über Entwicklungsparadigmen (**Creed-Hypothese**) zu sprechen – ob und in welcher Weise, und von wem Gold abgebaut wird, ist Teil einer Vorstellung darüber, wie und von wem „Fortschritt" und Entwicklung definiert werden. Dabei bleibt zu diskutieren, ob und welche Ressourcen abgebaut werden sollen und wann, welche Umwelt- und Sozialstandards gültig sein sollen, wie mit den traditionellen Bergleuten umgegangen werden soll und wie die ökologischen Kosten und Einnahmen verteilt werden können und sollen (VELÁSQUEZ 2015: 160).

Gold wird in Peru erst nach dem bewaffneten Konflikt Gegenstand neuer Definitionskonflikte. Für Kolumbien lässt sich vermuten, dass der Goldbergbau in den nächsten Jahren stark zunehmen wird, und somit auch die „neuen" Konflikte um Gold. Zu diesen zählen sowohl zivile Definitionskonflikte als auch die Ressourcenkonflikte illegaler bewaffneter Gruppen. Die zunehmende Konzessionierung Kolumbiens zeigt jetzt schon aufkommende „neue" Konflikte, wie sie in Peru in vielen Fällen üblich sind.

Für die Zeit nach dem Friedensvertrag wird häufig eine Abnahme des illegalen Bergbaus prognostiziert oder zumindest angenommen. In Peru führte das Ende des bewaffneten Konflikts erst zur Ausweitung der informellen Grabungen. Die wirtschaftliche Lage Perus, die Stigmatisierung der Hochlandbewohner als assoziative Folge der Aktivitäten des PCP-SL und die durch den Konflikt induzierte Abwanderung aus den Hochlandgebieten bewirkten die Ausweitung informeller Grabungen. Auch dies stellt die These in Frage, dass illegaler Bergbau sich durch bewaffnete Gruppen verstärkt.

Aus den Betrachtungen geht die Notwendigkeit hervor Umweltkonflikte genauer zu untersuchen. Gold kann sowohl Konflikte zwischen bewaffneten Akteuren als Ressourcenkonflikte induzieren, als auch Gegenstand von Definitions- oder Verteilungskonflikten werden. Jedoch ist es eine naive

6.4 Zwischenfazit – Welche Determinanten bestimmen die Goldförderung?

Annahme, dass Gold – oder andere Ressourcen – per se Konflikte hervorrufen, in denen es um die Kontrolle der Ressource geht. Dem vorgeschaltet sind komplexe Prozesse, ob und von wem dies als Ressource und Finanzierungsmöglichkeit gesehen wird, und wer das Territorium, auf dem das Gold zu finden ist, kontrolliert. Gold ist somit keine Ressource, sondern wird zu dieser im Kontext von ökonomischen, politischen und sozialen Rahmenbedingungen und kann, muss aber keine Konflikte induzieren.

Die soziale Dimension des Ressourcenfluchs wird erst dadurch konstituiert, dass die Ressourcen als solche anerkannt werden – vor dem massiven Abbau durch mächtige Außenstehende (legale oder illegale Akteure) hat der Goldreichtum in den ausgewählten Beispielen nicht die negativen Folgen wie beschrieben, sondern oft keine. Gleiches gilt für die ökologischen Folgen, die erst dann eklatant werden, wenn die Rohstoffe lokal abgebaut werden.

Ressourcen sind also kein Fluch, sondern können es unter bestimmten Rahmenbedingungen werden. Dabei ist schon die Definitionsrhetorik von starker Bedeutung – Gold als Ressource zu bezeichnen und zu verorten ist der erste Schritt dorthin, wie es in Kolumbien z. B. im geochemischen Atlas Kolumbiens gemacht wird (*Abb.* 6.19). Biodiversität oder Wasser könnten genauso als knappe Ressource definiert werden, die es zu verorten gilt.

Auch die institutionelle und personelle Nähe von Regierungsbeschäftigten im Bergbauministerium und Vorständen der großen Bergbauunternehmen ist ähnlich. Dieses als „*Drehtüreffekt*" (PULIDO 2015: 84, Übers. d. Verf.) bezeichnete Phänomen beschreibt personelle Wechsel zwischen Wirtschaft und Politik; ROTHEN et al. (2013: 6) geben eine Vielzahl an Beispielen, die bezeugen, das häufig persönliche Interessen die wirtschaftliche Ausrichtung der Länder über Lobbyarbeit bestimmen.

Somit ist zu resümieren, dass der geschlossene Frieden nicht losgelöst von wirtschaftlichen Motiven gesehen werden kann, in dem auch die Bergbaulobby eine bedeutsame Rolle spielt. Für den Übergang zum Frieden ist somit ein besonderes Augenmerk darauf zu legen, wer in Zukunft diese Aktivitäten beschützen wird. Vermutet wird, dass sich bereits bestehende Gruppen wie die ELN, neuformierte bewaffnete Gruppen sowie Splittergruppen der FARC um die Grabungen bekriegen werden.

In Anlehnung an ROTHEN et al. (2013: 7) kann Gold als Symbol der Eroberung durch die Spanier gesehen werden. Die veränderte Sichtweise auf Gold legitimierte die Unterdrückung und Ausbeutung der ursprünglichen Bevölkerung sowie der Ökosysteme, um Macht zu manifestieren und zu vermehren. Diese Sichtweise auf die Ressource Gold steht damit im radikalen Gegensatz zu der indigenen Idee, dass Gold „*eine Laterne unter der Erde*" sei, die "*das Gleichgewicht hält*" (B 07_17). Somit ist Gold die erste Ressource Lateinamerikas, welche von Außenstehenden extrahiert und zur persönlichen Bereicherung genutzt wurde. Nach dem gleichen Muster wurden in der Geschichte Lateinamerikas weitere Ressourcen wie Kautschuk, Erdöl, Bananen oder Zucker in Wert gesetzt und bereicherten einige Wenige, ohne die Gesamtsituation zu verbessern (GALEANO 2007 [1984]). Somit kann aus historischer Perspektive im Sinne der Dependenztheoretiker von einem Gold-Fluch gesprochen werden, da das Vorhandensein des Rohstoffes die gewaltvolle Eroberung des Kontinents initiierte und weiter befeuerte.

Dies hebt die politische Ausrichtung des Goldmarktes hervor – Entwicklungsparadigmen sind somit hauptverantwortlich für die Ausweitung, nicht die absolut vorhandene Goldmenge oder der Goldpreis.

Tabelle 6.4 Bedeutung von Gold in Peru und Kolumbien während und nach dem bewaffneten Konflikt. (*Quelle: Eigener Entwurf*)

			Peru	**Kolumbien**
Goldnutzung während des bewaffneten Konflikts	zivil	klein	Viele Kleinproduzenten	Viele Kleinproduzenten
		mittel	Abnehmende Zahl mittlerer Produzenten	k. A.
		groß	wenige Großproduzenten	wenige Großproduzenten
	bewaffnete Gruppen		Überfälle auf Minen und Diebstahl des Sprengstoffs	Besteuerung des Bergbaus durch Schutzgelderpressungen
Goldnutzung nach dem bewaffneten Konflikt	zivil	klein	Ausweitung des informellen Schürfungen	teilw. Legalisierung und teilw. Kriminalisierung
		mittel	k. A.	k. A.
		groß	Ausweitung des Großbergbaus	Ausweitung des Großbergbaus
	bewaffnete Gruppen		--	Besteuerung durch neu aufkommende bewaffnete Gruppen und Mafias
Verbindung Gold zu anderen illegalen Aktivitäten während des Konflikts			--	Verbindungen zur Kokainproduktion

6.4 Zwischenfazit – Welche Determinanten bestimmen die Goldförderung?

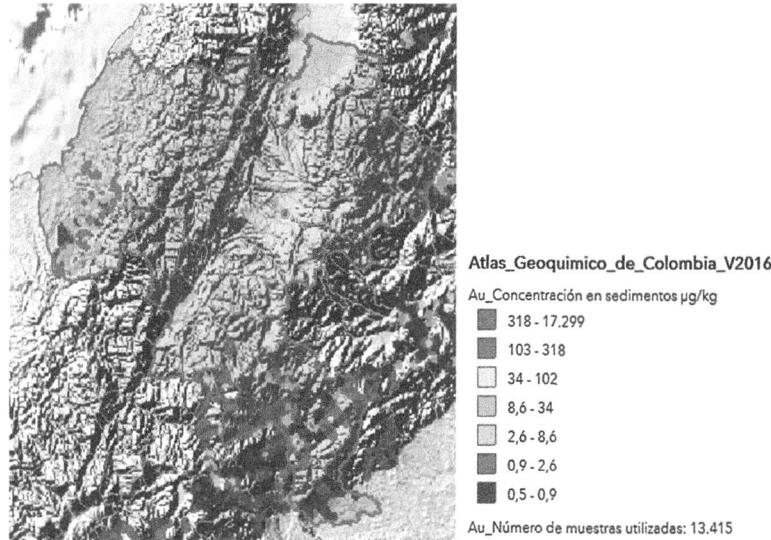

Abbildung 6.19 Darstellung der Goldreserven im Cauca. (*Quelle: Ausschnitt aus dem geochemischen Atlas Kolumbiens,* SERVICIO GEOLÓGICO DE COLOMBIA (2018))

Tabelle 6.5 Goldfördermenge und Materialwert zum Ende des bewaffneten Konflikts in Peru und Kolumbien. (*Quelle: Eigener Entwurf nach Daten von* GOLD.DE *(2002), ANM (2017),* SAADE HAZIN *(2017),* WORLD BANK *(2007),* COOPERACCION *(2016), INEI (2017),* MASSÉ *(2016))*

		Kolumbien (2016)	Peru (1994)	Peru (2016)
Absolute Fördermenge		52 Tonnen	47 Tonnen	151 Tonnen
Internationaler Rang in Bezug auf die Fördermenge		Platz 17	k. A.	Platz 6
Goldwert zum gegebenen Zeitpunkt		1 250 US-Dollar	383 US-Dollar	1 250 US-Dollar
Gesamtwirtschaftliche Parameter	Gesamtmaterialwert zum gegebenen Zeitpunkt *	Ca. 2,3 Mrd. US-Dollar	Ca. 600 Mio. US-Dollar	Ca. 6,6 Mrd. US-Dollar
	Anteil des Goldes am Export	k. A.	k. A.	20 %
	Anteil Erze am Export	1,3 %	45,6 %	48,6 %
	Anteil Rohstoffe an Export	74,5 %	84,9 %	86,9 %
Legale Förderung	Anzahl der Großminen	--	--	52
	Anteil des aus Großminen geförderten Goldes	13 %	10 %	76,4 %
	Anteil des Goldes aus legalen Quellen	20 %	20 %	82 %
	Konzessionen (alle Materialien)	9 602	k. A.	355 565
	Größe der Konzessionen	k. A.	6151000 ha	18967738 ha
Informelle Förderung	Menge des informell geförderten Goldes	43,2 Tonnen	24,4 Tonnen	30,6 Tonnen
	Materialwert des informell geförderten Goldes	1,9 Mrd. US-Dollar	300 Mio. US-Dollar	1,3 Mrd. US-Dollar
	Anteil aus Flussgold an der Gesamtgoldproduktion	60 %	51 %	k. A. (max. 16 %)

(Fortsetzung)

6.4 Zwischenfazit – Welche Determinanten bestimmen die Goldförderung?

Tabelle 6.5 (Fortsetzung)

		Kolumbien (2016)	Peru (1994)	Peru (2016)
Arbeitsplätze	formell	k.A.	k.A.	k.A.
	informell	350 000 – 1 000 000	60 000	100 000 – 500 000

7 Subnationale Case Studies: Wie wird Gold zur Konfliktressource?

Der Werdegang eines Rohstoffs (Gold) zu einer Konfliktressource wird in den folgenden Kapiteln anhand der Fallregionen *Cauca* (Kolumbien) und *La Libertad* (Peru) vorgestellt. Beide *Departamentos* liegen in einer von der jeweiligen bewaffneten Gruppe vormals kontrollierten peripheren Region und sind seit der Kolonialzeit für ihre Goldvorkommen bekannt. Dabei sollen die beiden Kernfragen, welchen Einfluss Ressourcen auf den Konflikt hatten und welchen der Konflikt auf den Umgang mit den Ressourcen, am Beispiel des Goldes untersucht werden.

Dazu werden auf substaatlichem Niveau erstens die raum-zeitlichen Dimensionen des Goldabbaus zum gegebenen Zeitpunkt vorgestellt und möglichst quantifiziert, und zweitens die Konsequenzen des Bergbaus auf die jeweiligen Regionen dargestellt. Drittens werden die involvierten Akteure skizziert, viertens die daraus resultierenden Arten von Konflikten vorgestellt und fünftens anhand von empirischen quantitativen Daten die Einschätzung der betroffenen Bevölkerung über den illegalen und legalen Bergbaus dargestellt, um Aussagen über die Kernfragen treffen zu können.

7.1 Cauca (Kolumbien)

> *„Siglos de historia tiene la violencia en el Cauca, donde la colonialización Española aniquiló con las armas toda resistencia, (…), para poder saquear todo cuanto ante sus ojos tenía valor; Dejando una huella sombría de genocidio, esclavitud, discriminiación y explotación.*
>
> *[Hoy] prometen desarrollo, bienestar, democracia y justicia social para todos, arrollando y empobreciendo la vida de muchos para enriquecer a unos pocos. Imponen*

el miedo y la violencia para alcanzar sus planes, es la misma estratégia de todos los tiempos: hacer la guerra para quitar la tierra"[1]

HUERTAS FERNÁNDEZ 2016

7.1.1 Vorstellung des Untersuchungsgebiets unter Berücksichtigung des bewaffneten Konflikts

"En Colombia, los ríos de sangre se cruzan con los ríos de oro"[2]

GALEANO (2009: 67)

Der *Cauca* ist ein im Südwesten Kolumbien gelegenes *Departamento* mit einer Größe von 29 308 km². Es grenzt an die Pazifikküste, weist aber aufgrund des Andengürtels stellenweise Höhen bis 5 000 m ü. NN auf (s. *Karte 3*). Die Orologie in Kombination mit den regelmäßigen Niederschlägen in vielen Teilen des *Departamentos* machen den *Cauca* zu einer besonders artenreichen Region mit vielfältigen Ökosystemen, vielen Bodenschätzen und einer hohen kulturellen Diversität (PNUD 2014: 11). Somit zeigt sich am *Cauca* die vielfältige Interpretation von Ressourcenreichtum besonders eindrücklich.

Insgesamt lebten 2018 im *Cauca* nach offiziellen Angaben ca. 1 240 500 Einwohner, ca. ein Fünftel davon in der Hauptstadt Popayán (DANE 2019)[3]. Das *Departamento* hat im nationalen Vergleich den höchsten Anteil ländlicher Bevölkerung, die meist als Subsistenzbauern und -bäuerinnen leben, was an der zweithöchsten Armutsrate Kolumbiens (62 %) (PNUD 2014) deutlich wird. Der Niederschlag und der vulkanische Ursprung der Anden haben sehr fruchtbaren

---

[1] „Jahrhunderte voller Gewalt kennt der Cauca, wo die spanische Kolonialisierung jede Art der Auflehnung auslöschte, um alles zu plündern, was vor ihren Augen Wert hatte; zurück ließen sie einen dunklen Abdruck von Genozid, Sklaventum, Diskriminierung und Ausbeutung.

[Heute] versprechen sie Entwicklung, Wohlergehen, Demokratie und soziale Gerechtigkeit für alle, zertreten und verarmen dabei das Leben Vieler, um einige Wenige zu bereichern. Sie nutzen Angst und Gewalt, um ihre Pläne durchzuführen. Es ist die gleiche Strategie wie in allen Zeiten: Krieg führen, um Land zu entreißen."

[2] "In Kolumbien kreuzen sich Flüsse voller Blut mit Flüssen voller Gold"

[3] Der Wissenschaftler Andrés Guhl der *Universidad de los Andes* wies in einem Gespräch darauf hin, dass die tatsächliche Bevölkerungszahl, vor allem der ländlichen Bevölkerung, weitaus größer geschätzt werden muss, da die Volkszählung in Gebieten, die durch die FARC kontrolliert wurden, nicht korrekt durchgeführt werden konnten.

7.1 Cauca (Kolumbien)

Boden zur Folge, auf dem je nach Höhenstufe Kaffee, Yuka, Mais, Kartoffeln, Zuckerrohr und Bohnen angepflanzt wird (LUQUE REVUELTO 2016: 183). Ein weiterer wichtiger agrarischer Rohstoff ist die Kokaproduktion – nach Angaben des UNODC hat der *Cauca* mit 17 000 ha die viertgrößte Kokaanbaufläche in Kolumbien zu verzeichnen (UNODC 2019: 32). Er verfügt aber auch über viele mineralische Rohstoffe wie Gold, Platin, Kohle und Silber, die jedoch bis heute kaum formalisiert abgebaut werden.

Im nationalen Vergleich weist der *Cauca* die höchste ethnische Variabilität auf: 21 % der Bewohnenden zählen sich selber zu einer indigenen Gruppe *(Nasa, Guambiano, Coconuko, Paéz, Inga)*, die im Nordosten des *Departamentos* leben (nationaler Vergleich: 3,5 %). 23 % der Bevölkerung sind afrokolumbianischer Herkunft (nationaler Vergleich: 10,3 %), sie sind vor allem an der Pazifikküste und in den tiefer gelegenen Gebieten im Norden und Osten zu finden (*Abb. 7.1*) Die Ethnizität ist im Falle des *Cauca* besonders hervorzuheben, da sich viele der ethnischen Gruppen stark organisieren und für ihre Territorialrechte einstehen und dies mitunter auch gegen Großgrundbesitzern oder bewaffnete Gruppen durchsetzen (DUARTE 2015).

Für die Geschichte Kolumbiens ist der *Cauca* von zentraler Bedeutung, da die heutige Departamentohauptstadt *Popayán* 1537 als erste Hauptstadt Kolumbiens ausgerufen wurde. Als strategische Gründe für die Ortswahl der Spanier wird unter anderem der Goldreichtum genannt (PNUD 2014: 16), der in Flüssen, aus Minen und aus Plünderungen gewonnen wurde (DÍAZ 1996: 53). Ab Ende des 16. Jahrhunderts wurden afrikanische Sklaven zur Entlastung der Indigenen in den Minen eingesetzt, welche die Vorfahren der heutigen afrokolumbianischen Bevölkerung sind.

Der *Cauca* gehört zu den Regionen Kolumbiens, die am meisten von dem bewaffneten Konflikt betroffen waren und wird deshalb als „*Epizentrum des Konflikts*" (PNUD 2014: 10, Übers. d. Verf.) bezeichnet, weshalb er eine strategische Rolle im Übergang zu einem friedlichen Zusammenleben spielt. Die Konfliktivität lässt sich anhand folgender Zahlen illustrieren:

- 2012 wurden im *Cauca* 165 und damit mit Abstand die meisten Anschläge durch die Guerillas FARC und ELN verübt (RÍOS SIERRA 2017: 93).
- Die Anzahl der Vertriebenen ist im *Cauca* im nationalen Vergleich am höchsten: zwischen 2008 und 2014 wurden 210 000 Personen (ein Fünftel der Gesamtbevölkerung!) aus ihrer Heimat vertrieben (LUQUE REVUELTO 2015).
- Nach Abschluss des Friedensvertrages wurde der *Cauca* zur gefährlichsten Provinz für Menschen- und UmweltrechtsaktivistInnen. Insgesamt kamen ein Viertel der zwischen November 2016 und Juni 2018 aus politischen Gründen

Abbildung 7.1 Verteilung der afrokolumbianischen (rot), bäuerlichen (grün) und indigenen (blau) Bevölkerung im Cauca. (*Quelle: PNUD (2014: 17), je höher die Farbintensität desto höher der Anteil der jeweiligen Bevölkerung*)

ermordeten Personen von dort (OICEDO u. HOETMER 2018, RÄHME 2019)[4] (vgl. *Abschn. 7.1.6*).

Als Gründe für die hohe Konfliktivität werden in der Literatur folgende strukturelle Gründe und Sekundäreffekte genannt:

- Zu den strukturellen Gründen gehören **oligarchischen Strukturen** der Regionalpolitik, die von *Popayán* aus gesteuert werden und sich aus einer konservativen Elite von Großgrundbesitzenden speist. Diese Elite steht in direkten Verbindungen zur nationalen Politik, was sich an mehreren gebürtig aus *Popayán* stammenden, meist konservativen Präsidenten zeigt. Die oligarchen Strukturen zeigen sich außerdem in der Ungleichverteilung des Landbesitzes: 25 % der Landfläche gehört 0,5 % der Bevölkerung (PNUD 2014: 20). Ab den 1990er Jahren gibt es nachgewiesene enge Verbindungen zwischen den Großgrundbesitzenden und paramilitärischen Gruppen, die für Menschenrechtsverletzungen und Militarisierung bäuerlicher oder ethnischer Gruppen verantwortlich sind (PNUD 2014: 10, REYES POSADA 2016: 175).
- Weiterhin ist die schlechte Ausstattung mit **Infrastruktur** und Konzentration auf die Hauptstadt als Grund für die Konflikthaftigkeit zu nennen. Bereits 1853 wies der Begründer der Geographie Kolumbiens AGUSTIN CODAZZI darauf hin, dass der fehlende infrastrukturelle Zugang zum Meer ein Entwicklungsproblem darstelle (CODAZZI 1853 in BECERRA et al. 2002: 180). Bis heute gibt es von *Popayán* aus keine befestigte Straße zur Pazifikküste, sodass die *Municipios Guapi* oder *Timbiquí* (s. *Karte 3*) nur über den Seeweg oder per Flugzeug aus dem Nachbar-*Departamento Valle del Cauca* erreicht werden können. Diese qua definition vom Staat vernachlässigten Regionen geben Raum für das Entstehen von Parallelökonomien und parallelen anarchischen Strukturen, die MERTINS (1990: 166) „*narcolandia*" nannte.
- Der Umgang mit dem **Ressourcenreichtum** ist zudem Ursprung vieler Konflikte: Oft steht die bäuerliche oder traditionelle Ressourcennutzung gegen ein neoliberales, auf Wachstum ausgerichtetes **Entwicklungsparadigma**, das in vielen Fällen mit Vertreibungen in Zusammenhang steht (LUQUE REVUELTO 2016: 190). Zu diesen gehören die folgenden Umweltkonflikte:

---

[4] Insgesamt wurden seit 2016 je nach Zählung zwischen 181 und 335 Menschen- und UmweltaktivistInnen ermordet und weitere Anschläge vereitelt. Es wird geschätzt, dass 500 weitere Personen akut bedroht werden.

o Staudammkonflikte: ein bereits bestehender Staudamm im Norden (*La Salvajina*), durch den 3 000 Personen ihr Land verloren (LUQUE REVUELTO 2016), ein geplantes Staudammprojekt im *Patía-Tal*, in dem eine vergleichbare Anzahl von Umsiedlungen stattfinden wird (C 01_04)
p Konflikte um fruchtbares Land zwischen den folgenden Gruppen:
- zwischen Großbauern und internationalen Unternehmen, die Monokulturen (v. a. Zuckerrohr und Kiefernplantagen) anpflanzen wollen und indigenen Gemeinschaften v. a. im Nordosten der Provinz (C 11_30)
- zwischen Bergbauunternehmen und lokalen Gemeinden, die sich gegen Großprojekte im Tagebauen wehren (C 11_02; C 05_05)
- zwischen verschiedenen bewaffneten Gruppen, die um die Vorherrschaft über illegale Ökonomien kämpfen (C 01_04; C 08_31)

Aus den genannten strukturellen Gründen entwickelten sich die folgenden **Sekundäreffekte**, welche die Konfliktivität erklären:

- Die weitestgehende Abwesenheit des Staates und die ländliche periphere Lage hat eine starke **Selbstorganisation der ländlichen BewohnerInnen** zur Folge. Da diese sich mit einer traditionellen Nicht-Einmischungspolitik des Staates konfrontiert sehen, setzen sie ihre Rechte mit Hilfe von traditionellen Machtinstrumenten wie Selbstverteidigung und Straßenblockaden durch und stehen so im konstanten Konflikt mit dem Heer, privaten Sicherheitskräften und bewaffneten Gruppen (DUARTE 2015).
- Der *Cauca* ist aufgrund der strategischen Lage als **Schmuggelkorridor für illegale Produkte** wie Kokain, Gold und Waffen zwischen den Hauptanbaugebieten V*alle del Cauca* und *Nariño*, sowie zwischen dem transversalen nicht befestigten Zugang zur Pazifikküste und der Nähe zu der Stadt *Cali* traditionell zwischen den verschiedenen bewaffneten Gruppen stark umkämpft (LUQUE REVUELO 2015: 189, OBSERVATORIO DEL PROGRAMA PRESIDENCIAL DE DERECHOS HUMANOS 2009).
- Die Kombination aus konservativer Elite, großer Armut, vernachlässigter Landbevölkerung und infrastrukturell schlecht erschlossenen Zentralkordilleren sowie dem hohem Anteil ethnischer Bevölkerung hat den *Cauca* zum **Gründungsort der FARC** gemacht, wo sie über 50 Jahre Kontrolle ausübte (RÍO SIERRA 2017: 39). Jedoch sind bzw. waren dort auch alle weiteren bekannten größeren Guerillagruppen (ELN im Süden, QL in Nordosten, EPL im Norden, M-19 in *Popayán*) vertreten und verschiedene paramilitärische Einheiten dienten als Schutz der Zuckerrohroligarchie im Norden und der

Rinderfarmer im Zentrum (um das *Valle Patía*) (DUARTE 2015: 29). Nach der offiziellen Auflösung der paramilitärischen Einheiten AUC entstanden hier neue paramilitärische Splittergruppen, die meist als „kriminelle Banden" oder *narcoparas* (zu Deutsch: Narco-Paramilitärs) bezeichnet werden und die im direkten Kontakt zum Drogenanbau stehen. Zu diesen gehören nach Angaben LUQUE REVEULTOS (2015) die *Águilas Negras*, die *Urabeños, Rastrojos* und nach Angaben des Ex-Kommandanten der FARC auch die *Guerillas Unidas del Pacífico* sowie neue bewaffnete Gruppen, die sich der Namen früherer Guerillagruppen bedienen, aber nicht deren Ideologie teilen, sowie mexikanische Kartelle (C 13_03, SALAS SALAZAR et al. 2018: 9).

- Der bewaffnete Konflikt steht im *Cauca* im direkten Zusammenhang mit der **Kontrolle illegaler Ökonomien,** die sich im Kontext der schwachen staatlichen Präsenz stark ausweiteten konnte. Zu diese gehören illegale Pflanzungen von Koka, Marihuana und Mohn, die sich als Folge der Eradikation der Kokafelder im Süden Kolumbiens (*Putumayu, Nariño*) in den *Cauca* ausweiteten, sodass 2012 ca. 10 % aller Kokafelder und ein Drittel aller Mohnplantagen im *Cauca* lagen (UNODC 2014). Im Zuge der weiteren Bekämpfung der Kokafelder weitete sich der illegale Goldbergbau drastisch aus und der *Cauca* wurde zum viertgrößten Goldproduzenten des Landes (UNODC 2016). Da über die Herkunft des Goldes wenig offizielle Daten verfügbar sind, wird im folgenden Kapitel eine differenzierte Darstellung der Goldförderung vorgenommen.

7.1.2 Einfluss des Goldreichtums auf den bewaffneten Konflikt

Nach offiziellen Daten wurden im *Cauca* 2014 ca. 3,5 Tonnen Gold gefördert (*Abb.* 7.2) (MINISTERIO DE ENERGÍAS Y MINAS 2016), was zum Untersuchungszeitpunkt einem ungefähren Materialwert von 117 421 Mio. US-Dollar entsprach. Wie die Abbildung zeigt, weitete sich, im Gegensatz zu anderen Provinzen Kolumbiens die Goldproduktion erst nach 2008 aus. Wurde im *Cauca* 1999 noch 0,4 % des national geförderten Goldes produziert, waren es nach offiziellen Angaben 2014 8,03 %. Wie *Abbildung* 7.3 zeigt, nahm insbesondere die für Goldabbau in Flüssen genutzte Fläche zu. Auch wenn in diesem Zusammenhang darauf hingewiesen werden muss, dass diverse Schmuggelrouten und Umetikettierungen die Herkunft des Goldes verschleiern, ist der *Cauca* kein traditionelles Goldabbaugebiet.

Für die Ausweitung des Goldbergbaus im *Cauca* sind exogene und endogene Faktoren verantwortlich: Als ein exogener Faktor ist der gestiegene Goldpreis zu nennen, der die Ausweitung der illegalen Grabungen zur Folge hatte. Jedoch zeigen sowohl die offiziellen Zahlen als auch die von Goldförderung aus Flüssen betroffene Gesamtfläche einen ersten Peak um 2008, der sich nicht allein durch den internationalen Preis erklären lässt. Ein endogener Faktor liegt nach Angaben Betroffener in der Eradikation der Kokafelder, die als Teil des *Plan Colombia* unter der Regierung ALVARO URIBES (2002–2010) mit US-amerikanischer Unterstützung in verschiedenen Regionen Kolumbiens durchgeführt wurde (JÄGER 2007) (vgl. *Abschn.* 6.1). In deren Folge orientierten sich bewaffnete Gruppen und mafiöse Netzwerke zunehmend auf das leichter in legale Netzwerke integrierbare Goldgeschäft (C 08_31; C 02_07). Weiterhin fällt der gestiegene Goldpreis mit der Entwicklungsstrategie unter MANUEL SANTOS (2010–2018) zusammen, der eine bergbaugestützte Ökonomie (vgl. *Abschn.* 6.3) als politisches Programm etablierte und die Ausweitung der Konzessionen förderte (HERNÁNDEZ REYES 2013: 50).

Um eine genauere Differenzierung zwischen legalem und illegalem Bergbau zu erreichen, sollen die Dimensionen des Goldabbaus in Bezug auf die Abbauarten skizziert und, soweit möglich, quantifiziert sowie deren Bezug zum bewaffneten Konflikt dargelegt werden.

7.1.2.1 Handwerklicher Bergbau

"Cuando era pequeño yo iba con mi abuela al Río a lavar oro y aprendí. (…) Las personas de acá sacan sus 3 gramos [de oro] a la semana, es poquito, y pues el gramo esta como a 80 mil pesos, (…) y pues cuadra la plática para la comida."[5]

AFROKOLUMBIANISCHER REISBAUER AUS DEM NORDEN DES CAUCA (C 23_7+38)

Im *Cauca* wird und wurde handwerklicher Bergbau in ländlichen Regionen betrieben. Hierbei handelt es sich um traditionelles Goldwaschen in Flüssen ohne den Einsatz von technischen oder chemischen Hilfsmitteln. Aus den Interviews

---

[5] "als ich klein war, ging ich mit meiner Oma zum Fluss und lernte Gold zu waschen (…). Die Leute von hier bekommen etwa 3 Gramm [Gold] in der Woche, es ist wenig, denn für das Gramm bekommt man 80 000 Pesos, (…) aber es reicht dann für etwas zu Essen."

7.1 Cauca (Kolumbien)

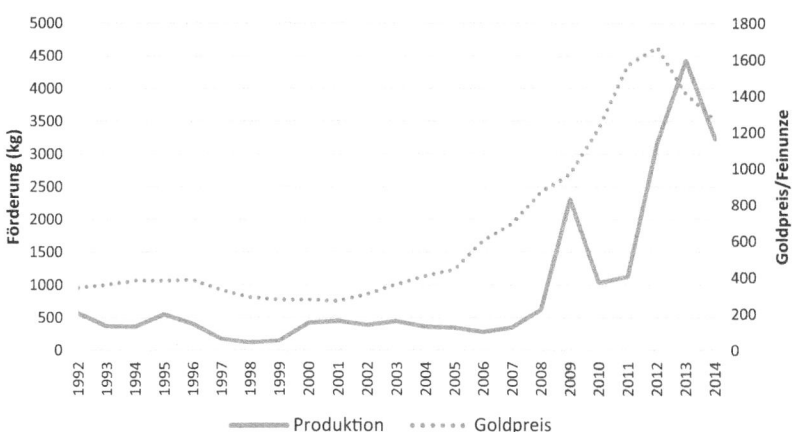

Abbildung 7.2 Offizielle Daten zur Goldproduktion im Cauca. (*Quelle: Eigener Entwurf nach* MINISTERIO DE ENERGÍAS Y MINAS *(2016) (Fördermenge) und* GOLD.DE *(2020a)) (Goldpreis)*)

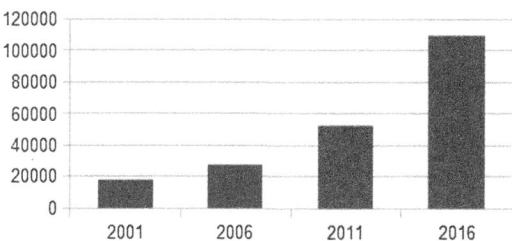

Abbildung 7.3 Fläche (Ha) des zerstörten Flussbetts im Cauca. (*Quelle:* HAMILTON, CUSI u. RUIZ *(2019: 35)*)

geht hervor, dass in vielen Teilen des *Cauca* v. a. von der afrokolumbianischen Bevölkerung Goldwaschen betrieben wurde und wird. Jedoch handle es sich dabei um ein Nebeneinkommen, das in Trockenzeiten oder bei Arbeitslosigkeit als zusätzliches Einkommen diente (C 16_01; C 27_02). Das hieraus generierte Gold liegt nach Aussage der Betroffenen bei ca. 1 g pro Tag, was zum Befragungszeitpunkt einen Umsatz von 30 US-Dollar generierte (C 30/31_61).

Die um 350 kg Gold pro Jahr schwankende Goldmenge (*Abb.* 7.2) kann als Referenz für das aus handwerklichem Bergbau gewonnene Gold gewertet werden. Nach BOLAÑOS (2015) waren 2015 5 672 *barrequeros* (traditionelle Goldwäscherinnen) im *Cauca* registriert. Demzufolge fördern diese im Durchschnitt 62 g Gold/Jahr, was einem Wert von ca. 2 050 US-Dollar entspricht. Aufgrund der

Geringfügigkeit der Einkünfte ist davon auszugehen, dass es sich um abnehmende Zahlen handelt. Dieses geringe Einkommen kann für die Kontrolle bewaffneter Gruppen kaum interessant gewesen sein. Vielmehr hat Gold in diesen Gemeinschaften kulturelle Bedeutung und geht mit einem traditionellen Lebensstil einher, der eine Mischung aus Subsistenz- und Zusatzeinkommen ist.

Das traditionelle Goldwaschen könnte jedoch in der Ausweitung des illegalen Bergbaus von Bedeutung sein, da dies möglicherweise als Indikator für den Goldreichtum der illegal mit Maschinen arbeitenden Gruppen genutzt wird. In jedem Fall wurde an allen untersuchten Orten, an denen illegaler Bergbau stattfand berichtet, dass es eine lange Tradition des Goldwaschens gibt (für *Mercaderes*: C 27_02; für *San Antonio* C 24_01).

7.1.2.2 Legaler Bergbau

„*El oro camufaldo de legal*"[6]

JOURNALIST (BOLAÑOS 2015)

Wie in *Abschnitt* 6.3.1 skizziert, lässt sich legaler Bergbau nach seiner Größe einteilen. Über den Anteil legal geförderten Goldes im *Cauca* gibt es jedoch keine kohärenten Aussagen. Laut der verfügbaren Daten waren im *Cauca* 2014 37 Goldkonzessionen zu finden, was einer Fläche von 4 680,5 km^2 (16 % der Gesamtfläche) entspricht (ANM 2017, s. *Karte* 3[7]).

In Bezug auf den Kleinbergbau waren 2018 acht Kooperativen und lokale Gemeinden im *Cauca* legal aktiv (ANM 2017). Die von ihnen konzessionierte Fläche ist jedoch nur 9 480 ha und 2 % der gesamten Konzessionen groß. *Tabelle* 7.1 zeigt, dass diese legale Möglichkeit für lokale Gemeinden bereits seit 1995 genutzt wurde, aber erst seit dem Anstieg des Goldpreises an Relevanz gewinnt.

Bei diesen Kooperativen handelt es sind um Zusammenschlüsse von Bergleuten, die sich einer ethnischen Minderheit (afrokolumbianisch, indigen) zugehörig fühlen, und die mit Hilfe moderner Maschinen auf Kleinbergbau betreiben. *Abbildungen* 7.3–7.6 zeigen für das Beispiel der *Cooperativa Multimineros* im Bezirk *Buenos Aires* die Arbeitsweise dieser legal agierenden Kleinbergleute. Der Zusammenschluss setzt sich aus ca. 400 unabhängig arbeitenden Minen

---

[6] „Das als legal getarnte Gold"

[7] Da es sich bei den Daten um „sensible Daten" handelt, sind diese, anders als in Peru, nicht über offizielle Seiten des Minenministeriums verfügbar und beruhen auf nicht aktuellen Untersuchungen Ditter.

zusammen, die von der afrokolumbianischen Gemeinde *Muchica* am *Cerro Teta* betrieben wird. Sie teilen sich die technischen Anlagen sowie die Administration, arbeiten aber privat. Zu betonen ist die Lobbyarbeit dieser Bergleute auf regionaler und nationaler Ebene, da sie häufig im Zugzwang stehen, sich vom illegalen Bergbau abzugrenzen. Außerdem ist es für sie kaum möglich die hohen Arbeits- und Umweltstandards, die für Großunternehmen konzipiert sind einzuhalten, um nicht in die Illegalität abzurutschen (C 30/31_52).

Es ist zu vermuten, dass auch diese Bergleute Schutzgelder an bewaffnete Gruppen bezahlen mussten oder müssen, auch wenn dies im Interview geleugnet wird (C 30/31_06). Zumindest zeigt der ungeklärte Mord an dem ehemaligen Vorsitzenden der Kooperative im Januar 2018 einen Zusammenhang zwischen Gewalt und Kleinbergbau (NOTICIAS CARACOL, 24.1.2018).

In Bezug auf die mittleren Minen zeigt *Abbildung 7.8* dass 12 der Konzessionen (ca. 20 % der konzessionierten Fläche) sich im Besitz von kleinen oder mittleren nationalen Unternehmen, die nicht aus dem *Cauca* stammen, befinden. Der Sitz dieser nationalen Unternehmen ist nach eigenen Recherchen in *Bogotá* oder auch der traditionellen Goldförderregionen *Antioquías*. Dies weißt darauf hin, dass es eine Expansion des legalen Bergbaus von traditionellen in neue Regionengibt. *Tabelle 7.2* zeigt, dass ab 2004, insbesondere aber ab 2008 vermehrt Unternehmern aus *Antioquia*, *Valle del Cauca* und *Huila* im *Cauca* Konzessionsnehmer werden.

Ein Beispiel hierfür ist das national agierende Unternehmen *Giraldo u. Duque*, das unter Tage im Gebiet um *Buenos Aires* arbeitet. Es handelt sich um einen aus *Antioquia* stammenden Besitzer mit Vertragspartnern aus Florida. Neben dem Abbau mit moderner Technologie kauft er von Mitgliedern der Kooperative Erz auf, da die Mine durch verbesserte technische Möglichkeiten die vierfache Goldmenge extrahieren kann (BOLAÑOS 2015). Es ist zu vermuten, dass dieses Unternehmen auch Gold als illegalen Quellen ankauft. Wie in *Karte 3* ersichtlich, wird Gold nicht dort offiziell in den Umlauf gebracht wo es gefördert wird und *Buenos Aires* gehört zu den Orten wo überdurchschnittlich viel Gold verkauft wird.[8]

Ein Großteil (ca. 50 %) der legal konzessionierten Fläche ist an ausländische Unternehmen vergeben. Auffällig ist, dass die durchschnittliche Größe ihrer Konzessionen deutlich über der der nationalen Konzessionsnehmer liegt. Die Besitzer dieser Konzessionen sind das südafrikanische Großunternehmen *Anglo*

---

[8] An dieser Stelle sei zudem vermerkt, dass der Autor Bolaños nach der Publikation seiner Artikel zu Goldabbau im Cauca diesen aufgrund von Drohungen verlassen musste.

Gold Ashanti, das 48 % der gesamten Konzessionsfläche besitzt und das kanadische Unternehmen *Consortio Resources Ltm.*, das eine untergeordnete Rolle spielt. Ab 2008 wurden Konzessionen unter der Präsidentschaft ALVARO URIBES gezielt an internationale Großunternehmen verkauft, um Direktinvestment anzuwerben (vgl. *Abschn. 6.3.2*). Konzessionen wurden auf den *Greenfields* (*El Tambo, La Sierra, La Vega*) gekauft, um dort explorative Projekte zu starten. Die Ausweitung der Projekte steht im *Cauca* in der Kritik, mit paramilitärischen Gruppen gegen örtliche Gegner vorzugehen (INDÁRRA FRANCO et al. 2010: 160). Obwohl keines der beiden Unternehmen zum derzeitigen Zeitpunkt Gold fördert, ist davon auszugehen, dass beide Großbergbau im Tagebau oder Untertage in den kommenden Jahren planen.

Die genauere Betrachtung der Konzessionsnehmer zeigt, dass die größten Treiber für Goldbergbau Unternehmer aus Gegenden mit bereits bestehendem Abbau sind. Dies gilt sowohl für mittlere und kleine Konzessionsnehmer aus *Antioquia* wie auch für die geplanten Großminen, deren Unternehmenssitz sich in Südafrika und Kanada befindet. Die offenen Fragen bleiben bestehen, in welchem Zusammenhang vor allem die nationalen Unternehmen mit illegal gefördertem Gold stehen.

Tabelle 7.1 Anzahl, Größe und Herkunft der Konzessionsnehmer im Cauca 2017 nach Herkunft

	Herkunft	Anzahl der Konzessionen	Anteil der konzessionierten Gesamtfläche
national	Bogotá	9	24,1 %
	Cauca	9	5,9 %
	Antioquia	5	3,4 %
	Huila	1	8,0 %
	Valle del Cauca	1	0,8 %
international	Südafrika	7	48,5 %
	Kanada	1	0,03 %
keine Information		4	23,03 %

Quelle: Eigener Entwurf nach Berechnungen auf Daten von ANM 2014

Tabelle 7.2 Konzessionsvergabe im Cauca nach Konzessionsnehmer und Jahr

	1995	1996	1997	1998	1999	2000	2001	2002	2003	2004	2005	2006	2007	2008	2009	2010	2011	2012	2013	2014
natürliche Personen	2								1	1		1			5			2	3	
Kooperativen	1												1							1
kleine und mittlere nationale Unternehmen													4		4	1		2		
große nationale Unternehmen												1			1					
internationale Unternehmen														4	2	2		1		

Quelle: Eigener Entwurf nach Daten des ANM 2014

Abbildung 7.4 Kleinschürferkooperative am *Cerro Teta* im Nordcauca. (*Quelle: Eigene Aufnahme (Buenos Aires, Cauca, Kolumbien: Januar 2018)*)

Abbildung 7.5 Goldförderung in der *Cooperativa Multimineros*. (*Quelle: Eigene Aufnahme (Buenos Aires, Cauca, Kolumbien: Januar 2018)*)

7.1 Cauca (Kolumbien)

Abbildung 7.6 Eingang zu einem formellen Kleinstollen der *Cooperativa Multimineros*. (*Quelle: Eigene Aufnahme (Buenos Aires, Cauca, Kolumbien: Januar 2018)*)

Abbildung 7.7 Cyanidlauge der Kooperative. (*Quelle: Eigene Aufnahme (Buenos Aires, Cauca, Kolumbien: Januar 2018)*)

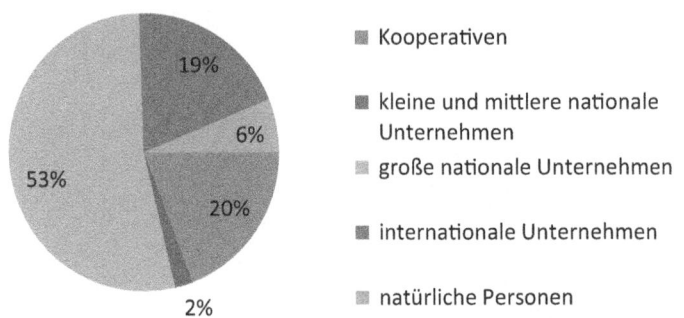

Abbildung 7.8 Anzahl, Größe und Besitzer der Konzessionen im Cauca. (*Quelle: Eigene Berechnungen nach Daten des ANM (2017)*)

7.1.2.3 Illegaler Bergbau

"en el Cauca, criminales se hacen pasar como pequeños mineros"[9]

MITARBEITER EINER EXTRAKITIVISMUSKRITISCHEN KOLUMBIANISCHEN NGO (C 11_03)

Ein Großteil des in Kolumbien und so auch im *Cauca* gewonnen Goldes stammt aus nicht formalisierten Quellen (RIAÑO 2017: 15). Aufgrund seines illegalen Charakters können auf der Basis verfügbarer Daten nur Vermutungen zum Goldbergbau angestellt werden. Dies ist zum einen die offiziell geförderte Goldmenge nach *Municipio* aus dem Jahr 2014 (ANM 2014), zum anderen die georeferenzierten Daten einer Analyse des UNODC (2016) sowie interne Angaben der Polizei des *Cauca* über ihre Einsätze in den Jahren 2014–2018 (POLICIA REGIONAL DEL CAUCA 2017) und verschiedene Zeitungsberichte.

Der illegale Goldabbau findet entweder in Flüssen oder unter Tage statt. Aus Flüssen lässt sich Gold, neben traditionellen Techniken, entweder mit Baggern fördern, was den größten Einfluss auf das Ökosystem hat oder mit Hilfe von Sauggeräten, die das Gold aus dem angesaugten Schlamm fördern. CUADROS FALLA (2013:204) weist darauf hin, dass sich aus Flussgrabungen sehr viel höhere Einkommen erzielen lassen als unter Tage.

Der UNODC schätzt, dass 70 % des kolumbianischen Goldes aus Flüssen gefördert wird und 30 % unter Tage (UNODC 2016). Im *Cauca* ist eine starke

---

[9] "Im Cauca tarnen sich Kriminelle als Kleinbergleute"

7.1 Cauca (Kolumbien)

Ausweitung des Flussbergbaus ab dem Jahr 2000 zu verzeichnen, wie die Satellitendatenanalyse zeigt. Laut der Studie waren im *Cauca* im Jahr 2000 nur insgesamt 74 ha von Flussbergbau mit Baggern betroffen; die Fläche versechsfachte sich bis 2014 (s. *Karte 3*). Der *Cauca* entwickelte sich erst mit dem ansteigenden Goldpreis zum Goldförderort, an dem mit technischer Hilfe Gold in Flüssen und unter Tage ohne Lizenz abgebaut wird (POLICÍA REGIONAL DEL CAUCA 2017).

Trotz der Kenntnis um den Goldreichtum des *Caucas* seit der Kolonialzeit war Goldabbau im größeren Stil bis ins Jahr 2000 auf die Regionen *Santander de Quilichao, Timbiquí, Buenos Aires, Patía* und *Suarez* beschränkt. 2006 kam 92 % des Goldes aus diesen *Municipios*. Zunächst wurde Bergbau also in den Regionen mit hoher afrokolumbianischer Bevölkerung und einer starken Präsenz der FARC und der ELN durchgeführt. Bis 2014 breitete er sich dann in beinahe alle *Municipios* aus, sodass zum Zeitpunkt der Untersuchung in 38 der 42 *Municipios* illegaler Bergbau praktiziert wurde (SEMANA 24.1.2018). HECK (2014: 101) spricht von 57 informellen mittelgroßen Minen und 419 Kleinminen, gibt jedoch keinen Aufschluss über ihre Quellen.

Die eigenen Analysen beruhen auf georeferenzierten Daten des UNODC sowie den offiziellen Goldförderdaten des Minenministeriums (MINISTERIO DE ENERGÍAS Y MINAS 2016[10]). Die kombinierte Analyse beider Datensätze ermöglicht es, differenzierte Erkenntnisse zu illegalem Bergbau zu erlangen. Die Zusammenführung dieser Daten ermöglicht eine Annäherung an die reellen Ausmaße des illegalen Bergbaus. Dies ist von Bedeutung, da während des Forschungsaufenthalts viel Unwissenheit über die Dimensionen und Implikationen des Goldbergbaus im *Cauca* herrschten. Beispielhaft dafür war die Teilnahme an einer öffentlichen Veranstaltung, wo die Autorin schnell zur „Expertin" avancierte, obwohl sie sich erst wenige Tage im *Cauca* befand. Diese Unwissenheit über die Ausmaße des illegalen Bergbaus birgt die Gefahr, dass dieser mit unliebsamen Gruppen in Verbindung gebracht wird. Die folgenden Untersuchungen sind somit als Annäherungen an ein schwer fassbares Phänomen zu werten.

Die Daten des UNODC beinhalten die Lokalisierung des illegalen Bergbaus in Flüssen anhand von Satellitendatenanalysen aus den Jahren 2000, 2006 und 2014. Sie liefern jedoch keine Aussage zu anderweitig produziertem Gold (d. h. unter Tage oder in handwerklichem Stil). Die Daten des Minenministeriums hingegen beinhalten eine Unschärfe in Bezug auf die Orte der Kommerzialisierung.

---

[10] Das zitierte Dokument mit den offiziellen Förderdaten nach Municipio wurde mittlerweile dem öffentlichen Zugriff entnommen, liegt der Verfasserin aber vor.

Die zusammengeführte Datenanalyse zeigt auch, dass keine Korrelation zwischen den *Municipios* bezüglich der Goldförderung in Flüssen detektiert wurde und Gold offiziell kommerzialisierten wird gibt, wie auch *Abbildung* 7.9 für die gesamte Pazifikküste zeigt (zur Interpretation der Daten *Tab.* 7.4). Wird Goldförderung anhand der Satellitendaten detektiert, aber kein Gold offiziell kommerzialisiert (1), wird dies als illegaler Goldabbau in Flüssen verstanden, das danach in anderen *Municipios* in den legalen Markt gebracht wird. Wenn Flussbettzerstörungen vorhanden sind und Gold offiziell in den Umlauf gebracht wird (2), wird dies als zunehmende Formalisierung des Bergbaus interpretiert. Wird kaum, d. h. weniger als 1 kg Gold/Jahr kommerzialisiert, wird dies als handwerkliches Waschen gewertet (3) und bei bestehender Goldkommerzialisierung aber fehlender Satellitendetektierung wird dies entweder als Kommerzialisierung von Gold aus anderen *Municipios* verstanden oder als unterirdischer Bergbau (4).

Im Jahr 2006 gab es sechs *Municipio*s, wo keine Goldförderung aus Flüssen detektiert werden konnte aber mehr als 1 000 g Gold kommerzialisiert wurde. Diese *Municipios* werden als Orte traditionellen unterirdischen Bergbaus gewertet (*Tab.* 7.3). In 26 von 40 *Municipios* wurde 2006 weder Goldbergbau gesichtet und noch mehr als 1 000 g Gold/Jahr offiziell gefördert. Die Anzahl sank bis 2014 auf 17, während die Zahl der Regionen, wo illegale Goldförderung aus Flüssen entdeckt werden konnte, aber keine offizielle Goldförderung stattfand, um acht anstieg. Die Zahl der *Municipios,* wo eine zunehmende Formalisierung stattfindet, stieg ebenfalls um acht an. Auch die Daten zu den zerstörten und konfiszierten Bergbaumaschinen durch die Polizei (*Tab.* 7.6) weisen auf eine Zunahme des überirdischen Bergbaus hin. Die zunehmende Überwachung durch Satellitendaten und das damit verbundene vereinfachte Detektieren von Goldförderung aus Flüssen mag eine Ursache sein.

Somit entstand im *Cauca* erst mit dem steigenden Goldpreis eine illegale Goldförderökonomie, die mit technischen Mitteln Gold in Flüssen und unter Tage ohne Lizenz abgebaut (POLICÍA REGIONAL DEL CAUCA 2017, UNODC 2016). Goldabbau weitete sich von traditionellen Goldfördergegenden mit hoher afrokolumbianischer Bevölkerung in fast alle *Municipios* aus (*Tab.* 7.5). Die unbeantwortete Frage bleibt, wer hinter dieser Ausweitung steht).

Tabelle 7.3 Anteil der Municipios im Cauca mit Bergbau

	2006	2014	Differenz
Kein Goldabbau aus Flüssen anhand der Satellitendaten sichtbar (Ha = 0)	0,14 %	0,5 %	0,35 %
Keine Kommerzialisierung des Goldes vermerkt (g = 0)	0,26 %	0,29 %	0,02 %
Nur handwerklich gefördertes Gold (g<1000)	0,21 %	0,29 %	0,07 %

Quelle: Eigene Berechnung nach Daten des UNODC und MINMINAS (2014)

Tabelle 7.4 Interpretation der über Satellitendaten generierten Daten zur formellen Goldproduktion

Goldförderung aus Flüssen	detektiert	Illegaler Flussabbau und anschließender Schmuggel in andere *Municipios* (1)		zunehmende Formalisierung illegalen Bergbaus (2)
	nicht detektiert	kein Bergbau	handwerklicher Bergbau (3)	unterirdischer Bergbau oder Kommerzialisierung von Gold aus anderen *Municipios* (4)
		kein	kaum (<1000 g)	hoch (>1000 g)
		offizielle Kommerzialisierung		

Quelle: Eigener Entwurf

7.1.3 Akteurs- und Machtkonstellationen: Wer steht hinter dem illegalen Bergbau?

"Nosotros optamos por no enfrentarnos con ellos [los mineros], porque era un mal que aceptaba la población. Ellos nos decían 'Compañeros, dejen pasar la maquinaria (...)' – 'Pero ustedes son conscientes, del daño que les van a hacer?' (...) – 'Pero compañeros, ¡tenemos que comer!'"[11]

EHEMALIGER KOMMANDANT DER FARC (C 13_06)

---

[11] „Wir entschieden uns, uns nicht gegen sie [die Bergleute] zu wehren, weil es ein Übel war, was die Bewohner akzeptierten. Sie sagten: "Compañeros, lasst die Maschinen durch"- "Aber wisst ihr, welchen Schaden sie anrichten werden?" – "Aber compañeros, wir müssen essen!""

Tabelle 7.5 Municipios mit Goldförderung aus Flüssen und offiziell geförderte Goldmenge 2006, 2013 und im Vergleich

2006	Goldförderung aus Flüssen	detektiert	4	2
		nicht detektiert	26	6
			< 1000 g	>1000 g
			offizielle Kommerzialisierung	
2014			12	10
			17	1
			<1000 g	> 1000 g
			offizielle Kommerzialisierung	
Veränderung 2006–2013			+8	+8
			-9	-5
			<1000 g	>1000 g
			offizielle Kommerzialisierung	

Quelle: Eigene Analysen auf Datengrundlage von HAMILTON et al. (2019)

Zum besseren Verständnis von illegalem Bergbau und im Zuge der Untersuchung des Zusammenhangs zwischen Konflikt und Ressourcen ist es unabdingbar, die Akteure und Profiteure des illegalen Bergbaus so weit möglich zu identifizieren. Die *Greedy-Rebel-These* postuliert, dass sich illegaler Bergbau vor allem durch die Präsenz bewaffneter Gruppen ausweitet – das Eingangszitat zeigt jedoch, dass unterschiedliche Personengruppen im illegalen Bergbau involviert sind.

Nach Aussagen von Anwohnenden werden illegale Grabung von einem oder möglicherweise mehreren „**illegalen Geschäftsleuten**" initiiert. Diese kommen häufig aus Regionen, in denen seit längerer Zeit Goldbergbau praktiziert wird, wie *Nariño* oder *Antioquia* (C 05_07; C 06_04), oder aber auch aus dem Ausland, z. B. Brasilien (C 27_04–06). Sie beziehen diese Personen ihr Wissen über den Bergbau aus alten Dokumenten (C 23_09) oder aus Bodenproben nach Bergrutschen (C 27_04). Diese Geschäftsleute organisieren den Transport der Maschinen zum Einsatzort und kontrollieren die Vorgänge (C 17).

Begleitet werden diese illegalen Geschäftsleute von **Wanderarbeitenden**, die ebenfalls häufig aus Nachbarregionen kommen. Sie werden als Menschen „mit

7.1 Cauca (Kolumbien)

Tabelle 7.6 Polizeiinterventionen im Cauca 2014–2017

Polizeiliche Aktionen		2014	2015	2016	2017	Summe
Intervenierte Minen		53	86	209	48	396
Gefangennahmen		59	58	20	24	161
Zerstörte oder beschlagnahmte Maschinen	Schaufelbagger**	48	38	70	14	170
	Motorpumpen***	15	10	28	18	71
	sonstige Bagger und Bulldozer**	1	4	5	2	12
	Zerkleinerungsmaschinen für Geröll*	1	1	0	0	2
	Erdrutschen für Gestein**	6	5	9	18	38
	Motoren*	5	1	30	25	61
	LKWs und Kipplaster	2	1	0	2	5
sonstige beschlagnahmte Materialien	Waffen	4	1	0	1	6
	Gold (g)	322	203	0	804	1329
	Quecksilber (g)	1035	4000	0	0	5035

* unterirdischer Bergbau ** Goldförderung aus Flüssen *** *dredging*
Quelle: Eigener Entwurf nach Daten POLICIA REGIONAL DEL CAUCA 2017

dunkler Hautfarbe" und *paisas* (Lokalbezeichnung für Personen, die aus *Antioquia* kommen) beschrieben (C 08_05; C 21_02). Scheinbar handelt es sich bei diesen meist um junge Männer aus peripheren Regionen, in denen illegaler Goldbergbau bereits verbreitet ist, und über wenig Bildung verfügen. In vielen Fällen schließen sich dann junge Männer aus den betroffenen Gebieten an, die zu rangniedrigeren Tätigkeiten eingesetzt werden (C 17_06). Berichtet wird auch von Kindern, die Zubringertätigkeiten verrichten (C 23_30); darüber, ob Kinder auch in den Stollen eingesetzt werden, kann nur spekuliert werden.

Zu Beginn einer Grabung dauert es meist nicht lange, bis **bewaffnete Gruppen** Schutzgelder für den Schutz vor Polizei, anderen bewaffneten Gruppen und gewöhnlicher Kriminalität verlangen. Nach Aussagen hochrangiger FARC-Mitglieder handelt es sich bei dem Schutzgeld um ca. 10 % der Einnahmen sowie die Verpflichtung, Infrastruktur für die peripheren Gemeinden herzustellen (C 13_06). Es ist jedoch davon auszugehen, dass 10 % eine sehr niedrig angesetzte Zahl ist. Neben der FARC agieren jedoch auch andere bewaffnete Gruppen wie der ELN, paramilitärische Einheiten und „neue bewaffnete Gruppen" im Bergbau (C 26_05). Nach der offiziellen Demobilisation der FARC gibt

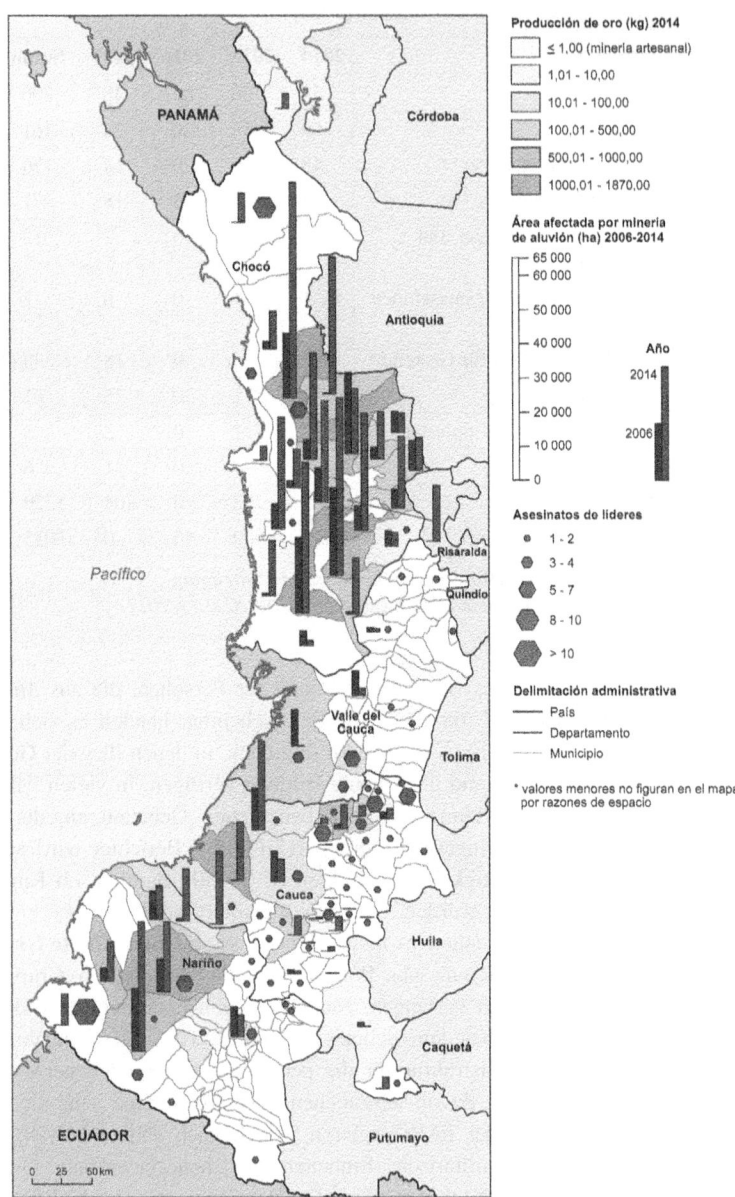

Abbildung 7.9 Goldförderung an der kolumbianischen Pazifikküste. (*Quelle:* HAMILTON, CUSI u. RUIZ (2020), KARTOGRAOHIE: LISETT DIEHL)

es diverse neue Gruppen, die sich um die vormals durch die FARC kontrollierten Grabungen bekriegen.

Eine weitere, häufig unterschätze Akteursgruppe im Bergbau sind die **lokalen Gemeinden**. Nach Aussagen von Anwohnenden verpachten sie das Gelände an die Unternehmer und bekommen dafür ca. ein Viertel der Einnahmen (C 23_13). Sie haben auch ein Mitentscheidungsrecht darüber, ob und in welchem Ausmaß Bergbau betrieben wird wie verschiedene Interviews zeigten. Viele Gemeinden wehrten sich auch erfolgreich gegen die Ankunft der Bergleute (C 09_02, C 20_01), während andere (C 23) sich von dem leicht verdienten Geld haben locken lassen. Ein Interviewter nannte den illegalen Bergbau die „*Sklaverei des 21. Jahrhunderts*" (C 07_03, Übers. d. Verf.), da sich die Gemeinden in eine Abhängigkeit von illegalem Bergbau unter der Bewachung bewaffneter Ökonomien begeben. Jedoch ist es auch in diesen Gemeinden der Fall, dass es enge Absprachen über die Grabungsorte wie auch über Ferienzeiten und Arbeitsverbote gibt. Beispielsweise erlaubten die Bewohner der Gemeinde *San Antonio* die Grabung unter Tage nicht mehr, nachdem bei einem Minenunglück mehrere Menschen getötet wurden (C 24_01–04). In *El Tambo*, einem weitestgehend staatsfernen Raum, werden die Minen von der Lokalbevölkerung ohne den „Schutz" einer bewaffneten Gruppe geführt (C 20_02).

Weiterhin ist auf den transversalen Charakter illegalen Bergbaus zu verweisen: Ohne die Duldung oder Korruption von **Schlüsselpersonen aus der Politik** ist illegaler Bergbau nicht zu betreiben (C 11_13–14). Die Planung der Einsatzorte der polizeilichen Aktionen sind sehr intransparent (vgl. *Abschn.* 6.3.2). So wurde nur ca. 5 km von der Stadt Mercaderes 3 Jahre lang illegaler Bergbau mit 500 bis 3 000 Bergleuten betrieben, ohne dass dies von der Polizei beantwortet blieb. Die polizeiliche Intervention wurde erst nach Protesten der Zivilbevölkerung durchgeführt (C 27_08). Lokalpolitiker profitieren nach Aussagen von Betroffenen direkt oder indirekt von den illegalen Grabungen. Dies wird durch die Suspendierung zweier Regionalpolitiker aus der Regionalversammlung illustriert. Verschiedene Befragte wiesen insbesondere daraufhin, dass, im Fall von Gegenden ohne tradierten Bergbau, die Herkunft der Politiker eine besondere Rolle spiele: Wenn diese aus einem anderen Ort stammen, haben sie eine höhere Affinität, Goldabbau zu tolerieren (C 27_08; C 05_05).

Es ist weiterhin darauf hinzuweisen, dass illegaler Bergbau nur in Kooperation mit **Bergleuten aus dem legalen Bergbau** stattfinden kann. Die Legalisierung des illegalen Goldes findet meist über den Goldaufkauf aus illegalen Quellen von legal agierenden Unternehmen statt, die es zu einem günstigeren Preis einkaufen und es dann als legal gefördertes Gold deklarieren und somit „*Geldwaschen durch Goldwäsche*" (HAMILTON 2018a: 11) betreiben (C 10_10, C 30/31_37–40).

Des Weiteren sind Verstrickungen mit **anderen illegalen Netzwerken** wie Kokainmafias zu betonen. Diese sind auch für den Transport des illegalen Goldes über den Pazifik oder über die Stadt *Cali* verantwortlich. Bei einer medienwirksamen Razzia wurde die „Königin des Goldes" festgenommen, die über die letzten Jahre 3 Tonnen Gold in den Umlauf gebracht haben soll, was darauf hinweist, dass *Cali* eine zentrale Position in der Goldlogistik einnimmt (SEMANA, 17.8.2017). Der interviewte Ex-Kommandant der FARC geht davon aus, dass der illegale Bergbau immer eine Transformation des Kapitals des Drogenhandels sei (C 13_04). Er sagte: *„Die Drogen werden in Gold umgewandelt und das Gold wird legal exportiert"* (Übers. d. Verf.). Die Mafias kauften mit den Einnahmen aus dem Kokainhandel die kostspieligen Bagger und können somit das Geld in den legalen Markt integrieren.

In Bezug auf die Fragen, ob Gold die Entstehung von bewaffneten Gruppen bedinge oder illegaler Bergbau bewaffnete Gruppen entstehen lasse, können anhand der Akteursanalyse folgende Aussagen getroffen werden: Die differenzierte Darstellung der Akteure zeigt, dass es eine zu starke Vereinfachung der Umstände ist, illegalen Bergbau *Greedy Rebels* zuzuschreiben. Dies lässt vor allem Aussagen über die Forschenden zu, denen offensichtlich Felderfahrung fehlt. Die dezidierte Beschreibung der Profiteure zeigt ein komplexes Verflechtungsmuster, wo, wann und wie sich Bergbau ausbreitet. Trotz der Verbindung zwischen dem bewaffneten Konflikt und dem Goldbergbau war der Friedensvertrag für die Befragten nur peripher in Bezug zum Goldabbau von Bedeutung. Vielmehr entstehen durch den Bergbau neue bewaffnete Gruppen, wodurch die These, die illegalen Bergbau durch die Präsenz bewaffneter Gruppen erklärt, verworfen werden kann. Des Weiteren zeigte die Untersuchung von HAMILTON et al. 2020, dass Goldabbau sich in Regionen ausbreitet, die von hohem sozialem Risiko und ländlicher Armut betroffen sind. Auch dies weist darauf hin, dass vor allem geringe staatliche Präsenz lokale Gemeinden dazu verlockt, illegalen Bergbau auf ihrem Territorium zu erlauben.

7.1.4 Bergbaufluch durch illegale Goldförderung?

> *"Se dañó la vereda, en cuanto a violencia y mataron a un poco de gente y se daban bala entre ellos mismos. (...), mucha prostitución y nosotros no estábamos muy de acuerdo con eso."*[12]

---

[12] "Das Dorf wurde durch Gewalt geschädigt und sie [die Bergleute] töteten einige Menschen hier und erschossen sich gegenseitig. (...) Es kam auch viel Prostitution und wir waren damit nicht einverstanden."

AFROKOLUMBIANISCHER REISBAUER (C 23_10)

Illegaler Bergbau hat vielfältige Einflüsse auf die Regionen, in denen er stattfindet; analog zu den Aspekten des Ressourcenfluchs (vgl. *Abschn.* 2.5.2.1) werden hier anhand der Interviews ökonomische, ökologische, soziale und politische Konsequenzen mit besonderer Berücksichtigung der Postbürgerkriegssituationen unterschieden, die aus den Interviews und teilnehmenden Beobachtungen abgeleitet. Wie im Eingangszitat ersichtlich, ist für die Bewohnenden von Dörfern, in denen vorher kein Bergbau stattfand, besonders eine Zunahme von Gewalt zu verzeichnen. Jedoch sei an dieser Stelle erneut darauf hingewiesen, dass die folgenden beschriebenen Konsequenzen nicht zwingend an den Stellen spürbar sein müssen, wo Gold als Rohstoff zu finden ist. Vielmehr entscheiden die lokalen Gemeinden mit, ob der Rohstoff Gold im lokalen Kontext zur Ressource werden soll. Deshalb wird im Folgenden der Begriff des Bergbaufluchs verwendet.

Für die Betrachtung der speziellen Situation Kolumbiens im Übergang zu einer friedlichen Gesellschaft sind besonders die **politischen Konsequenzen** des illegalen Bergbaus zu beleuchten. HAMILTON (2019) beschreibt die politischen Auswirkungen auf die Entstehung und Finanzierung neuer bewaffneter Konflikte. Dadurch, dass ein Großteil der Goldminen in von der FARC kontrollierten Gebieten lag (s. *Karte* 3), ist die Frage, wer in der Folge diese Minen kontrolliert.

Die neu aufkommenden bewaffneten Gruppen finanzieren sich über die Schutzgelder und treten über die Kontrolle dieser Gebiete miteinander in Konflikt (C 08_18). Ein Beispiel hierfür ist die Auseinandersetzung in *Almaguer* Anfang Januar 2018, bei der fünf Mitglieder einer bewaffneten Gruppe medienwirksam ermordet wurden (C 08_01–04). Somit wird der illegale Bergbau zur direkten Gefahr für den Frieden, da er als Finanzierungsquelle neuer bewaffneter Akteure dient.

Nach Berechnungen der durch die Polizei zerstörten Maschinen aus dem illegalen Bergbau kann approximiert werden, dass im *Cauca* pro Jahr 4 550 kg Gold pro Jahr gefördert werden, was einem Materialwert von ca. 150 Mio. US-Dollar entspricht. Die Kalkulation basiert auf der Annahme, dass ein Bagger 70 g Gold pro Tag fördern kann (NOTICIAS CARACOL, 8.5.2017), sodass das wöchentliche generierte Einkommen eines Baggers bei ca. 1 7000 US-Dollar[13] liegt. Nach Informationen der Polizei wurden zwischen 2014 und 2017 178 Maschinen zerstört (POLICIA REGIONAL DE CAUCA 2017). Trotz der vielen Ungenauigkeiten,

---

[13] Dies basiert auf dem Goldpreis von Dezember 2017, der bei ca. 90 000 kolumbianischen Pesos (ca. 33 US-Dollar) lag.

die diese Herangehensweise impliziert, entspricht die Menge der 2013 offiziell geförderten Menge von 4 435 kg (MINISTERIO DE ENERGÍAS Y MINAS 2014). Wenn davon 10 % an eine bewaffnete Gruppe bezahlt würde, wären das 1,5 Mio. US-Dollar pro Jahr, die für die Refinanzierung neuer bewaffneter Gruppen verwendet werden.

Weiterhin sind **ökonomische Konsequenzen** zu beobachten. Betroffene berichten von einem Preisanstieg durch die insgesamt höhere Geldmenge. Ein Betroffener berichtet, dass die Grundstückspreise um ein Vierfaches anstiegen (C 23_12) und aus *Mercaderes* bezeugen die Anwohner einen Anstieg der Lebensmittelpreise um ca. ein Drittel (C 27_15). Dieses Phänomen könnte als „lokale holländische Krankheit" bezeichnet werden und ist, nach Aussagen Betroffener im *Cauca*, auch in Gegenden mit hoher Kokainproduktion zu beobachten. Die Auswirkungen einer lokalen Inflation hat vor allem für die nicht im Bergbau aktive Bevölkerung massive Konsequenzen. Als Resultat verlieren traditionelle Lebens- und Wirtschaftsweisen an Bedeutung. Das „schnelle Geld", das mit Hilfe von Goldgrabungen und deren Zulieferung verdient werden kann, verlockt junge Menschen dazu, andere legale Tätigkeiten wie traditionelles Goldwaschen oder Subsistenzbauerntum aufzugeben. Trotzdem würde es der Realität nicht gerecht, das Vernachlässigen traditioneller Lebensweisen monokausal auf den Goldabbau zu schieben und ist einer generell utilitaristischen Haltung zuzuschreiben, die wiederum Konsequenz fehlender staatlicher Fürsorge ist.

Weiterhin ist im Kontext der lokalen **ökonomischen Konsequenzen** die Korruption zu nennen. Journalist wies darauf hin, dass sich Politiker nur Halbherzig gegen den Bergbau engagieren. Auch hier finden sich Parallelen zum nationalen Ressourcenfluch: Die Korruption, wie an der Suspendierung der zwei Abgeordneten der Regionalkonferenz zu sehen ist, erlaubt es den regionalen Oligarchien, die Kontrolle zu bewahren. Kritische Stimmen gegen den illegalen oder legalen Bergbau können dann mit Gewalt unterdrückt werden, um ihren Machterhalt zu sichern (vgl. *Abschn.* 7.1.6). Hier finden sich Parallelen zu den Untersuchungen von BASEDAU und LAY (2007) auf nationaler Ebene, die von verstärktem Autoritarismus durch Ressourcenabhängigkeit sprechen. Die Zunahme an Gewalt (s. Eingangszitat), wozu auch die Bedrohung derjenigen zählt, sie sich gegen den Bergbau aussprechen, verunsichert die Bevölkerung und lässt sie den Bergbau als Sicherheitsgefahr wahrnehmen. Ein Polizist, der in den Räumungen eingesetzt wurde, sagte dazu: „*Kennen Sie den Film Blooddiamonds? So ist die Lage an der Pazifikküste*" (C 17_01, Übers. d. Verf.).

Die genannten ökonomischen stehen in direktem Zusammenhang mit den **sozialen Auswirkungen**. Neben der Gewaltzunahme (vgl. *Abschn.* 7.1.6) folgt dem illegalen Bergbau eine Spaltung der Gemeinschaft. Während einige Mitglieder der Gemeinde vom illegalen Bergbau profitieren, indem sie ihr Stück Land verpachten, an den Grabungen teilnehmen oder den Bergleuten Dienstleistungen wie die Zimmervermietung oder Essensverkauf anbieten, sind andere aus Überzeugung oder strukturellen Gründen wie Alter oder Geschlecht von den monetären Vorteilen ausgeschlossen (C 23). Andere weisen auf die kulturverändernden Konsequenzen des Bergbaus hin: *"Wir haben hier keine Bergbaukultur (...). Alles das ist Teil einer Strategie der Regierung, um unsere Agrarkultur in eine Bergbaukultur umzuwandeln. Zuerst kommen die informellen, dann die multinationalen (...) die sogenannten „kleinen Bergleute" und mit ihnen kommen die Bedrohungen, die Prügeleien, der Terror, sie kommen, um unsere Kultur zu verändern."* (C 05_06, Übers. d. Verf.).

Die soziale Spaltung ist auch an der Bebauungsstruktur der Häuser zu erkennen, es entsteht ein Nebeneinander von sehr einfachen Hütten und mehrstöckigen Häusern aus Zement (C 23_14, C 30/31_03–04). Dabei hat Bergbau keine strukturelle Verbesserung der Infrastruktur zur Folge, sondern die Investition in Statussymbole.

Des Weiteren nimmt eine **Männerökonomie** an Bedeutung zu. Betroffene berichten von einer zunehmenden Anzahl an Kantinen und Bars sowie informell laufenden Bordellen (C 23_10). Einen besonderen Einfluss hat dies auf die jungen Menschen in den betroffenen Gegenden: Junge Männer verlassen die Schule, um sich in den Minen zu verdingen (C 21_10) und die Sicherheit junger Frauen ist durch den Männerüberschuss in Gefahr (C 05_11). Ein Betroffener resümiert wie folgt: *„Es gab Leute, die das nicht wollten [dass der illegale Bergbau kommt], weil er viel Gewalt und viele Probleme mit sich bringt. Und wirklich, diese Leute sind hergekommen und es gab viele Probleme."* (C 23_10 Übers. d. Verf.).

Zu den offensichtlichsten Konsequenzen des illegalen Bergbaus gehören die **ökologischen Konsequenzen**. Besonders sichtbar wird dies beim Flussgoldbau, wo große Flächen mit Hilfe von Baggern umgegraben werden. Anhand von *Tabelle 7.7* lassen sich die ökologischen Ausmaße in Bezug auf die umgewälzte Erde am Beispiel des *Río Sambingo* im Süden des *Caucas* hochrechnen. Die Quantifizierung der ökologischen Auswirkungen der zuvor angesetzten 4 550 kg Gold ergibt die Notwendigkeit von 2 694 Mrd. Tonnen umgewälzter Erde für den *Cauca* innerhalb eines Jahres.

Zusätzlich werden häufig angrenzende Wälder abgeholzt und die Verwendung von Quecksilber hat zudem ökologische Konsequenzen für die Wasser- und Bodenqualität. Interviews bezeugen auch, dass die absolute Anzahl der Fische abgenommen hat (C 23_15–16), sodass die ökologischen Konsequenzen im direkten Zusammenhang mit den daraus resultierenden sozialen stehen: Die

Ernährungsgewohnheiten der Bevölkerung ändern sich, da sie nun nicht mehr genug Fisch finden, wodurch sie in neue ökonomische Abhängigkeiten getrieben werden.

Eine graphische Zusammenfassung der Ergebnisse des regionalen Ressourcenfluchs anhand der qualitativen Daten im *Cauca* ist in *Abbildung* 7.10 dargestellt.

Tabelle 7.7 Ökologische Auswirkungen der Förderung eines Gramms Gold

	Gold (kg)	Wasser (m3)	Quecksilber (kg)	Erde (t)	Wert (US-Dollar)
Pro Gramm	0,001	1	0,007	2000	27
Gesamtfördermenge Cauca	4550	1347000	9450	2.694.520.800	36.376.030

Quelle: Eigene Zusammenstellung und Hochrechnung nach C 10

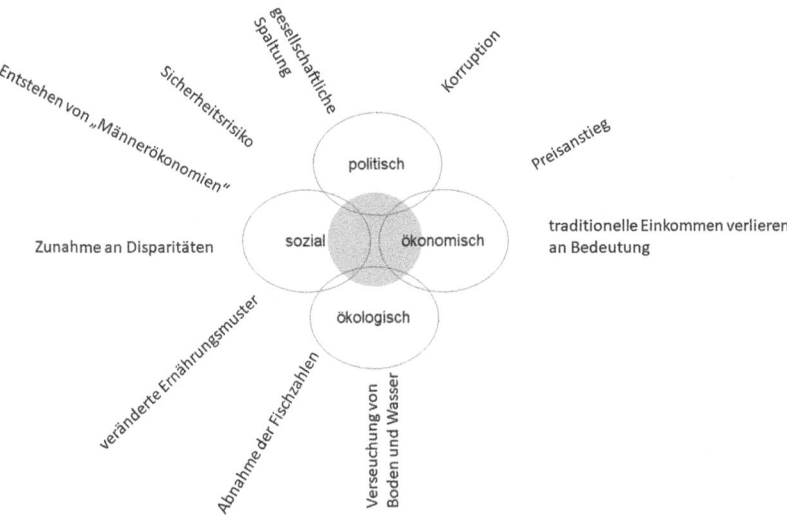

Abbildung 7.10 Dimensionen und Indikatoren des regionalen Bergbaufluchs. (*Quelle: Eigener Entwurf*)

7.1.5 Umgang mit dem "Ressourcenfluch" im Postkonflikt

7.1.5.1 Polizeiliche Interventionen

"la gente dice „cómo pueden llegar la maquinaria a lugares así sin que se den cuenta, pero ellos son profesionales, tienen su abogado que les hacen que las máquinas pasan como legales"[14]

POLIZIST, DER BEI EINSÄTZEN GEGEN ILLEGALEN BERGBAU EINGESETZT WURDE (C 17_05)

Zum Umgang mit illegalem Bergbau sprechen RETTBERG u. ORITZ- RÍOMALO (2016) für Kolumbien von *"Lethargie oder Unterdrückung"* von Seiten des Staates. Aufgrund seiner hohen *lootability* (vgl. Abschn. 2.3.1) eignet sich Gold für die Aneignung durch illegale Gruppen oder mafiöse Netzwerke. Lange gab es eine Duldungshaltung des illegalen Bergbaus, was auf die folgenden Gründe zurückgeführt werden kann:

1. Während des bewaffneten Konflikts lag der militärische Fokus auf der Bekämpfung der Unsicherheit und illegaler Bergbau wurde nicht als Kernthema behandelt. Durch den Postkonflikt wurde der Bergbau erst sichtbar (C 15_12).
2. Nach kolumbianischem Gesetz ist Bergbau ohne Lizenz erst seit 2012 im Strafgesetzbuch aufgenommen, was ein Resultat des schnell ansteigenden Goldpreises bei gleichzeitiger fehlender staatlicher Präsenz ist.
3. Viele Personen an Schlüsselpositionen profitieren von dem hohen Umsatz des illegalen Goldes und zu wenige einflussreiche Personen leiden unter den negativen Konsequenzen.

Zur Zeit der hier beschriebenen Untersuchungen gab es ein vermehrtes Problembewusstsein bezüglich des illegalen Bergbaus, was sich in verschiedenen Veranstaltungen widerspiegelte. Im Rahmen der Feldforschung sind hier exemplarisch eine durch das Bergbauministerium durchgeführte Fortbildung *„Aspectos mineros y competencias en el control a la explotación ilícita de minerales Colombia en el Departamento de Cauca"* – (Bergbauaspekte und Kompetenzenverteilung des illegalen Mineralabbaus in Kolumbien, *Departamento Cauca*

---

[14] „Die Leute sagen, „Wie kann es sein, dass eine Maschine zu solchen Orten gelangt, ohne dass es jemand merkt?", aber sie sind sehr professionell, sie haben ihre Anwälte, die dafür sorgen, dass die Maschinen als legal durchgehen"

11.-13.12.2017 *Popayán*, Kolumbien) und die Veranstaltung der Regionalversammlung „*Asamblea Departamental – La problematica de la minería en el Cauca*" (Regionalregierung – das Problem des Bergbaus im *Cauca* 22.11.2017, *Popayán*, Kolumbien) zu nennen, die von der Verfasserin besucht werden konnten.

Von Seiten der Polizei ist in den letzten Jahren eine Ausweitung der polizeilichen Interventionen zu verzeichnen. Insgesamt wurden in den Jahren 2014–2017 im *Cauca* 396 Interventionen von illegalen Goldminen durchgeführt, bei denen nach Angaben der Polizei insgesamt 192 Maschinen zerstört und 200 beschlagnahmt wurden (*Tab.* 7.6). Aufgrund der vorhandenen Daten lässt sich interpretieren, dass es eine leichte Abnahme der Goldförderung aus Flüssen zugunsten des unterirdischen Bergbaus gibt. Zumindest spricht hierfür die abnehmende Anzahl der angegeben zerstörten oder beschlagnahmten Maschinen, die für die Goldförderung aus Flüssen eingesetzt wurden.

Dieses Vorgehen wird medienwirksam als Erfolg gegen den illegalen Bergbau kommuniziert, wie z. B. durch Fotos wie *Abbildung* 7.11, ist jedoch auf verschiedenen Ebenen als problematisch einzustufen. Eine Bewohnerin sagte: "*Ja, sie [die Polizei] kommen immer, aber es ist immer das gleiche, die [Berg]leute gehen niemals weg*" (C 23_34, Übers. d. Verf.). Die fehlende Effizienz der Polizeieinsätze wird auch an der Frequenz der Interventionen beispielsweise in *Santander de Quilichao* deutlich. Hier gab es im Jahr 2016 132 "Besuche" der Polizei, bei denen lediglich kleine Maschinen wie Motorpumpen beschlagnahmt wurden, jedoch keine Großmaschinen. Ob es sich bei den Interventionen um absichtliche "kosmetische" Handlungen oder aber um fehlende langfristige Durchsetzungsmöglichkeiten von Seiten der Polizei handelt, lässt sich anhand der Daten nicht erkennen. Anwohnende berichten, dass die Polizei vor allem drohe und es sich bei den medienwirksam zerstörten Maschinen (*Abb.* 7.11) vorwiegend um alte Modelle handele (C 23_18). Als Begründung wird von Seiten der Polizei auf die fehlenden Einsatzkräfte verwiesen (C 18_12; C 19_01), jedoch muss davon ausgegangen werden, dass es sich zumindest zum Teil auch um Korruption handelt.

Des Weiteren ist die langfristige Wirkung dieser Einsätze in Frage zu stellen. Selbst nach dem in den Medien sehr präsenten Einsatz am *Río Sambingo* in Mercaderes im Dezember 2016 (EL MUNDO 30.1.2020), wo in einem Polizeigroßeinsatz insgesamt 78 Maschinen zerstört oder beschlagnahmt wurden (POLICIA REGIONAL DEL CAUCA 2017), erfolgte zwei Jahre später die Wiederaufnahme der illegalen Tätigkeiten in geringerem Umfang, inklusive der Sicherheitsgefahren in *Mercaderes*.

Ein weiteres Problem von Seiten der Polizei ist der wenig sensible Umgang mit traditionellen Bergleuten, denen aber die offizielle Förderlizenz fehlt. Auch hierfür ist die Region *Santander de Quilichao* exemplarisch, da dort, wie *Karte 3* zeigt, seit vielen Jahren Bergbau betrieben wird, der nun illegalisiert ist. Dies spricht für die unterschiedliche Interpretation der institutionellen Grauzone bezüglich des Bergbaus zwischen Bergleuten, Lokalpolitikern und der Polizei. URÁN (2018: 280) führt die Kriminalisierung der Kleinbergleute im Nationalgesetz Kolumbiens als Teil einer auf Großbergbau ausgerichteten nationalen Entwicklungsstrategie zurück.

Die beschlagnahmten und zerstörten Großmaschinen sprechen für eine tatsächliche Absicht der Eindämmung des illegalen Bergbaus, während in *Municipios*, wo lediglich Kleinmaschinen wie Motorpumpen und Stromgeneratoren beschlagnahmt oder zerstört wurden, dies eher für ein "Säbelrasseln" der Polizei und für Korruption spricht. Weiterhin ist zu unterscheiden, in welchen *Municipios* Maschinen beschlagnahmt und in welchen sie nach Angaben der Polizei zerstört wurden. Da sich beschlagnahmte Maschinen nach Zahlung eines Lösegeldes wiedergewähren lassen, ist auch hieran die reelle Absicht der Beendigung des Bergbaus zu erkennen. Nach den Angaben der Polizei sind demnach auch hier allein in *Mercaderes* und *Timbiquí* eine größere Anzahl an Maschinen zerstört worden, was somit als Einsatz zu werten ist, dessen tatsächliche Absicht die Eindämmung des illegalen Bergbaus ist.

Die beschlagnahmte Menge an Gold, Quecksilber und Waffen spricht dafür, dass die Polizeieinsätze eine sehr ineffiziente Strategie sind. Die Gesamtmenge des beschlagnahmten Goldes entspricht aber nur etwa einem Tausendstel des illegal geförderten Goldes im *Cauca*, da die hohe *lootability* des Goldes zur Folge hat, dass bei einer polizeilichen Intervention dieses zuerst in Sicherheit gebracht wird und es sich eignet sich zur Korruption bei polizeilichen Eingriffen eignet.

Insgesamt ist die Ausweitung des illegalen Bergbaus als Konsequenz fehlender staatlicher Durchsetzungskraft zu interpretieren. Wie MASSÉ (2016) bereits betonte, ist nicht damit zu rechnen, dass sich der illegale Bergbau durch polizeiliche Interventionen langfristig eindämmen lässt. Jedoch wäre es reduktionistisch, die fehlende Durchsetzung der Polizei allein auf Korruption und fehlende Motivation der Polizei zu schieben. Zum einen erschwert die Rechtslage durch die institutionelle Grauzone die Situation, zum anderen handelt es sich, zumindest bei den illegalen Großminen, um kriminelle Netzwerke, die über gute Verbindungen verfügen, um beispielsweise dem Transport der Großmaschinen einen legalen Anschein zu geben (C 17_01–07).

Weiterhin sind die Anwohnende in die Aktivität aktiv oder passiv eingebunden und bilden ein Informationsnetzwerk. Ein Polizist sagte dazu: *"Es ist sehr frustrierend, um zu einer Mine zu kommen, laufen wir drei, vier Stunden und wenn wir ankommen ist keiner mehr da, die haben ein Informationssystem oder hören unsere Helikopter, oder irgendwas anderes*" (C 17_02, Übers. d. Verf.). Für das lokale Informationssystem spricht auch die Erfahrung der Verfasserin beim versteckten Besuch des *Río Sambingo*s. Obwohl der Motorradfahrer eine einsame und schlammige Hinterstraße wählte, erhielt er bei der Ankunft an der versteckten Anhöhe mit Blick auf die Grabungen einen Anruf, dass er sich hüte solle, Touristen die Mine zu zeigen, woraufhin der Motorradtaxifahrer einen Umweg fuhr, um den Anschein zu stärken, die Verfasserin sei eine Veterinärmedizinerin, die Kühe untersuchen wolle.

Wie HAMILTON et al. (2020) feststellen konnten, führen Armut und die Gewöhnung an Gewalt dazu, dass Anwohnende peripherer Gebiete wenig andere Möglichkeiten haben als zu Kollaborateuren des illegalen Bergbaus zu werden. Nach Aussagen Anwohnende, "verschwinden" lokale Kritiker schnell oder werden aufmerksamkeitswirksam tot in den Baggerlöchern gefunden (C 21_09, C 26_03). Ob dahinter eine bewaffnete Gruppe steht oder es sich um Selbstjustiz der Bergleute handelt, ist nicht festzustellen.

Ein weiteres Problem bei der Bekämpfung des illegalen Bergbaus durch die Polizei ist die fehlende Gerichtsbarkeit der Gefangenen. Personen können nur dann inhaftiert werden, wenn sie sich dem Delikt der Umweltzerstörung schuldig gemacht haben. Jedoch fehlen ausgebildete Richter und Gutachter im Umweltrecht, die dieses nachweisen könnten, sodass der Anteil der inhaftierten Personen wegen illegalem Bergbau sehr gering ist (C 15_11–18) und die inhaftierten Personen (*Abb.* 7.12) gute Chancen haben, keine Haftstrafen büßen zu müssen.

Abbildung 7.11 Zerstörte Bergbaumaschinen nach Polizeieinsatz am Río Sambingo. (*Quelle: POLICIA REGIONAL DEL CAUCA (2017)*)

Abbildung 7.12 Wegen illegalen Bergbaus inhaftierte Personen. (*Quelle:* POLICIA REGIONAL DEL CAUCA *(2017)*)

7.1.5.2 Formalisierung

"*La minería es una actividad legal, el problema es cuando se hace por fuera de la ley y causa enormes problemas sociales; entonces el estado tiene que diseñar posibilidades de desarrollar la minería de manera espontánea*"[15]

LEITENDER MITARBEITER DER FORMALISIERUNGSBEHÖRDE (C 07_05)

Neben der als Unterdrückung bezeichneten Herangehensweise des illegalen Bergbaus durch die Streitkräfte sucht die Regierung nach Möglichkeiten der Formalisierung der Bergleute. Hierzu werden Kleinbergleute erfasst um sie aus der Informalität zu holen und ihr Einkommen steuerrechtlich einzubinden (s. Eingangszitat). In dieser Art der „Bekämpfung" des illegalen Bergbaus, stehen also nicht primär ökologische oder soziale bergbaubedingte Probleme im Vordergrund, sondern die steuerrechtlichen Auswirkungen. Über den Erfolg dieser Bemühungen konnte im Kontext des Cauca keine Information gefunden werden.

Was auf der einen Seite zum Vorteil für tradierte Kleinbergleute ist, wird in Regionen, in denen zuvor kein Bergbau betrieben wurde als versteckte Legalisierung empfunden „*die sogenannten "Kleinbergleute" sind gar nicht so "klein" (...)*

---

[15] „Bergbau ist eine rechtmäßige Tätigkeit, das Problem ist, wenn er außerhalb des Gesetzes erfolgt und enorme soziale Probleme verursacht; dann muss der Staat Möglichkeiten entwerfen, um den Bergbau spontan zu entwickeln"

sie treten hier auf und da, vor allem an Orten, die schon konzessioniert sind" (C 05_06, Übers. d. Verf.) ob diese empfundene Verbindung zwischen legalem und illegalem Bergbau realistisch ist, kann nicht bewiesen werden, jedoch zeigt die Aussage der Aktivistin die Wahrnehmung der verschiedenen Arten des Bergbaus und deren Zusammenhänge.

In diesem Kontext muss auf die exkludierenden Mechanismen hingewiesen werden, die in Kolumbien in Bezug auf den Bergbau herrschen. Informationen werden gezielt nicht an Betroffene weitergegeben sodass sich Bewohner auf Halbwissen stützen müssen. Beispiele für die gezielte Verschleierung von offiziellen Informationen ist die nicht-Zugänglichkeit von öffentlichen raumbezogenen Daten wie Konzessionen oder ethnischen Territorien, die nicht Informierung der betroffenen Bevölkerung über explorative Studien, z. B. in Morales im Januar 2018 zu Goldminen oder der gezielte Ausschluss von Bergleuten von Informationsveranstaltungen[16].

7.1.5.3 Stärkung lokaler Gemeinden

"El Río Naya sí se salvó de eso, allí la población no permitió la minería con draga pesada, se hace con maquinaria pequeña, motobombas que succiona el fondo del rio se ponen unos filtros, maquinaria pesada no se usó porque la población no lo dejó"[17]

EHEMALIGER KOMMANDANT DER FARC (C 16_06)

Wie im Eingangszitat deutlich wird, wird in der Bekämpfung illegalen Bergbaus die Rolle der lokalen Gemeinden unterschätzt. Zwar leiden die betroffenen Gemeinden stark unter der Präsenz der illegalen Ökonomien und der bewaffneten

---

[16] Ein Beispiel für diese exkludierenden Mechanismen innerhalb der Untersuchungsländer wird in dem folgenden Briefausschnitt der Verfasserin vom 13.12.2017 an einen befreundeten Ethnologen deutlich:
„Habe gestern an einer Weiterbildung über den gesetzlichen Rahmen des Bergbaus teilgenommen, die für Polizisten und lokale Autoritäten bestimmt und vom Energieministerium organisiert war. Am 2. Tag kamen zwei Kleinbergleute aus Rosas, die erst mit mir erst reingelassen wurden, um dann von der Veranstalterin gebeten zu werden den Raum wieder zu verlassen. Auf meine Nachfrage warum sie nicht teilnehmen dürften antwortet sie, dass es sich um eine Weiterbildung für "Autoritäten" handle. Auf die Frage, warum ich dabei sein dürfte sagte sie, die Veranstaltung sei nicht angemessen für die Kleinbergleute und sie könnten die Inhalte auch nicht verstehen und hätten ganz andere Fragen."

[17] "Der Naya-Fluss blieb davon [vom illegalen Bergbau] verschont, dort erlaubte die Bevölkerung keinen Bergbau mit schweren Baggern, er wird nur mit kleinen Maschinen und Motorpumpen gearbeitet, die den Grund des Flusses mit Filtern saugen, schwere Maschinen wurden nicht genutzt, weil die Bevölkerung es nicht zuließ"

Gruppen, wie ein Journalist berichtete: „*Die Gemeinden fühlen sich verpflichtet [im Goldbergbau zu arbeiten], weil es in diesen Gegenden das einzige ist, was ihnen Essen gibt, sie können nicht entscheiden wie viel sie verdienen. Es gibt Geschichten von Personen, die große Goldnuggets gefunden haben und versuchten, sie unbemerkt runterzuschlucken, um etwas mehr zu verdienen, weil sie nicht gut bezahlt werden. Die, die am meisten verdienen ist die Mafia, aber die Bewohner sehen keine andere Wahl als dort zu arbeiten. Und einige, die sich dagegen wehren, wurden ermordet."* (C 08_10, Übers. d. Verf.). Trotzdem berichteten Menschen an mehreren Orten, dass die lokalen Gemeinden die Kontrolle über den Abbau bzw. Nicht-Abbau haben.

Wie bereits in *Abschnitt* 7.1.3 angemerkt, haben sie eine Schlüsselfunktion in der Kontrolle über ihr Territorium. Dies zeigen die Beispiele in *Argelia* oder *Carloto*, die sich aktiv auch gegen bewaffnete Gruppen gewehrt haben (C 09_02). Selbst die FARC respektierte nach eigenen Aussagen den Willen der Gemeinschaften und wagte in vielen Fällen nicht, dagegen anzugehen (C 16_06). Auch wenn diese singuläre Aussage keine Allgemeingültigkeit für sich beanspruchen kann, sprechen auch verschiedene Zusammenstöße zwischen *campesinos* und der FARC für eine starke territoriale Kontrolle, die Gemeinden ausüben können.

Der Raum ist also nicht "leer" oder "staatsfrei", wie häufig beschrieben, sondern die lokalen Gemeinden üben eine Art Territorialmacht aus und bestimmten über Zeitraum und Technik mit. Aus den Interviews ging hervor, dass sie mitentscheiden, ob Bergbau stattfindet (C 07_03), ob er unter Tage oder in Flüssen stattfindet (C 24), wann er stattfindet, welche Ferienzeiten eingehalten werden müssen (C 26) und welche Techniken eingesetzt werden können (C 24). Dabei sind diese lokalen Nutzungsregeln nicht primär ökologisch motiviert, jedoch zeigten Interviews, dass einige Gemeinden sich für die weniger schädliche Technik des Ansaugens entschieden, um die Wasserqualität zu wahren (C 13_05). Die Frage, die sich aus dieser Erkenntnis ergibt, ist somit, unter welchen Voraussetzungen Gemeinden sich in welcher Phase des Bergbaus erfolgreich gegen diesen wehren und somit den Ressourcenfluch umgehen können.

Die Gemeinden scheinen dann ein effektiver Schutz gegen illegalen Bergbau und die damit verbundene Umweltzerstörung zu sein, wenn sie nicht von existenziellen Ängsten bedroht sind. In einer quantitativ angelegte Untersuchung von HAMILTON et al. (2020) konnte auf kleinräumlichem Niveau ein starker Zusammenhang zwischen der ländlichen Armut und der Ausweitung des illegalen Bergbaus feststellt werden (*Abb.* 7.13). In der Konsequenz bedeutet dies, dass der beste Schutz gegen einen lokalen Ressourcenfluch die Schaffung alternativer Ökonomien ist. Der Logik dieser Annahme folgend trägt der Staat bzw. dessen fehlende Präsenz zur Ausweitung des illegalen Bergbaus bei. Dies ist auch kohärent zu internationalen Forschungsergebnissen, welche zunehmend die Rolle von lokalen Gemeinden in den Fokus rücken (z. B. SEXTON 2019). Von Seiten der Regierung wird eine Doppelmoral von den betroffenen Gemeinden erwartet: Auf der einen Seite sollen sie ihr Territorium gegen die illegalen Bergleute schützen. Ein Mitarbeiter der Formalisierungebehörde sagte: *"die Gemeinden sind immer Anteilhaber dieses Problems, wenn jemand von außerhalb kommt und ihr Territorium betritt (...) der Staat kann niemals etwas gegen illegale Aktivitäten tun, wenn es nicht den Zuspruch der Gemeinde hat."* (C 07_08). Somit wird erwartet, dass sich die Gemeinden gegen den illegalen Bergbau wehren oder zumindest aussprechen, auf der anderen Seite, den formellen Bergbau zu akzeptieren.

Dieses Messen mit zweierlei Maß wird insbesondere im Fall des *Municipio Mercaderes* im Süden des *Departamentos* offensichtlich: Im Jahr 2014 mobilisierte eine Bürgerinitiative die Räumung von ca. 4 000 illegalen Bergleuten am *Río Sambingo* (HAMILTON 2018b). Zwei Jahre später wehrt sich die Gemeinde unter dem Slogan *"Wasser ist wichtiger als Gold"* (C 27_29, Übers. d. Verf.) in einem Bürgerbegehren gegen den Bau einer Großmine. Die Betroffenen unterscheiden die Art des Bergbaus nicht nach legal oder illegal; für die Regierung hingegen ist es ein eklatanter Unterschied, wer den Bergbau betreibt.

7.1.6 Gewalt und Konflikte um Gold

Erst der Anstieg des Goldpreises ab 2006 führte dazu, dass neue Akteure, legaler und illegaler Art, sich am im *Cauca* vorhandenen Goldreichtum bereichern wollten. Dies hatte zur Folge, dass Gold zur Ressource wurde, sich die illegalen Grabungen stark ausweiteten und sich die Profiteure nach dem Friedensvertrag diversifizierten. Somit kamen nach der Sichtbarmachung der unterirdischen Ressourcen eine Vielzahl neuer Konflikte im *Cauca* auf. In Anlehnung an *Abschnitt* 2.5.2.2 sind die folgenden Gewaltanwendungen und Konflikte, die mit *Eco-Violence* bezeichnet werden können, im Kontext des Goldabbaus zu beobachten.

Verschiedene interviewte Personen wiesen darauf hin, dass illegaler Bergbau zu einer Verschärfung der Gewalt führe. Als Gründe hierfür sind zum einen Unstimmigkeiten unter Bergleuten zu nennen, die zu Gewalt zwischen Einzelpersonen führen (C 23_10), die in ähnlicher Form auch im Rahmen anderer informeller Grabungen wie in *Klondike* oder Kalifornien bekannt sind. Zum anderen führt die Vorherrschaft unterschiedlicher bewaffneter Gruppen um die

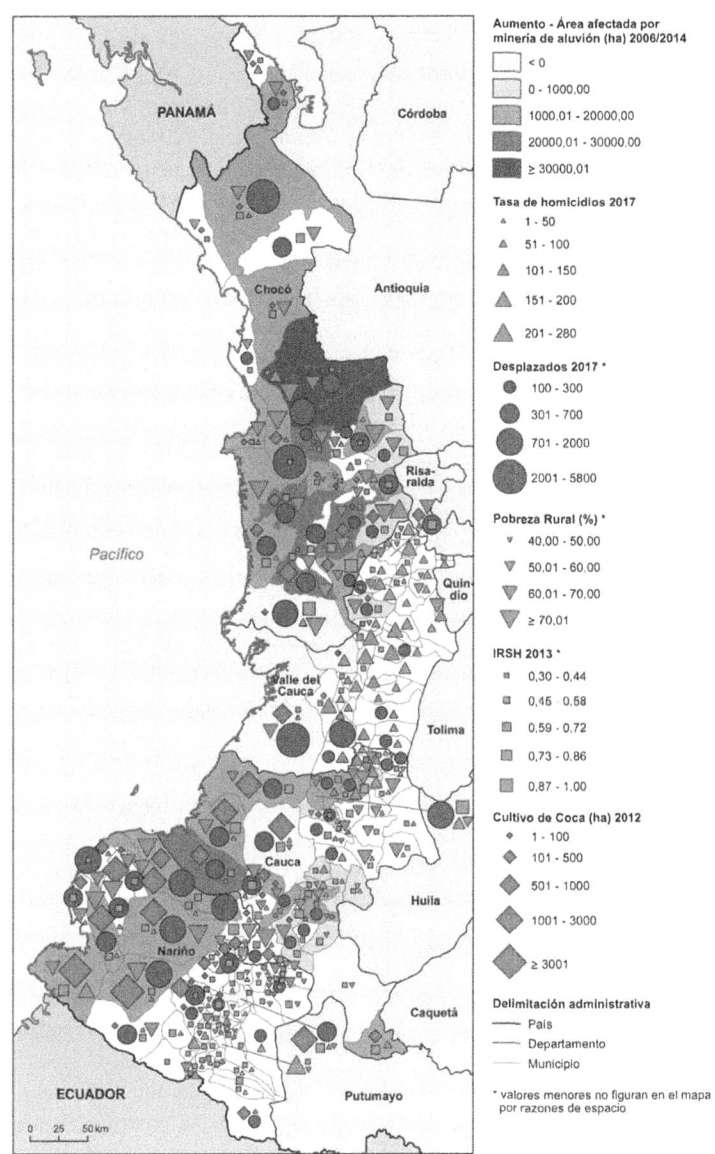

Abbildung 7.13 Bergbau, Kokaanbau, Armut und soziales Risiko an der Pazifikküste. (*Quelle:* HAMILTON, CUSI U. RUIZ *(2020), Kartographie: L.* DIEHL)

Grabungen zu Auseinandersetzungen zwischen den bewaffneten Gruppen (C 08_01) und zuletzt ist auch die Ermordung von UmweltaktivstInnen zu nennen, die sich gegen die Ausweitung des Bergbaus einsetzten (C 01_12). Der Zusammenhang von Goldabbau und Gewalt wurde in den Interviews vielfach erwähnt und auch quantitativ untersucht. Während IDROBO et al. (2014) einen positiven Zusammenhang zwischen Mordrate und *Municipios*, in denen Ende der 2000er Jahre illegal Gold geschürft wurde, aufzeigen, konnten HAMILTON et al. (2020) dies nicht bestätigen. Sie erklären den fehlenden Zusammenhang in den von ihnen erhobenen Daten mit der mangelnden Erfassung von Morden in Gegenden, in denen ein staatliches Vakuum herrscht. Ein Interviewter sagte dazu: *"es kommt vor, dass in den Dörfern die Polizei nicht die Morde registriert, sie kommen, sie begraben ihn und das wars. Er wird nicht in irgendeinem Register auftauchen" (C 08_07,* Übers. d. Verf.). Somit lässt sich der Zusammenhang von Gold und Morden zwar nicht nachweisen, jedoch konnten HAMILTON et al. (2020) zeigen, dass es einen nachweisbaren Zusammenhang zwischen *idps* und Goldbergbau gibt.

Eine besondere Form der Gewalt nach Abschluss des Friedensvertrages ist die Bedrohung und Ermordung sozial aktiver Personen. Wie der Sonderbotschafter der UN für Menschenrechte Michel Forst im Dezember 2018 konstatierte, sei die Situation dieser Personen „*dramatisch*" (HAMILTON 2018c). Die Gesamtzahl der bis 2018 ermordeten AktivistInnen wird je nach Quelle auf 231 und 343 beziffert (HEINRICH BÖLL STIFTUNG 2009) womit Kolumbien zu den gefährlichsten Ländern für politisch aktive Personen gehört (GLOBAL WITNESS 2020). Dabei ist auffällig, dass die höchste Zahl der Morde in den *Departamentos* mit dem meisten Goldabbau passieren (*Abb.* 7.14) und der Cauca insgesamt am meisten betroffen ist (RÄHME 2019). Von gezielten Morden sind Personen betroffen, die in lokalen Gremien meist wenig privilegierte Gruppen vertreten und auf Missstände aufmerksam machen (GUEVARA 2019). Als Gründe für den Anstieg der Morde und Bedrohungen nach Abschluss des Friedensvertrages nennt TAPIAS TORRADO (2019) die folgenden: Neu aufkommende bewaffnete Gruppen, die sich z. T. gegen die im Friedensvertrag vorgesehene Substitution der Kokafelder wehren, die Verteidigung von Land gegen andere Landnutzungen (Territorialkonflikte) lokaler Gemeinden gegen illegale Nutzungen (Koka, Gold) aber auch die Ausweitung national geförderter Großprojekte wie Bergbau, Straßenbau oder Staudammbau.

Im Rahmen der Feldforschung konnte mit mehreren bedrohten Personen zeitweise Kontakt aufgenommen werden. Drei der befragten AktivistInnen sehen ihre eigenen Morddrohungen bzw. vereitelten Anschläge unter anderem im Zusammenhang mit ihrem Kampf gegen den Bergbau (C 01, C 02, C 27). Die AktivistInnen machten illegalen Bergbau in ihren Heimatregionen öffentlich und prangern Verbindungen zu öffentlichen Stellen an oder wehrten sich gegen die Ausweitung des legalen Bergbaus. Ein Journalist sagte diesbezüglich: *"Es wurden viele Führungspersonen ermordet, der Kampf war sowohl gegen den illegalen wie auch den legalen Bergbau, aber der legale Bergbau kostet einen nicht das Leben, wie der illegale."* (C 08_08, Übers. d. Verf). Diese Annahme bezweifelt jedoch der Menschenrechtsbeauftragte den UN und sagte, dass auch internationale Unternehmen mit Hilfe paramilitärischer Gruppen agieren, um unbequeme KritikerInnen aus dem Weg zu räumen oder einzuschüchtern (HAMILTON 2018c). Im *Cauca* war die Bedrohung durch paramilitärische Gruppen, die sich gegen GegnerInnen des aktuellen Entwicklungsparadigmas wenden, schon vor dem Friedensvertrag besonders groß (ROTHEN et al. 2013). Auch MIDDELDORP u. LE BILLON (2019) sehen ermordete UmweltaktivistInnen als Folge eines semiautoritären Regimes, eines kürzlich stattgefundenen Bürgerkriegs und häufigen Konflikten um extraktivistische Projekte, die durch personelle Verbindungen zwischen wirtschaftlichen, politischen und militärischen Eliten gefördert wird.

Eine quantitative Analyse des Kausalzusammenhangs zwischen illegalem Goldabbau und Menschenrechtsverletzungen auf regionalem Niveau von HAMILTON et al. (2019) kam zu dem Ergebnis, dass illegaler Bergbau und Menschenrechtsverletzungen auf *Departmanto*-Niveau in einem direkten räumlichen Zusammenhang stehen und es auch auf *Municipio*-Niveau einen geringen statistischen Zusammenhang gibt.

In Bezug auf die in *Abschnitt* 2.5.2. skizzierten Konfliktarten können im *Cauca* folgende Beobachtungen festgehalten werden:

- **Konfliktressource**

    „*Esta minería llegó como alternativa a la subsistencia (...) Y parte era para las financiaciones de la guerra nuestra. Era muy rentable, (...) creo que era cerca del 10 % de la producción.*"[18]

    EX- KOMMANDANT DER FARC (C 13_05)

Im Fall des *Cauca* kann von Gold als klassische Konfliktressource gesprochen werden, da z. B. die FARC Gold zu ihrer Finanzierung nutzte und die ELN dies weiterhin tut. Jedoch zeigt die Analyse der Profiteure, dass es zu kurz gegriffen ist, allein von *Greedy Rebels* auszugehen, welche die Goldminen unter ihrer Aufsicht ausbeuten. Vielmehr nutzen die bewaffneten Gruppen den weitestgehend im staatsfernen Raum entstehenden illegalen Goldabbau als eine ihrer Finanzierungsquellen durch Schutzgelder. Nach Hochrechnungen auf der Basis der Recherchen

---

[18] „Dieser [illegale Fluss]bergbau kam als Alternative zur Subsistenz, (...) einen Teil nutzen wir für unseren Krieg. Es war sehr profitabel (...) es waren ungefähr 10 % der Produktion."

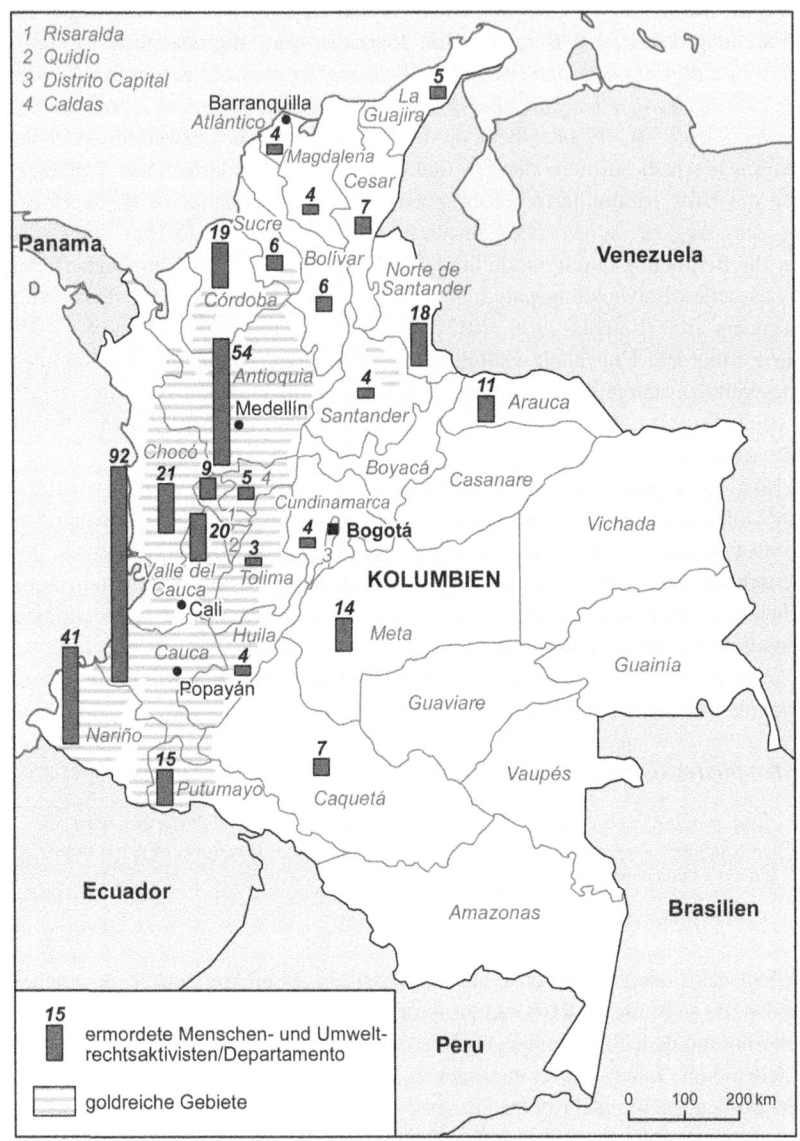

Abbildung 7.14 Goldreichtum und ermordete Menschen- und UmweltrechtsaktivistInnen zwischen Nov. 2016 und Nov. 2018. (*Quelle: Eigener Entwurf nach Daten der* HEINRICH BÖLL STIFTUNG *(2018), Kartographie, L.* DIEHL)

ist unter der Annahme, dass 10 % des Umsatzes als Schutzgeld gezahlt wurden, von einem Einkommen für bewaffnete Gruppen von mindestens 1,5 Mio. US-Dollar/Jahr auszugehen (s. Eingangszitat). Besonders relevant ist in diesem Fall das Gold als Legalisierung von Geld, das aus dem Drogenanbau gewonnen wurde. Nichtsdestotrotz hat Gold somit eine konfliktverlängernde Wirkung, sodass es eine berechtigte Frage ist, ob *high value natural resources* einen negativen Effekt auf den Frieden haben.

- **Ressourcenkonflikte**

    "Muchas y muy buenas partes de las zonas están tomadas por grupos armados que se denomina „guerilla revolucionaria" pero por su naturaleza no son. Que son grupos que se armaron al paro de la financiación de actividades ilegales como el narcotráfico y la minería. (…) Del oro se está apropiando los grupos armados, y se han armado precisamente para eso, para captar esos recursos"[19]

    EX- KOMMANDANT DER FARC (C 13_03)

Insbesondere nach Abgabe der Waffen durch die FARC entstehen zwischen neuen und alten bewaffneten Gruppen Ressourcenkonflikte. Auch wenn das Ressourcenkonflikt-Konzept in der Literatur für Nationalstaaten Anwendung findet (vgl. *Abschn.* 2.5.2), kann es für den beobachteten Bereich in Bezug auf die Kontrolle ressourcenreicher Gegenden durch bewaffnete Gruppen analog angewendet werden. Im Kontext der Waffenabgabe der FARC gibt es schwer erfassbare Territorialkonflikte zwischen neuen und alten bewaffneten Gruppen, die um die Kontrolle der ressourcenreichen Gebiete ringen. Ein Beispiel hierfür sind die Konflikte der ELN in *Almaguer* (C 08_01–10) und die neuen bewaffneten Akteure, die den Zugang zum Pazifik kontrollieren, wie der ehemalige Kommandant der FARC im Eingangszitat bestätigte.

- **Definitionskonflikte**

    „-¿Entonces si tienen 10 Kg. de oro usted diría déjelo ahí?

    -Déjalo ahí. Pienso que sería un dinero pasajero. Yo diría que así hubiera oro, eso no conduce la producción que da la tierra y no valdría la pena destruir la tierra por unos cuántos pesos; para mí es más fundamental trabajar la tierra, producir, tener

---

[19] „Viele Gebiete werden jetzt von bewaffneten Gruppen besetzt, die sich „revolutionäre Guerilla" nennen, aber es ihren Eigenschaften nach nicht sind. Es sind Gruppen, die sich gebildet haben, um sich über illegale Aktivitäten wie den Drogenhandel und der Bergbau zu finanzieren. (…) Das Gold wird von bewaffneten Gruppen genutzt und sie bewaffnen sich extra deswegen, um diese Ressourcen zu kontrollieren"

qué comer, tener con qué uno alimentarse, es más fácil usted producir y tener su plata ahí que destruir lo poquito que uno tiene para luego quedarse sin nada."[20]

KAFFEEBÄUERIN (C 28/29_07)

Im Kontext der politischen Befriedung des Landes in einer der vom bewaffneten Konflikt am meisten betroffenen Regionen entwickelt sich ein Definitionskonflikt zwischen dem erwarteten legalen Bergbau und lokalen Gemeinschaften. Bereits in drei Regionen waren zum Untersuchungszeitpunkt *Consultas Populares* aktiv, die sich nach dem Motto "Gold oder Wasser" gegen den legalen Abbau durch transnationale Unternehmen wehrten (s. *Karte 3*).

In der Wahrnehmung der Bewohnenden betroffener Gebiete, in denen bis jetzt kein traditioneller Bergbau stattgefunden hat, ist Gold als Ressource nicht vorhanden. Betroffene antworteten auf die Frage, ob sie die unterirdischen Ressourcen nutzen würden: *"ja, natürlich, das was wir am meisten schätzen ist das Wasser, davon leben wir"* (C 28/29_04, Übers. d. Verf.). Auf die Nachfrage, ob sie wüssten, dass es in ihre Gegend Gold gäbe, sagten sie *"wir haben das nicht im Blick, wir sehen es nicht, wir hören da nicht drauf"* (C 28/29_05, Übers. d. Verf.). Sie verwiesen darauf, dass Goldabbau im Gegensatz zum Anbau von Lebensmitteln nicht nachhaltig sei. In ihren Worten sagten sie: *"Im Fall unseres Landes gilt (...), dass wir sehr wenig Land haben, wir haben nur 2 bis 5 Hektar. Es wäre dumm, das bisschen Land zu zerstören, denn wo werden wir unsere Lebensmittel anbauen?"* (C 28/29_06, Übers. d. Verf.). Sie verweisen darauf, dass die geoökologischen Ressourcen für sie mit einer nachhaltigen Nutzung und Entwicklung verbunden sind, während die *high value natural resource* Gold zur Zerstörung ihrer Lebensgrundlage führen würde. Das Grundproblem ist für sie, dass transnationale Unternehmen und andere Personen *"eine andere Vision haben, was Ressourcen sind"* (C 28/29_10, Übers. d. Verf.).

Während lokale Bewohnende wie z. B. Subsistenzbauern und -bäuerinnen kein Interesse an der Inwertsetzung des Goldes unter ihrem Land und häufig auch keine Kenntnis über die in ihrer Erde liegenden Rohstoffe haben, soll diese Ressource für die nationale Entwicklung in Wert gesetzt werden. Wie aus dem obenstehenden Zitat deutlich wird, ist für die betroffenen Kaffeebäuerinnen der Rohstoff Gold ohne Bedeutung, für sie ist das knappe Gut der fruchtbare Boden,

---

[20] „,-Und wenn unter ihrem Land 10 kg Gold vergraben wären, würde Sie sagen „lass es da"?" –„Lass es da. Ich denke, es wäre Geld, das kommt und geht. Ich würde sagen, selbst wenn es Gold gäbe, verbessert das nicht die Produktion meiner Erde, es würde sich nicht lohnen die Erde zu zerstören für ein paar Pesos (...) es ist einfacher Lebensmittel zu produzieren und sein Geld so zu verdienen als das Land zu zerstören und hinterher gar nichts mehr zu haben."

7.1 Cauca (Kolumbien)

auf dem sie langfristig ihren Kaffee anpflanzen können. Die daraus resultierenden Konflikte handeln somit nicht von dem Rohstoff, der Begehrlichkeiten weckt, sondern vielmehr von der Definition dessen, was als Rohstoff aus der Natur extrahiert werden soll.

Die Argumentation bei dieser Art von Konflikten ist nicht immer gleich. Während die Kleinbauern und -bäuerinnen auf die negativen Effekte auf den Anbau verweisen, wenden städtische AktivistInnen sich in ihrer Kritik gegen die auf Naturausbeutung basierende Wirtschaft (C 05). Andere wiederum verweisen gesondert auf die Einmischung transnationaler Unternehmen, die einen negativen Leumund haben (C 27). Der ehemalige Kommandant der FARC sagte dazu: *"Wenn vor irgendwas, dann haben die Leute Angst vor transnationalen Unternehmen"* (C 13_10, Übers. d. Verf.). Die Verantwortlichen der Bürgervereinigungen aus *Mercaderes* sprechen von dem Ausverkauf ihres Landes und wenden sich gegen eine Ausweitung der extraktivistischen Wirtschaftslogik und deren negative Folgen für die Regionen als Folge des Friedensvertrages.

Die Aufzeichnung der Verteilung der konzessionierten Fläche an internationale Unternehmen, vor allem an das südafrikanische Unternehmen *AngloGold Ashanti* bestätigt diese Angst. Die Entwicklungslogik der Regierung, durch *fdi* Regionalentwicklung durchzuführen und damit Gold als Ressource zu präsentieren, steht im Gegensatz zu dem Ressourcenverständnis lokaler, vor allem ländlicher, Bewohnende. Die aus diesen Annahmen resultierenden Konflikte lassen sich keiner der traditionellen Ressourcenkonflikteinteilungen zuordnen.

Diese Art von Konflikten um Ressourcen zeigen in besonderer Weise, wie sehr das Ressourcenverständnis mit dem Verständnis von Entwicklung verwoben ist. Während die extraktivistische Entwicklungsvorstellung einen städtischen Lebensstil repräsentiert und Natur als ausbeutbare Ressource betrachtet wird, basiert der Postextraktivismus auf der langfristigen Nutzung geoökologischer Ressourcen, in denen *high value natural resources* keinen oder zumindest ein geringerer Wert zugeschrieben wird (vgl. *Abschn.* 2.2.3 und *Abschn.* 5.3).

Die aus den unterschiedlichen Vorstellungen resultierenden Konflikte sind von großer Machtasymmetrie geprägt; die Entscheidungen werden üblicherweise in den Städten getroffen und meist auch mit Polizeigewalt durchgesetzt. Der Konflikt zwischen den VertreterInnen verschiedener Maßstabsebenen bewegt sich um die eben genannten Vorstellungen von Entwicklung, gutes Leben und das dazugehörige Ressourcenverständnis.

- *Distributionskonflikte*

Distributionskonflikte sind im *Cauca* aufgrund des fehlenden legalen Bergbaus nicht bekannt. In welchem Maße die Distribution der Renten unter den lokalen Gemeinden und illegalen Bergleute von Bedeutung ist, kann auf Basis der erhobenen Daten nicht gesagt werden.

7.1.7 Exkurs zum Legalitätsstatus des Bergbaus

„*para nosotros, todo tipo de minería es ilegal*"[21]

BERGBAUAKTIVISTIN (C 05_12)

Das Zitat der Aktivistin verweist auf den variablen Charakter von Legalität und deren Verbindung zu Macht. In diesem Verständnis wird „legal" das, was von Mächtigen durchgesetzt werden kann. Im Kontext geringer Staatlichkeit entstehen aufgrund der parallel existierenden Mächte verschiedene Legalitätsperzeptionen, sodass nach *de jure* (nach dem kolumbianischen Recht) und *de facto* (nach der faktischen lokalen Rechtsprechung) unterschieden werden muss.

Praktizierter Bergbau kann als Materialisierung verschiedener Legalitätsperzeptionen und Machtdurchsetzungen gesehen werden. Insbesondere die Konflikte zwischen polizeilichen Interventionen und sozialen Unterstützungen von illegalem oder illegalisiertem Bergbau sind Kristallisationspunkte verschiedener Machtverhältnisse und Entwicklungs- und Legalitätsperzeptionen.

Neben der sich ändernden juristischen Definition dessen, was in Kolumbien legaler oder illegaler Bergbau ist, muss im Kontext geringer staatlicher Präsenz die Legalitätsperzeption der *de facto*-Gewalten miteinbezogen werden. Diese können im Postbürgerkriegskontext sowohl bewaffnete Gruppen als auch lokale selbstverwaltete Gemeinden sein oder auch die Kombination aus beiden. Die unterschiedlichen Legalitätsperzeptionen können im gegebenen Kontext als parallel existierende und auch zueinander in Konkurrenz stehende Legalitätsstrukturen und Entwicklungsperspektiven verstanden werden (MELO 2016: 21).

In beiden Fällen ist eine *de jure*-Illegalität eine abstrakte Norm, die aufgrund dauerhaft fehlender staatlicher Unterstützung und/oder Verbote keinen Wert hat. Die Gemeinden haben weder positive Erfahrungen mit staatlicher Präsenz wie

---

[21] „Für uns ist jede Art von Bergbau illegal"

Sicherheit, Gesundheitsvorsorge, Bildung, Infrastruktur oder Arbeit, noch negative Auswirkungen staatlicher Präsenz wie z. B. durch die Durchsetzung von Verboten dauerhaft erlebt. Somit kommt den Gemeinden die Aufgabe zu, (Il-)legalität z. B. in Bezug auf den Bergbau oder auch auf den Anbau illegaler Pflanzungen zu definieren.

Die genannten Polizeieinsätze können in ihrer Durchsetzung und Darstellung als Machtrepräsentation des Staates in peripheren Räumen gewertet werden, die eine Hierarchisierung der Legalitätsperzeptionen beinhaltet. Die Einsätze repräsentieren die institutionalisierte Form einer bestimmten Vorstellung von "legal" und "illegal" sowie die Macht, diese durchzusetzen und eine neuerliche Perzeption davon zu establieren. Legalität wird damit zum variablen Wert, der von den Gemeinden oder einzelnen Personen der Gemeinde bestimmt wird; und zu einer von vielen möglichen Einteilungen, die von einer mächtigen Klasse durchgesetzt werden soll.

Dass (Il)legalität *per definitionem* ein sozial konstruiertes, relatives Konzept ist, zeigt, dass die Einschätzung dessen, was als illegal gilt, vor allem die herrschenden Machtverhältnisse widerspiegelt. Ob Goldabbau durch Kleinschürfern illegalisiert wird oder nicht ist eine Frage der Mächtigen, nicht eine Frage des realen Einflusses dieses Unterfangens auf Mensch und Umwelt. Wenn also Gesetze erlassen werden, die den Abbau bestimmter Ressourcen als illegal klassifizieren, und dies trotzdem auf dem Staatsgebiet passiert, so bedeutet dies vor allem, dass die Gesetzgebende eines Staates von einer Ökonomieform profitieren und sie nicht verhindern können oder wollen. Somit sind illegale Ökonomien quasi ein Indikator dafür, dass ein Staat sich selbst gegebene Regeln nicht einhält.

7.1.8 Bedeutung des Goldes im bewaffneten Konflikt und im Postkonflikt in Kolumbien

Die Analysen zeigen, dass der Goldabbau im *Cauca* zum Treiber des Konfliktgeschehens wurde. Während bis ins Jahr 2000 Goldabbau traditionellen Goldschürferfamilien und -regionen vorbehalten war, weitete sich diese Art des Abbaus parallel zum steigenden Goldpreis in Regionen geringer Staatlichkeit aus. Mit der Ausweitung gehen verschiedene negative ökologische, ökonomische, politische und soziale Konsequenzen einher, die als Bergbaufluch bezeichnet werden sollen. Dennoch ist auf die Akteurskonstellationen hinzuweisen, die gegen eine einseitige Abhängigkeit illegalen Bergbaus von Bürgerkriegen spricht: Die Vielzahl der Profiteure, die sowohl Lokalpolitiker und lokale Gemeinden als auch bewaffnete Gruppen und legale Goldproduzenten umfasst, erklärt die die Ausweitung weitaus besser als die *Greedy Rebel These*. Gleichzeitig bleibt zu betonen, dass die FARC die großen ökologischen Folgekosten des Goldabbaus billigend in Kauf genommen hat. Außerdem ist eine Art *Eco-Violence* festzustellen, d. h. eine ressourcenbedingte Gewalt, die durch den Abbau geschürt wird und sowohl durch bewaffnete Gruppen ausgeführt wird wie auch durch Bergleute und kriminelle Netzwerke und die auch Anwohnenden der Anliegergemeinden betrifft.

Für die Zeit des Postkonflikts lässt sich festhalten, dass die FARC in ihrer Funktion als *Waldschützer* bis dato für *Default Conservation* und dafür gesorgt hatte, dass es keine Großminen im Tagebau im *Cauca* gab, die immer mit weitreichenden ökonomischen Folgen einhergehen. Im Postkonflikt entstehen neue *Ressourcenkonflikte* zwischen bewaffneten Splittergruppen, die den Neo-Paramilitärs oder einem neuformierten Arm der FARC zugeordnet werden, die sich um die Kontrolle der Gebiete illegaler Ökonomien bekriegen. Deshalb ist mit einer Eindämmung des illegalen Bergbaus nach Abschluss des Friedensvertrages nicht zu rechnen, sodass Gold auch in Zukunft eine *Konfliktressource* auf kleinskaligerem Niveau bleiben wird. Dafür spricht auch die verschärfte Sicherheitssituation im *Cauca* 2019, welche die Autorin daran hinderte, noch einmal dort hinzureisen.

Die Strategie der Regierung, die Flächen zu konzessionieren und damit zum Abbau freizugeben, führt zu einer neuen Art von Mikro-Konflikten zwischen Gemeinden, Nationalregierung und internationalen Investoren. Diese sind den *grievance*-bedingten Konflikten zuzuordnen und beinhalten im *Cauca* v. a. *Definitionskonflikte*. Diese sind zwar kein Produkt des Postkonflikts, da Konzessionen bereits seit 2008 durchgeführt wurden, gewinnen aber momentan an Bedeutung, da nach Abschluss des Friedensvertrages die Voraussetzungen dafür geschaffen wurden, Gold in Tagebauen abzubauen. In diesen Konflikten zeigt sich besonders deutlich, wie unterschiedliche Entwicklungsvorstellungen mit verschiedenen Verständnissen von Ressourcen und Ressourcennutzung einhergehen. Das Aufeinandertreffen dieser Vorstellungen manifestiert sich dann in den sogenannten *Consultas Populares*, Bürgerbegehren gegen den Ausbau von Großprojekten, die für einige als demokratisches Mittel des Mitsprache von unten gewertet werden und von anderen als Verhinderung von Fortschritt für das Land und die Finanzierung des Friedens.

Derzeit bleibt die Frage, wie sich die Situation in Zeiten von Corona verändern wird. Der gestiegene Goldpreis hat vermutlich die Ausweitung des illegalen Bergbaus zur Folge, gleichzeitig bewirkt die in Kolumbien sehr strikte Ausgangssperre eine mögliche Ausweitung bewaffneter Gruppen, da diese ungehindert agieren können.

7.2 La Libertad (Peru)

7.2.1 Vorstellung des Untersuchungsgebiets unter Berücksichtigung des bewaffneten Konflikts

Wie auch der *Cauca* ist *La Libertad* (EW: 1 617 000 (INEI 2015)) ein an der Pazifikküste und in den Anden gelegenes *Departamento*. Anders als in Kolumbien ist die Küstenregion jedoch durch den Kaltwasserstrom, genannt Humboldtstrom, stark arid. Eine Ausnahme bilden Küstenabschnitte, die von den Flussmündungen aus dem Hochland bewässert werden (s. *Karte* 4). Die Hauptverkehrsader läuft hier, anders als im *Cauca*, an der Küste entlang und das Hochland ist durch schlecht ausgebaute Stichstraßen mit dieser verbunden (GASKIN- REYES 1986: 140). Die wichtigsten kommerziellen und politischen Zentren, wie die *Departamento*-Hauptstadt *Trujillo*, befinden sich an der Küste. Wirtschaftlich gesehen wird vor allem in der Küstenregion industrielle Landwirtschaft betrieben, während das Bergland durch Subsistenzbauerntum geprägt ist. Je nach Höhen- und Klimastufe wird kleinskaliger Ackerbau mit tropischen Früchten, Zuckerrohr, Mais und Kartoffeln betrieben sowie Viehzucht mit Kühen, Schafen oder Forellen. Die unterschiedlichen Wirtschaftszweige und Lebensweisen zwischen dem vorrangig traditionellen ländlichen, durch Armut geprägten Hochland und der urban und industriell geprägten Küstenregion resultieren in großen sozioökonomischen Differenzen (GASKIN- REYES 1986: 150). Seit den 1990er Jahren ist Bergbau der Hauptwirtschaftszweig, davor war *La Libertad* besonders für die industrielle Fertigung z. B. von Zucker, Papier, Schuhen, Bier, Fisch, Möbeln und Ziegeln bekannt (DEZA SALDARAÑA et al. 1989: 135).

Das Hochland gehört zur „Hochebene von *La Libertad*" (*Altiplano Libereño*) und weist Höhen zwischen 3 400 und 4 000 m üNN auf. Die Lage in der *Puna* (Hochsteppe), ist durch das typische Andenklima mit saisonalen Starkregenereignissen gezeichnet (ORBEGOZO RODRIGUEZ 1987: 416). Die Geomorphologie ist durch den vulkanischen Ursprung der Anden mit glazialen und periglazialen Überprägungen geformt, welche sich in der Reichhaltigkeit der Bodenschätze zeigt (INGEMED 2017: 65). Diese werden unter Tage seit den 1930er Jahren (DEZA SALDARAÑA et al. 1989: 25) und seit den 2000er Jahren auch im Tagebau gefördert, sodass *La Libertad* das *Departamento* mit der höchsten Goldförderung ist. Neben dem formellen Bergbau wurde insbesondere der emblematische illegale unterirdische Bergbau z. B. in *Huamachuco* Teil der Goldökonomie.

Der Großteil der Untersuchungen wurde in der Provinz *Sánchez Carrión* durchgeführt (s. *Karte* 4). *Sánchez Carrión* hat 140 000 Einwohner, von denen ca. 70 % auf dem Land leben, die städtische Bevölkerung konzentriert sich auf die

Departamento-Hauptstadt *Huamachuco* (INEI 2007). Insgesamt weist *Sánchez Carrión* eine für Peru überdurchschnittliche Armut auf, wie sich an Armutsrate (*Sánchez Carrión*: 83,9 %, Peru: 39,3 %) und die Rate extremer Armut (*Sánchez Carrión* 44,6 %, Peru: 13,7 %) zeigt (MUNICIPALIDAD DE SÁNCHEZ CARRIÓN 2011: 2). Besonders deutlich zeigt sich dies an dem zu *Sánchez Carrión* gehörende *Distrito Curgos*, das nach Daten des nationalen Statistikamtes das ärmste Distrikt Perus ist (INEI 2015: 51).

Die Lebensbedingungen des Hochlandes werden durch seine Abgeschiedenheit beeinflusst: Die Straße von der nur 180 km entfernten Stadt *Trujillo*, wurde schon in den 1980er Jahren als Verbindungsachse zu den goldreichen Gebieten gebaut (DEZA SALDARAÑA et al. 1989). Jedoch wurde sie erst durch die Inbetriebnahme des Tagebaus *Barrick Misquichilca* 2010 gepflastert, weiterhin fehlt der letzte Straßenabschnitt, sodass die Reisezeit fünf Stunden beträgt.

Für den bewaffneten Konflikt in Peru war *Huamachuco* von Bedeutung, da es für den PCP-SL der „*Zugang zum Norden*" (L 05/12, Übers. d. Verf.) war und wegen seiner Funktion als Verkehrsknotenpunkt zwischen der Verbindungsachse zur Küste, den traditionellen Bergbauzentren in *Pataz* und der infrastrukturellen und kulturellen Verbindung nach Nordperu. Der PCP-SL nutze die ökonomische Krisenzeit der 1980er Jahre, um die vom Verkauf landwirtschaftlicher Produkte abhängige Landbevölkerung auf seine Seite zu ziehen, die sich weiterhin von der Landreform stark benachteiligt fühlte (CLV 2004: 480).

Der Beginn der Präsenz des PCP-SL ist auf die Ermordung verschiedener Politiker in der Provinz *Curgos* im Jahr 1983 zurückzuführen. Nach Informationen von interviewten Personen breitete er sich von der östlichen Kordillere her kommend aus (LL 10_04–05). Der *Distrito Sanagorán* wurde ab Mitte der 1980er Jahre zum „Niemandsland", da dort selektiv Politiker ermordet wurden (CLV 2004: 488). Die Analyse des Opferregisters zeigt, dass sich der PCP-SL zwischen 1983 und 1986 in den ländlichen Periphergebieten der Provinz aufhielt und ab 1989 auch in der Stadt *Huamachuco* agierte. Dokumentierte Einzelfälle beziehen sich auf den am 1.10.1989 ermordeten Bürgermeister von *Huamachuco* und die in diesem Kontext gelegte Bombe (CRUZ LEDESMA 2015: 131) sowie den Mord an einem hochrangigen Militärsmann 1988 (CRUZ LEDESMA 2000: 234–237).

Anfang der 1990er Jahre nahm der Druck auf den PCP-SL von Seiten des Staates zu (CLV 2004: 493). Nach der Gefangennahme von ABIMAEL GUZMÁN 1993, das als Ende des bewaffneten Konflikts gilt, verlor auch in *Sánchez Carrión* der PCP-SL an Einfluss. Als Gründe werden die erstarkenden ländlichen Selbstschutztruppen (*Rondas Campesinas*) genannt, die ab 1992 mit scharfen Waffen ausgestattet wurden (CLV 2004: 494). Jedoch hielt die politisch motivierte Gewalt bis 1996, also über das offizielle Ende des bewaffneten Konflikts hinaus an. Laut der Wahrheitskommission wurde noch 1997 eine Splittergruppe des PCP-SL mit sechs Personen in *Curgos* festgenommen (CLV 2004: 497).

Die Präsenz des PCP-SL in *La Libertad* wurde von der Wahrheitskommission, die 2004 einen Bericht über den bewaffneten Konflikt vorlegte, wenig dokumentiert. Der Verlauf und die Auswirkungen des bewaffneten Konflikts im nördlichen Hochland wurden anhand des lokalen handschriftlichen Opferregisters des „Zusammenschluss der Opfer aus *Sánchez Carrión*" (*Asociación de Victimas de la Provincia de Sánchez Carrión*), der Daten eines lokalen Museums und der lokalen Bibliothek rekonstruiert[22].

Im Register wurden bis April 2018 97 Opfer erfasst – jedoch ist insbesondere bei Opfern von Sexualstraftaten, Folter und Vertreibungen von einer sehr viel höheren Dunkelziffer auszugehen. Unter den dokumentierten Opfern befinden sich 70 Ermordete, 13 Folteropfer, zwei Opfer von „verschwinden lassen"[23], fünf Vertriebene und ein Opfer sexueller Gewalt. Aus dem Opferregister gibt es keine Hinweise darüber, ob staatliche Kräfte oder Mitglieder des PCP-SL für die Gewalt verantwortlich zu machen sind.

Es gibt nur sehr lückenhafte Informationen in Bezug auf die Beschäftigung: es sind 12 politisch aktive Personen oder deren Angehörige wie Bürgermeister oder Vorsitzende der Selbstverteidigungsgruppe, ein Ladenbesitzer, ein Bergmann und ein Angehöriger des Militärs verzeichnet. Da die übrigen Opfer keiner Berufsgruppe zugeordnet waren, aber vor allem auf dem Land lebten, ist davon auszugehen, dass es sich bei den übrigen 72 Opfern um Subsistenzbauern und -bäuerinnen handelte. Die Verteilung der Opfer stimmt somit mit der Beschreibung von ROSSELL et al. 2018 überein, dass es sich vorrangig um mehrfach wenig privilegierte Personen handelt. Die vom PCP-SL Ermordeten seien teilweise Träger öffentlicher Ämter und seltener auch Ladenbesitzer gewesen, ihre Güter wurden an die Bevölkerung verteilt. Zudem bestätigten informelle Gespräche die Infiltrierung von Bildungsinstitutionen in der Region durch Mitglieder des PCP-SL (LL 10_07, CLV 2004: 486). Weiterhin wurden in der Zeit des bewaffneten Konflikts in der Region mehr als 800 Personen unter dem Verdacht des Terrorismus inhaftiert (CLV 2004).

---

[22] Das Opferregister liegt in handschriftlicher Form vor und durfte nur zur Ansicht und Digitalisierung verwandt werden. Dabei war dem Vorsitzenden der Gesellschaft der Opfer von großer Bedeutung persönliche Daten zu anonymisieren. Die Daten wurden digitalisiert und so weit möglich ergänzt, da sie nicht einheitlich dokumentiert waren.

[23] Eine in vielen Teilen Lateinamerikas übliche Praktik des Militärs verdächtige Personen zunächst zu foltern, zu töten und anschließend undokumentiert in Massengräbern zu verscharren.

Der zeitliche Ablauf (*Abb. 7.15*) zeigt einen ähnlichen Verlauf wie für Peru insgesamt, mit einer Verzögerung, die durch die spätere Ausweitung des Konflikts im Norden zu erklären ist. Besonders bedeutsam wird der bewaffnete Konflikt für *Sánchez Carrión* Mitte der 1980er Jahre.

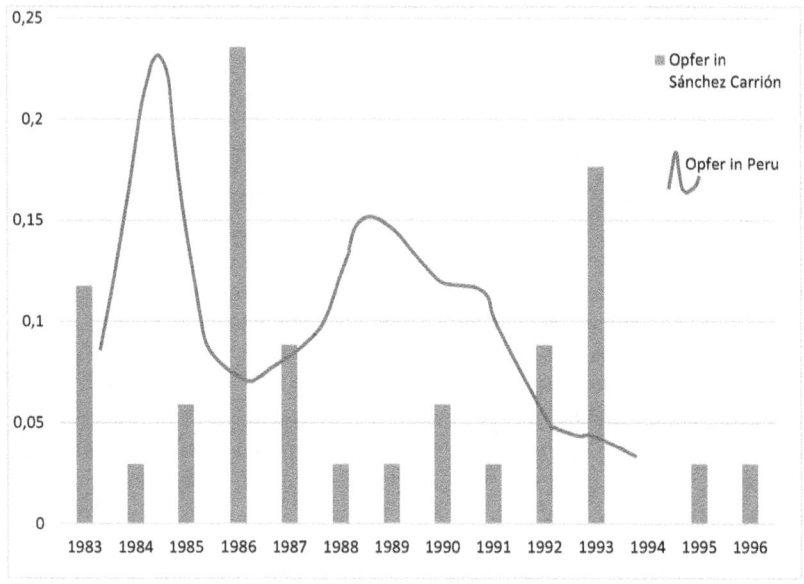

Abbildung 7.15 Anteil der dokumentierten Opfer des bewaffneten Konflikts in Sánchez Carrión und Peru nach Jahr (1983–1996). (*Quelle: ASOCIACIÓN DE VÍCTIMAS DE LA PROVINCIA DE SÁNCHEZ CARRIÓN (2018), CLV (2004), Anmerkung: nur bei ca. einem Drittel der Opfer des Opferregisters aus Sánchez Carrión war der Zeitpunkt vermerkt*)

7.2.2 Einfluss des Ressourcenreichtums auf den bewaffneten Konflikt

„*-Y ellos [los del PCP-SL] tenían alguna relación con las minas?*

-No, nada. Ellos según su prédica, luchaban por la igualdad de las personas, entonces a ellos no les interesaba si tu trabajabas en mina"[24]

---

[24] "- und hatten sie [die Mitglieder des PCP-SL] auch einen Bezug zu den Minen?
-Nein, keinen. Nach ihren Überzeugungen kämpften sie für die Gleichheit aller Menschen, es war ihnen also egal ob du in der Mine arbeitest"

7.2 La Libertad (Peru)

EHEMALIGER MITARBEITER DER MINE *QUIRUVILCA* (LL 04/05_26)

Wie auch im Eingangszitat deutlich wird, konnte durch die Recherchen kein direkter Zusammenhang zwischen dem Mineralstoffreichtum von *La Libertad* und dem bewaffneten Konflikt hergestellt werden. Folgende indirekte Zusammenhänge zwischen dem Goldreichtum und dem bewaffneten Konflikt wurden jedoch festgestellt:

- Im Jahr 1990 fand ein Überfall des PCP-SL statt mit dem Ziel der Sprengstoffbeutung in der Goldmine *Retamas* (s. Karte 4) in der Nachbarprovinz *Pataz*, der durch das Militär vereitelt wurde. Nach dem gescheiterten Überfall zogen sich die Mitglieder des PCP-SL in das Tiefland in Richtung des von ihnen kontrollierten *Huallaga-Tals* zurück (LL 10_01–02)
- Die versuchte Infiltrierung der Bergbausyndikate wie z. B. der Mine *Quiruvilca* durch den PCP-SL ab den 1980er Jahren (LL 04/05)

Die Annahmen der *Greedy Rebel These*, dass Reichtum von HVNR Bürgerkriege bedinge oder verlängere, können somit für den Fall von *La Libertad* nicht bestätigt werden. Die interviewten Personen stellten jedoch einen Zusammenhang zwischen regenerativen Ressourcen wie landwirtschaftlichen Produkten und der Ausweitung des PCP-SL her: "*Ja, [sie gingen dahin], wo es Essen gab (...) das war das Wichtigste für sie, sie wären nicht auf einen Berg gegangen, wo sie nichts zu essen gefunden hätten, sondern dahin wo Menschen waren, wo sie versorgt wurden.*" (LL 10_05, Übers. d. Verf.). Somit definierte der ideologisch antikapitalistisch ausgerichteten PCP-SL Ressourcen als regenerativen Ressourcen, wie landwirtschaftliche Produkte, die ein Resultat von geoökologischen Ressourcen wie Wasser und fruchtbarer Erde sind. Den unterirdischen HVNR, die in hohem Maße ökonomischen Mehrwert ermöglichen, wurden hingegen unter seiner Präsenz nicht zu Ressourcen deklariert.

Die Ergebnisse deuten darauf hin, dass Goldbergbau und bewaffnete Konflikte als zwei getrennte Phänomene betrachtet werden müssen. Dazu werden im Folgenden die Entwicklungen des Goldbergbaus in *La Libertad* erläutert.

7.2.3 Goldbergbau nach Beendigung des bewaffneten Konflikts

"A media legua de Huamachuco se encuentra un cerro, de forma cónica llamado El Toro 'porque la gente cree que en las grietas de sus roces, la figura de un toro. La riqueza de este cerro es enorme. El oro que encierra en sus entrañas es de 24 quilates. Esto además de la plata y el cobre y otros metales de aleación que pueden ser explotados en cantidad"

Lokalautor REBAYA ACOSTA(1920)[25]

Anders als von der Theorie (vgl. *Abschn.* 2.5.2.1) ausgehend zu erwarten war, entwickelte sich in *La Libertad* erst nach Beendigung des bewaffneten Konflikts eine bedeutende Goldproduktion. Lag die Goldproduktion im Jahr 1989 noch bei 1,4 Tonnen (ENERGIEMINISTERIUM 1989), stieg sie in ca. 30 Jahren um mehr als 3 000 % an (INGEMED 2017: 63). Das bedeutet, dass die Goldproduktion erst nach Beendigung des bewaffneten Konflikts bedeutsam wurde. Seit 2012 ist *La Libertad* das größte goldproduzierende *Departamento* Perus, in dem ein Viertel der nationalen Goldproduktion stattfindet. Im Jahr 2016 wurden 43,8 Tonnen Gold gefördert (INEI 2017: 1089), was der Jahresproduktion Kolumbiens entspricht.

Jedoch ist die fehlende Goldproduktion nicht ein Resultat fehlender Kenntnis um die Vorkommen, wie das am Eingangszitat des Lokalautors ALFREDO REBAYA ACOSTA von 1920 erkennen lässt. Selbst 1989 schrieben DEZA SALDARAÑA et al. (1989: 133), dass *„viele Bergbauzentren unerforscht [seien], in den reichhaltigen Gebirgsketten der Region"* (Übers. d. Verf.). Im Sinne der in *Abschnitt* 2.3.1 dargestellten Definition von Rohstoffen und Ressourcen war das vorhandenen Gold in *La Libertad* als Rohstoff vorhanden, wurde aber erst ab den 2000er Jahren in größerem Maße zur Ressource. Dies stellt die Allgemeingültigkeit eines Ressourcenfluchs (vgl. *Abschn.* 2.5.1.1) in Frage und es schließt sich die Frage an, wie, warum und durch wen aus dem Rohstoff Gold in *La Libertad* eine Ressource wurde. Da diese Frage nicht pauschal beantwortet werden kann, wird nachfolgend die Entwicklung der einzelnen Abbauarten differenziert dargestellt (*Abb.* 7.16).

---

[25] "Eine halbe Meile von Huamachuco befindet sich ein konisch geformter Berg, der „El Toro" [der Stier] genannt wird, weil die Menschen glauben in seinen Tälern einen Stier zu erkennen. Der Reichtum dieses Berges ist enorm, es findet sich 24 karätiges Gold, daneben Silber, Kupfer und andere Legierungen, deren Fülle ausgebeutet werden könnte."

7.2 La Libertad (Peru)

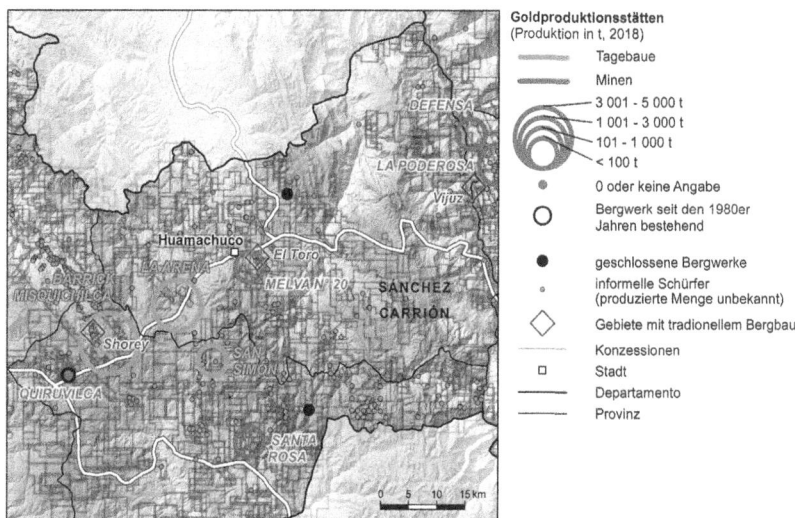

Abbildung 7.16 Goldbergbau in Sánchez Carrión: Orte und Volumen des formellen und informellen Bergbaus, konzessionierte Flächen (Ausschnitt Untersuchungsregion, Karte 4). *(Quelle: Eigener Entwurf nach GEMyH -- LA LIBERTAD 2018) (informelle Schürfer),* COOPERACCIÓN 2018 *(Bergwerke + Fördervolumen),* GASKIN-REYES (1986) *(geschlossene Bergwerke),* GEO GPS PERU (2018) *(Konzessionen),* ORBEGOZO RODRIGUEZ (1987) *(traditionelle Förderregionen))*

7.2.3.1 Handwerklicher Bergbau

Unter handwerklichem Bergbau, auch *artisan and small scale mining (ASM)*, wird der Abbau von kleinen Mengen Gold durch Kleinstschürfer verstanden, der sowohl über- als auch unterirdisch stattfinden kann. Als traditioneller Wirtschaftszweig war diese Art des Goldbergbaus in *La Libertad* als Zusatzeinkommen schon seit präkolonialer Zeit von Bedeutung (MOSQUERA 2009: 11). Da davon auszugehen ist, dass sich die geförderte Menge, die in diese Förderkategorie passt, in den letzten 15 Jahren kaum verändert hat, müsste sie nach Angaben des Energieministeriums bei maximal 300 kg/Jahr liegen (ENERGIEMINISTERIUM 1998). Unterirdischer Bergbau wurde vor allem in der Provinz *Pataz* betrieben, die eine lange Bergbaugeschichte hat, was mit dem hohen Reinheitsgrad des Goldes begründet wird (TORRES CRUZCANO 2007: 75). In der Provinz *Sánchez Carrión* hat sich jedoch keine Kultur der „*Bauern und Bergarbeiter*" (LONG u. ROBERTS

2001, Übers. d. Verf.) also einem Nebeneinander von Bergleuten und *campesinos* entwickelt. Die Ökonomie der Stadt *Huamachuco* beruhte lange Zeit auf der Kommerzialisierung von Agrarprodukten und der Goldreichtum, wie im Eingangszitat deutlich wird, erzielte nur ein geringes Nebeneinkommen. Heutzutage ist handwerklicher Bergbau zu vernachlässigen, ASM ist jedoch im informellen und illegalen Bergbau zu finden.

7.2.3.2 Legaler Bergbau

„*de la beta que yo trabajé sacaban cobre, del cobre sacan oro, sacan plata, sacan tungsteno y de esos tres no pagan nada al estado*"[26]

EHEMALIGER MINENARBEITER DER MINE QUIRUVILCA (LL 04/05_02)

Das in *La Libertad* geförderte Gold stammt zu großen Teilen aus dem Großbergbau. 2020 waren hier vier der zehn größten legalen Goldminen Perus beheimatet (INEI 2020: 1091). Diese lassen sich, nach Betriebsgrößen und Föderart, wie folgt differenzieren (s. *Karte 4 und Tab.* 7.8):

- Seit den 1930er Jahren wird in *La Libertad* Gold mit modernen Geräten unterirdisch gefördert. Die älteste Mine ist *Quiruvilca*, die im Sinne des *desarrollo por afuera* (vgl. *Abschn.* 2.2) als eine der frühen Minen von internationalem Kapital geführt wurde. Sie war offiziell eine Kupfermine, doch zeigt das Eingangszitat, dass Gold als Nebenprodukt gefördert wurde (LL 04/05_01; LL 09_29). Die Mine wurde bis 1999 von dem nordamerikanischen Unternehmen *Peruvian Northern Mining Co.* betrieben (GASKIN- REYES 1986: 156) und wurde nach mehreren Unternehmenswechseln 2017 geschlossen (LA REPUBLICA, 14.8.2018).
- Weitere, bereits vor 1990 aktive Goldminen liegen in den Provinzen *Otuzco* und *Pataz* (GASKIN REYES 1986: 154) und wurden von dem peruanischen Unternehmen *Compañia Minera Poderosa* geführt. Dieser „klassische" Bergbau richtete sich meist offiziell auf die Kupferproduktion, wobei Gold und andere Metalle nur als Nebenprodukte gefördert wurden. Zum Ende des bewaffneten Konflikts hin wurden weitere Minen in *La Libertad* geöffnet, deren Betrieb jedoch durch den PCP-SL stark eingeschränkt wurde.
- Seit den 2000er Jahren steigt die Anzahl an international geführten Tagebaue, der sogenannten *gran minería* (**Großbergbau**) stetig an. Dazu gehört der seit

---

[26] "Aus der Mineralader, an der ich arbeitete, holten sie Kupfer, aber auch Gold, Silber und Wolfram und von diesen drei zahlten sie nichts an den Staat."

2005 aktive, von dem kanadischen Unternehmen *Barrick Gold Cooperation* geführte Standort *Lagunas Norte*. Dieser Tagebau befindet sich ca. 50 km von *Huamachuco* entfernt in der Nachbarprovinz *Santiago de Chuco* auf einer Höhe von 3 700–4 200 m (BARRICK.COM 2019). Die Mine ist mit einer jährlichen Produktion von ca. vier Tonnen die zweitgrößte Goldmine Perus. Das Unternehmen produziert nach der Methode des *mountain top removals*, d. h., dass mithilfe von Baggern die Bergspitzen abgetragen werden, um an das Metall zu gelangen. Die extrapolierte Menge an Erde, die für die jährliche Fördermenge bewegt werden muss, beläuft sich auf ca. zwei Millionen Tonnen[27]. Auch für diese Mine gilt nach Angaben eines ehemaligen Mitarbeiters, dass nur das Gold versteuert wird, während die geförderten Nebenprodukte wie Kupfer nicht deklariert werden (LL 03_03).

Eine weitere dieser international geführten Großminen ist die seit 2011 agierende Mine *La Arena*. Das kanadische Unternehmen *Pan American Silver* betreibt mit einer jährlichen Produktion (2018) von 2,3 Tonnen Gold die fünftgrößte Goldmine Perus (DIRECCIÓN GENERAL DE MINERÍA 2018). Nach einem ähnlichen Muster ist ein Großteil der Fläche von *La Libertad* an Großunternehmen konzessioniert (s. *Karte 4*).

- **Mittelgroßer Bergbau** (*mediana minería*) wird in *La Libertad* durch nationale Unternehmen praktiziert. Zu diesen gehören die Minen in *Pataz* (*Retamas, Parcoy*), *Sánchez Carrión* (*El Toro*) und *Santiago de Chuco* (*Sán Simón*). Wenige Studien fokussieren sich auf diesen mittleren, national geführten Bergbau und es wird vermutet, dass aufgrund von Korruption und Vetternwirtschaft die ökologischen Auswirkungen dieser Minen besonders hoch sind (LL 15_18).

Ein besonderes Beispiel ist das seit 2008 am *Cerro El Toro* agierende peruanische Unternehmen *CDC Gold* (GRDIS 2016: 3). Im *Cerro El Toro* baut es über Tage das Gold ab, was vormals unter Tage von den informellen Bergleuten gefördert wurde. Das Unternehmen erscheint zwielichtig, da über das Internet wenig offizielle Informationen verfügbar sind und da es nicht Mitglied der peruanischen Bergbaulobby ist. Nach Angaben verschiedener interviewter Personen und Medienberichten zufolge gehört es der Familie SÁNCHEZ PAREDES, die auch wegen ihrer Verbindungen zu Drogenhandel und Geldwäsche bekannt ist (MORE 2008, L 05_05, LL 11_14+18). Das Unternehmen agiert als legaler Betrieb, der seit den 1980er Jahren, wie auch aus Kolumbien bekannt, Einkommen aus dem Kokaingeschäft legalisiert. Mitglieder des Familienklans, der als kriminelles Wirtschaftsunternehmen agiert, sind wegen Geldwäsche und Schwarzkonten in Höhe von 377 Mio. US-Dollar

---

[27] Berechnung nach *Tab. 7.7*

angeklagt worden (OJO PÚBLICO 2020). Ein Mitglied der Selbstschutztruppe erklärte, Druck auf die Familie ausgeübt zu haben, um die Anwohnende für die offensichtliche Umweltverschmutzung zu entschädigen (LL 16_15). Auch die Minen *La Poderosa* und *Retamas* werden laut den Interviews mit teillegalen Machenschaften in Verbindung gebracht. Z. B. sind bzw. waren der ehemalige Präsident ALBERTO FUJIMORI (1990- 2000) und seine Tochter KEIKO FUJIMORI (Präsidentschaftkandidatin 2011 + 2016), die beide wegen Geldwäsche verhaftet sind oder waren, Anteilseigner dieser Mine (LL 06_35).

7.2.3.3 Informeller Bergbau

„*La fiebre minera [hizo] (…) que creció la minera informal de manera desordenada.*"[28]

MITARBEITER DER LOKALEN UMWELTBEHÖRDE HUAMACHUCO (LL 08_03)

Als informell werden in Peru Minen bezeichnet, die derzeit ohne die notwendigen Dokumente betrieben werden, aber in Regionen, in denen Bergbau grundsätzlich erlaubt ist. Die Formalisierung scheitert nicht immer am fehlenden Willen der Kleinbergleute, sondern häufig an den Konzessionsnehmer, auf deren Gebiet sie sich befinden (C 05_07). Dabei ist es wichtig zu erwähnen, dass bis 2012 handwerklich agierende Bergleute nach Veränderung der Gesetzeslage informalisiert und damit auch kriminalisiert wurden (VALVERDE LUNA u. COLLANTES AÑAÑOS o. J.).

Laut der *Lista de Declarantes de Compromiso* („Liste der Verpflichtungserklärer") (GEMYH 2018), einem internen Dokument der Formalisierungsbehörde, auf das im Rahmen der Feldforschung zugegriffen werden konnte, waren 2017 in *La Libertad* 4 950 informell arbeitende Bergleute registriert, von denen ca. 1 800 bereits formalisiert sind (s. *Karte* 4). Die zuständige Behörde geht jedoch davon aus, dass es insgesamt ca. 12 000 Personen gibt, die vom informellen Goldbergbau in *La Libertad* abhängig sind und die sich zu 50–60 % in der Provinz *Pataz* und zu 15 % in *Sánchez Carrión* befinden (LL 09_01–03).

Da die Provinz *Pataz* infrastrukturell schwer zugänglich ist, wurde der informelle Bergbau besonders in *Sánchez Carrión* am emblematischen *Cerro El Toro* untersucht. Dieser entstand nach unterschiedlichen Angaben zwischen 1994

---

[28] "Das Minenfieber [sorgte dafür] (…), dass der informelle Bergbau ungeordnet gewachsen ist"

Tabelle 7.8 Legale Goldminen in La Libertad mit Produktionsvolumen und -beginn

Name der Mine	Abbau	Unternehmen	Provinz	Produktion 2018 (kg)	Beginn der Produktion
Alto Chicama	Tagebau	*Minera Barrick Misquichilca S.A.*	La Libertad	4 087	1998
Retamas	Tagebau	*Minera Aurifera Retamas S.A.*	Pataz	3 074	1990
Parcoy (Marsa)	Unter Tage	*Consorcio Minero Horizonte S.A.*	Pataz	2 456	1990
La Arena	Tagebau	*La Arena S.A.*	Sánchez Carrión	2 307	2011
El Toro	Tagebau	*Compañía Minera Los Andes Peru Gold S.A.C.*	Sánchez Carrión	1 315	k. A.
Los Zambos	Unter Tage	*Consorcio Minero Horizonte S.A.*	Pataz	482	1990
La Poderosa de Trujillo	Unter Tage	*Compañía Minera Poderosa S.A.*	Pataz	457	1990
Estrella	Unter Tage	*Compañía Minera Poderosa S.A.*	Pataz	134	2011
Aventura IV	Unter Tage	*Consorcio Minero Horizonte S.A.*	Pataz	31	1990
Melva N° 20	Unter Tage	*S.M.R.L. Melva N° 20 de Trujillo*	Sánchez Carrión	12	1987
San Simón	Tagebau	*Compañía Minera San Simón S.A.*	Santiago de Chuco	8	k. A.
Libertad	Unter Tage	*Compañía Minera Poderosa S.A.*	Pataz	3	1990

(Fortsetzung)

Tabelle 7.8 (Fortsetzung)

Name der Mine	Abbau	Unternehmen	Provinz	Produktion 2018 (kg)	Beginn der Produktion
Defensa	Unter Tage	Compañía Minera Poderosa S.A.	Sánchez Carrión	2	1990
Santa Rosa	Unter Tage	Compañía Minera Aurifera Santa Rosa S.A.	Santiago de Chuco	0	k. A.
Minaspampa	Tagebau	Compañía Minera Minaspampa S.A.C.	Sánchez Carrión	0	k. A.
Maria Antonieta	Unter Tage	Compañía Minera Poderosa S.A.	Pataz	0	1990
Quiruvilca	Unter Tage	Compañía Minera Quiruvilca S.A.	Santiago de Chuco	0	1930
Pallar de Oro	Tagebau	Compañía Minera San Carlos S.A.C.	Sánchez Carrión	0	k. A.

Quelle: Eigene Zusammenstellung nach DIRECCIÓN GENERAL DE MINERÍA *(2018),* COOPERACCIÓN *(2018)*

und 2000 (TORRES CUSCANO 2007: 94), d. h. nach Beendigung des bewaffneten Konflikts und parallel zu der Ausweitung der extraktivistischen Logik und Neoliberalisierung der Wirtschaft unter der Regierung ALBERTO FUJIMORIS.

Seit den 1990er Jahren wird insbesondere das Gold aus dem *Cerro El Toro* (*Abb.* 7.17), der sich ca. zwei Kilometer vor der Provinzhauptstadt *Huamachuco* befindet, informell gefördert (GRDIS 2016: 11). Die geologische Zusammensetzung des Gesteins ermöglicht die handwerkliche Förderung, da eine sehr hohe Dichte an Gold vorzufinden ist (10–30 g/Tonnen) (LL 03_06).

Der Goldreichtum machte *Huamachuco* innerhalb weniger Jahre zur Hauptstadt des informellen Bergbaus Perus. Zu Peak-Zeiten sollen hier nach Informationen der *Regionalen Bergbaubehörde von La Libertad* (*Gerencia Regional de Energía Minas y Hidrocarburos* – GREMH) 700 bis 3 000 informelle Bergleute auf 100 ha Gold abgebaut haben (GREMH 2016). Dabei ist davon auszugehen, dass die Arbeiternehmenden häufig lokale Subsistenzbauern sind (LL 30_30), die meist nicht die die Stollen selbst besitzen (*Abb.* 7.18), sondern angeheuert werden, um in diesen zu arbeiten (MENDOZA 2017). Jedoch zeigt auch die Bebauungsstruktur *Huamachucos*, dass in den letzten Jahren viel in Gebäudeaufstockung investiert wurde, die der Vermietung an von außerhalb kommende informelle Arbeitnehmenden dient, sodass auch von einer Arbeitsmigration aus anderen Regionen Perus gesprochen werden kann. Die Besitzenden der Minen sind laut dem Register für informellen Bergbau Personen aus *Huamachuco, Trujillo, Lima* oder auch dem Ausland. Die regionale Bergbaubehörde (GREMH 2016) weist darauf hin, dass ca. 20 % der Arbeitenden mit ihren Familien zusammenarbeiten, wobei es verschiedene Hinweise auf Kinderarbeit in und außerhalb der Stollen gibt (LL 04/05_07; L 05_09).

Die Umweltbelastung durch den informellen Bergbau wird u. a. durch den Einsatz von Cyanid deutlich. Im Jahr 2006 soll es 196 Cyanidbecken gegeben haben (*Abb.* 7.19), in denen die Amalgamierung des Erzes stattfand, wozu nach offiziellen Angaben 1 600 – 2 160 kg Cyanid im Monat benötigt worden seien (PANTA MESONES 2010). Das Minenministerium schätzt, dass aus dem *Cerro El Toro* in den letzten Jahren 700 Mio. US-Dollar umgesetzt wurden (EL COMERCIO, 27.9.2019).

Da der Goldreichtum des *Cerro El Toro* lange bekannt ist, stellt sich die Frage, wie und wann der informelle Bergbau begann, da es sich, wie bereits erwähnt, nicht um ein Bürgerkriegsphänomen handelt. Der Beginn der Förderung wurde von Anwohnende auf die Explorationsflüge eines kanadischen Unternehmens in den 1990er Jahren zurückgeführt, die mit Hilfe elektromagnetischer Prospektion die hohe Goldkonzentration des *Cerro El Toro* sichtbar machten.

Auch im Fall Perus ist auf den Legalitätsstatus zu verweisen. Während bis 2012 der Goldabbau als informell galt und sowohl von Anwohnern als auch von der Regierung wegen seines wirtschaftsfördernden Charakters vorwiegend als positiv wahrgenommen wurde, ist heute die Aktivität nach dem Gesetz illegal. Informell, d. h. bei der regionalen Bergbaubehörde gemeldet, arbeiten auf dem *Cerro El Toro* allein sechs Minen (GRDIS 2016: 8), die ihre Aktivitäten legalisieren möchten. Alle anderen Arbeitnehmende fallen somit unter die Klassifikation „illegal". Die institutionelle Grauzone zwischen illegal und informell ist in Peru somit noch größer als in Kolumbien, da der informelle Bergbau weniger aufgrund seiner Tradiertheit abgegrenzt werden kann.

Informeller Bergbau findet auch in anderen Regionen in *La Libertad* statt wie z. B. in dem nahe der Mine *Barrick Misquichilca* gelegenen *Shorey* (s. *Karte 4*). Besonders zu verweisen ist auf den Umstand, dass sich informeller Goldbergbau in neue Regionen ausweitet. Nach Angaben von Interviewten schlossen sich ehemaliger Arbeitern des *Toro* bestehenden und neuen Grabungen im Umland an (LL 14_21–29) (vgl. *Abschn.* 7.2.4).

Abbildung 7.17 Bergbau am Cerro El Toro: Parallele Förderung im Mountain Top Removal durch das Unternehmen CDC Gold und Abbau in Minen durch informelle Förderung. (*Quelle: Archiv der Regionalen Umweltbehörde SEGASC (Huamachuco, La Libertad, Peru: September 2013)*)

7.2.3.4 Illegaler Bergbau

> „*esos ilegales, son cientos, que aparecen por acá, por allá, esos narcos sobre todo, utilizando la fuerza, es muy difícil controlarlo*"[29]
>
> LEITER DER REGIONALEN WASSERBEHÖRDE (LL 15_05)

Wie soeben dargestellt, arbeiten die meisten Bergleute am *Cerro El Toro* nach peruanischem Recht illegal. Jedoch werden sie durch die Lokalbevölkerung als

---

[29] "Diese Illegalen, es sind Hunderte, sie erscheinen mal hier mal da, diese Narcotrafikanten, sie benutzen Gewalt und es ist sehr schwierig sie zu kontrollieren."

Abbildung 7.18 Eingang zu einem informellen Stollen am Cerro El Toro. (*Quelle: Archiv der Regionalen Umweltbehörde SEGASC (Huamachuco, La Libertad, Peru: September 2013)*)

Abbildung 7.19 Ungeschützte Cyanidlaugebecken illegaler Bergleute am Cerro El Toro. (*Quelle: Archiv der Regionalen Umweltbehörde SENASA (Huamachuco, La Libertad, Peru: September 2013)*)

Abbildung 7.20 Sprengungen am Cerro El Toro. (*Quelle: Eigene Aufnahme (Huamachuco, La Libertad, Peru: April 2018)*)

informell bezeichnet. Weiterhin gibt es verschiedene Hinweise darauf, dass im *Río Marañon* Gold illegal abgebaut wird. Informelle Gespräche weisen darauf hin, dass die Betreiber dieser illegalen Minen in Zusammenhang mit den informellen Bergleuten von *Huamachuco* stehen (LL 02_02, LL 11_46).

Die Probleme der Bekämpfung des illegalen Bergbaus sind ähnlich wie die in Kolumbien. Die Nicht-Identifizierbarkeit und die hohe Mobilität werden von Seiten der Behörden als Hauptgründe für die fehlende Kontrolle genannt (LL 09_25–27). Als eine sehr effektive Bekämpfungsmaßnahme gegen die illegalen Bergleute am *Cerro El Toro* hat sich der Abbau durch das peruanisch geführte Unternehmen *Los Andes* erwiesen. Dieses hätte den informellen Bergbau „*absorbiert*" (LL 14_21), in dem es durch die Oberflächensprengungen den unterirdischen Bergbau unmöglich gemacht habe (*Abb.* 7.20).

Da es wenig gesicherte Informationen über die Akteure und Arbeitsweisen im illegalen Bergbau gibt, ranken sich viele Legenden und Hypothesen um die Zusammensetzung dieser Gruppe von Menschen und deren Arbeitsweise. Die Behörden bringen sie mit Drogenanbau und Gewalt in Verbindung (LL 15_05) und versäumen dabei die Unterscheidung zwischen den einfachen Arbeitnehmenden und kriminellen Wirtschaftsunternehmen dieser Schattenwirtschaft.

7.2.4 Akteurs- und Machtkonstellationen im Goldbergbau: Verbindungen zwischen Extraktivismus und illegalem Bergbau?

"Hay gobernadores, congresistas, autoridades subnacionales a nivel de alcaldes, provinciales y distritales que están vinculados a la actividad de la minería ilegal, entonces esa actividad forma parte de la expansión extractivista que hay en los últimos 25 años"[30]

VORSITZENDER EINER EXTRAKTIVISMUSKRITISCHEN NGO *(L 06_06)*

Wie im Eingangszitat deutlich wird, gibt es verschiedene Verbindungen zwischen illegalem und legalem Bergbau. Aufgrund der Intransparenz und den Zuschreibungen bezüglich der Verantwortlichkeiten des illegalen Bergbaus soll im Folgenden ein Überblick über die involvierten Beteiligten und deren Machtmöglichkeiten geschaffen werden. Selbstredend können in einer Schattenökonomie nur Annäherungen zu den reellen Verhältnissen getroffen werden.

Im **legalen Bergbau** sind die beteiligten Instanzen die Minenunternehmen, die peruanischen oder internationalen Ursprungs sein können. Diese werden von *Lima* bzw. *Trujillo* aus durch das Minenministerium *MinMinas* und die Umweltbehörde OEFA *(Organismo de Evaluación y Fiscalización Ambiental* – „Agentur für Umweltprüfung und -inspektion") kontrolliert und legitimiert (LL 11_18). Beide haben keinen direkten Kontakt zu den regionalen politischen Akteuren (z. B. der Regionalregierung). Da für den formellen Bergbau eine Professionalisierung der Arbeitnehmenden vorausgesetzt ist, sind diese häufig nicht im primäre agrarischen *Huamachuco* ansässig und konsumieren auch nicht dort, sodass es wenige direkte Kontakte zwischen der Mine und den Gemeinden gibt. Indirekte Kontakte sind durch die Umweltverschmutzung zum einen und die Bergbauabgaben zum anderen gegeben. Die Minenunternehmen sind selbst für die Sicherheit und die Durchsetzung der Regeln auf dem von Ihnen konzessionierten Gebiet verantwortlich. Dies geschieht durch private Sicherheitsunternehmen, aber auch über am Rande der Legalität agierende bewaffnete Sicherheitskräfte (L 05_08).

Der **informelle** bzw. **illegale Bergbau** funktioniert auch in Peru durch die ländlichen Gemeinden, die seine Durchführung erlauben (LL 30_30). Die Minen werden jedoch von Personen aus dem In- und Ausland betrieben, welche die Arbeitnehmenden bezahlen (LL 09_06). Die Informellen verkaufen das Gold zu einem niedrigeren Preis an Mittelsleute aus den Küstenstädten, die das Gold dann

---

[30] "es gibt Gouverneure, Kongressabgeordnete und Regionalpolitiker auf Provinz- und Distriktebene, die in den illegalen Bergbau verwickelt sind, deshalb gehört diese Aktivität zu der extraktivistischen Ausweitung der letzten 25 Jahre."

in den legalen Markt integrieren (LL 09_05–07). Sie schützen sich gegen die Eingriffe des Staates durch die Schaffung einer privaten Exekutive in Form von bewaffneten Gruppen. Von Seiten des Staates wird der informelle bzw. illegale Bergbau durch die Formalisierungsbehörde in *Trujillo* und die lokale Behörde für Umweltmanagement (SEGASC – *Servicio de Gestion Ambiental Sánchez Carrión*) überwacht und theoretisch durch die Polizei kontrolliert. De facto fehlt der Polizei aber die Durchsetzungsfähigkeit bzw. der politische Wille, gegen den informellen Bergbau vorzugehen (LL 09_32–36). Dies liegt auch an der mehrfach benannten Korruption (L 01_12; LL 06_13; L 05_07). Aufgrund geringer staatlicher Durchsetzungsfähigkeit haben auch in Peru BürgerInnen die exekutive Gewalt selbst in die Hand genommen und agieren als de-facto-Macht in Form der *Rondas campesinas* (ländliche Selbstschutztruppen) und *Rondas urbanas* (städtische Selbstschutztruppen) (SC 06_05; SC 09_32–36).

Neben den formellen Organen sollte im Rahmen der Untersuchungen eine annähernde Schätzung der Zusammensetzung der im informellen Bergbau beschäftigten Personen vorgenommen werden. Aufgrund des illegalen Charakters wurden die Personen nach den im legalen und illegalen Bergbau beschäftigten Familienangehörigen gefragt. Wie in *Tabelle* 7.9 ersichtlich ist, kommen illegale Bergleute v. a. aus urbanen Familien mit niedriger Bildung (38 % der Befragten aus dieser Gruppe gaben an, Familienangehörige im illegalen Bergbau zu haben). Die Annahme, dass illegaler Bergbau v. a. von den ländlichen Gemeinden durchgeführt wurde, konnte also nicht bestätigt werden. Den niedrigsten Anteil hatten die höher ausgebildeten Personen.

Im Bezug zum legalen Bergbau gab es insgesamt mehr „ja"-Antworten, was sicherlich der sozialen Erwünschtheit zuzusprechen ist. Auch hier fallen besonders die Personen mit niedriger Bildung auf, die zu mehr als der Hälfte Familienangehörige im legalen Bergbau hatten, aber auch Personen mit höherer Bildung haben im Schnitt 30 % Familienangehörige im legalen Bergbau.

Die genannte Aufstellung der Akteure gibt auch Aufschluss über die häufig geäußerte These, dass auch die Ausweitung des extraktivistischen Wirtschaftsmodells zum Entstehen bzw. zur Proliferation von illegalem bzw. informellem Bergbau beiträgt. Eine Person sagte dazu: *"Die Illegalen erfüllen eine Funktion, von der ich glaube, dass sie für die Regierung günstig ist, weil sie Dollars waschen, die aus der illegalen Wirtschaft kommen, und Milliarden von Dollar die Wirtschaft ankurbeln (…). In Peru förderst du Gold (…) und verkaufst es, (…) du kannst es waschen, indem du es in die Wirtschaft in Form von Casinos, Hotels oder Gebäuden usw. investierst."* (L 01_11, Übers. d. Verf.). Für diesen Zusammenhang konnten im Untersuchungsgebiet folgende Hinweise gefunden werden (*Abb.* 7.21):

7.2 La Libertad (Peru)

Tabelle 7.9 Wer sind die legalen und illegalen Bergleute? Antworten auf die Frage: „Ich habe Familienangehörige, die im legalen/illegalen Bergbau beschäftigt sind"

		im legalen Bergbau	im illegalen Bergbau
Gesamt		23,30 %	14,66 %
Herkunft	Huamachuco	25,12 %	13,85 %
	Landbevölkerung	14,08 %	19,44 %
	von außerhalb kommend	25,37 %	11,94 %
Bildung	höhere Bildung	29,70 %	10,89 %
	niedrigere Bildung	53,13 %	37,50 %
	SchülerInnen	25,00 %	20,31 %

Quelle: Errechnet nach eigenen Erhebungen (N = 380)

- Zur Formalisierung des informell geschürften Goldes, was PIETH (2019) „Goldwäsche" nennt, wird das Erz mitunter von den Konzessionsnehmern der Großminen gekauft und in den von ihnen betriebenen Anlagen gereinigt, um Lohn- und Umweltkosten zu sparen (LL 04/05_14, LL 09_05). Dies nährt bei bergbaukritischen Stimmen die Annahme, dass die Bergbauökonomie den informellen Bergbau indirekt stärke (CUADROS FALLA 2013). Im Fall *Huamachucos* kann dies nur bedingt der Fall sein, da eine Vielzahl kleiner Unternehmen in der Stadt Gold aufkauft und in Kleinstverfahren reinigt. Zuvor wird das Gold, anders als in Kolumbien, in Cyanidbecken vor Ort gelaugt. Jedoch können mit handwerklichen Verfahren nur 40–60 % des Goldes aus dem Erz gewonnen werden, sodass das Erz nach der Amalgamierung weiterverkauft wird (L 04_12).
- Weiterhin sind, wie auch in Kolumbien, mehrfach Verbindungen zwischen dem informellen und dem illegalen Bergbau belegt. Gespräche mit einem Subunternehmer ergaben, dass dieser gleichzeitig für legale wie auch für illegale Schürfungen im *Río Marañón* Arbeiternehmende sucht, was darauf hinweist, dass es hier personelle Verbindungen gibt (LL 02_01). Insgesamt wird geschätzt, dass auch in Peru das Einkommen aus illegalem Gold größer ist als das aus der Kokainproduktion (VALVERDE LUNA u. CALLANTES ANANAOS O. J.).
- Im Fall *Huamachucos* gibt es des Weiteren Hinweise dafür, dass die legale Goldmine *Los Andes* der Familie SÁNCHEZ PAREDES gehört, die für ihre prominente Position in der Drogenproduktion bekannt ist. Die aus Kolumbien

bekannte Legalisierung illegalen Geldes über Gold ist also auch in Peru präsent, nur dass es hier ohne bewaffnete Gruppen und über eine legal agierende Goldmine funktioniert (L 05_03).
- Eine weitere Verbindung zwischen der extraktivistischen Logik des Staates, die mit einer Ausweitung der Minen einhergeht, ist die Abhängigkeit, die der Bergbau schafft. Dies zeigt sich eindrücklich an der traditionellen Mine *Quiruvilca*. Nach der unvorhersehbaren schnellen Schließung, die eine Folge des Verkaufs der Mine war, wurden die ehemaligen Arbeiternehmende der umliegenden Dörfer zu informellen Bergleuten, da sie keine andere Möglichkeit der Finanzierung sahen. Der Leiter der Formalisierungsbehörde beschrieb den Zustand wie folgt: „*Alle [informellen Bergleute dort] waren vorher Bergleute der Mine Quiruvilca. Eines Tages beschließt die Mine Quiruvilca ihre Tore zu schließen, ohne dies vorher zu kommunizieren. Und Bergleute hatten vorher neben ihrem Lohn auch Lebensmittelgutscheine und andere Vergünstigungen für Fleisch, Wasser und Elektrizität bekommen. Und eines Tages schließt die Mine – Quiruvilca war ausschließlich abhängig vom Bergbau (...). Als das also passierte, hatten die Bewohner nichts mehr zu essen, die Kinder gingen nicht mehr in die Schule, weil die Schule geschlossen hatte, da die Lehrer von der Mine bezahlt wurden, es schloss die Gesundheitsstation, weil die Ärzte und Krankenpfleger von ihnen [den Minenbetreibern] bezahlt wurden*" (LL 09_28, Übers. d. Verf.).

Aus der Situation fehlender Einkommensmöglichkeiten heraus entwickelte sich informeller Bergbau. Dieser Zusammenhang von legalem und illegalem/informellem Bergbau entsteht in diesem Fall nicht aus einer Schattenökonomie heraus, sondern aus einer veränderten Kultur, die neue Abhängigkeitsmuster forciert. Diese Informalisierung führte zu einer weiteren Ausweitung des Bergbaus, da sich nun nach Angaben des ehemaligen Bürgermeisters die informellen Bergleute des *Cerro El Toro* aufgrund der Konflikte den Bergleuten in *Quiruvilca* angeschlossen haben (LL 11_53).

7.2 La Libertad (Peru)

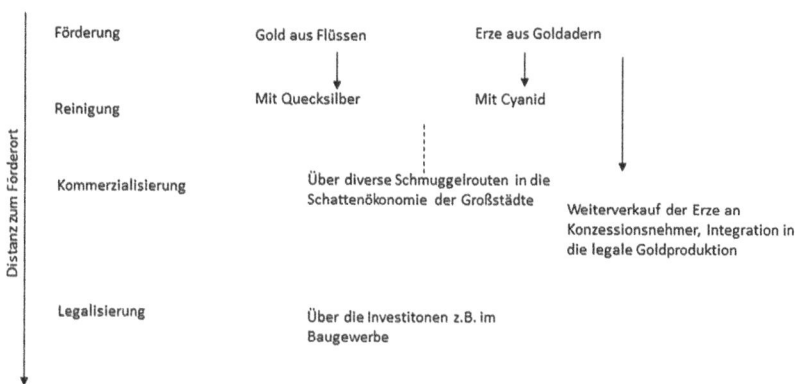

Abbildung 7.21 Schematische Darstellung des Legalisierungsprozesses informell geförderten Goldes in Peru. (*Quelle: Eigener Entwurf*)

7.2.5 Ein Bergbaufluch durch das extraktivistische Wirtschaftsmodell?

„*La Región La Libertad, es la que más produce oro, pero los beneficios no se notan.*"[31]

LOKALZEITUNG: EL SIGLO (2018)

Das Eingangszitat einer Lokalzeitung verweist auf die ambivalenten Auswirkungen, die das extraktivistische Entwicklungsparadigma hat, wie auch bereits in *Abschnitt* 2.2.1. diskutiert wurde. Im kolumbianischen Kontext konnte aufgrund des entstehenden illegalen Bergbaus ein Bergbaufluch definiert werden (vgl. *Abschn.* 7.1.4). Ob die Förderung der vorhandenen unterirdischen hochpreisigen natürlichen Ressourcen durch legale oder illegale Akteure in Peru auch einen solchen bedingen, soll im Folgenden anhand der vorgestellten Kriterien (vgl. *Abschn.* 2.5.1.1) untersucht werden.

Die Frage, wie und wieso unterirdischer Reichtum nicht gleichzeitig das Leben der dort ansässigen Bevölkerung verbessert, beantwortete ein Bewohner wie folgt: „*Es gab eine Zeit, da sagte man 'Peru sei ein Bettler auf einem Sack voll Gold', weil es unserer Regierung nicht wichtig ist diese Ressourcen in Wert zu setzen. Sie interessiert nur ihr persönlicher Profit, das Volk interessiert sie nicht, wir haben keine guten Krankenhäuser und schlechte Bildungsinstitutionen*" (LL 04/05_13, Übers.

---

[31] "Die Region La Libertad produziert am meisten Gold, aber die Vorteile sind nicht bemerkbar."

d. Verf.). Er verweist auf das in *Abschnitt 2.2.2* beschriebene Sichtweise und die negativen Auswirkungen eines klassischen Extraktivismus. Er fordert eine neoextraktivistische Herangehensweise, in der der Staat die Renten aus der Förderung der nicht erneuerbaren natürlichen Ressourcen nutzt, um insgesamt Verbesserung zu bringen. Im Kontext dieser Sichtweise ist Gold eine Möglichkeit, die das Leben verbessern sollte, was, aufgrund von persönlicher Bereicherung nicht geschieht und somit eigentlich ein Segen.

Demgegenüber steht die Sichtweise des Postextraktivismus, der z. B. von der *Behörde für Regionalentwicklung aus Sánchez Carrión* wie folgt beschrieben wird: *„Die lokalen Gemeinden sind fast immer langfristig vom Zusammenleben mit dem Bergbau betroffen, da sich durch diese Aktivität ihre traditionellen Lebensweisen verändern. Es handelt sich normalerweise um ländliche Dörfer, die sich landwirtschaftlichen Aktivitäten widmen und meist gemeinsam Wasser, Erde und Wald verwalten."* (GRDIS 2016: 1, Übers. d. Verf.). In dieser Sichtweise zerstört der durch eine Ressource induzierte Zustand andere Einkommensmöglichkeiten und andere, regenerative Ressourcen. Aus dieser Sichtweise heraus weckt die Ressource Gold Begehrlichkeiten, die mit negativen Konsequenzen für Mensch und Umwelt verbunden sind und ist somit als Fluch zu betrachten.

Ähnlich wie in den akademischen Arbeiten des Ressourcenfluchs (z. B. AUTY 1993), brachten mehrere Personen in den Interviews die Existenz von Gold mit mystischen Gegebenheiten wie Gott oder dem Teufel in Verbindung. Ein Bewohner sagte *„Gott hat sie [die informellen Bergleute] gesegnet, um unserer Provinz etwas [wirtschaftlichen Fortschritt] zu bringen"* (LL 06_30, Übers. d. Verf.). Und der Leiter der Wasserbehörde konstatierte: *„sehen Sie, der Bergbau wird in unserem Land verteufelt"* (LL 15_05, Übers. d. Verf.). Dies macht deutlich, dass die Idee, dass bestimmte Ressourcen bzw. deren Förderung einen positiven oder negativen Effekt haben, der durch nicht-rationale Kriterien bedingt wird, nicht nur eine Überlegung von TheoretikerInnen des globalen Nordens ist, sondern sich auch in der lokalen Perzeption widerspiegelt.

Inwiefern diese beiden Sichtweisen in Bezug auf den Goldreichtum von der Lokalbevölkerung geteilt werden, wurde im Kontext der Arbeit auf Haushaltsebene untersucht. Zur quantitativen Beschreibung wurden neben den qualitativen Interviews 381 Fragebögen[32] in der Provinz *Sánchez Carrión* durchgeführt, die

---

[32] Von den 381 befragten Personen waren 47,3 % weiblich, 81,1 % gaben an, in einer Stadt zu wohnen, 55,1 % in der Stadt Huamachuco, 17,1 % in einem Huamachuco zugehörigen Dorf, 6,9 % kamen aus einer anderen Provinz in La Libertad, 3,4 % aus einem anderen Ort in Peru und 8,57 % aus der Stadt Trujillo. Die graphische Darstellung der demographischen Daten befindet sich im Annex V. Insgesamt gaben 23,3 % an, jemanden in der Familie zu haben, der im formellen Bergbau arbeitet und 14,6 % im informellen Bergbau.

7.2 La Libertad (Peru)

eine Einschätzung darüber geben können, wie die lokale Bevölkerung den legalen und illegalen Bergbau und dessen Auswirkungen einschätzt. Geleitet wurde die Befragung neben den Ausgangsthesen des Ressourcenfluchs von der Hypothese des ehemaligen Bürgermeisters, dass 90 % der Bevölkerung mit der extraktivistischen Logik, manifestiert am Goldbergbau, einverstanden seien (LL 11_28). Basierend auf den theoretischen Erkenntnissen sowie den Erfahrungen aus Kolumbien und Interviews vor Ort wurde ein Fragebogen erstellt, der die mögliche Relevanz eines regionalen Ressourcenfluchs untersuchen soll. Die erfragten Einflüsse wurden, analog zu den theoretischen Erkenntnissen, in ökologische, soziale, politische und ökonomische Konsequenzen anhand einzelner Indikatoren gemessen, die aus den vorhergehenden Interviews gewonnen wurden.

Die Ergebnisse des Fragebogens zeigen, dass, entgegen der Annahme des Bürgermeisters, nur ein Viertel der befragten Personen der Meinung sind, dass Gold in der Region ein Segen sei *(Tab.* 7.10). Klassifiziert nach Gruppen waren z. B. bei den Frauen und den höher ausgebildeten Personen sogar nur knapp die Fünftel der Meinung, dass Gold kein Segen, also ein Fluch für die Region sei. Am stärksten – zu ca. einem Drittel – empfanden Personen mit niedriger Bildung und Männer Gold als Segen.

Während die Frage nach der Betrachtung von Gold als Segen auf die Ressource Gold abzielte, sollten die Befragten einordnen, von wem das Gold in *Huamachuco* ausgebeutet werden solle, und 60 % antworteten mit „niemand" *(Tab.* 7.11). Die Einschätzung, ob Gold von formellen oder informellen Bergleuten gefördert werden solle, hängt primär von der sozialen Schicht ab; insgesamt erfährt der legale Bergbau mehr Zustimmung als der illegale (jedoch nur durchschnittlich 4 % mehr). Während Männer, Schüler und höher Ausgebildete zu 30 % der Meinung waren, dass der Bergbau von internationalen Unternehmen legal betrieben werden solle, waren 20 % der Landbevölkerung und der Männer der Meinung, dass der Bergbau durch illegale/informelle Produzenten betrieben werden solle. Dasselbe zeigt auch die Antwort auf die Frage, ob der legale und der illegale Bergbau beendet werden solle; alle befragten Gruppen antworteten hierauf zu mindestens 50 % mit "ja" *(Tab.* 7.12, 7.13). Dabei ist der Wunsch nach Beendigung des illegalen Bergbaus noch höher (Durchschnittlich fast ein Viertel), aber auch beim legalen Abbau gibt es Gruppen, die diesen in gleicher Weise ablehnen, z. B. Frauen. Am meisten Zustimmung findet der legale Bergbau bei den höher ausgebildeten Personen mit 50 %; diese Gruppe ist auch zu 30 % der Meinung, dass der legale Bergbau nicht aufhören solle.

Die Ergebnisse zeigen jedoch, dass nur ca. 15–20 % der insgesamt Befragten der Meinung waren, dass Goldabbau ein Segen sei bzw. nicht beendet werden sollte. Diese subjektive Einschätzung deckt sich mit den Annahmen eines Bergbaufluchs, der durch ein bestimmtes Wirtschaftsmodell forciert wird. In den folgenden Ausführungen werden die Teilbereiche des Ressourcenfluchs anhand der in *Abschnitt* 2.5.1.1 dargestellten und der durch die qualitativen Ergebnisse aus dem *Cauca* generierten Annahmen bzgl. der Interpretationen des Bergbaufluchs (vgl. *Abschn.* 7.1.5) untersucht.

Tabelle 7.10 Zustimmung zu der Aussage: „Das Gold in Sánchez Carrión ist ein Segen"

		ja	ein bisschen	nein	k. A.
Gesamt		25,07 %	24,02 %	39,43 %	11,49 %
Geschlecht	Frauen	20,44 %	20,99 %	46,41 %	12,15 %
	Männer	29,35 %	26,87 %	33,33 %	10,45 %
Herkunft	Huamachuco	22,56 %	24,62 %	42,56 %	10,26 %
	Landbevölkerung	27,78 %	20,83 %	36,11 %	15,28 %
	von außerhalb kommend	23,94 %	28,17 %	39,44 %	8,45 %
Bildung	höhere Bildung	20,79 %	17,82 %	53,47 %	7,92 %
	niedrigere Bildung	30,39 %	24,86 %	34,81 %	9,94 %
	SchülerInnen	17,19 %	35,94 %	31,25 %	15,63 %

Quelle: Errechnet nach eigenen Erhebungen (N = 380)

7.2.5.1 Politischer Bergbaufluch

> „*Hemos tenido una experiencia de que el ministro ha venido y no lo han dejado entrar, seguro que si Kuczynski, tampoco lo dejarían entrar, o sea se hacen del guapo, me armo y no dejan entrar, como tú dices, insurgencia, pero en pequeñito*"[33]
>
> MITARBEITER DER LOKALEN UMWELTBEHÖRDE *(LL 08_03)*

In *Abschnitt* 2.5.1.1 wurde unter den politischen Ausprägungen des Ressourcenfluchs auf nationaler Ebene dargestellt, dass Ressourcen zu Klientelismus und zur Finanzierung bewaffneter Gruppen führe, die dann Bürgerkriege verlängerte (LE BILLON 2008, OßENBRÜGGE 2007, ROSS 1999). Für den Fall von *La Libertad* ließ sich zeigen, dass der Goldreichtum keinen Einfluss auf das Geschehen

---

[33] „Wir haben die Erfahrung gemacht, dass der Minister hergekommen ist und sie [die Bergleute] haben ihn nicht reingelassen, sicherlich würden sie nicht mal Kucynski [ehemaliger Präsident Perus] reinlassen. Mit anderen Worten, sie bewaffnen sich und lassen niemanden vorbei, wie du sagst, eine aufständische Gruppe, aber in klein."

7.2 La Libertad (Peru)

Tabelle 7.11 Antworten zu der Aussage: „Das Gold hier sollte von ... gefördert werden"

		legalen Bergbauunternehmen	Illegalen/informellen Bergleuten	niemandem
Gesamt		21,20 %	16,23 %	60,99 %
Geschlecht	Frauen	12,71 %	12,71 %	71,27 %
	Männer	28,86 %	19,40 %	51,74 %
Herkunft	Huamachuco	17,95 %	18,97 %	63,08 %
	Landbevölkerung	22,22 %	19,44 %	58,33 %
	von außerhalb kommend	20,90 %	8,96 %	70,15 %
Bildung	höhere Bildung	27,72 %	9,90 %	59,41 %
	niedrigere Bildung	16,02 %	16,57 %	66,30 %
	SchülerInnen	29,69 %	21,88 %	51,56 %

Quelle: Errechnet nach eigenen Erhebungen (N = 380)

Tabelle 7.12 Zustimmung zu der Aussage „Legaler Bergbau sollte beendet werden"

		ja	ein bisschen	nein	k. A.
Gesamt		61,36 %	7,57 %	20,89 %	10,18 %
Geschlecht	Frauen	70,17 %	7,18 %	13,81 %	8,84 %
	Männer	53,23 %	7,96 %	27,36 %	11,44 %
Herkunft	Huamachuco	64,62 %	6,15 %	18,46 %	10,77 %
	Landbevölkerung	64,79 %	12,68 %	14,08 %	9,86 %
	von außerhalb kommend	50,70 %	16,90 %	21,13 %	11,27 %
Bildung	höhere Bildung	49,50 %	12,87 %	31,68 %	5,94 %
	niedrigere Bildung	65,19 %	4,97 %	17,13 %	12,71 %
	SchülerInnen	68,75 %	3,13 %	18,75 %	9,38 %

Quelle: Errechnet nach eigenen Erhebungen (N = 380)

des bewaffneten Konflikts zwischen dem PCP-SL und dem peruanischen Staat hatte. Jedoch zeigen sich nach Beendigung des bewaffneten Konflikts ähnliche Phänomene auf regionaler Ebene, welche die Ausweitung des Bergbaus begleiten: Verschiedene Dokumente und Interviews verweisen auf die Existenz lokaler bewaffneter Gruppen, welche die informellen Bergleute des *Cerro El Toro* schützen und verhindern, dass Außenstehende das Gelände betreten (GRDIS 2016:

Tabelle 7.13 Zustimmung zu der Aussage „Illegaler Bergbau sollte beendet werden"

		ja	ein bisschen	nein	k. A.
Gesamt		73,89 %	4,96 %	14,36 %	6,79 %
Geschlecht	Frauen	74,59 %	4,97 %	13,26 %	7,18 %
	Männer	73,13 %	4,98 %	15,42 %	6,47 %
Herkunft	Huamachuco	73,33 %	6,15 %	13,33 %	7,18 %
	Landbevölkerung	73,61 %	4,17 %	15,28 %	6,94 %
	von außerhalb kommend	77,46 %	4,23 %	11,27 %	7,04 %
Bildung	höhere Bildung	75,25 %	4,95 %	15,84 %	3,96 %
	niedrigere Bildung	74,03 %	3,31 %	15,47 %	7,18 %
	SchülerInnen	71,88 %	10,94 %	10,94 %	6,25 %

Quelle: Errechnet nach eigenen Erhebungen (N = 380)

4, LL 15_13). Auch die legal arbeitende Mine *San Simón* arbeite mit Androhung oder Durchführung von privat finanzierter Gewalt, um die Goldförderung betreiben zu können (L 05_08; LL 06_24).

Desweiteren wurde von einem Mitarbeiter der lokalen Umweltbehörde auf den Zusammenhang zwischen fehlender staatlicher Durchsetzungsfähigkeit und Ressourcenabbau verwiesen (s. Eingangszitat). Auf die Frage, wer sich hinter diesen Gruppen verbirgt und ob sich diese vor oder nach dem Beginn des illegalen Bergbaus bildeten, antwortete ein Regierungsvertreter: „*Es sind Auftragsmörder, Personen, die ihre Interessen vertreten*" (LL 15_13, Übers. d. Verf.). Weitergehende Informationen, ob es sich bei den Auftraggebern um legal oder illegal agierende Gruppen handelt, lassen sich nicht finden.

Aus dem genannten Grund beschreibt die BEHÖRDE FÜR REGIONALENTWICKLUNG den informellen Bergbau als „*schwere Bedrohung für den sozialen Frieden*" (GRDIS 2016: 8, Übers. d. Verf.), da die Regierbarkeit des Staatsgebiets eingeschränkt werde. Somit sei an dieser Stelle auf die Wechselwirkungen zwischen geringer Staatlichkeit und der Förderung natürlicher Ressourcen verwiesen. Die Frage, die sich daran anschließt ist, ob nicht auch der legale Bergbau sehr ähnliche Tendenzen aufweist, da auch hier ein Stück Land unbrauchbar und unzugänglich gemacht und von privaten Sicherheitskräften verteidigt wird, was ebenso eine Einschränkung der staatlichen Durchsetzungsfähigkeit bewirkt.

Außerdem muss auf die quantitativ nicht nachweisbare Korruption hingewiesen werden, wie die Theorien der Rentenstaatlichkeit (PETERS 2019) implizieren.

7.2 La Libertad (Peru)

Anders als über persönliche Bereicherung einzelner Entscheidungsträgern ist im Falle von *La Libertad* die räumliche Nähe zwischen dem illegalen Bergbau und der Stadt *Huamachuco* nicht zu erklären. Eine Mitarbeiterin einer lokalen NGO beschrieb dies mit den Worten „*Der Bürgermeister wurde durch den illegalen Bergbau reich*" (L 05_07, Übers. d. Verf.). Auch wenn dies weder beziffert noch nachgewiesen werden kann, ist davon auszugehen, dass der Goldbergbau sowohl Personen an den entscheidenden Stellen in *Huamachuco* als auch in der *Departamento*-Hauptstadt *Trujillo* finanziert.[34]

Jedoch ist die sinkende staatliche Durchsetzungsfähigkeit nicht allein auf den informellen Bergbau zu beschränken. Auch die mittelgroße Mine *San Simón* und deren nachweisliche Verbindungen zu kriminellen Wirtschaftsunternehmen der Familie SÁNCHEZ PAREDES wirft die Frage auf, inwiefern die politischen Konsequenzen des Bergbaufluchs auf regionaler Ebene nachweisbar sind. Nach Aussagen von Regierungsvertreter führten offensichtliche Korruptionsbemühungen der Minenbetreiber dazu, dass die Nicht-Einhaltung ökologischer Standards wie z. B. das Verbot von Sprengungen durch die lokale Umweltbehörde nicht ernst genommen wurden, bzw. die lokale Umweltbehörde eine offizielle Abmahnung bekam, sich nicht in Minenangelegenheiten einzumischen (L 01_12, LL 06_13; L 05_07). Die ambivalente Haltung von Seiten der Lokalpolitik in Bezug auf die reellen Absichten in der Bekämpfung des illegalen Bergbaus wurden auch in den Interviews in *Lima* bestätigt (L 01_23–28). Im Zuge der Feldforschung wurde dies auch in der Dokumentenbeschaffung bezüglich des offiziellen Berichts zu den Problemen des illegalen Bergbaus sichtbar, welche die Wasserbehörde verfasst hatte (GESUNDHEITSBEHÖRDE LA LIBERTAD 2016). Dazu musste die Autorin sehr große bürokratische Hürden nehmen, um dieses offizielle Dokument zu erhalten. Der fehlende Wille der Offenlegung sei hier als Indikator für die Vermutung genommen, dass sich einzelne Entscheidungsträger am Bergbau bereichern.

---

[34] Auf der Straße von Trujillo nach Huamachuco sind mindestens 5 mobile Polizeistationen, die Fahrzeuge anhalten. Bei den Befragungen wurde die Erfahrung gemacht, dass diese Bestechungsgelder von Personen einfordern, die offensichtlich mehr Geld haben als der Durchschnitt.

7.2.5.2 Ökonomischer Bergbaufluch

„*Aquí todo subió, desde el terreno hasta el menú, muchas veces más que 50 %*"[35]
STELLVERTRETENDER BÜRGERMEISTER VON HUAMACHUCO (LL 07_10)

Die ökonomischen Effekte des durch den Extraktivismus hervorgerufenen Bergbaus sind zweischneidig: Auf der einen Seite bringt die Förderung des Goldes ein nicht von der Hand zu weisendes Wirtschaftswachstum mit sich, was sich in *Huamachuco* v. a. an der Bebauungsstruktur zeigt. Auf der anderen Seite produziert dieser einen lokalen Preisanstieg durch das plötzliche Auftreten einer großen Geldmenge und eine relative Abwertung lokaler produktiver Sektoren („holländische Krankheit") (AUTY 1993). Ähnliche Phänomene lassen sich auf lokaler Ebene beobachten, wobei zwischen den Effekten des legalen und illegalen Bergbaus auf die lokale Wirtschaft zu trennen ist.

Der positive Einfluss des legalen Bergbaus lässt sich anhand der Bergbauabgaben (*Regalías*), die an die Region bezahlt werden, beziffern. Für *Sánchez Carrión* lagt die Höhe der *Regalías* im Jahr 2017 bei 25 Mio. peruanische Sol (ca. 7,2 Mio. US-Dollar), die, nach Angaben des stellvertretenden Bürgermeisters, in Infrastruktur und Gemeingüter investiert wurden (LL 07_01–02). Ein Beispiel dafür ist der aufwändig gestaltete zentrale Platz (*Abb.* 7.22), der als Aushängeschild der Stadt gilt. Da sich das *Regalía*-System an dem realen Einkommen der Minenunternehmen misst, ist dieser ökonomische Effekt abhängig vom internationalen, stark schwankenden Goldpreis und den vorhandenen Reserven. Der Abfall des Goldpreises nach 2014 hatte die Verminderung der Haushaltseinnahmen *Sánchez Carrións* zur Folge, wodurch die Abhängigkeit deutlich wurde, die auch für den Fall *Quiruvilca*s gezeigt werden konnte (vgl. Abschn. 7.2.5).

Der positive ökonomische Effekt des informellen bzw. illegalen Bergbaus ist hingegen eine indirekte Wirtschaftsförderung durch die gestiegene Kaufkraft vor Ort, der sogenannte *Trickling-down-Effekt* (vgl. Abschn. 2.5.1.1). Da die informellen Bergleute auf dem lokalen Markt einkaufen, fördern sie somit die lokale Wirtschaft, sodass viele der Verkäuferinnen aus anderen Provinzen ihre Produkte in *Huamachuco* verkaufen (LL 11_08). Welchen genauen Umfang das informell geförderte Gold in *Huamachuco* hat, lässt sich nicht genau nachvollziehen, wird aber vom Minenministerium auf 700 Mio. US-Dollar in den letzten 15 Jahren geschätzt (EL COMERCIO, 27.9.2019). Unter der Annahme konstanter Förderung errechnet sich eine durchschnittliche Jahresförderung von 46,5 Mio. US-Dollar,

---

[35] "Hier ist alles teurer geworden, vom Bauland bis zum Mittagsmenu, häufig ist es um mehr als 50 % gestiegen"

Abbildung 7.22 Plaza Central der Stadt Huamachuco. (*Quelle: Eigene Aufnahme (Huamachuco, La Libertad, Peru: März 2018)*)

was die *Regalías* um mehr als ein sechsfaches übersteigt. Diese große Geldmenge materialisiert sich in *Huamachuco* z. B. an der Bebauungsstruktur der Stadt: War sie vor 20 Jahren noch vor allem eine andine Kleinstadt mit vorwiegend einstöckiger Bebauung, sind heute die meisten Gebäude aufgestockt, um die neu gebauten Wohnungen an informelle Bergleute zu vermieten (LL 06_29).

Gleichzeitig bewirkt die erhöhte Geldmenge einen Geldwertverlust, der als „lokale holländische Krankheit" (vgl. *Abschn.* 2.5.1.1) bezeichnet werden könnte, welche durch die insgesamt höheren Löhne einen Preisanstieg verursacht (LL 11_09–13). Die Behörde für Regionalentwicklung schreibt: „*Fast immer produziert [der Bergbau] den Preisanstieg aller lokalen Produkte und die Armen bleiben ohne Vorteil. Gleichzeitig hat die Bevölkerung einen ungleichen Zugang zu den Möglichkeiten, die der Bergbau bringt*" (GRDIS 2016: 3, Übers. d. Verf.). Ein Beispiel hierfür ist der Bodenpreisanstieg, der im Stadtzentrum um die Hälfte und in peripheren Gebieten sogar auf ein Fünffaches des ursprünglichen Wertes stieg (LL 07_10, LL 11_19). Ein ähnliches Phänomen gilt auch für die Preise lokaler Dienstleistungen wie Mittagessen oder Hotelübernachtungen, die weit über dem Durchschnitt vergleichbarer Orte in Peru liegen[36].

---

[36] Diese lokale Inflation wurde noch nicht quantitativ belegt. Zukünftige Studien sollten an Dienstleistungen wie Restaurants, Friseuren oder Übernachtungen diese Thesen quantitativ für Orte mit und ohne Bergbau testen.

Das durch den Bergbau hervorgerufene höhere Lohnniveau wirkt sich – wie auch im nationalökonomischen Ressourcenfluch – auf andere produktive Sektoren, z. B. die Landwirtschaft, aus. Da durch die Minenarbeit auch die Preise für Tagelöhne im landwirtschaftlichen Sektor steigen, wird die lokale landwirtschaftliche Produktion negativ beeinflusst (LL 11_19–23) und die landwirtschaftliche Selbstversorgung der Region gefährdet. Der ehemalige Bürgermeister verweist darauf, dass die Landwirtschaft nur noch von den Frauen betrieben werde, da die Männer nun im Bergbau tätig sein (LL 11_36). Somit änderte sich die Zusammensetzung der Wirtschaft und der ehemalige wichtige Wirtschaftszweig der Kartoffelproduktion ging in den letzten Jahren stark zurück (LL 11_36), sodass heute die Kartoffelproduktion staatlich subventioniert werden muss (LL 07_04, LL 06_01–04).

In Bezug auf die Ergebnisse der quantitativen Studie war ca. die Hälfte der befragten Bevölkerung der Meinung, dass Gold ein wichtiger Wirtschaftsmotor sei (*Tab.* 7.14). Die Aufschlüsselung nach Sozial- und Geschlechtergruppen zeigt, dass Männer den ökonomischen Effekt des Bergbaus für sehr viel stärker (ja: 59 %) halten als Frauen (ja: 39 %) und die Landbevölkerung (ja: 36 %) dem Gold sehr viel weniger Effekte zuschreibt als der Durchschnitt. Von Personen, die nicht aus *Huamachuco* kommen, wird Gold oft als besonders wichtig erachtet. Insgesamt gibt es nur einen geringen Anteil an Personen, die der Meinung sind, dass Gold keinen Einfluss auf die lokale Wirtschaft hat.

Differenziert nach legalem und illegalem Bergbau (*Tab.* 7.15,7.16) zeigt die Befragung, dass trotz der negativen Bewertung des Bergbaus mehr als 50 % der Befragten der Meinung waren, dass beide Arten des Bergbaus Arbeitsplätze und Einkünfte brächte. Dabei werden beide Abbauarten in ihrem fortschrittsbringenden Charakter fast gleich eingeschätzt. Lediglich der illegale Abbau wird von Personen mit niedriger Bildung etwas positiver gesehen und die Landbevölkerung antwortete signifikant öfter mit „ein bisschen". Nur ca. 15–20 % der Befragten sind der Meinung, dass Bergbau keinen Einfluss auf Beschäftigung und Einkünfte habe. De facto gaben 20 Personen (5 % der Befragten) an, direkt im Bergbau beschäftigt zu sein; 23,3 % (89 Personen) sagten, dass sie Angehörige hätten, die im legalen Bergbau tätig seien und 14,6 % (56 Personen) behaupteten dasselbe für den illegalen Bergbau.

Die Annahmen des ökonomischen Ressourcenfluchs konnten anhand des Antwortverhaltens der quantitativen Studie nicht bestätigt werden. Etwa die Hälfte der Befragten sind der Meinung, dass Bergbau vor allem positive Effekte auf die Wirtschaft habe, die Interviews und teilnehmenden Beobachtungen zeigen jedoch Unmut über den allgemeinen Preisanstieg. Ob sich dies quantitativ nachweisen lässt, müsste in einer Folgestudie anhand eines Indikators geklärt werden.

Tabelle 7.14 Zustimmung zu der Aussage: „In Sánchez Carrión ist Gold ein wichtiger ökonomischer Motor"

		ja	ein bisschen	nein	k. A.
Gesamt		50,91 %	24,54 %	17,75 %	6,79 %
Geschlecht	Frauen	39,23 %	27,62 %	24,86 %	8,29 %
	Männer	59,20 %	19,40 %	16,92 %	4,48 %
Herkunft	Huamachuco	50,26 %	28,72 %	14,87 %	6,15 %
	Landbevölkerung	36,11 %	27,78 %	22,22 %	13,89 %
	von außerhalb kommend	57,75 %	23,94 %	16,90 %	1,41 %
Bildung	höhere Bildung	49,50 %	23,76 %	21,78 %	4,95 %
	niedrigere Bildung	45,86 %	26,52 %	20,44 %	7,18 %
	SchülerInnen	62,50 %	23,44 %	3,13 %	10,94 %

Quelle: Errechnet nach eigenen Erhebungen (N = 380)

Tabelle 7.15 Zustimmung zu der Aussage: „Legaler Bergbau bringt Beschäftigung und Einkünfte für mein Umfeld"

		ja	ein bisschen	nein	k. A.
Gesamt		52,74 %	19,84 %	20,63 %	6,53 %
Geschlecht	Frauen	45,86 %	20,44 %	24,86 %	8,29 %
	Männer	59,20 %	19,40 %	16,92 %	4,48 %
Herkunft	Huamachuco	49,74 %	22,05 %	22,56 %	5,64 %
	Landbevölkerung	61,11 %	11,11 %	19,44 %	6,94 %
	von außerhalb kommend	52,11 %	23,94 %	19,72 %	4,23 %
Bildung	höhere Bildung	49,50 %	19,80 %	24,75 %	5,94 %
	niedrigere Bildung	53,59 %	18,23 %	20,99 %	6,63 %
	SchülerInnen	54,69 %	21,88 %	17,19 %	6,25 %

Quelle: Errechnet nach eigenen Erhebungen (N = 380)

7.2.5.3 Sozialer Bergbaufluch

"Hay familias que viven ahí [cerca de la mina], no se han ido, otros venden su tierras y se van, pero las personas que se quedan entran en conflicto con las minerías, hay

Tabelle 7.16 Zustimmung zur Aussage: "Illegaler Bergbau bringt Beschäftigung und Einkünfte für mein Umfeld"

		ja	ein bisschen	nein	k. A.
Gesamt		53,00 %	19,84 %	19,32 %	7,83 %
Geschlecht	Frauen	46,41 %	22,10 %	21,55 %	9,94 %
	Männer	58,71 %	17,91 %	17,41 %	5,97 %
Herkunft	Huamachuco	53,00 %	19,84 %	19,32 %	7,83 %
	Landbevölkerung	50,00 %	20,83 %	22,22 %	6,94 %
	von außerhalb kommend	53,00 %	19,84 %	19,32 %	7,83 %
Bildung	höhere Bildung	45,54 %	20,79 %	25,74 %	7,92 %
	niedrigere Bildung	59,12 %	16,57 %	17,13 %	7,18 %
	SchülerInnen	46,88 %	29,69 %	14,06 %	9,38 %

Quelle: Errechnet nach eigenen Erhebungen (N = 380)

canon en la provincia pero no beneficia al caserío, las familias (...). Ellos realizan continuamente paros para ser escuchados."[37]

EHEMALIGER BÜRGERMEISTER VON HUAMACHUCO (LL 13_01)

Wie im Eingangszitat deutlich wird, bringt der Extraktivismus konfliktive Konsequenzen mit sich. Diese lassen sich unterteilen in Auswirkungen, die durch den raschen Zufluss einer größeren Geldmenge bedingt sind und solche, die durch den Zuzug vieler junger Männer initiiert werden (GRDIS 2016: 3). Die Konsequenz einer großen, „plötzlich" auftretenden Geldmenge ist die Spaltung der Gesellschaft in Profitierende und Nicht-Profitierende. Wie LOAYZA u. RIGOLONI (2016) für Peru nachweisen konnten, produziert Bergbau ungleiche Bedingungen, die zu Konflikten führen. Die Konfliktgruppen unterteilen sich in direkte Nutznießende des Bergbaus durch ökonomisches Einkommen und *grievance*-bedingte Ablehnungen dessen (GRDIS 2016: 17). Dies gilt gleichermaßen für den legalen als auch den illegalen Bergbau, nur, dass der legale Bergbau durch seine arbeitsrechtlichen Bestimmungen eine größere Gruppe an Personen ausschließt, da im legalen Bergbau nur beschäftigt werden kann, wer einen Schulabschluss vorweist,

---

[37] "es gibt Familien, die dort [in der Nähe der Minen] leben, die nicht weggezogen sind, andere verkaufen ihr Land und ziehen weg, aber die Leute, die bleiben, gehen in Konflikt mit den Bergbauunternehmen, es gibt zwar Abgaben auf dem Provinzniveau aber die Dörfer und Familien werden nicht berücksichtigt (...). Und sie führen regelmäßig Straßenbesetzungen durch."

was in ländlichen Regionen nur für einen geringen Anteil zutrifft. Der informelle Bergbau grenzt nicht nach Bildung, sondern nach Geschlecht aus, sodass dieser besonders für Männer mit weniger Schulbildung attraktiv ist. Nach dem lokalen Aberglauben „vertreiben" Frauen das Gold und sind auch aufgrund der körperlichen Voraussetzungen nicht zu der Arbeit in den Minen zugelassen. Jedoch verrichten sie Arbeiten außerhalb der Minen in der Weiterverarbeitung des geförderten Erzes, häufig auch in Zusammenarbeit mit ihren Kindern, oder sie erzielen ein indirektes Einkommen durch den Verkauf von Essen (GRDIS 2016: 13).

Der ungleiche Zugang geht zwangsläufig mit Konflikten einher. In Bezug auf die Befragungen waren ca. zwei Drittel der Befragten der Meinung, dass der legale und illegale Bergbau Konflikte innerhalb der Gesellschaft hervorrufe, wobei dem illegalen Bergbau ein wenig mehr Konflikte zugeschrieben wurden. Auffällig daran ist, dass die befragte Landbevölkerung v. a. dem illegalen Bergbau weniger Konflikte zuschreibt, die Personen mit weniger Bildung (z. B. Marktverkäuferinnen) den legalen Bergbau mehr Konflikte attribuieren (*Tab.* 7.17, 7.18). Dies lässt sich mit dem ökonomischen Nutzen bzw. den wiederkehrenden Landkonflikten mit Großminen erklären. Nur 10–15 % der Befragten sind der Meinung, dass Bergbau konfliktfrei abläuft – für besonders konfliktreich halten ihn die Bewohnenden *Huamachucos*.

Auf weitere wichtige Konfliktkonstellationen zwischen den verschiedenen Akteuren des Bergbaus wie den illegalen Bergleuten und den legal oder semilegal agierenden Minen wurde im Zuge der Befragung nicht näher eingegangen.

Tabelle 7.17 Zustimmung zur Frage: „Legaler Bergbau veranlasst Konflikte in der Gesellschaft"

		ja	ein bisschen	nein	k. A.
Gesamt		67,36 %	15,14 %	12,53 %	4,96 %
Geschlecht	Frauen	68,51 %	12,71 %	11,60 %	7,18 %
	Männer	66,17 %	17,41 %	13,43 %	2,99 %
Herkunft	Huamachuco	71,79 %	13,33 %	8,21 %	6,67 %
	Landbevölkerung	65,28 %	9,72 %	12,50 %	12,50 %
	von außerhalb kommend	60,56 %	22,54 %	14,08 %	2,82 %
Bildung	höhere Bildung	62,38 %	18,81 %	15,84 %	2,97 %
	niedrigere Bildung	71,82 %	9,94 %	13,26 %	4,97 %
	SchülerInnen	65,63 %	21,88 %	6,25 %	6,25 %

Quelle: Errechnet nach eigenen Erhebungen (N = 380)

Tabelle 7.18 Zustimmung zur Frage: „Illegaler Bergbau veranlasst Konflikte in der Gesellschaft"

		ja	ein bisschen	nein	k. A.
Gesamt		70,23 %	11,75 %	12,27 %	5,74 %
Geschlecht	Frauen	69,61 %	9,39 %	12,15 %	8,84 %
	Männer	70,65 %	13,93 %	12,44 %	2,99 %
Herkunft	Huamachuco	70,26 %	12,31 %	8,72 %	8,72 %
	Landbevölkerung	63,89 %	9,72 %	18,06 %	8,33 %
	von außerhalb kommend	74,65 %	12,68 %	11,27 %	1,41 %
Bildung	höhere Bildung	72,28 %	8,91 %	14,85 %	3,96 %
	niedrigere Bildung	75,69 %	8,84 %	9,39 %	6,08 %
	SchülerInnen	64,06 %	15,63 %	10,94 %	9,38 %

Quelle: Errechnet nach eigenen Erhebungen (N = 380)

VALVERDE LUNA u. COLLANTES AÑAÑOS (2019: 6) und der ehemalige Bürgermeister *Huamachucos* (LL 11_21,25) verweisen auf den Umstand, dass Gold v. a. Männer anlockt und damit einhergehende Probleme wie Prostitution, sklavenähnliche Verhältnisse und Alkoholismus mit sich bringt. Für *Huamachuco* wurden für das Jahr 2014 sechs Fälle von Frauen- und Mädchenhandel dokumentiert, wobei dies als die Spitze eines Eisbergs zu interpretieren ist (GRDIS 2016: 6). Eine Mitarbeiterin der Regionalregierung sagte dazu: „*Es wurden viele Bars eröffnet, es gibt viel Prostitution wegen des Bergbaus, das ist sehr störend, weil die meisten Menschen hier wollten, dass die Bars geschlossen werden*" (LL 06_27, Übers. d. Verf.).

In *Tabelle* 7.19 ist dokumentiert, dass 65–70 % der Bevölkerung dem Bergbau (legal und illegal) den Zuwachs von Kriminalität und Prostitution zuschreibt. Insbesondere Personen mit niedrigerem Bildungsniveau machen den legalen Bergbau für den Zuwachs in diesen Bereichen verantwortlich. Dies mag dadurch zu erklären sein, dass sich ein illegales Bordell in der Nähe des Marktes befinden soll, wo viele der Befragten arbeiteten. SchülerInnen hingegen beobachten diesen Zusammenhang weniger, möglicherweise an mangelnder Erfahrung geschuldet. Die Landbevölkerung schreibt dem legalen Bergbau mehr Probleme aus diesem Bereich zu als dem illegalen, was sicherlich mit wiederkehrenden Protesten gegen die Großminen zu begründen ist. Niedriger Ausgebildete attribuieren dem legalen Bergbau sehr viel mehr negative soziale Konsequenzen als dem illegalen, während dies bei höher Ausgebildeten genau andersherum ist.

7.2 La Libertad (Peru)

Tabelle 7.19 Stellungnahme zu der Aussage, dass legaler Bergbau Prostitution und Kriminalität erhöhe

		ja	ein bisschen	nein	k. A.
Gesamt		67,10 %	14,10 %	9,14 %	9,66 %
Geschlecht	Frauen	66,85 %	11,60 %	9,39 %	12,15 %
	Männer	67,16 %	16,42 %	8,96 %	7,46 %
Herkunft	Huamachuco	67,69 %	14,87 %	6,15 %	11,28 %
	Landbevölkerung	70,83 %	9,72 %	6,94 %	12,50 %
	von außerhalb kommend	63,38 %	16,90 %	7,04 %	12,68 %
Bildung	höhere Bildung	60,40 %	18,81 %	13,86 %	6,93 %
	niedrigere Bildung	77,90 %	7,18 %	5,52 %	9,39 %
	SchülerInnen	48,44 %	23,44 %	14,06 %	14,06 %

Quelle: Errechnet nach eigenen Erhebungen (N = 380)

Weiterhin wurde ausgehend von der These der Aktivistin aus dem *Cauca* die Frage gestellt, ob Bergbau eine kulturverändernde Wirkung habe. Dieser absichtlich allgemein gehaltenen Frage stimmten durchschnittlich ca. 60 % zu (*Tab.* 7.20). In der Befragung wird deutlich, dass diese Veränderung sehr viel stärker von Frauen und von besser ausgebildeten Personen wahrgenommen wird (70 % der Frauen, nur 53 % der Männer). Dem hingegen waren Männer und SchülerInnen häufiger der Meinung, dass Bergbau keinen Effekt auf die Kultur habe. Weiterhin lässt sich aus den Daten interpretieren, dass unterschiedliche Bevölkerungsgruppen ungleich von den Vor- und Nachteilen des legalen und illegalen Extraktivismus betroffen sind. Insbesondere für Männer und Personen mit weniger Bildung überwiegen anscheinend die Vorteile des illegalen Bergbaus.

Die vorhergehenden Ergebnisse stehen im direkten Zusammenhang mit der Frage, ob die Personen das Gefühl haben, dass der legale bzw. illegale Bergbau ihr Leben verbessert habe. Diese Frage wurde vor dem Hintergrund fehlender flächendeckender Armutsreduzierung (vgl. *Abschn.* 2.5.1.1 und *Abschn.* 2.2) gestellt. Insgesamt gaben nur ca. ein Fünftel der Bevölkerung an, von den positiven Effekten des legalen Bergbaus zu profitieren. Bei dieser Frage kommt es zu besonders großen Differenzen bezüglich der Geschlechts-, Bildungs- und Herkunftsunterschiede. Am wenigsten oft gaben Frauen, SchülerInnen und die Bewohnende der Stadt *Huamachuco* an, Nutznießende des Bergbaus zu sein (jeweils rund ein Zehntel der Befragten), während ein Viertel der befragten Männer und Personen

Tabelle 7.20 Zustimmung zu der Aussage: „Bergbau verändert unsere Kultur"

		ja	ein bisschen	nein	k. A.
Gesamt		62,66 %	15,67 %	15,14 %	6,53 %
Geschlecht	Frauen	70,17 %	7,18 %	13,81 %	8,84 %
	Männer	53,23 %	7,96 %	27,36 %	11,44 %
Herkunft	Huamachuco	59,49 %	15,38 %	15,90 %	9,23 %
	Landbevölkerung	62,50 %	15,28 %	13,89 %	8,33 %
	von außerhalb kommend	63,38 %	23,94 %	9,86 %	2,82 %
Bildung	höhere Bildung	70,30 %	14,85 %	9,90 %	4,95 %
	niedrigere Bildung	64,09 %	16,57 %	13,81 %	5,52 %
	SchülerInnen	50,00 %	17,19 %	26,56 %	6,25 %

Quelle: Errechnet nach eigenen Erhebungen (N = 380)

mit niedrigerer Bildung angaben, vom legalen Bergbau persönlich zu profitieren. Am meisten profitierten vom Bergbau die Personen, die nicht aus der Provinz *Huamachuco* kamen. Dies lässt sich dadurch erklären, dass unter den befragten Personen viele wegen der semi-legalen Mine *Los Andes* nach *Huamachuco* kamen. Bei der Interpretation dieser Daten ist zu bedenken, dass indirekte Einkommen wie die *Regalías* nicht von allen wahrgenommen werden.

Im Vergleich zum formellen Bergbau stellten interviewte Personen in den Vordergrund, dass der informelle Bergbau Personen aus der Region zu einem Einkommen verholfen habe (LL 06_30). Die Befragungen zeigten jedoch (*Tab.* 7.21, 7.22.), dass vom informellen Bergbau insgesamt ein ähnlich kleiner Anteil profitiert (18 %). Insbesondere gaben Frauen, höher Gebildete und Personen, die nicht aus *Huamachuco* kamen an, wenig vom illegalen Bergbau zu profitieren. Personen mit höherer Bildung gaben auch besonders oft an, *nicht* vom Bergbau zu profitieren. Die Landbevölkerung profitiert hingegen etwas mehr vom legalen Bergbau, ebenso wie Männer.

Insgesamt zeigen die Daten, dass ein recht kleiner Anteil das Gefühl hat, vom Bergbau zu profitieren und es Bevölkerungsgruppen gibt, die sich besonders benachteiligt fühlen (z. B. Frauen). In jedem Fall beeinflusst das geförderte Gold der Stadt *Huamachuco* die Gesellschaft in sehr unterschiedlichem Maße. Illegaler Bergbau wird jedoch von Personen mit wenig Bildung als Einkommensmöglichkeit wahrgenommen. Wie jedoch auch schon im nationalökonomischen Kontext gezeigt wurde, führt Bergbau zu einer Spaltung der Gesellschaft und dementsprechend zu Unmut über die ungleiche Verteilung der ökonomischen Möglichkeiten und *grievance*-bedingte negativen Folgekosten.

Tabelle 7.21 Antworten zu der Frage „Legaler Bergbau hat mein Leben verbessert"

		ja	ein bisschen	nein	k. A.
Gesamt		19,06 %	20,10 %	56,40 %	4,44 %
Geschlecht	Frauen	12,71 %	16,57 %	65,19 %	5,52 %
	Männer	24,38 %	23,38 %	48,76 %	3,48 %
Herkunft	Huamachuco	12,82 %	24,62 %	56,41 %	6,15 %
	Landbevölkerung	20,83 %	12,50 %	61,11 %	5,56 %
	von außerhalb kommend	29,58 %	23,94 %	43,66 %	2,82 %
Bildung	höhere Bildung	15,84 %	21,78 %	60,40 %	1,98 %
	niedrigere Bildung	24,31 %	17,68 %	55,25 %	2,76 %
	SchülerInnen	9,38 %	25,00 %	56,25 %	9,38 %

Quelle: Errechnet nach eigenen Erhebungen (N = 380)

Tabelle 7.22 Antworten zu der Frage „Illegaler Bergbau hat mein Leben verbessert"

		ja	ein bisschen	nein	k. A.
Gesamt		17,75 %	17,75 %	59,01 %	5,48 %
Geschlecht	Frauen	9,94 %	16,57 %	66,85 %	6,63 %
	Männer	24,38 %	18,91 %	52,24 %	4,48 %
Herkunft	Huamachuco	14,36 %	17,95 %	61,03 %	6,67 %
	Landbevölkerung	22,22 %	12,50 %	58,33 %	6,94 %
	von außerhalb kommend	16,90 %	21,13 %	57,75 %	4,23 %
Bildung	höhere Bildung	10,89 %	10,89 %	74,26 %	3,96 %
	niedrigere Bildung	23,76 %	18,78 %	53,04 %	4,42 %
	SchülerInnen	10,94 %	29,69 %	50,00 %	9,38 %

Quelle: Errechnet nach eigenen Erhebungen (N = 380)

7.2.5.4 Ökologischer Bergbaufluch

„Se dice la minería informal contamina más, es cierto, contamina más en el proceso y la minería formal contamina menos; pero en la cantidad resulta que la minería formal contamina cien veces más"[38]

EHEMALIGER BÜRGERMEISTER VON HUAMACHUCO (LL 11_26)

Unter dem ökologischen Bergbaufluch wird die Degradation geoökologischer Ressourcen verstanden, die ein Resultat der Fokussierung auf die Extraktion einzelner, meist hochpreisiger natürlicher Ressourcen ist (ACOSTA 2012). Dieser ökologische Aspekt eines Ressourcenfluchs in *Huamachuco* zeigt sich vor allem im negativen Einfluss des Goldbergbaus auf die Wasserqualität. Das Leitungswasser ist zum menschlichen Verzehr nicht geeignet und auch nicht zum Kochen verwendbar (MUNICIPALIDAD DE SÁNCHEZ CARRIÓN 2011). Obwohl das Wasser der Bewässerungskanäle nach der Klassifikation der Nationalen Wasserbehörde für die Bewässerung der Felder und Tiere zugelassen ist (ANA 2016), berichten BäuerInnen, dass die Tiere zu Zeiten hoher Verseuchung das Wasser nicht trinken. Die Unterschiede zwischen der offiziellen Darstellung der Wasserqualität und lokalen Indikatoren lassen sich durch die unzureichenden Messmethoden und den politischen Unwillen, den Einfluss des Bergbaus auf die Wasserqualität darzustellen, erklären. Unabhängige Studien der Universidad *Trujillo* ergaben, dass die Grenzwerte der umliegenden Flüsse bei Weitem mehr überschritten werden als in den offiziellen Berichten dokumentiert wird (CORCUERA HORNA 2015: 35 ff; JAIME ESPEJO 2014). Somit wird die Gesundheit der Bevölkerung stark gefährdet (LL 12_05–08), was an der gelben Farbe der Flüsse und der fehlenden Fauna sichtbar wird (LL 08_08–09). Jedoch muss, wie im Eingangszitat deutlich wird, zwischen den Verunreinigungen durch den informellen und den formellen Bergbau unterschieden werden.

Die offensichtlichen umweltschädigenden Praktiken des informellen Bergbaus werden stark angeprangert – die BEHÖRDE FÜR REGIONALENTWICKLUNG schreibt von 2 156 kg Cyanid, das seit 2006 monatlich genutzt wurde, um Gold informell zu fördern und die umliegenden Flüsse vergifte (GRDIS 2016: 3). Es wird in ungeschützten Becken (*Abb.* 7.19) gelagert, um das Erz zu reinigen und das Gold zu extrahieren. Dies impliziert die Frage, woher die informellen Bergleute die Chemikalien beziehen, da der Kauf von Quecksilber und Cyanid illegal ist. Es

---

[38] "Man sagt, dass der informelle Bergbau mehr verunreinigt, das stimmt, sie verunreinigen beim Prozess mehr und der formelle Bergbau weniger; aber in der absoluten Menge verunreinigt der formelle Bergbau 100 Mal mehr"

ist sehr wahrscheinlich, dass sie über Umwege aus dem legalen Bergbau zweckentfremdet werden, womit der legale Bergbau eine Mitverantwortung für den illegalen trägt.

Dem gegenüber stehen die ökologischen Konsequenzen der formell arbeitenden Großminen. Obwohl diese einen geschlossenen Kreislauf haben, in dem die Chemikalien zur Säuberung der Erze eingesetzt werden, treten in regelmäßigen Abständen Unfälle auf. Die Umweltunfälle der Großminen stehen meist im Zusammenhang mit den im Hochland häufig auftretenden Starkregenereignissen (Dezember bis März um 100 mm/Monat (MUNICIPALIDAD DE SÁNCHEZ CARRIÓN 2011: 4)). Für die Dokumentation ist nicht die lokale Umweltbehörde SEGASC zuständig, sondern die nationale Stelle OEFA mit Sitz in *Trujillo*. Sie hat keine Informationsweitergabepflicht gegenüber lokalen Behörden und auch der Besuch der Behörde durch die Autorin bewirkte keine Weitergabe der Informationen. Von lokaler Seite wird der Nationalregierung eine Vertuschungspolitik dieser Unfälle vorgeworfen, um den negativen Einfluss des Extraktivismus auf geoökologische Ressourcen kleinzureden. Ein Mitarbeiter der Umweltbehörde kommentierte dies mit den Worten: „*Leider wird in Peru dem Bergbau ein Blankoscheck ausgestellt*" (LL 11_28. Übers. d. Verf.).

Dies hat die umliegenden Gemeinden dazu bewegt, in den hochandinen Lagunen, in die das gereinigte Wasser der Lauge fließt, Forellen zu züchten. Bei ungeplanten Austritten, die anderweitig nicht dokumentiert würden, sterben diese Forellen in großer Zahl, was den Gemeinschaften als Indikator für die starke Verunreinigung ihres Trinkwassers durch Cyanid dient. In *Huamachuco* war dies bis jetzt drei Mal der Fall (LL 12_10). Wie das Eingangszitat darstellt, werden diese Unfälle der Großminen aufgrund der Menge des verwendeten Cyanids als mindestens genauso stark belastend eingeschätzt. Der offiziellen Darstellung der Behörden oder der Minenlobby in *Lima* oder *Trujillo* zum Trotz sagte ein Betroffener: „*Barrick hat eine Wasserreinigungsanlage, die modern ausgestattet ist, theoretisch, aber früher gab es hier Forellen, heute gibt es nichts mehr*" (LL 11_28, Übers. d. Verf.). Gleiches gilt auch für die mittleren Minen *San Simón* und *Los Andes*. In Bezug auf die umliegenden Flüsse sagte ein Mitarbeiter der lokalen Umweltbehörde: „*Es gibt weder Frösche noch Kröten, weil alles verseucht ist.*" (LL 08_10, Übers. d. Verf.).

Weitere Einflüsse des Goldbergbaus sind im Kontext der indirekten Degradationserscheinungen geoökologischer Ressourcen zu betrachten. Bauern berichten von Ernteausfällen, die sie im Zusammenhang mit dem Bergbau sehen (LL 11_27). Ob es sich hierbei um die Konsequenzen äolischer Verbreitung von toxischen Chemikalien handelt, die durch die Sprengungen verursacht wird oder mit der Wasserqualität zu erklären ist, lässt sich anhand der vorhandenen Daten nicht sagen.

Des Weiteren hat der Bergbau das persönliche Leben betreffende Konsequenzen wie gesundheitliche Probleme, wie die Nutzung der Chemikalien und auch die Explosionen, die eine Lärmbelästigung darstellen, mehrere informelle Bergleute das Leben kosteten und toxischen Staub aufwirbeln. Viele Bewohnende der umliegenden Dörfer leiden unter unspezifischen Krankheiten, die den Schwermetallen attribuiert werden. Ein Mitarbeiter der lokalen Umweltbehörde sagte: *„Die Krankheiten, die durch Schwermetalle hervorgerufen werden, lassen sich schwer nachweisen und kommen langsam, wie Krebs, Lungenkrankheiten und die Leute fragen sich dann, woran er gestorben ist, das liegt an den Minen"* (LL 08_06, Übers. d. Verf.). Der Bericht der Behörde für Regionalentwicklung (GREMH 2016: 14) dokumentierte einen hohen Anteil an Tuberkulose und anderen Lungenkrankheiten, die durch den hohen Anteil des kontaminierten Staubs in der Luft begründet werden[39]. 2015 wurden 6 129 Fälle von Lungenkrankheiten im regionalen Krankenhaus vorstellig, somit zählten Atemwegsbeschwerden zu den am häufigsten behandelten Krankheiten. 30 Personen erkrankten nachweislich an Tuberkulose, von denen die meisten im Bergbau tätig waren (GESUNDHEITSBEHÖRDE LA LIBERTAD 2016: 5). Auch litt ich in *Huamachuco* während der Feldforschung unter schweren Atemwegsproblemen, die über die normale Höhenkrankheit hinausgingen.

Die lokale, im informellen Bergbau tätige Bevölkerung ist sich der Gesundheitsrisiken bewusst, jedoch sagte ein im Bergbau arbeitender Bewohner: *„ich sterbe lieber in zwei oder drei Jahren aber hinterlasse dafür etwas [Geld] für meine Familie"* (zitiert nach GREMH 2016: 12, Übers. d. Verf.).

In der durchgeführten Befragung sollten die Bewohnenden einschätzen, inwiefern sie den legalen und illegalen Goldabbau für die schlechte Wasserqualität verantwortlich machten (*Tab.* 7.23, 7.24.). Dabei fällt auf, dass insgesamt eine sehr starke Verbindung zwischen Wasserverschmutzung und Goldabbau angenommen wird (mindestens 80 %). Die Analyse der Befragten nach Herkunft, Geschlecht und Bildung ergab dabei, dass Personen mit höherer Bildung legalen Bergbau als weniger umweltschädlich und Personen mit niedriger Bildung und Landbevölkerung informellen Bergbau als weniger wasserschädlich einschätzen als die Gesamtbevölkerung.

Ähnliche Ergebnisse lassen sich in Bezug auf die Aussage erkennen, „Das Gold in *Sánchez Carrión* bringt uns Krankheiten" (*Tab.* 7.25). Nur 4 % aller

---

[39] Während der Feldforschung konnte auch die Verfasserin Lungenprobleme feststellen, was letztlich zur Verkürzung des Gesamtaufenthaltes führte.

Befragten lehnten diese Aussage ab – die insgesamt hohe Zustimmung zeigt die Attribution gesundheitsschädigender Aspekte zum Goldabbau. Auch hier wird deutlich, dass Frauen dies mehr empfinden und die Landbevölkerung und niedriger Ausgebildete dem Goldabbau weniger gesundheitliche Konsequenzen zuschreiben.

Tabelle 7.23 Antworten zu der Frage, ob der legale Bergbau das Wasser verschmutzt

		ja	ein bisschen	nein	k. A.
Gesamt		80,77 %	7,05 %	5,48 %	4,70 %
Geschlecht	Frauen	82,87 %	4,97 %	5,52 %	6,08 %
	Männer	78,11 %	9,45 %	7,96 %	4,48 %
Herkunft	Huamachuco	83,08 %	8,21 %	4,10 %	4,62 %
	Landbevölkerung	79,17 %	6,94 %	5,56 %	8,33 %
	von außerhalb kommend	81,69 %	8,45 %	8,45 %	1,41 %
Bildung	höhere Bildung	75,25 %	6,93 %	11,88 %	5,94 %
	niedrigere Bildung	85,08 %	7,18 %	3,87 %	3,87 %
	SchülerInnen	87,50 %	9,38 %	0,00 %	3,13 %

Quelle: Errechnet nach eigenen Erhebungen (N = 380)

Tabelle 7.24 Antworten zu der Frage, ob der illegale Bergbau das Wasser verschmutzt

		ja	ein bisschen	nein	k. A.
Gesamt	gesamt	83,55 %	5,74 %	6,01 %	4,44 %
Geschlecht	Frauen	78,11 %	9,45 %	7,96 %	4,48 %
	Männer	84,08 %	6,47 %	6,47 %	2,99 %
Herkunft	Huamachuco	81,54 %	8,21 %	3,59 %	6,15 %
	Landbevölkerung	75,00 %	4,17 %	12,50 %	8,33 %
	von außerhalb kommend	81,69 %	8,45 %	8,45 %	1,41 %
Bildung	höhere Bildung	81,19 %	6,93 %	8,91 %	1,98 %
	niedrigere Bildung	85,64 %	4,42 %	4,97 %	4,97 %
	SchülerInnen	79,69 %	9,38 %	3,13 %	7,81 %

Quelle: Errechnet nach eigenen Erhebungen (N = 380)

Tabelle 7.25 Antworten zu der Aussage „Das Gold in Sánchez Carrión bringt uns Krankheiten"

		ja	ein bisschen	nein	k. A.
Gesamt	gesamt	75,72 %	10,97 %	3,92 %	9,40 %
Geschlecht	Frauen	81,77 %	6,08 %	2,76 %	9,39 %
	Männer	70,15 %	15,42 %	4,98 %	9,45 %
Herkunft	Huamachuco	81,03 %	10,26 %	3,59 %	5,13 %
	Landbevölkerung	73,61 %	11,11 %	5,56 %	9,72 %
	von außerhalb kommend	66,20 %	18,31 %	1,41 %	14,08 %
Bildung	höhere Bildung	65,35 %	15,84 %	3,96 %	14,85 %
	niedrigere Bildung	78,45 %	9,94 %	4,97 %	6,63 %
	SchülerInnen	84,38 %	6,25 %	1,56 %	7,81 %

Quelle: Errechnet nach eigenen Erhebungen (N = 380)

7.2.6 Gewalt und Konflikte um Gold

„¿*Cuántos muertos han pasado ahí? Muertos que no se sabe.*"[40]

MITARBEITER DER UMWELTBEHÖRDE (LL 08_02)

In den vorhergehenden Ausführungen konnte deutlich gemacht werden, dass es nicht eine Art von Konflikten um Ressourcen gibt (vgl. Abschn. 3.1.2), sondern dass sich diese je nach Konfliktgegenstand und Akteursgruppen ändern und häufig mit Gewalt einhergehen. Für den Fall *Huamachucos* werden die im *Cauca* beobachteten Konflikten und Gewaltanwendungen um Ressourcen näher betrachtet.

Der überproportionale Anteil an jungen Männern, die durch den Goldabbau angelockt werden, führt nach Angaben der Bevölkerung zum Anstieg der Kriminalität, wie bereits im *Cauca* beobachtet. Jedoch konnte ein Gespräch mit der lokalen Polizei dies nicht bestätigen. Die Erklärung für diesen scheinbaren Gegensatz liefert ein Mitarbeiter der Umweltbehörde im Eingangszitat. Damit verweist er auf den Umstand, dass Gewalttaten, die im Zusammenhang mit illegaler Ökonomie stattfinden, nicht registriert werden. Ähnliches gilt für Tote und Verletzte im Bergbau, die gegen die Zahlung eines Schweigegeldes nicht registriert werden (MUNICIPALIDAD DE SÁNCHEZ CARRIÓN 2016:2)

---

[40] „Wie viele Tote es da [am Cerro de Toro] gegeben hat? Tote, von denen wir nichts wissen"

Jedoch sind auch die folgenden Konflikte zu beobachten, die mit Gewaltanwendungen einhergehen:

- **Konfliktressourcen**

Gold war in *La Libertad* zu keinem Zeitpunkt eine „klassische Konfliktressource", da bewaffnete Konflikte unabhängig von dem dort vorhandenen Gold geführt wurden. Jedoch zeigen die Untersuchungen aus *Huamachuco*, dass parallel zu der Ausweitung des illegalen Bergbaus neue bewaffneten Gruppen entstehen, die jedoch keine politische Motivation und weniger Außenwirkung mitbringen. Dabei ist die Grenze zwischen Selbstverteidigungsgruppen informeller Bergleute und mafiösen Strukturen von außerhalb schwer zu ziehen. Wie jedoch die Zeitung EL COMERCIO berichtet, wird *Sánchez Carrión* von verschiedenen bewaffneten Gruppen kontrolliert, die jedoch nicht nur den Goldbergbau bewachen, sondern insgesamt Schutzgelderpressungen durchführen und für Morde verantwortlich sind (EL COMERCIO, 26.9.2019). Laut Angaben der Polizei sollen im *Departamento La Libertad* 32 solcher bewaffneten Gruppen agieren, die für Morde und Erpressungen verantwortlich sind – jedoch lässt sich von außen keine direkte Verbindung zum Goldreichtum finden (EL COMERCIO, 24.9.2019). Dies stellt die als allgemeingültig angesehene These von COLLIER u. HOEFFLER (2004) in Frage, dass illegaler Bergbau durch bewaffnete Gruppen bedingt wird, was als *Greedy Rebel These* (vgl. Abschn. 2.5.2.1) bezeichnet wurde. Diese Art der Konflikt findet zwischen verschiedenen bewaffneten Gruppen statt.

Bezüglich der Initialfrage, ob (1) bewaffnete Gruppen zur illegalen Ressourcenförderung führen, (2) Ressourcenförderung einen politischen Ressourcenfluch, also die Existenz bewaffneter Gruppen bedingt, oder (3) beide Phänomene durch einen dritten unbekannten Faktor gemeinsam bestimmt werden, kann für *La Libertad* wie folgt beantwortet werden. *These [1]* kann aufgrund der empirischen Datenlage gänzlich abgelehnt werden, da sowohl legaler als auch illegaler Bergbau erst nach dem Ende des bewaffneten Konflikts stattfanden. *These [2]* kann zumindest nicht abgelehnt werden, auch wenn es eine erweiterte Definition von bewaffneten Gruppen braucht, die weniger einer ideologisch-politischen Ausrichtung als einer machtpolitischen Ausrichtung folgen. Jedoch kann auch nicht ausgeschlossen, dass *These [3]*, also beide Phänomene – Bergbau und bewaffnete Gruppen – durch weitere Faktoren bedingt werden; hier ist insbesondere die geringe Staatlichkeit hervorzuheben (s. DITTMANN 2014).

- **Ressourcenkonflikte**

> „el enfrentamiento se produjo a las 3 a.m. de este domingo entre integrantes de la ronda campesina de Coigobamba con personas presumiblemente contratadas por la empresa minera Los Andes Golden Perú S.A.C., ubicada en el cerro El Toro, que custodian un predio de propiedad de la indicada compañía, a fin de erradicar a los mineros informales e ilegales que operan en esa jurisdicción."
>
> NATIONALE TAGESZEITUNG (EL COMERCIO 6.10.2019)[41]

Obwohl es im Untersuchungsgebiet keine Ressourcenkonflikte um Gold im klassischen Sinne gab, da es keine politisch motivierten bewaffneten Gruppen gibt, die sich um die Kontrolle der Goldfördergegenden bekriegen, finden Konflikte zwischen den Akteuren des legalen und illegalen Bergbaus statt, wie in der Zeitungsmeldung im Eingangszitat deutlich wird. Diese können in einem erweiterten Verständnis als Ressourcenkonflikte bezeichnet werden. Legal agierende Minen, insbesondere nationaler Eigentümer, konkurrieren mit lokal organisierten informellen oder illegalen Akteuren um die de facto Macht in der Goldförderung. Dies zeigt sich in besonders eindrücklicher Weise am *Cerro El Toro*, den beide Gruppen für sich beanspruchen und gleichzeitig unterirdisch sowie im Tagebau Gold fördern. Diese Art von Konflikten äußert sich mitunter auch durch Tote und Verletzte. So gibt es wiederkehrende Zusammenstöße zwischen privaten Sicherheitskräften der Mine *CDC Gold, Los Andes* und den illegalen Bergleuten (z. B. RPP 6.10.2019). Solche Konflikte finden also zwischen informellen Bergleuten, Anwohnende und mittleren Minen statt und haben als Konfliktgegenstand das Gold.

- **Definitionskonflikte**

> „En las altas cordilleras donde los condores vuelan, allí se encuentran los mineros, trabajando día y noche, (...) arriesgando su vida por el futuro del Peru. Vamos hermanos mineros. (...) A seguir luchando por una manana mejor. Arriesgando sus vidas por el progreso del Peru. Vamos hermanos mineros. (...) Todo sacrificio tiene recompensa, con tu esfuerzo el Peru crecerá"

---

[41] „Die Konfrontation fand an diesem Sonntag um 3 Uhr morgens zwischen Mitgliedern der Ronda Campesina von Coigobamba mit Personen, die vermutlich von der Bergbaugesellschaft Los Andes Golden Peru SAC am Cerro El Toro angeheuert wurden, die das Eigentum der oben genannten Gesellschaft bewachen sollen, um die informelle und illegale Bergleute auszumerzen, die in dieser Gebiet tätig sind, statt"

ANDINE FOLKLORESÄNGERIN (MORALES 2012)[42]

Das Eingangszitat macht deutlich, dass es in der andinen Gesellschaft Personen gibt, die den Bergbau mit Fortschritt in Verbindung bringen; dies gilt in *Sánchez Carrión* vor allem für die informellen Bergleute.

Nach Informationen der BEHÖRDE FÜR REGIONALENTWICKLUNG waren die Bewohnerende bis in die 2000er Jahre mit dem Bergbau einverstanden, da er direkte und indirekte Einkommensmöglichkeiten schaffte und zur ökonomischen Entwicklung der Stadt beitrug. Ab 2011 wuchs der Unmut gegenüber dem formellen Bergbau, da Personen verpflichtet wurden, ihre Ländereien zu verkaufen und sich die ökologischen Konsequenzen auf die landwirtschaftliche Produktion und die Gesundheit der lokalen Bevölkerung auswirkten. Seit 2012 fordert die legale Mine das Ende des informellen Bergbaus, was die Autoritäten nicht durchsetzen können (GRDIS 2016: 17).

Der Bergbau hat immer die Spaltung der Gesellschaft in Profitierende ökonomischer Möglichkeiten und die *grievance*-bedingte Ablehnung zu Folge. Dies konnte im Fall *Sánchez Carrións* auch mithilfe der quantitativen Befragung nachgewiesen werden. Während ein Teil der Bevölkerung, vor allem Frauen und höher Ausgebildete traditionellen Lebens- und Wirtschaftsformen nachgehen möchten und sich durch die negativen Folgen des illegalen und legalen Bergbaus gestört fühlt, profitieren andere, vor allem Männer und Personen niedrigerer Bildung, von den ökonomischen Möglichkeiten.

Diese Art von Konflikten geht mit einem Ressourcenverständnis einher, welches in *Abschnitt 2.5.2* dargestellt wurde. Befürworter des Extraktivismus sind tendenziell eher der Meinung, dass hochpreisige natürliche Ressourcen von Bedeutung sind, während die Befürwortende des Postextraktivismus die geoökologischen Ressourcen wie Land und Wasser für besonders bedeutsam halten (*Abb.* 7.23). Abbildung 7.23 *und* 7.24 zeigen, dass als wichtigste Ressourcen in *Sánchez Carrión* regenerative und geoökologische Ressourcen benannt wurden. Dementgegen wurden nicht-regenerative Ressourcen wie Gold, Kupfer oder Kohle nur von 5–15 % der verschiedenen Gruppen überhaupt benannt.

Diese Art des Konflikts ist somit auch ein Konflikt um ein Entwicklungsparadigma: während die eine Gruppe der extraktivistischen Logik zustimmt und den nicht-regenerativen Ressourcen besonderen Wert zuschreibt, wünschen sich

---

[42] „In den Hochgebirgen, in denen die Kondore fliegen, arbeiten die Bergleute Tag und Nacht (...) und riskieren ihr Leben für die Zukunft Perus. Kommt schon, Bergleute Brüder. (...) Kämpft weiter für ein besseres Morgen, indem ihr euer Leben für den Fortschritt Perus riskiert. Kommt schon, Bergleute, Brüder. (...) Jedes Opfer hat eine Belohnung, mit deiner Anstrengung wird Peru wachsen."

andere ein postextraktivistisches Wirtschaftsmodell, das auf der Nahrungsmittelproduktion basiert. Somit wird zum Konfliktgegenstand, welches die wichtigen Ressourcen in einem räumlichen Abschnitt sind.

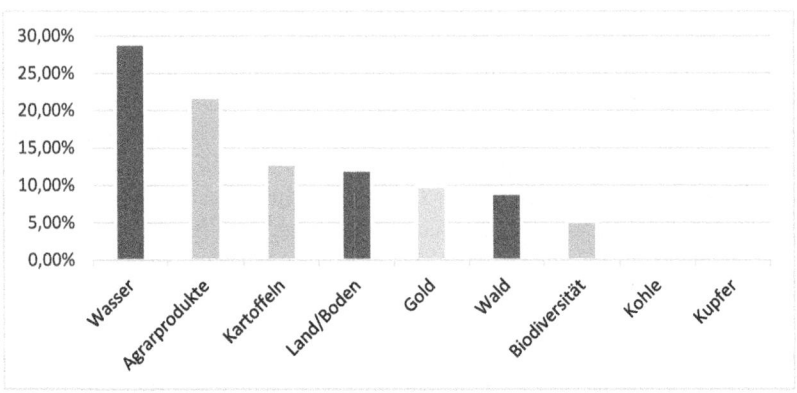

Abbildung 7.23 Zugeschriebene Wichtigkeit der Ressourcen. (*Quelle: Errechnet nach eigenen Erhebungen (N = 380), Methode: Benennung von bis zu drei Ressourcen, sodass die Prozentzahl den Anteil der überhaupt genannten Ressourcen widerspiegelt und nicht auf 100 % summiert*)

- *Distributionskonflikte*

    "*La Libertad: Grupo de ronderos realizó bloqueo de carretera – Ellos reclaman que la actividad minera cese de contaminar el Río Moche*"[43]

    NACHRICHTENDIENST: (AMÉRICA NOTICIAS 6.12.2019)

Das Eingangszitat ist eine exemplarische Überschrift einer Lokalzeitung, die Konflikte zwischen andinen Gemeinschaften und internationalen Unternehmen verdeutlicht. Bei derartigen Konflikten werden häufig Zufahrtsstraßen blockiert, um Aufmerksamkeit zu erregen. Diese Art der Konfliktaustragung kann sich über mehrere Tage hinziehen und führt mitunter zu einem Stillstand der Transportwege. Die Verfasserin konnte dies im Sinne einer teilnehmenden Beobachtung mehrfach beobachten.

---

[43] „La Libertad: Gruppe von Mitgliedern der Selbstschutztruppen hat Straßensperre durchgeführt – sie fordern, dass die Bergbautätigkeit den Fluss Moche nicht mehr verunreinigt"

7.2 La Libertad (Peru)

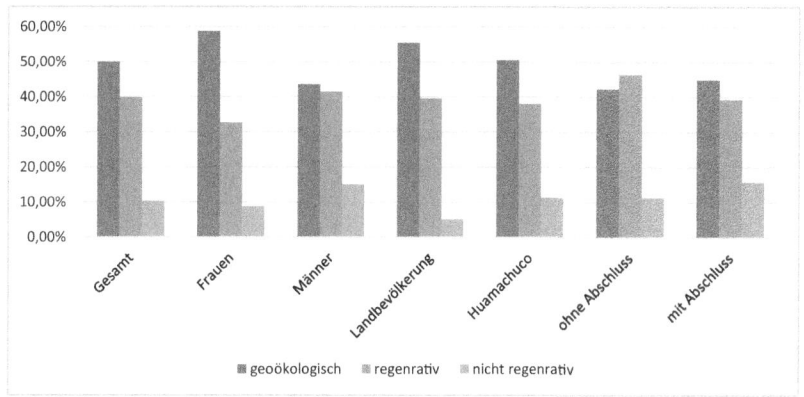

Abbildung 7.24 Anteil der Wichtigkeit der Ressourcen für Bildungs-, Geschlechter- und Herkunftsgruppen. (*Quelle: Errechnet nach eigenen Erhebungen (N = 380), Methode: Die Befragten sollten die drei wichtigsten Ressourcen in Sánchez Carrión benennen. Diese wurden anschließend wie folgt kategorisiert. Dabei wurden mit Absicht konkrete (z. B. Kartoffel) und abstrakte (z. B. Biodiversität) Begriffe gemischt, um das Verständnis aller Befragten zu gewährleisten, Geoökologisch: Wasser, Wald und Land/Boden, regenerativ: Kartoffel, Biodiversität, landwirtschaftliche Produkte, Nicht regenerativ: Gold, Kupfer, Kohle*)

Viele der beobachteten sozio-ökologischen Konflikte in *La Libertad* können als Distributionskonflikte verstanden werden. Dabei geht es nicht nur, wie häufig in der Literatur angenommen, um die Verteilung des monetären Einkommens, das z. B. aus Gold gewonnen wird, sondern auch um die gerechte Entschädigung der ökologischen Folgekosten, unter denen vor allem lokale Bauern und Bäuerinnen leiden. Diese Art Konflikt finden meist zwischen den gut organisierten *Rondas Campesinas*, stellvertretend für die hochandinen Gemeinden, und den Unternehmen, die meist von den Polizei unterstützt werden, statt und ihr Gegenstand ist die Verteilung der ökonomische Einkünfte und ökologischen Folgekosten.

7.2.7 Inwertsetzungsprozess von Gold zur Konfliktressource

Wie ein Rohstoff zur Ressource wird, in welchem Verhältnis dies zu bewaffneten Konflikten steht und wann von sogenannten Konfliktressourcen gesprochen werden kann, die dann die Voraussetzung der Entstehung des so genannten Ressourcenfluchs ist, sei mit Verweis auf ALTVATER u. MAHNKOPF (vgl. *Abschn. 2.3*) auf den Inwertsetzungsprozess von Ressourcen zurückzuführen.

Abbildung 7.25 hinterfragt die implizierten Annahmen eines allgemeingültigen Ressourcenfluchs sowie die These, dass illegaler Bergbau ein Problem des bewaffneten Konfliktes sei. Dabei wird, wie in *Abschnitt* 2.5.2.1 dargestellt, ein besonderer Fokus auf die unterschiedlichen Abbauarten gelegt. Es wird die Genese der Ressource Gold dechiffriert und stellt schematisch die Ressourcenwerdung dar sowie die begleitenden Konsequenzen.

Die Genese beginnt, analog zum Modell der Inwertsetzung mit der **Phase 0**, in der ein Landstrich mit mehreren parallel genutzten Ressourcen dargestellt ist. Gold ist als eine Ressource vorhanden und wird handwerklich gefördert, hat jedoch keine dominante Rolle für die Struktur der Region. Der Landstrich hat eine Bürgerkriegsgeschichte und weist eine hohe Armutsrate auf. Für den untersuchten Fall in *Huamachuco* lässt sich Phase 0 auf den Zeitpunkt ab 1990 anwenden.

In **Phase 1** wird aufgrund von Entscheidungen, die einer extraktivistischen Logik folgen, der Rohstoff Gold gedanklich aus einem Ökosystem extrahiert (ALTVATER 2013) und, in Form einer Konzession, als Reserve deklariert. Diese Konzessionierung geschieht nicht durch Personen vor Ort, sondern in der Hauptstadt. Der Rohstoff Gold wird nun zu einer prioritären Ressource, womit den anderen parallel existierenden v. a. regenerativen Ressourcen ein geringerer Wert zukommt. Obwohl dies zunächst keinen Einfluss auf die Art der Nutzung weder der regenerativen noch der nicht-regenerativen Ressourcen hat, ist es ein wichtiger Schritt in der Genese. Für den Fall *Huamachuco* fand diese Phase zwischen 1990 und 1995 statt.

In der darauffolgenden **Phase 2** nutzen internationale Konzessionsnehmende ihre Rechte, um die Ressource Gold zu fördern. Dies geht mit der Veränderung der Infrastruktur und der Eigentumsrechte einher (s. ALTVATER u. MAHNKOPF 2013) und bedingt die Migration von Personen aus den umliegenden Städten und Dörfern, die sich durch die Arbeit im Bergbau direkte oder indirekte Einkommensmöglichkeiten versprechen. Dadurch verändert sich die soziale, politische, ökonomische und ökologische Struktur der betroffenen Gegend (vgl. *Abschn.* 7.2.5). Der handwerkliche Abbau bleibt zunächst erhalten, bis er aufgrund der Geringfügigkeit des Einkommens und des allgemeinen Preisanstiegs lokaler Produkte nicht mehr rentabel ist. Der Preisanstieg ist zum einen durch die erhöhte Geldmenge zu begründen, zum anderen durch die Verteuerung landwirtschaftlicher Produkte, die dem allgemeinen Anstieg des Lohnniveaus, auch in der Landwirtschaft, geschuldet sind. Für den Fall *Huamachucos* fällt diese Phase in die Zeit von 1995 bis 2000.

Neben dem andauernden formellen Bergbau entsteht in **Phase 3** parallel an verschiedenen Orten informeller Bergbau. Dieser findet sowohl unterirdisch als auch in nahegelegen Flüssen in Räumen geringer staatlicher Durchsetzungsfähigkeit (z. B. in Form von Polizei) statt. Induziert wird der informelle Bergbau durch Akteure, die von außerhalb – z. B. aus anderen Gegenden mit langer Bergbautradition – kommen. Jedoch schafft der informelle Bergbau für Personen aus den umliegenden Dörfer Einkommensmöglichkeiten, da es keine Restriktionen in Bezug auf die Ausübung dieser Tätigkeiten gibt. Die Ausweitung des informellen bzw. illegalen Bergbaus geht mit einem ökonomischen Entwicklungsschub einher, der Disparitäten verschärft und in Definitions- und Verteilungskonflikten zwischen verschiedenen Anwohnende, staatlichen Vertreter und Bergbauunternehmen (vgl. *Abschn.* 7.2.6) endet. Für *Huamachuco* findet diese Phase zwischen 2000 und 2005 statt.

Um ihre Aktivitäten vor anderen staatlichen oder nicht-staatliche Gewaltenträgern zu schützen, fangen die informellen Bergleute an, ihre Aktivitäten mithilfe bewaffneter Gruppen zu schützen, wie in **Phase 4** deutlich wird. Diese Gewaltenträger können eigens dafür gegründete Gruppen oder bewaffnete Bergleute sein. Sie verfolgen keine höheren politischen Ziele außer der nachhaltigen Sicherung des Abbaus. Gleichzeitig weitet sich der Bergbau in andere Regionen aus und es entstehen Migrationsprozesse zwischen den informellen Abbaustätten. Für *Huamachuco* ist dies ab 2005 der Fall.

In der vorerst letzten **Phase 5** schließt das formelle Bergwerk und die formell angestellten Arbeiternehmenden kehren zurück in ihre Herkunftsorte. Die regionalen Arbeitnehmenden schließen sich dem informellen oder illegalen Bergbau aus Alternativlosigkeit und wegen der erhöhten Lebenshaltungskosten an. Auch wenn einige der informellen Minen wegen erschöpfter Reserven oder politischer Bedingungen geschlossen werden, weitet sich der informelle Bergbau in neue Regionen aus, die auch dann mit der Zeit von bewaffneten Gewaltakteuren begleitet werden. Somit steigt der Einfluss nicht-staatlicher Gewalteinheiten und illegaler Ökonomien in der Region. Zur Bekämpfung dieser setzt der Staat auf weitere Großminen, die durch niedrige Umweltstandards angelockt werden. Diese Phase ist in *Huamachuco* noch nicht zu beobachten, jedoch für die naheliegende Mine *Quiruvilca* bereits Realität. Die Großmine *Barrick Misquichilca* kündigte ihre Schließung für das kommende Jahr an.

7.2.8 Bedeutung des Goldes im bewaffneten Konflikt und im Postkonflikt in Peru

Die Analysen zeigen, dass der Goldabbau in *La Libertad* nicht zum Treiber des Konfliktgeschehens wurde. Vielmehr kann auch auf die Präsenz des PCP-SL das

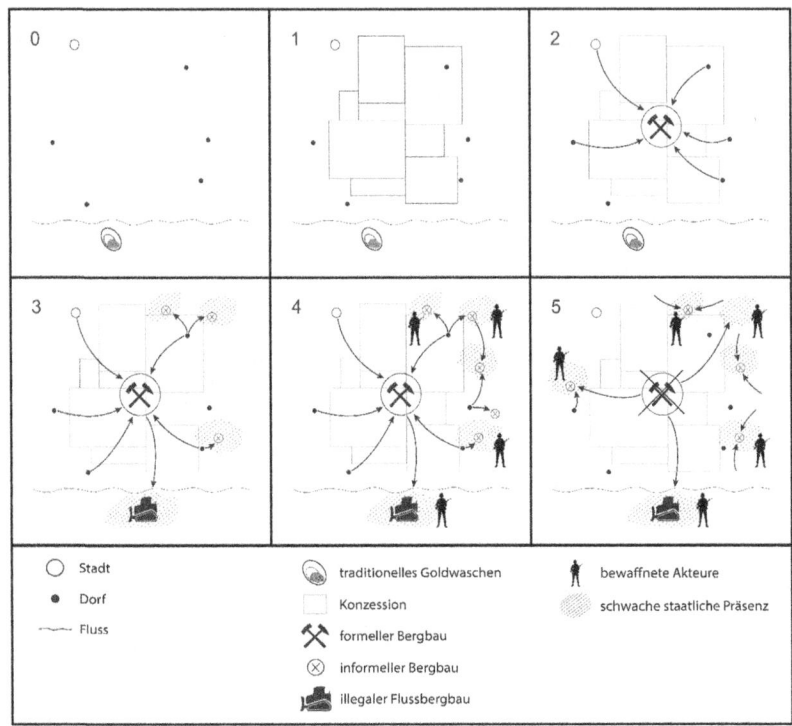

Abbildung 7.25 Genese von Gold zur Konfliktressource. (*Quelle: Eigener Entwurf*)

Konzept der D*efault Conservation* angewandt werden. Zwar gab es bereits vor und während des bewaffneten Konflikts unterirdisch agierende national Bergbauunternehmen, jedoch weitete sich die Goldproduktion durch die extraktivistische Wirtschaftspolitik bedingte Öffnung der Märkte und die veränderte Abbautechnik des Tagebaus eklatant aus. Die neoliberale Wirtschaftspolitik führte auch in *La Libertad* zu einer Ausweitung großer Tagebaue. Parallel weitete sich illegaler und informeller Goldabbau, wie auch in Kolumbien, mit steigendem Goldpreis in Regionen geringer Staatlichkeit aus. Mit der zunehmenden Inwertsetzung des Goldes, gehen auch in *La Libertad* verschiedene negative ökologische, ökonomische, politische und soziale Konsequenzen einher, wodurch bewiesen sei, dass der Bergbaufluch nicht an die Legalität des Abbaus gebunden ist. Insbesondere ist auf die zunehmende Abhängigkeit von Bergbau zu verweisen, die zur abnehmenden

Produktivität landwirtschaftlicher Produktion führen und durch gestiegene Löhne, gesunkene Fruchtbarkeit des Bodens und kulturelle Veränderungen einhergeht. Die kann zu einer irreparablen Abhängigkeit von Bergbau führen, der sich, im Falle von geschlossenen Minen, in der Proliferation des illegalen manifestiert und sich krebsgeschwürartig in neue Regionen ausweitete.

Die durchgeführten Befragungen, konnten genauere Aufschlüsse über die Perzeption des Bergbaufluchs geben. Ein Großteil der Befragten schließt sich der Idee an, dass Gold ein Fluch sei. Des Weiteren profitieren v. a. die urbane Unterschicht von den illegalen Schürfungen, während alle anderen Gruppen eine *grievance*-bedingte Ablehnungshaltung gegenüber legalem und illegalem Bergbau ausüben. Die Konfliktkonstellationen zeigen, dass Bergbau zu einem Gewaltanstieg führt, der mitunter durch Kriminalität und *greed* zu erklären ist, aber auch mit strukturell bedingten Konflikten um das Entwicklungsmodell und die Verteilung der Umweltfolgekosten. Dies kann mitunter auch als eine besondere Form der *Eco-Violence*, d. h. die ressourcenbedingte Gewalt, bezeichnet werden.

Neben dem Staat und den internationalen Unternehmen, muss in diesem Verständnis den folgenden Akteursgruppen eine besondere Aufmerksamkeit geschenkt werden. Zum einen existieren nicht-politischen mafiösen Strukturen, die als private Sicherheitskräfte Gewalt gegen Anwohner ausführen. Auf der anderen Seite gibt es gewaltbereiten *Rondas Campesinas*, die als exekutive Selbstjustiz dienen, um ihr Territorium und ihre Lebensweise gegen den Staat oder nationale oder internationalen Unternehmen zu schützen.

Aus dieser Konstellation ergeben sich die folgenden Konfliktarten. Gold kann zwar nicht als klassische *Konfliktressource* bezeichnet werden, jedoch gibt es eine Vielzahl anderer Konfliktkonstellationen: Zwischen informellen Schürfern und legal agierenden Kleinminen, die am Rande der Legalität agieren, gibt es Konflikte um die de facto Abbaurechte. Besonders sichtbar wird dies am *Cerro El Toro*, wo Kleinschürfer untertage abbauen, während derselbe Berg im Tagebau von dem Unternehmen *CDC Gold Los Andes* fördert. *Definitionskonflikte* finden vor allem zwischen Großunternehmen und den ländlichen Gemeinden statt, die sich gegen das Ressourcen- und Entwicklungsmodell wehren. Zu den *grievance* zugeordneten Konflikten gehören auch die *Defintionskonflikte*, die zum einen um die Verteilung des monetären Einkommens gehen, aber auch um die gerechte Entschädigung für die Umweltfolgekosten, die immer mit der Goldförderung einhergehen.

Auch in *La Libertad* bleibt die Frage, welchen Einfluss die Covid-19 Pandemie auf die legale und illegale Förderung haben wird. Auch hier ist steigende informelle Förderung zu erwarten. Da sich die formelle Produktion aber nicht am Goldpreis orientiert, ist eher keine Ausweitung zu erwarten. Jedoch sind auch die gesundheitlichen Risiken in Betracht zu nehmen, da die Bereits weit verbreiteten feinstaubbedingten Lungenkrankheiten und Anämien der Hochlandbewohner zu deren Anfälligkeit für einen letalen Ausgang der Pandemie beitragen könnten.

7.3 Zwischenfazit

Die im Methodenteil formulierten Forschungsfragen (vgl. *Abschn.* 3.1) werden im Folgenden aufgrund der empirischen Daten beantwortet.

In Bezug auf die Unterschiede und Gemeinsamkeiten zwischen den bewaffneten Konflikten und dem Ressourcenreichtum zeigten die Ergebnisse, dass es während der Konflikte fundamentale Unterschiede gab. Während in Peru der naturschützende Nebeneffekt des bewaffneten Konflikts besonders deutlich wird, wirkte der kolumbianische Konflikt in ambivalenter Weise auf den Ressourcenreichtum (vgl. *Kap.* 4). Auf der einen Seite ist ebenfalls ein schützender Nebeneffekt zu verzeichnen, auf der anderen nahmen die Konfliktparteien Umweltzerstörungen als Folge illegaler Ausbeutung in Kauf. Begründet wird diese unterschiedliche Herangehensweise durch den zeitlichen Unterschied, den Goldpreis und die ideologische Ausrichtung der bewaffneten Gruppen.

Die Frage, welche Ressource sich für die genauere Betrachtung ihrer Nutzung im Übergang zum Postkonflikt eignet, stellte sich anhand der strukturierten Interviews Gold als geeignete Ressource heraus, da sich die Unterschiedlichkeit der Vorstellungen darüber, wie mit dem Ressourcenreichtum umgegangen werden soll, daran besonders eklatant zeigt (vgl. *Kap.* 5). Während extraktivistische Positionen Gold einen Ausbeutungsimperativ zuschreiben, um auf Basis neoliberaler Prämissen Entwicklung herbeiführen (vgl. *Abschn.* 5.1), fordern Positionen, die dem Neoextraktivismus zuzuordnen sind, eine stärker staatlich kontrollierte Förderung zur Finanzierung des Friedens (vgl. *Abschn.* 5.2). Dem gegenüber steht die fundamental andere Position des Postextraktivismus, der v. a. von VertreterInnen lokaler Gruppen propagiert wird, welche die Förderung des Goldes ablehnen, da sie Ökosysteme in Mitleidenschaft zieht und somit das Wohlergehen der Gemeinden gefährdet (vgl. *Abschn.* 5.3).

Die Frage, ob aus historischer Perspektive von einem Gold-Fluch in den beiden Ländern gesprochen werden kann, muss differenziert betrachtet werden (vgl. *Kap.* 6). Im Zuge der Kolonialisierung wurde der Goldreichtum tatsächlich zu einem Fluch, da es die Kolonisatoren in ihrem Machtstreben zusätzlich beflügelte, jedoch zeigt die Förderung der letzten 500 Jahre, dass Gold keinen gleichförmigen Einfluss auf die Entwicklung der Länder hatte (vgl. *Abschn.* 6.1). Vielmehr

7.3 Zwischenfazit

zeigt die Analyse der rechtlichen Rahmenbedingungen, dass die legale und illegale Goldförderung ein Resultat der jeweiligen Entwicklungspolitik des Staates ist (vgl. *Abschn. 6.3*).

Die empirische Analyse der de facto Wechselwirkungen zwischen Ressourcenausbeutung und dem jeweiligen bewaffneten Konflikt und dessen Folgezeit zeigte auf subnationaler Ebene, dass die Entstehung bewaffneter Gruppen eine Folge und keine Voraussetzung des illegalen Bergbaus ist (vgl. *Kap. 7*). Die Determinanten, welche die Genese von Rohstoffen zu Konfliktressourcen bedingen, sind zum einen der Goldpreis, zum anderen die Kontrolle lokaler Gemeinden über ihr Territorium, was im Kontext von Armut und Staatsferne relevanter erscheint. Der Vergleich der absoluten Fördermenge des in den Ländern geförderten Goldes zeigt, dass diese derzeit etwa gleich hoch ist, sodass sich illegaler Bergbau nicht durch einen Bürgerkrieg erklären lässt. Bezüglich der Veränderung der Ressourcenförderung nach dem offiziellen Ende des bewaffneten Konflikts lässt sich resümieren, dass tendenziell eine Ausweitung des Bergbaus anzunehmen ist (vgl. *Abschn. 7.2.3*). Das peruanische Beispiel zeigt, dass illegaler Bergbau als Sekundäreffekt des bewaffneten Konflikts im Rahmen des Goldpreis-Peaks parallel zu der Ausweitung der politisch geförderten legalen Förderung durch internationale Unternehmen entstand. In Kolumbien gab es bereits während des bewaffneten Konflikts eine bedeutende Ausweitung der Förderung der Konfliktressource, die nach Beendigung jedoch keine nennenswerten Unterschiede zeigt, außer dass die Regierung auf eine meist bedeutungslose Bekämpfung setzt und alte bewaffnete Akteure durch neue ersetzt werden (vgl. *Abschn. 7.1.3*).

Besonders deutlich zeigen sich die Veränderungen der Ressourcennutzung im Postbürgerkrieg, da sowohl in Peru als auch in Kolumbien in den Folgejahren die Nationalregierung auf das Anwerben von *fdi* im Goldsektor setzt und versucht, die freigewordenen Räume kapitalistisch produktiv zu nutzen, um den legalen Großbergbau als wichtigen Pfeiler der Friedensfinanzierung zu nutzen. Daran zeigen sich in besonderer Weise die unterschiedlichen Entwicklungsparadigmen, die dann nicht selten in kleinskaligen Konflikten zwischen Gemeinden und Unternehmen oder unter bewaffneten Organisationen enden (vgl. *Abschn. 7.1.6 und 7.2.6*). Anwohnende stehen sowohl dem legalen als auch dem illegalen Bergbau sehr ambivalent gegenüber: während sich ein Teil dagegen wehrt und dafür die körperliche Unversehrtheit riskiert, tolerieren profitierende Gruppen ihn. Die quantitative Erhebung in Peru konnte zeigen, dass Männer und niedrig Ausgebildete dem illegalen Bergbau gegenüber tendenziell etwas positiver eingestellt sind und Frauen und höher Gebildete mehr auf die negativen Konsequenzen hinweisen (vgl. *Abschn. 7.2.5*). Ob sich diese Art der Einschätzung auch für Kolumbien quantitativ belegen ließe, konnte aufgrund der Sicherheitsgefahren im Untersuchungsgebiet nicht getestet werden. Jedoch zeugt allein der Umstand, dass das Untersuchungsgebiet zwei Jahre nach Unterschreibung des Friedensvertrages zu gefährlich zum Forschen ist davon, dass Kolumbien weit von einem positiven Frieden entfernt ist und der Umgang mit den natürlichen Ressourcen Kern dieser Unsicherheit ist. Grundsätzlich lassen die ökonomischen, sozialen, politischen und ökologischen Konsequenzen, die auf nationaler Ebene dem Ressourcenfluch zugeschrieben werden, auf regionaler Ebene als Bergbaufluch beschreiben. Somit sei abgeleitet, dass ein Beitrag zu einem positiven Frieden nur geleistet werden kann, wenn lokale Perzeptionen zum Umgang mit Ressourcen miteinbezogen werden und der Fokus verstärkt auf den geoökologischen Ressourcen und weniger auf den unterirdischen Ressourcen liegt. Die in beiden Ländern angedachte Idee, den illegalen Bergbau mit dem Legalem zu bekämpfen, führt scheinbar lediglich zu einer räumlichen Ausweitung des illegalen Bergbaus, wie schematisch dargestellt wurde (vgl. *Abschn.* 7.2.7).

Fazit

8

"(…) weil das Gold schon immer eine Versuchung war"[1]

EHEMALIGER BÜRGERMEISTER VON HUAMACHUCO (LL 11_46)

Aus dem *Cerro El Toro* in *La Libertad* (Peru) wurden innerhalb von zehn Jahren schätzungsweise 15 Tonnen Gold von informellen Schürfern gefördert, die im direkten oder indirekten Bezug zum Auftreten dezentraler bewaffneter Gruppen stehen, die mit Konflikten mit legal agierenden Minen um Abbaurechte einhergehen und zu Umweltdegradation führen. Im *Cauca* (Kolumbien) wurden 2014 nach offiziellen Angaben 3,5 Tonnen Gold gefördert, die bis 2016 die FARC und danach die ELN und neue bewaffnete Gruppen finanzierten sowie weitere Konflikte provozierten, die mit der geplanten Ausweitung legaler Förderung einhergehen und in der Bedrohung von Führungspersonen münden. Gleichzeitig wird eine vergleichbare Goldmenge (ca. 10 Tonnen) in Nordhessen vermutet, ohne dass dort ein sogenannter Ressourcenfluch eintritt.

Genannte Fakten werfen die Frage auf, unter welchen Umständen ein Rohstoff zu einer Konfliktressource wird. Ein einfaches, reduktionistisches und geodeterministisches Erklärungsmuster, das soziale Ereignisse in Zusammenhang mit der Existenz von Rohstoffen beschreibt, muss unzureichend sein und die Genese von einem Rohstoff zu einer Konfliktressource komplexer. Dennoch stellen insbesondere hochpreisige Ressourcen, eine Versuchung dar, die mächtigen Gruppen den Machterhalt ermöglichen. Wie im Eingangszitat deutlich und sich anhand der Untersuchungen zeigen lässt, führen bestimmte Umstände dazu, das Gold von mächtigen Gruppen zur Versuchung wird.

---

[1] "(…) porque el oro siempre ha sido aquí una tentación."

Die Frage nach dem Zusammenhang zwischen Ressourcenabbau und Bürgerkrieg bzw. deren Bedeutung für den Aufbau einer Postbürgerkriegsgesellschaft wurde in der Arbeit anhand der Fallbeispiele Peru (*La Libertad*) und Kolumbien (*Cauca*) mit Hilfe von qualitativen und quantitativen Befragungen untersucht. Bezugnehmend auf die vorgestellten Zusammenhänge (vgl. *Abschn.* 2.1) von Entwicklung und Ressourcen können folgende Aussagen getroffen werden:

Im Forschungsthese [1] wurden die Frage des Ressourcenfluchs und -segens thematisiert, d. h. ob und wie das Vorhandensein von bestimmten natürlichen Ressourcen die Entwicklung von Ländern oder Regionen beeinflusst (vgl. *Abschn.* 2.5.1.1). Während die meisten Studien diesbezüglich auf nationaler Ebene angesiedelt sind, wurden in den untersuchten Beispielen auch auf subnationaler Ebene die Auswirkungen von Ressourcen untersucht.

Auch wenn Betroffene aus Bergbauregionen, die nicht von den Ressourcenrenten profitieren, Gold häufig mit einem göttlichen Fluch in Verbindung bringen, zeigte die Untersuchung der Rahmenbedingungen (vgl. *Abschn.* 6.4) anhand von historischen, juristischen und politischen Determinanten, dass Goldabbau sich weder durch einen geodeterministischen Fluch (*Curse-Hypothese*), noch durch den Preis (*Commodity-Hypothese*) noch durch die Existenz der Bürgerkriege (*Greed-Hypothese*) erklären lässt.

Auf regionaler Ebene ist die Förderung mit einem positiven wirtschaftlichen Impuls verbunden, der jedoch von ökologischen Folgekosten, sozialen Problemen wie Gewalt und Konflikten und lokaler ökonomischer Inflation überschattet wird. Da jedoch nicht die Existenz eines Rohstoffes, sondern nur die Förderung oder die geplante Förderung zu diesen negativen Konsequenzen führt, wird deshalb von einem **Bergbaufluch** gesprochen. Dieser ist, anders als von den meisten TheoretikerInnen untersucht, in gleichem Maße in Bezug zu legaler und illegaler Förderung gültig. Die empirischen Ergebnisse zeigen, dass die zugeschriebenen Unterschiede bezüglich der Konsequenzen von illegalem oder legalem Bergbau vor allem akademischer Art sind (vgl. *Abschn.* 7.1.7 *und* 7.2.5). Insgesamt muss das Ressourcenfluch-Modell als problematisch eingestuft werden, da es nicht hinreichend thematisiert, welche Ressourcen unter welchen Umständen welche negativen Konsequenzen hervorrufen. Deshalb sollte aufgrund der untersuchten Fallbeispiele von geodeterministischen Annahme Abstand genommen werden. Aufgrund der Machtzusammenhänge, die mit der Definition und Ausbeutung von Ressourcen einhergehen und diese reproduzieren sowie eine bestimmte Vorstellung von "gutem Leben" beinhalten, ist somit viel eher von einer "**Ressourcenverführung**" zu sprechen, die es mächtigen legalen oder illegalen Akteuren nahelegt, aus Ressourcen Kapital zu erwirtschaften, das auf Kosten vieler anderer geht.

8 Fazit

Gleichzeitig sei die zweite Forschungsthese, welche die Ausbeutung bzw. Nicht-Ausbeutung von natürlichen Ressourcen auf das vorherrschende Entwicklungsmodell zurückführt (vgl. *Abschn.* 2.5.1.), als das geeignetere Modell verstanden. Entwicklungsmodelle gehen mit einer normativen Ressourcennutzung und -definition einher. Im Extraktivismus wird Natur auf einzelne „herausziehbare" (lateinisch: *ex-tractum*) Ressourcen reduziert und alle anderen geoökologischen Ressourcen werden dieser Vorstellung von Naturnutzung untergeordnet (vgl. *Abschn.* 2.2 und *Kap.* 5). Das peruanische Beispiel zeigt, dass erst das extraktivistische Entwicklungsmodell, das nach dem *Washington Consensus* in die Wege geleitet wurde, den sogenannte Ressourcenfluch initiierte. Interessanterweise war die zunehmende Ausbeutung der legalen als auch der illegalen Förderung in bedeutendem Maße erst nach Beendigung des bewaffneten Konflikts zu beobachten (vgl. *Abschn.* 6.1). Parallel gibt es neben dem offiziellen extraktivistischen Modell weitere mit diesem im Konflikt stehenden Vorstellungen, wie nach mit dem Ressourcenreichtum umgegangen werden sollte. Diese divergieren ins Besondere nach Abschluss des Friedensvertrags in Kolumbien (vgl. *Kap.* 5). Jedoch fehlt in den meisten Studien zu Extraktivismus die Untersuchung illegaler und informeller Förderung. Die Fallbeispiele des *Cauca* und La *Libertad* zeigen, dass die informelle Förderung nicht allein durch bewaffnete Gruppen erklärt werden kann und der Staat zumindest eine Duldung dieser Praxis erkennen lässt. Somit sei in den Raum gestellt, ob das Nicht-Vorgehen gegen informelle und illegale Förderung bereits als Entwicklungsmodell verstanden werden kann. Im Hinblick auf die beschriebene *Default Conservation (vgl. Abschn.* 2.5.2.1*)* könnte diese als **Default Extractivism**, also „durch Unterlassung entstehender Extraktivismus" verstanden werden, der darauf beruht, dass der Staat nicht-legale extraktivistische Praktiken duldet und somit die daraufhin entstehenden negativen ökologischen und sozialen Konsequenzen in Kauf nimmt.

Den Zusammenhang zwischen bewaffnetem Konflikt und der Ausbeutung bzw. Nicht-Ausbeutung natürlicher Ressourcen thematisieren die Thesen 3 und 4 (vgl. *Abschn.* 2.5.2). Der naturschützende Nebeneffekt von bewaffneten Konflikten [These 3] wird als *Default Conservation* betitelt. Diese auch als *Waldschützer-These* bezeichnete Annahme kann für die untersuchten Fälle bestätigt werden. In Kolumbien stiegen sowohl die illegale bzw. legale Goldförderung als auch die Abholzung und die Kokaanbaufläche nach Ende des bewaffneten Konflikts an (vgl. *Abschn.* 4.1.). Ebenso ist eine Zunahme der extraktivistischen Großprojekte z. B. im Goldabbau zu erwarten. Auch für Peru kann die *Default Conservation These* bestätigt werden, da die Nicht-Ausbeutung von Gold in Tagebauen vor 1990 auf die Präsenz des PCP-SL zurückzuführen ist und die im Zuge der anschließenden Öffnung der Märkte sichtbare Umweltdegradation und die ökologischen Konflikte eine Folgeerscheinung der extraktivistischen Logik sind (vgl. *Abschn. 4.2 und 6.3*).

Die vierte These beschäftigt sich mit der illegalen Ressourcenausbeutung, die durch einen bewaffneten Konflikt hervorgerufen wird und diesen verlängert (vgl. *Abschn. 2.5.2.1*). Diese konfliktverlängernde Wirkung durch *high value natural resources,* die zu Konfliktmineralien werden, wird häufig durch die *Greedy Rebel* These erklärt. Für Kolumbien bzw. den *Cauca* konnte festgestellt werden, dass die Nutzung von illegal gefördertem Gold tatsächlich zur Verlängerung des bewaffneten Konfliktes beigetragen haben und somit von einer Konfliktressource gesprochen werden kann (vgl. *Abschn. 6.3 und 7.1.2*). Jedoch zeigt das peruanische Beispiel, dass die Existenz einer bewaffneten Gruppe trotz räumlicher Überschneidung Gold nicht als Konfliktressource nutzte und die illegalen Grabungen erst nach Beendigung des Konflikts von Bedeutung wurden. Zum derzeitigen Augenblick ist davon auszugehen, dass sich die absolute Menge illegal bzw. Informell geförderten Goldes in den beiden Ländern kaum unterscheidet (vgl. *Abschn. 6.3.1.2*). Somit lässt sich keine direkter Kausalzusammenhang zwischen bewaffneten Gruppen und illegalem Bergbau herstellen. Die Entstehung von illegalem bzw. informellen Bergbau ist weitaus komplexer als von vielen AkademikerInnen des globalen Nordens angenommen und Schuldzuschreibungen an einzelne Akteure sind nicht zielführend, da illegaler Bergbau ein systemimmanentes Problem mit vielen Profitierenden ist. Jedoch zeigt die Untersuchung der im illegalen Bergbau beteiligten Akteure, dass lokale Gemeinden in großem Maße mitbestimmen, wo Ressourcen gefördert werden und sich mitunter auch erfolgreich gegen illegale Akteure wehren (vgl. *Abschn. 7.1.3. und 7.2.4*). Die Rolle illegaler Gruppen gegen die Ausweitung des Bergbaus sollte nicht überschätzt werden und eine allgemeingültige *Greedy Rebel These* ist somit definitiv abzulehnen. Jedoch muss der Zusammenhang von Bergbau und Gewalt betrachtet werden: Nicht-legaler Bergbau wird in der Regel von privaten Gewalteinheiten begleitet, was jedoch als Folge der geringen staatlichen Präsenz zu sehen ist, da sich Bergleute gegen Neider und staatliche Instanzen schützen müssen. Daher ist die Entstehung bewaffneter Gruppen eine Folge und keine Voraussetzung illegaler Ökonomien.

Im welchem Zusammenhang Entwicklungsmodelle mit dem Übergang zu einem Frieden stehen, untersuchten die Thesen 5 und 6 (vgl. *Abschn. 2.5.3*). Dass Entwicklungsmodelle Konflikte bedingen [These 5], zeigt das peruanische Beispiel. Die Vielzahl von Definitionskonflikten, die mit Großminen einhergehen, sind ein Beispiel dafür, dass es zu Konflikten zwischen neo- und postextraktivistischen Konzeptionen von Entwicklung kommt (vgl. *Abschn. 5.4 und 6.3.1*). Kern dieser als Definitionskonflikte beschriebenen Konflikte (vgl. *Abschn.* 2.5.2) ist die unterschiedliche Wahrnehmung dessen, was Ressourcen sind, welche gefördert oder geschützt werden sollten. Während lokale Gemeinden häufig ein postextraktivistisches Entwicklungsmodell vertreten, in dem Gold für den Alltag keine Bedeutung hat, wird von Regierungsseite ein extraktivistisches oder neoextraktivistisches Modell propagiert, in dem Gold durch die Konzessionierung zur Ressource erklärt wird, weil *fdi* einen wichtigen wirtschaftlichen Beitrag leistet. Ähnliche Konfliktkonstellationen gelten für die *Consultas Populares* in Kolumbien, die in diesem Fall durch paramilitärische Kräfte für UmweltaktivistInnen mitunter sogar tödlich enden (vgl. *Abschn.* 7.1.6 *und* 7.2.6).

Im Hinblick auf die letzte, wenig beantwortete Frage, ob bewaffnete Konflikte bzw. das Ende dessen bestimmte Entwicklungsparadigmen mit sich bringen [6], lassen sich erschreckende Ähnlichkeiten zwischen den untersuchten Ländern feststellen. Die Beendigung des bewaffneten Konflikts ist vor allem durch wirtschaftliche Interessen motiviert, welche die Vorstellung von Frieden an ein neoliberales Modell knüpfen (vgl. *Abschn.* 6.4). Die Rhetorik von 1990 aus Peru zeigt große Ähnlichkeiten zu der heute in Kolumbien geführten Debatte, in der die Herstellung von Sicherheit ein zentrales Anliegen ist, um Investitionen im Bergbau zu ermöglichen und die vorhandenen „nicht-genutzten" Ressourcen inwertzusetzen. In Kolumbien nimmt der legale Goldbergbau in der geplanten Friedensfinanzierung eine zentrale Rolle ein, da von Seiten der Regierung das Gold im Gegensatz zu Kohle und Erdöl als zukunftsfähige Ressource verstanden wird. Daher könnten trotz der zeitlichen Unterschiede in Bezug auf den legalen Bergbau zu erwartende Tendenzen aus der derzeitigen Situation abgelesen werden. Bei dem in Kolumbien geplanten Fokus auf Goldabbau als Möglichkeit der Friedensfinanzierung sollten sowohl die ökologischen Folgen in Betracht gezogen werden als auch der häufig fehlende Rückhalt der Anrainergemeinden, die zu teilweise sehr heftigen Protesten führen. Die anschließende Kriminalisierung dieser Konflikte geht zum einen mit Gewalt und Gefahr für Leib und Leben prominenter Führungspersonen einher, zum anderen führt sie zu einer weiteren Unterprivilegierung der Gruppe an Menschen, die bereits während des bewaffneten Konflikts am meisten betroffen war (vgl. *Abschn.* 6.3.2 und 7.2.7). Ins Besondere im direkten Bürgerkriegskontext ist ein direktes Resultat die Bedrohung bzw. Ermordung von UmweltrechtsacktivistInnen. Somit wird der Bergbau unabhängig von seinem Legalitätsstatus entgegen der Annahmen des Präsidenten MANUEL SANTOS (vgl. *Kap.* 1) zu einer Bedrohung für einen positiven Frieden.

Abschließende Bemerkungen und weiterführende Forschungsfragen 9

Neben den im Fazit zusammengefassten Ergebnissen der Arbeit kristallisierten sich im Laufe des Forschungsprozesses verschiedene Ansätze heraus, denen in zukünftigen Forschungen weitere Beachtung geschenkt werden sollte.

- *Illegale Ausbeutung als Teil einer staatlichen Entwicklungsstrategie*

Basierend auf den empirischen Forschungen 2017–2020 lässt sich nachweisen, dass illegaler Bergbau als „schwarzer Peter" genutzt wird, deren Verantwortung an die jeweilige gegnerische Seite abgegeben wird: Von nationaler Seite werden bewaffnete Gruppen für ihn verantwortlich gemacht, von Seiten bewaffneter Gruppen die lokalen Gemeinden und der Staat, von Seiten der lokalen Gemeinden die internationalen Unternehmen, welche wiederum die Regionalpolitik in der Verantwortung sehen. Jedoch scheint es sich bei der illegalen Förderung um ein System mit vielen Profitierenden zu handeln, das von der Regierung toleriert wird, da es eine Absicherung für benachteiligte Bevölkerungsgruppen bei fehlenden staatlichen Versorgungspflichten darstellt.

Aus dieser Position heraus ist die illegale Förderung ein Teil der Entwicklungsidee des Staates, die zumindest nicht ausreichend dagegen vorgeht, was im Extraktivismusdiskurs weitestgehend vernachlässigt wird. Bezüglich der Bezeichnung wurde der zunächst angedachte Begriff des *illegalen Extraktivismus* aufgrund der Zuschreibungen verworfen, da es sich bei „Extraktivismus" um ein Entwicklungsmodell des Staates handelt und bei dem Begriff „illegal" um die fehlende Durchsetzung eines solchen. Da die Praxis des illegalen Bergbaus aber wie dargestellt vielfältige Profiteure hat und der Staat diese direkt oder indirekt unterstützt, scheint der Begriff des **„default extractivism"**, übersetzt als „durch Nichterfüllung entstehender Extraktivismus" der angemessenere. Die Verantwortlichkeiten für das Entstehen von illegalem Bergbau und die damit verbundenen negativen Konsequenzen bleiben dann nicht mehr nur bei mafiösen Strukturen oder illegalen Gruppen, sondern stellen eine Praxis des Staates dar, nämlich Versorgungsaufgaben an nicht-staatliche Akteure abzugeben.

- **Zur kolonialen Konnotation der Ressourcenfluchdebatte**

Beim akademischen Diskurs um **Ressourcenfluch** oder -segen handelt es sich v. a. um eine ideologisch aufgeladene Diskussion, in der häufig vernachlässigt wird, welche Ressourcen für wen und unter welchen Umständen ein Fluch oder ein Segen sind. Es knüpft des Weiteren an die koloniale Denktradition an, den Ressourcenabbau mit Ländern des Globalen Südens zu verbinden. Um dies zu umgehen, sollten neben messbaren Indikatoren für das quasi religiöse Konzept des „Fluches" (vgl. *Abschn.* 2.5.1), auch ökologische Komponenten wie die Intaktheit und langfristige Nutzbarkeit erneuerbarer Ressourcen miteinbezogen werden. Jedoch bleibt grundsätzlich zu diskutieren, ob das Konzept sich nicht aufgrund seiner geodeterministischen Konnotation als ein im wissenschaftlichen Diskurs sinnvolles Konzept, da die Überbetonung der natürlichen Gegebenheiten über tradierte Abhängigkeitsmuster und koloniale Strukturen hinwegtäuscht.

In diesem Kontext sollte auch diskutiert werden, was unter Ressourcenreichtum verstanden wird. V. a. in den politikwissenschaftlichen Debatten wird häufig verpasst, nach der Beschaffenheit der Ressourcen zu differenzieren und zu definieren, welche Art von Ressourcen (regenerativ, nicht regenerativ, geoökologisch) als „Reichtum" verstanden werden (vgl. *Abschn.* 2.3.1). Wenn darunter nur geförderte mineralische oder fossile Ressourcen verstanden werden, die für den Weltmarkt von Bedeutung sind, stellt sich die Frage, ob die Diskussion bereits der Festigung herrschaftslegitimierender Praktiken und Zuschreibungen dient. Da die Förderung von mineralischen Ressourcen häufig mit Umweltverschmutzung einhergeht, ist es aus Sicht des Globalen Norden sinnvoll, die Ressourcenförderung in Länder mit niedrigeren Umweltstandards und geringen Lohnkosten auszulagern. Beispielhaft hierfür ist die Beendigung der Kohleförderung in Deutschland und dem Import kolumbianischer Steinkohle, die z. B. in der *Guajira* zu Umweltstress und sozialen Problemen führt.

Länder in „ressourcenreich" und „ressourcenarm" einzuteilen, reproduziert somit die Idee der internationalen Arbeitsteilung, nach welcher bestimmten Ländern, die Aufgabe der Rohstoffproduktion in der Weltwirtschaft zugeschrieben wird. Dies zeigt sich unter anderem an der weitestgehend fehlenden Debatte um Ressourcenreichtum beispielsweise in Deutschland. Somit ist bereits die Diskussion über Ressourcenreichtum eine Reproduktion kolonialen Denkens, das bestimmte Weltregionen mit einer geodeterministischen Zuschreibung belegt.

Dies verschleiert Machtverhältnisse und die Tatsache, dass politische Entscheidungen bestimmen, welchen Einfluss geologische Gegebenheiten auf sozioökonomische Entwicklung und Konflikte haben. Um diesem entgegenzuwirken, sollten lokale Perzeptionen von dem, was als ressourcenreich definiert wird, stärker in Betracht gezogen werden und unter Ressourcenreichtum interagierende regenerative und geoökologische Ressourcen verstanden werden.

Demzufolge kann auch der Extraktivismus zugleich als koloniales Relikt wie auch als neokoloniales Produkt gewertet werden, indem Natur auf einzelne "herausziehbare" hochpreisige natürliche Ressourcen reduziert wird, die für den Konsum im Globalen Norden bestimmt sind. Zur Legitimation dieses Modells vor Ort wird die Rhetorik des "Bettlers auf dem Sack voll Gold" (vgl. *Abschn.* 2.5.1.1) von politischer Seite genutzt, um die Bevölkerung von der Notwendigkeit der Ausbeutung zu überzeugen und ein Narrativ von selbstgewählter misslicher Lage bei vorhandenem Ressourcenreichtum zu etablieren. Jedoch basiert die Vorstellung, dass die Ausbeutung bestimmter natürlicher Ressourcen zu einer *win-win*-Situation führen werden, zur Legitimation neokolonialem Gedankenguts.

Grundsätzlich können Entwicklungsmodelle, die auf der Ausbeutung nichterneuerbarer Ressourcen basieren, nicht nachhaltig sein. Somit erinnert die Ressourcenfrage an die malthusianistische Gleichung, die postuliert, dass endliche Ressourcen bei exponentiell wachsender Weltbevölkerung zu Destabilität beitragen wird. Diese Annahme gilt nicht nur für erneuerbare Ressourcen wie fruchtbares Land, sondern auch für nicht erneuerbare Ressourcen in einem auf Wachstum basierendem Modell. Aus dieser Position heraus steht nicht nur der Extraktivismus in der Kritik, sondern ist ein Teil einer größeren Systemkritik, welche die Zukunftsfähigkeit einer auf Wachstum basierenden Entwicklungslogik grundsätzlich hinterfragt, wie dies in der Postwachstumsdebatte und dem Postextraktivismus passiert.

Als Antwort auf die epistemologischen Ungereimtheiten des Ressourcenfluchs wird angeregt, statt des geodeterministischen Konzepts den Begriff des **Bergbaufluchs** zu benutzen. Insgesamt zeichnet sich ab, dass legaler und illegaler Bergbau auf regionaler Ebene viele Ähnlichkeiten mit dem in der Literatur beschrieben nationalen Ressourcenfluch aufweisen. Die vorgestellten ökonomischen, ökologischen, sozialen und politischen Konsequenzen ähneln den nationalen Indikatoren des Ressourcenfluchs sowohl für illegale als auch für legale Extraktion (*Tab.* 9.1)

Wenn Ressourcen dann nicht mehr per se Fluch verstanden werden, es aber unter bestimmten Umständen werden können, eignet sich die Bezeichnung der **Ressourcenverführung**, um die negativen Konsequenzen, welche die Ausbeutung natürlicher hochpreisiger Ressourcen mit sich bringt, im Kontext von

Tabelle 9.1 Indikatoren des illegalen und legalen Bergbaufluchs

	Legale Extraktion	Illegale Extraktion
ökonomisch	Preisanstieg	Preisanstieg
ökologisch	Episodisch auftretende Großunfälle	konstante Umweltbelastung in Gewässern und Boden
Sozial	Zunahme von Gewalt, Ungleichheit, neue *grievance*-bedingte Konflikte, Kriminalisierung von Protesten	Zunahme von Gewalt, Ungleichheit, neue *greed*-bedingte Konflikte
politisch	Verlust staatlicher territorialer Durchsetzungsfähigkeit und Aufgaben	Entstehen einer parallelen Exekutive

Quelle: Eigene Zusammenstellung

Machtstrukturen aufzuzeigen. Der Begriff beinhaltet die Entscheidung, die den nationalen, regionalen oder lokalen Akteuren obliegt, ob sie die Konsequenzen von Ressourcenförderung in Kauf nehmen wollen für die Möglichkeit schnelles, nicht nachhaltiges Einkommen.

Letztendlich sollten die postulierten Thesen stärker im Kontext von Machtstrukturen betrachtet werden, wie die Politische Ökologie vorschlägt (KRINGS 2008). Während nationale Führungspersonen in den jeweiligen Hauptstädten fernab betroffener Gebiete von den Renten profitieren und ihre Vorstellung von "Entwicklung" implementieren, sind Personengruppen in den peripher gelegenen traditionell unterprivilegierten Regionen vor allem von den negativen Effekten betroffen. Jedoch haben Betroffene sehr viel weniger Möglichkeiten, sich jenseits von Gewaltanwendung wie der Blockade von Infrastruktur zu artikulieren. Die daraus resultierende repressive Gewalt durch Militär und Polizei gegenüber GegnerInnen legaler extraktivistischer Projekte ist dann Ausdruck eines traditionellen Machtgefälles zwischen Zentrum und Peripherie. Andersherum ist die nicht-Einmischung in illegale extraktivistische Ausführungen ein Zeichen fehlender staatlicher Alternativen. Ein positiver Friede ist jedoch nur unter Einbeziehung der betroffenen Personengruppen zu erreichen, die mit einer weitgehenden Dezentralisierung einhergehen müsste. Alle anderen Formen der Ressourcenausbeutung erinnern tatsächlich an die Fortführung des historischen Ressourcenfluchs, der seit den Spaniern mit Hilfe starker Repression durchgesetzt wurde.

- **Wie wird ein Rohstoff zur Konfliktressource?**

Die Flut an Forschungen zu sogenannten Konfliktressourcen beschrieb in den 2000er Jahren den Zusammenhang von *high value natural resources* und bewaffnetem Konflikt. Insbesondere „Blutdiamanten" wurden durch die Forschung und die Medien stark in die Öffentlichkeit gebracht. Unter Annahme der *Greedy Rebel These* wird davon ausgegangen, dass Rebellengruppen, die um die Vorherrschaft ressourcenreicher Gebiete kämpfen, keinerlei politische Ambitionen haben und somit häufig aus Verursacher von illegalem Bergbau wahrgenommen werden. Was kann die vorliegende Forschung über die kausale Abhängigkeit von bewaffneten Gruppen und *high value natural resources* aufzeigen?

Zwar nutzten die Rebellengruppen in Kolumbien illegal geschürftes Gold als Konfliktmineralie, jedoch existieren diese Schürfungen auch nach der offiziellen Beendigung des bewaffneten Konflikts weiterhin. Außerdem zeigt das peruanische Beispiel, dass illegaler Bergbau unabhängig von bewaffneten Gruppen existiert und in seinem Volumen oder seinen Auswirkungen wenige Unterschiede aufweist. Legaler Goldbergbau scheint hingegen ein Phänomen des Postbürgerkriegs zu sein, das jedoch nicht konfliktfrei vonstattengeht. Es ist darauf zu verweisen, dass legaler und illegaler Bergbau von Anwohnenden in Bezug auf seine jeweiligen negativen Einflüsse sehr ähnlich bewertet wird und die Trennung von legal und illegal vor allem akademisch ist. Jedoch sind die Konflikte, die aus den unterschiedlichen Abbautechniken hervorgehen, unterschiedlich. Während es im bewaffneten Konflikt vor allem *greed*-bedingte Ressourcenkonflikte sind, verstärken sich im Postkonflikt die *grievance*-bedingten Konflikte mit Anwohnenden.

Als Antwort auf die fehlende Differenzierung zwischen den unterschiedlichen Arten des Bergbaus versucht *Abbildung 9.1* schematisch darzustellen, wo welche Art von Bergbau entsteht. Aus den Ergebnissen konnte herauskristallisiert werden, dass neben dem Vorhandensein eines Rohstoffs die staatliche Durchsetzungsfähigkeit, das Entwicklungsparadigma, die Alternativeinkommen und die Armut der Bevölkerung erklären, ob und von wem ein Rohstoff gefördert wird. Zur Förderung braucht es mächtige Gruppen – seien es legale politische Eliten in Zusammenarbeit mit internationalen ökonomischen Unternehmen oder illegal agierende Akteure. Dies beweist, dass illegaler Bergbau kein Bürgerkriegsphänomen ist und unabhängig von der Existenz bewaffneter Gruppen vorhanden ist. Somit zeugt jegliche Theorie, die illegalen Bergbau monokausal auf Bürgerkriege zurückführt, von der fehlenden Ortskenntnis ihrer AutorInnen.

Dieses Schema könnte für zukünftige subnationale Studien angewandt werden, um zu eruieren, wo in Zukunft legaler und illegaler Bergbau und die assoziierten Konflikte, Gewalttaten und Umweltschäden zu erwarten sind. Studien sollten stärker darauf erforschen, unter welchen Umständen kein illegaler Bergbau stattfindet, wo sich Gemeinden erfolgreich dagegen gewehrt haben und wo die Konfliktanfälligkeit bei legalem Bergbau am niedrigsten ist.

- *Illegale Ökonomien als Indikator für geringe Staatlichkeit?*

Im Kontext der Interpretation der Ergebnisse sollte diskutiert werden, ob illegale Ökonomien als Indikator für Staatsschwäche dienen können. Die Präsenz illegaler Ökonomien, z. B. illegalem Mineralstoffabbau wie Gold, Coltan oder seltenen Erden, aber auch die Drogenproduktion (Mohn, Kokain oder Marihuana) sind Symptome für einen Staat, der sein Territorium nicht kontrollieren kann, und Voraussetzung für die Bewaffnung regionaler Gewaltakteure. Im Gegensatz zu polit-ökonomischen Definitionen von *Failed States* könnte über einen akkumulierten Indikator aus allen bekannten illegalen Einnahmequellen errechnet werden, welche Durchsetzungskraft ein Staat auf seinem Territorium aufweist. Diese Überlegungen gehen über die klassischen Ansätze der *Failed States* (z. B. den *Failed State Index*) hinaus und GeographInnen könnten in diesem Kontext wertvolle Ansätze für ein vertieftes Verständnis von Staatlichkeit liefern. Auch wenn in illegalen Ökonomien die bekannten Fehlermargen recht hoch sind, könnte dieser Indikator für illegale Ökonomien doch neue Erkenntnisse in der Erforschung von Staatlichkeit, Bürgerkriegen und Konfliktdynamiken liefern.

Gemäß dieser Interpretation sind illegale Ökonomien weder das Resultat von Bürgerkriegen, noch ein gottgegebener Fluch. Vielmehr werden sie zu einem von vielen messbaren Hinweisen darauf, dass Regeln in einem Staat nicht für das gesamt Staatsgebiet gelten. Bewaffnete Gruppen, die als Staatsersatz fungieren, nutzen die hohen Gewinnmargen zur Finanzierung. Die Konkurrenz um Gewinn lockt weitere Gruppen an, die das Modell räumlich expandieren und reproduzieren. Durch die zunehmende Korruption der sowieso geringen staatlichen Präsenz wird es schwieriger, gegen diese Ökonomien vorzugehen, da viele der lokalen Akteure nun direkt oder indirekt involviert sind.

In diesem Kontext sei empfohlen, informelle und illegale Förderung stärker in den wissenschaftlichen Fokus zu rücken, auch wenn die Wissenschaft keine transparenten Ergebnisse erreichen kann. Jedoch sollte es Aufgabe von Wissenschaft und Journalismus sein, die Profitierenden dieser illegalen, stark umweltschädigenden Geschäfte, seien es Privatleute, internationale Unternehmen oder PolitikerInnen, zu benennen und die Mechanismen genauer zu verstehen.

9 Abschließende Bemerkungen und weiterführende Forschungsfragen

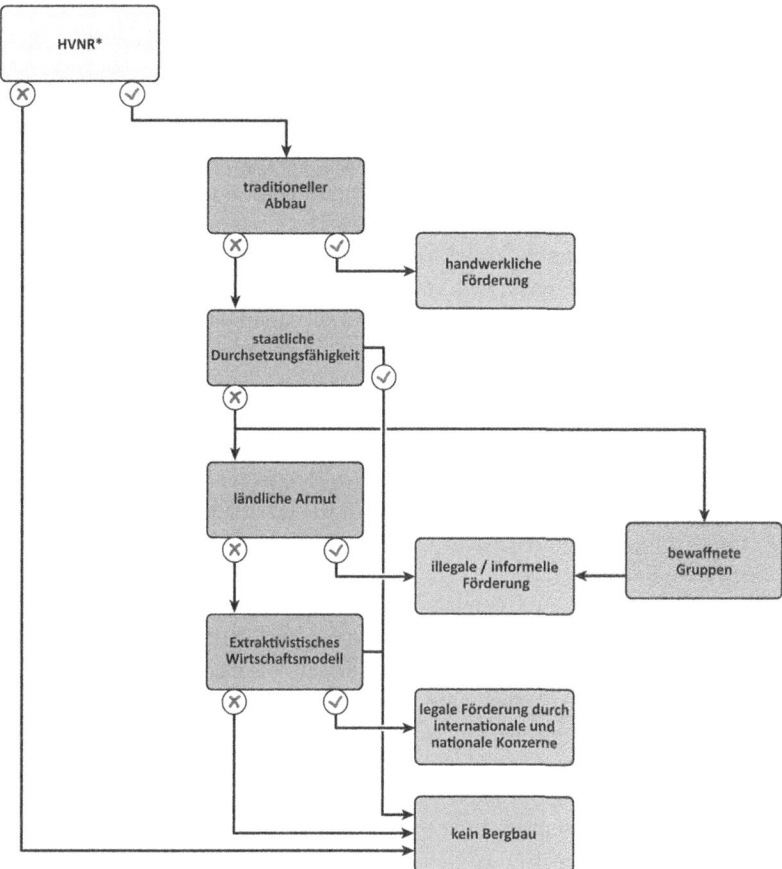

* Hochpreisige natürliche Ressourcen (High value natural resource)

Abbildung 9.1 Flussdiagramm zur Entstehung von handwerklichem, illegalem und legalem Bergbau. (*Quelle: Eigener Entwurf*)

Eine weitere Frage ergibt sich, wenn die Akteure der Ressourcennutzung in einer Übergangsperiode vom Bürgerkrieg zur Friedenszeit betrachtet werden. Der Argumentationslogik dieser Arbeit folgend wird angenommen, dass Gewaltakteure, finanziert durch natürliche Ressourcen, in bestimmten Räumen staatliche Versorgungsaufgaben wie die Zurverfügungstellung von Infrastruktur, eine Exekutive und das Eintreiben von Steuern (Schutzgeldern) übernehmen. Letztere waren die materielle Voraussetzung für den Bürgerkrieg und werden als ein Indikator für *Failed States* gewertet. Im Sinne dieser Logik muss die Frage aufgeworfen werden, welche Qualität ein Staat hat, der in einer Friedenszeit dieselben staatlichen Versorgungsaufgaben in bestimmten räumlichen Abschnitten internationalen Unternehmen überlässt, die sich durch die Ausbeutung natürlicher Ressourcen finanzieren und mitunter Gewalt zur Förderung anwenden. Daher scheint es, dass die sowohl legale als auch illegale Ressourcenausbeutung zur Destabilisierung des Staates beiträgt. Und es wirft die Fragen auf, was de facto die Friedenszeit von der Kriegszeit unterscheidet und ob der Ressourcenausbeutung Gewaltanwendung und Machtreproduktion inhärent ist.

- **Gibt es eine Chance auf *Environmental Peacebuilding* in Kolumbien?**

Im Kontext des *Emerging Fields* des *Environmental Peacebuilding*s entstanden u. a. Forschungen zum Umgang mit ehemaligen Konfliktressourcen in Postbürgerkriegsländern in denen die Frage gestellt wird, wie ein friedensstiftender Umgang mit diesen gefunden werden kann. Die Anwendbarkeit auf Kolumbien soll im Folgenden diskutiert werden.

Aktuelle Ereignisse in Kolumbien wie die Bewaffnung und Wiederbewaffnung von alten und neuen Akteuren (MORENO u. RÍOS 2019) sowie die selektive Ermordung von Menschen- und UmweltrechtsaktivistInnen zeugen davon, dass die von LABROUSSE bereits 1998 aufstellte These, dass es nach einem Friedensabkommen zu einer "*Spaltung der Guerilla*" kommen würde, die "*keine andere Wahl habe, als zu einem Zusammenschluss 'sozialer Banditen' zu werden*" (LABROUSSE 1998: 338), bestätigt werden muss. Während es eine Vielzahl von Gründen wie fehlende Mitsprache und mangelnde Umsetzung des Friedensvertrags gibt, schafft u. a. die Kontrolle illegaler Ökonomien die wirtschaftliche Grundlage für die Wiederbewaffnung dieser Gruppen. Von Seiten der Regierung beschränken sich die Maßnahmen gegen die illegalen Ökonomien auf militärische Bekämpfung und die versuchte Formalisierung von Kleinschürfer sowie auf das Anwerben von internationalem Kapital, was ebenfalls als Bekämpfungsstrategie verstanden wird.

Jedoch zeigen die untersuchten Beispiele, dass sich die Konflikte um Ressourcen im Übergang zur Postbürgerkriegsgesellschaft wandeln, jedoch nicht verschwinden. Das peruanische Beispiel verdeutlicht, dass die legale Ressourcenausbeutung die Zahl der *grievance*-bedingten Definitions- und Verteilungskonflikte ansteigen lässt. Zwischen 2011 und 2016 wurden 50 Tote und 750 Verletzte durch Konflikte um den legalen Bergbau registriert (vgl. *Abschn.* 6.3). Weiterhin zeigt die Fallstudie, dass sich der illegale/informelle Bergbau ähnlich stark in Regionen mit schwacher staatlicher Präsenz ausweitet, also im Postkonflikt weiterverbreitet und dort weniger prominente kleine Gewalteinheiten finanziert. Dies entkernt die These, welche die Verantwortung für illegalen Bergbau an bewaffnete Gruppen abgibt.

Auch in Kolumbien ist die Zunahme von Konflikten um legalen Goldabbau zu erwarten und teilweise bereits zu beobachten. Eine Vielzahl von Bürgerbegehren richten sich gegen die von der Zentralregierung intendierte Ausrichtung auf Goldförderung durch internationale Unternehmen. Im Kontext des Postbürgerkriegs ist insbesondere auf die zu erwartende Kriminalisierung der Proteste und die damit verbundenen Gefahren für einzelne Personen hinzuweisen. Die akute Bedrohungssituation von Menschen- und UmweltrechtsaktivistInnen (vgl. *Abschn.* 7.1.6) verdeutlicht, dass durch die große Waffenpräsenz und die Gewöhnung an Gewalt neue Gruppen das Machtvakuum füllen, die auch als unsichtbarer Arm zur Durchsetzung gegen KritikerInnen eingesetzt werden. Aufgrund der zu Peru gewonnenen Erkenntnisse in Bezug auf den illegalen Bergbau sind diesbezüglich keine großen Veränderungen zu erwarten. Daher sei die Frage gestellt, ob die Zeit nach dem Friedensvertrag nicht als *"Pax Mafiosa"* (vgl. *Abschn.* 2.4) bezeichnet werden sollte, in der das Land weiterhin subversiv von illegalen Ökonomien regiert wird. Daraus ergibt sich die Frage, welche tatsächlichen Unterschiede zwischen der Zeit vor und nach dem Friedensvertrag zu verzeichnen sind. Für eine Annäherung an einen "positiven Frieden" scheint ein extraktivistisches Entwicklungsparadigma aufgrund der *grievance*-bedingten Ressourcenkonflikte, die einem extraktivistischen bzw. neoextraktivistischen Entwicklungsparadigma folgen, weniger dienlich zu sein. Es stellt sich zudem die Frage, ob ein solcher überhaupt erreicht werden kann, wenn Umwelt- respektive Ressourcenfragen nicht mit in die Friedensbemühungen aufgenommen werden.

An dieser Stelle sei auf die Notwendigkeit hingewiesen, mehr Energie in Forschungen zum *Environmental Peacebuilding* zu setzen, um Natur und Ressourcen nicht nur auf ihr Konfliktpotential, sondern auch auf ihre friedensstiftenden Möglichkeiten hin zu untersuchen. Aus den Fallbeispielen sollten dann theoretische Grundlagen entwickelt werden, welche aufzeigen, unter welchen Voraussetzungen die gemeinsame Ressourcen- oder Naturnutzung zu einem friedlichen Miteinander führt oder geführt hat. Die Analyse der Determinanten eines dauerhaften positiven Friedens unter Einbeziehung der Natur könnte im Sinne des „best practice" zu einer Sichtbarmachung vieler nicht beachteter guter Lösungen führen.

- **Zur Frage der Übertragbarkeit auf andere Weltregionen und Ressourcen**

Die in der vorliegenden Arbeit diskutierten Fragen bezüglich der Wechselwirkungen zwischen Ressourcenreichtum und bewaffneten Konflikten bzw. der folgenden Friedenszeiten und bezüglich der Voraussetzungen und Auswirkungen der Förderung von *high value natural resources* lassen sich in Teilen auf andere Regionen und Ressourcen übertragen.

Konflikte um Ressourcen sind nicht allein auf Gold beschränkt. In Lateinamerika gibt es seit der Kolonialzeit Konflikte um, mit und gegen den Abbau bestimmter Ressourcen, die seit den 1970er Jahren an Häufigkeit zugenommen haben.

Die Ergebnisse der in dieser Arbeit untersuchten Fallbeispiele lassen sich in Teilen auf diese Ressourcen und deren Konflikte übertragen, jedoch gilt dies nicht uneingeschränkt. Ressourcenausbeutung trägt sehr häufig indirekt zu Gewaltanwendungen bei. Um dies zu vermeiden, sind Initiativen wie das Lieferkettengesetz ein wichtiger Schritt in die Richtung ethisch vertretbarer Mineralienförderung.

Auch in anderen Weltregionen sind ähnliche geologische, ökonomische und politische Voraussetzungen gegeben. Es muss desweiteren diskutiert werden, ob alle Ressourcen durch illegale bzw. informelle Förderung die gleichen Mechanismen auslösen wie Gold. Es scheint jedoch die Regel zu sein, dass im informellen Bergbau eine sehr kleine Personengruppe zu den Hauptprofiteuren gehört und die meisten ArbeiterInnen nur ein sehr geringes Einkommen generieren. An dieser Stelle sei auch auf die kulturverändernde Wirkung von Bergbau verwiesen: Sowohl formeller als auch informeller Bergbau verändert zumindest lokal die Einkommensmöglichkeiten der Personen radikal. In Bezug auf Sicherheit, Infrastruktur und gesellschaftlichen Zusammenhalt wirkt informeller Bergbau stark ein. Diese Ergebnisse müssten in ähnlicher Weise für Länder des afrikanischen Kontinents anwendbar sein.

Wie auch in Peru und Kolumbien setzen viele Staaten mit Bürgerkriegsvergangenheit im Sinne der neoklassischen Ideen auf die Ausbeutung ihrer Bodenschätze durch internationale Unternehmen, um friedensfördernde Maßnahmen zu finanzieren. Ob sich diese im lateinamerikanischen Kontext als Extraktivismus bezeichnete Logik auf die Herangehensweise afrikanischer Staaten übertragen lässt, sollte im Sinne vergleichender Entwicklungsforschung beispielhaft anhand folgender Fragen untersucht werden: 1. Welche Entwicklungsstrategien gibt es beispielsweise im Kongo zum Umgang mit Kleinschürfern? 2. Gibt es in afrikanischen Ländern ähnliche Gruppierungen, die sich gegen Großbergbauprojekte wehren? 3. Haben diese Entwicklungsvorstellungen, die sich mit dem Konzept des Postextraktivismus decken? 4. Welche positiven Beispiele einer Förderung durch KleinschürferInnen gibt es, die nicht mit Hilfe von kriminellen Banden agieren?

Jedoch soll an dieser Stelle auch dazu angeregt werden, Umweltkonflikte in Europa näher zu betrachten und evtl. vergleichend zu erforschen.

- **(Mit)Verantwortlichkeiten an Konflikten in Ländern des Globalen Südens**

Im Sinne einer postkolonialen Geographie ist es vonnöten, Phänomene in weiter Ferne nicht nur zu betrachten und zu beschreiben, sondern auch den Einfluss unseres Lebensstils auf diese in Betracht zu ziehen. Da, wie in *Abschnitt 2.3* dargestellt wurde, der Prozess der Ressourcengenese mit „Mangel" beginnt, also der Kombination aus Nachfrage und Seltenheit, kann die Mitverantwortung unseres Lebensstils an der Genese von Konfliktressourcen nicht negiert werden. Wie ein interviewter Vertreter einer Indigenenorganisation auf die Frage, wie mit dem Problem des illegalen Goldabbaus umgegangen werden sollte, antwortete: "*Diese Art von Fragen sind nicht nur an Kolumbien, sondern an die ganze Welt gerichtet. Warum müssen wir das Gold aus der Erde holen?*" (B 08_17).

Es gibt bereits verschiedene Ansätze wie das Verwenden des Ausdrucks "Blutringe", um ein Bewusstsein dafür schaffen, dass mit der Nutzung eines Statussymbols die Ausweitung von Gewalt begünstigt wird. Ein möglicher Umgang damit wäre es, analog zum *Kimberly Prozess* „konfliktfreies" Gold zu zertifizieren. Mehr noch als im Schmucksektor fehlt im Investmentsektor ein Diskurs über die Herkunft des Goldes. Insbesondere da Deutschland viertgrößter Goldbesitzer der Welt ist, steht das Land in der Verantwortung, sich mit der Herkunft und den Konflikten näher zu beschäftigen. Da aber auch nicht illegal geschürftes Gold häufig mit Menschen- oder Umweltrechtsverletzungen einhergeht, ist weiterhin die Frage, wie negative Umweltfolgekosten als Straftat geahndet werden können.

In diesem Kontext ist zu erwähnen, dass Gold nur einer von vielen Rohstoffen ist, dessen Konsum vornehmlich im Globalen Norden stattfindet, dessen Auswirkungen aber insbesondere Personengruppen im Globalen Süden betreffen. Deshalb sei mir in Bezug auf den für die Zukunftsfähigkeit des Planeten problematischen Lebensstil auf das 500 Jahre alte Werk „Utopia" verwiesen, welches vor Augen führt, dass der Wert von Rohstoffen keinesfalls naturgegeben ist, erst die Wertbeimessung dazu führt (vgl. *Abschn. 2.3*), dass bestimmte Ressourcen zu Konfliktressourcen werden:

„Mit dem Golde (...), hat es nämlich die Bewandtnis, daß (...) die Natur ihm keinen Gebrauch verliehen hat, dessen wir nicht leicht entrathen könnten, und es nur die Thorheit der Menschen ist, die der Seltenheit einen so hohen Werth beigelegt hat. Und als eine höchst liebevolle Mutter hat die Natur die nützlichsten Dinge uns ohne alle Schwierigkeiten zugänglich gemacht, wie Luft, Wasser und die Erde selbst, die nichtigen, eitlen, unnützen aber weit entrückt."

UTOPIST: THOMAS MORUS 1516

Glossar

Eigennamen und Bezeichnungen

Abimael Guzmán: Begründer und Anführer des PCP-SL
Barrequeros (span.): Lokalbezeichnung für GoldwäscherInnen in Kolumbien
Buen Vivir (span.): "gutes Leben"; alternative Entwicklungsvorstellung in Anlehnung an präkolumbine Weltanschauungen, die auf einem ausgeglichenen Verhältnis zwischen Mensch und Umwelt beruht
Campesino (span.): "Kleinbäuerinnen und -bauern"
commodity boom (engl.): "Rohstoffboom"; Anstieg der Ressourcenpreise zwischen 2012 und 2016
Consulta Popular (span.): "Volksbefragung"; Bürgerbegehren gegen die Durchsetzung von Großprojekten in Kolumbien
Default Conservation (engl.): "durch Unterlassung entstehender Umweltschutz", Modell zur Beschreibung des umweltschützenden Nebeneffekts von bewaffneten Konflikten
De-growth (engl.): "Ent-wachstum" Entwicklungsparadigma aus Europa, das Ideen zusammengefasst, die auf der Ablösung einer auf Wachstum basierenden Wirtschaftslogik basiert
Departamento: politisch-administrative Verwaltungseinheit in Peru und Kolumbien, vergleichbar mit Bundesländern
Desarrollo por afuera (span.): "nach Außen gerichtete Entwicklung"; exportorientiertes Entwicklungsmodell lateinamerikanischer Länder 1900–1950
Desarrollo por adentro (span.): "nach Innen gerichtete Entwicklung"; protektionistisches Entwicklungsmodell lateinamerikanischer Länder zwischen 1950–1980
Distrito (span.): politisch-administrative Verwaltungseinheit in Peru, vergleichbar mit Landkreisen

El Dorado (span.): "das Goldene"; von den Spaniern imaginierte Stadt voller Gold, die auf Südkolumbien lokalisiert wurde

Environmental Peacebuilding (engl.): "Friedensbildung durch Umweltaspekte"; international aufstrebendes Forschungsfeld, das sich auf die gemeinsame Nutzung von Natur für Friedensbildung fokussiert

Extraktivismus: auf unverarbeiteten Rohstoffen basierendes Entwicklungsmodell basierend auf neoliberalen Prämissen

Geodeterminismus: Erklärungsmodelle, die bestimmte soziale Umstände durch geologische Gegebenheiten begründen

Guardabosque (span.): "Waldschützer"; Beschreibung von der Rolle bewaffneter Gruppen Kolumbiens als Schützer bewaldeter Gebiete

Greed (engl.): "Gier"; Erklärungsmodell für das Entstehen von Bürgerkriegen durch Ressourcenhunger nach Collier u. Hoeffler

Greenfields (engl.): noch nicht erschlossene Förderregionen mit großen vermuteten Reserven

Grievance (engl.): "Missstand"; Erklärungsmodell für das Entstehen von Bürgerkriegen durch negative Umstände nach Collier u. Hoeffler

high value natural resources (engl.): "hochpreisige natürliche Ressourcen"; Tropenhölzer, Edelmetalle, Erdöl und -gas, denen in bewaffneten Konflikten eine besondere Rolle für die Finanzierung bewaffneter Gruppen zukommt

Holländische Krankheit: wissenschaftliche Theorie, welche die steigende Abhängigkeit eines Landes von unverarbeiteten Primärprodukten mit der Abwertung der Währung und der damit verbundenen sinkenden Bedeutung produktiver Sektoren und in Verbindung bringt.

Independencia (span.): "Unabhängigkeit"; Zeit nach der Unabhängigkeit von der spanischen Krone

Inwertsetzung: Umwandlung eines Rohstoffs in eine Ressource

lootable (engl.): "plünderbar"; Bezeichnung für unterirdische Rohstoffe, die sich ohne technisches Know-how fördern lassen

Mountain Top Removal (engl.): "Bergkuppenentfernung"; Verfahren Gold im Tagebau zu fördern durch Abtragen der Bergkuppen

Municipio (span.): politisch-administrative Verwaltungseinheit in Kolumbien, vergleichbar mit Landkreisen

Nasa (span.): Indigenengruppierung aus dem *Departamento Cauca*

Neoextraktivismus: auf unverarbeiteten Rohstoffen basierendes Entwicklungsmodell, in dem die Renten stärken durch den Staat kontrolliert werden

Negativer Friede: Friedensverständnis nach J. Galtung, das die Abwesenheit von Krieg beschreibt

New wars (engl.): "neue Kriege"; bewaffnete Konflikte seit den 2000er Jahren, deren Konfliktursache nicht primär ideologisch ist

Paititi: von den Spaniern imaginierte Stadt voller Gold, die auf Südostperu lokalisiert wurde

Pax Mafiosa (span.): "mafiöser Friede"; Friedensbegriff, in der trotz offizieller Beendigung eines Konflikts mafiöse Strukturen weiterhin das Land bestimmen

Plan Colombia (span.): Zerstörung der Kokaanbaufelder in Kolumbien mit finanzieller Unterstützung der USA

Política de mano dura (engl.): "Politik der harten Hand", Bezeichnung für einen Politikstil der mit militärischer Härte gegen aufständische Gruppen vorgeht

Positiver Friede: ideelles Friedensverständnis nach J. Galtung, das über die Abwesenheit von Gewalt hinausgeht und dessen Grundlage die gerechtere Verteilung ist

Postextraktivismus: Entwicklungsmodell, was auf die Entkopplung eines auf der Ausbeutung unverarbeiteter Rohstoffe basiert

Provinicia (span.): politisch-administrative Verwaltungseinheit zwischen *Departamento* und *Municipio* in Peru

Regalía (span.): Bergbauabgaben, die monetär oder in Form von Infrastrukturmaßnahmen an die Förderregion oder den Nationalstaat ausbezahlt werden

Royalty (engl.): s. *Regalía*

Ressource: kommodifizierter Rohstoff, der mit einem monetären Mehrwert für bestimmte Gruppen verstanden wird

Ressourcenfluch: Erklärungsmodell von negativen ökonomischen, sozialen, politischen oder ökologischen Auswirkung durch das Vorhandensein oder die Förderung natürlicher Ressourcen

Rohstoff: materieller Ausschnitt eines Ökosystems

Ronda Campesina (span.): "Bauernrunden"; bäuerliche Selbstschutzgruppen in ländlichen Peripherregionen Perus

Ronda Urbana (span.): "städtische Runden"; städtische Selbstschutzgruppen in städtischen Peripherregionen Perus

Sumaq Kausay (quech.): "gutes Leben" s. *Buen Vivir*

Trickling-down effect: Vorstellung, dass durch Großinvestment indirekte Beschäftigungsmöglichkeiten entstehen und somit der Lebensstandard zu allen Bevölkerungsschichten steigt

Washington Consensus: Wirtschaftsprogramm der 1990er Jahre, das durch Neoliberalisierung wirtschaftliche Stabilität bringen sollte

Geographische Bezeichnungen

Antioquia: Departamento im Nordwesten Kolumbiens
Ayacucho: Departamento in Südperu
Bogotá: Landeshauptstadt Kolumbien
Buenos Aires: Municipio im Nordcauca
Cauca: Departamento in Kolumbien
Cerro el Toro: Berg mit großen Goldvorkommen in *Huamachuco, La Libertad,* Peru
Curgos: Distrito in *Sánchez Carrión, La Libertad,* Peru
Cuschi: Dorf in *Ayacucho,* Peru
Guapi: Municipio an der Pazifikküste des *Cauca,* Kolumbien
Huallagatal: Tal des Huallagaflusses in Nordperu
Huamachuco: Provinzhauptstadt von *Sánchez Carrión, La Libertad,* Peru
La Libertad: Departamento in Peru
Lima: Landeshauptstadt Perus
Madre de Dios: Departamento im Südosten Perus
Mercaderes: Municipio im Südcauca
Morales: Municipio im Nordcauca
Otuzco: Provincia in *La Libertad,* Peru
Patáz: Provincia im Osten von *La Libertad,* Peru
Popayán: Departamentohauptstadt des *Cauca, Kolumbien*
Puno: Departamento in Südperu
Quindío: Departamento in Zentralkolumbien
Quiruvilca: Stadt im *Departamento La Libertad,* Peru
Río Marañon: Fluss in *La Libertad,* Peru
Río Sambingo: Fluss im *Cauca,* Kolumbien
Sánchez Carrión: Provincia in *La Libertad*, Peru
Timbiquí: Municipio im *Cauca,* Kolumbien
Tolima: Departamento in Zentralkolumbien
Trujillo: Departamentohauptstadt von *La Libertad,* Peru
Valle del Cauca: Departamento in Kolumbien

Literaturverzeichnis

ABAD RESTREPO, C. (2018): El mito de la abundancia: bases para pensar el extractivismo-minero "desde" América Latina. – KAVILANDO 1, 31–52.
ACOSTA, A. (Hrsg.) (2009): La maldición de la abundancia. Quito (Ecuador): Abya-Yala; Comité Ecuménico de Proyectos.
ACOSTA, A. (2013): Extracciones, extractivimos y extrahecciones – Un marco conceptual sobre la apropiación de recursos naturales. – Observatorio del Desarrollo, 18, http://bit.ly/Ow0ext.
ANM – Agencia Nacional de Minería (2017): Títulos mineros vigentes.
ALAYZA MONCLOA, A., GUDYNAS, E. U. AZEÑAS, R. (Hrsg.) (2012): Transiciones y alternativas al extractivismo en la región andina: Una mirada desde Bolivia, Ecuador y Perú. Lima (Peru): CEPES Centro Peruano de Estudios Sociales.
ALI, S. (2010): Peace Parks: Conservation and conflict resolution. Global environmental accord. Cambridge (USA): MIT Press.
ALI, S. (2011): The instrumental use of ecology in conflict resolution and security. – Procedial Social and Behavioral sciences, 14, 31–34.
ALI, S. (2019): A Casualty of Peace? Lessons on de-militarizing conservation in the Cordillera del Condor corridor. In: LOOKINGBILL, T., SMALLWOOD, P.D. u. MACHLIS, G.E. (Hrsg.). Collateral values: The natural capital created by landscapes of war. Landscape series 25. Cham (Schweiz): Springer Nature Switzerland.
ALLEN, A., LAMBERT, R., APSAN FREDIANI, A. u. OME, T. (2015): Can participatory mapping activate spatial and political practices? Mapping popular resistance and dwelling practices in Bogotá eastern hills. – Area 47, 3, 261–271.
ALMOHAMAD, H. U. DITTMANN, A. (2016): Oil in syria between terrorism and dictatorship. – Social Sciences 5, 20.
ALTVATER, E. (2013): Der unglückselige Ressourcenreichtum: Warum Rohstoffextraktion das Leben erschwert. In: BURCHARDT, H.-J. (Hrsg.). Umwelt und Entwicklung im 21. Jahrhundert: Impulse und Analysen aus Lateinamerika. Studien zu Lateinamerika 20. Baden-Baden (Deutschland): Nomos, 15–32.
ALTVATER, E. (2013): Lateinamerika: Im Sog der Rohstoffe. In: Oekom e.V. (Hrsg.). Lateinamerika: Zwischen Ressourcenausbeutung und „gutem Leben". Politische Ökologie 134. München (Deutschland): Oekom.
ALTVATER, E. u. MAHNKOPF, B. (1997): Grenzen der Globalisierung: Ökonomie, Ökologie und Politik in der Weltgesellschaft. Münster (Deutschland): Westfälisches Dampfboot.

America Noticias (2019): La Libertad: Grupo de ronderos realizó bloqueo de carretera: Ellos reclaman que la actividad minera cese de contaminar el río Moche 6.12.19, https://www.americatv.com.pe/noticias/actualidad/libertad-grupo-ronderos-realizo-bloqueo-carretera-n398759 (Zugriff: 20.7.20).

Anders, G. (1985): Über die Seele im Zeitalter der zweiten industriellen Revolution. Die Antiquiertheit des Menschen / Günther Anders Bd. 1. München (Deutschland): Beck.

ANM (Agencia Nacional de Minería) (2017): Caracterización de la actividad minera departamental: Departamento del Cauca.

ANM (Agencia Nacional de Minería) (2017): Oro.

Aragón, F.M. u. Rud, J.P. (2013): Natural Resources and Local Communities: Evidence from a Peruvian Gold Mine. – American Economic Journal: Economic Policy 5, 2.

Arellano Yanguas, J. (2011): Minería sin fronteras?: Conflicto y desarrollo en regiones mineras del Perú. Minería y sociedad 7. Lima (Peru).

Arisi, D. u. González Espinosa, A.C. (2014): Transparency in the management of revenues from the extractive industries: The Case of Colombia. In: Vieyra, J.C. u. Masson, M. (Hrsg.). Transparent governance in an age of abundance: Experiences from the extractive industries in Latin America and the Caribbean. Washington D.C. (USA): Inter-American Development Bank, 277–318.

Armando Rodriguez, C. (1996): Las indígenas del Valle del Cauca en el siglo XVI. In: Valencia Llano, A. (Hrsg.). Historia del Gran Cauca: Historia regional del suroccidente Colombiano. Cali (Kolumbien).

Asociación de Victimas de la Provincia de Sánchez Carrión (2018): Registro de víctimas en Sánchez Carrión. Huamachuco (Peru).

Autoridad Nacional de Agua- Nationale Wasserbehörde (2016): II Monitoreo participativo de la calidad delaAgua superficial de la intercuenca Alto Marañon V – Ámbito de la Administración local del Agua Huamachuco. Cajamarca (Peru).

Auty, R.M. (1993): Sustaining development in mineral economies: The resource curse thesis. London (UK), New York (USA): Routledge.

Banco de la República (1999): El crecimiento económico colombiano en el siglo XX: Bogotá (Kolumbien).

Barrick.com (2019): Perú La producción de Barrick ha contribuido a que Perú sea uno de los principales productores de oro del mundo, https://www.barrick.com/Spanish/presencia/peru/default.aspx.

Bartelt, D.D. (2017): Konflikt Natur: Ressourcenausbeutung in Lateinamerika. Schriftenreihe / Bundeszentrale für Politische Bildung Band 10103. Bonn: Bundeszentrale für politische Bildung.

Basedau, M. u. Lay, J. (2009): Resource curse or rentier peace? The ambiguous effects of oil wealth and oil dependence on violent conflict. – Journal of Peace Research 46, 6, 757–776.

Bauriedl, S. (2016): Politische Ökologie: nicht-deterministische, globale und materielle Dimensionen von Natur/Gesellschaft-Verhältnissen. – Geographica Helvetica 71, 341–351.

BBC (2012): Gold overtakes drugs as source of Colombian rebel funds. – BBC (2012-06-12), https://www.bbc.com/news/world-latin-america-18396920.

Bebbington, A. (2012): Underground political ecologies. – PERIPHERIE, 132, 402–424.

BEBBINGTON, A. (2013): Industrias extractivas: Conflicto social y dinámicas institucionales en la región Andina. América problema 36. Lima (Peru): IEP; CEPES; GPC Grupo Propuesta Ciudadana.
BEBBINGTON, A. u. BURY, J. (Hrsg.) (2013): Subterranean struggles: New dynamics of mining, oil, and gas in Latin America. Peter T. Flawn Series in Natural Resources 8. Austin (USA): University of Texas Press.
BENDIX, D. (2011): Entwicklung/entwickeln/Entwicklungshilfe/Entwicklungspolitik /Entwicklungsland. In: Arndt, S. u. Ofuatey-Alazard, N. (Hrsg.). Wie Rassismus aus Wörtern spricht: (K)Erben des Kolonialismus im Wissensarchiv deutsche Sprache ein kritisches Nachschlagewerk. Münster (Deutschland): Unrast Verlag, 272–278.
BENHAM F. (1961): A short introduction to the economy of latin America. Oxford (UK): Oxford University Press.
BERDAL, M.R. (2009): Building peace after war. Adelphi 407. Abingdon (UK): Routledge.
BERNECKER, W. (2019): Macht und Gewalt. In: MAIHOLD, G., SANGMEISTER, H. u. WERZ, N. (Hrsg.). Lateinamerika: Handbuch für Wissenschaft und Studium. Baden-Baden (Deutschland): Nomos, 292–300.
BERRY, A. (2015): Políticas económicas para el posconflicto en Colombia. In: Giraldo Isaza, F. u. Revéiz, E. (Hrsg.). El posconflicto: Una mirada desde la academia. Colección Controversia. Bogotá (Kolumbien): Academia Colombiana de Ciencias Económicas.
BOCHENSKI, J.M. (1993): Die zeitgenössischen Denkmethoden. Uni-Taschenbücher. UTB-Francke: München.
BOLAÑOS, E. (2012): La ruta del oro en el Cauca. – El Espectador (2012-03-06), https://www.elespectador.com/noticias/nacional/ruta-del-oro-el-cauca-articulo-330702.
BOLAÑOS, E. (2015): Magnates del oro versus pequeños mineros. – El Espectador (2015-11-22), https://www.elespectador.com/noticias/nacional/flor-se-salio-del-libreto-articulo-600654.
BORIS, D. (2007): Lateinamerikas Politische Ökonomie: Aufbruch aus historischen Abhängigkeiten im 21. Jahrhundert. Hamburg (Deutschland): VSA.
BORSDORF, A. u. STADEL, C. (2013): Die Anden: Ein geographisches Porträt. Berlin, Heidelberg (Deutschland): Springer.
BRAD, A. (2019): Der Palmölboom in Indonesien: Zur politischen Ökonomie einer umkämpften Ressource. Bielefeld (Germany): transcript.
BRAND, U. (2016): Neo-Extraktivismus: Aufstieg und Krise eines Entwicklungsmodells. – APuZ 66, 39, 21–27.
BRAND, U., BOOS, T. u. BRAD, A. (2017): Degrowth and post-extractivism: two debates with suggestions for the inclusive development framework. – Current Opinion in Environmental Sustainability, 24, 36–41.
BRUCH, C., MUFFET, C. u. NICHOLS, S.S. (2016): Governance, natural resources and post-conflict peacebuilding. Post-Conflict Peacebuilding and Natural Resource Management. London (UK), New York (USA): Earthscan.
BRUCH, C.E., JENSEN, D., NAKAJAMA, M. u. UNRUH, J. (2019): The changing nature of conflict, peacebuilding, and environmental cooperation. – Environmental Law Reporter 2.
BRZOSKA, M. (2014): Ressourcen als Konfliktursache: Knappheit und Überfluss. In: Schneckener, U. (Hrsg.). Wettstreit um Ressourcen: Konflikte um Klima, Wasser und Boden. München (Deutschland): Oekom, 31–45.

BRZOSKA, M. u. OßENBRÜGGE, J. (2013): Kontroversen zu Knappheit und Überfluss von Ressourcen als Konfliktursache. – Hamburger Symposium Geographie: „Entwicklungsländer"? Verwickelte Welten, 5, 33–61.
BURCHARDT, H.-J. (2016): Zeitenwende?: Lateinamerikas neue Krisen und Chancen. – APuZ 66, 39, 4–9.
BURCHARDT, H.- J. u. PETERS, S. (2017): Umwelt und Entwicklung in globaler Perspektive: Ressourcen – Konflikte – Degrowth. Frankfurt (Deutschland): Campus.
BURY, J. u. BEBBINGTON, A. (2013): New geographies of extractive industries in Latin America. In: BEBBINGTON, A. u. BURY, J. (Hrsg.). Subterranean struggles: New dynamics of mining, oil, and gas in Latin America. Peter T. Flawn Series in Natural Resources 8. Austin (USA): University of Texas Press, 27–66.
CARRIZOSA UMAÑA, J. (1983): Recursos de hoy, bienes de mañana. Bogotá (Kolumbien): Biblioteca Luis Ángel Arango.
CASTRO, G. u. SILVA RUETE, M. (2005): Un mendigo sentado en un banco de oro. Lima (Peru).
CASTRO DÍAZ, L. (2011): Minería de oro artesanal y a pequeña escala en Timbiquí-Cauca: Una aproximación histórica a sus efectos socioambientales desde la perspectiva de los actores. Bogotá (Kolumbien).
CENTRO DE INVESTIGACIÓN Y PLANIFICACIÓN DEL MEDIO AMBIENTE (Hrsg.) (2002): Minería, minerales y desarrollo sustentable. London (UK).
CENTRO NACIONAL DE MEMORIA HISTÓRICA (2013): Basta Ya!: Colombia: Memoria de guerra y dignidad. Resumen. Bogotá (Kolumbien): Pro-Off Set.
CENTRO NACIONAL DE MEMORIA HISTÓRICA (2018): Balance del conflicto armado 1958– 2018, http://centrodememoriahistorica.gov.co/observatorio/wp-content/uploads/2018/08/General_15-09-18.pdf.
CHAVEZ WURM, S. (2011): Der leuchtende Pfad in Peru (1970–1993): Erfolgsbedingungen eines revolutionären Projekts. Lateinamerikanische Forschungen 39. Wien (Österreich): böhlau.
CLV – Comisión de la Verdad y Reconciliación (2004): Hatun Willakuy: Versión abreviada del informe final de la Comisión de la Verdad y Reconciliación. Lima (Peru): Comisión de Entrega de la comisión de la Verdad y Reconciliación.
CODAZZI, A. (2002 [1855]): Obras completas de la comisión corográfica: Geografía física y política de la Confederación Granadina. Popayán (Kolumbien): Universidad del Cauca.
COLLIER, P. U. HOEFFLER, A. (2004): Greed and grievance in civil war. – Oxford Economic Papers 56, 563–595.
COLMENARES, R. (2015): Naturaleza en disputa y paz. In: Giraldo Isaza, F. u. Revéiz, E. (Hrsg.). El posconflicto: Una mirada desde la academia. Colección Controversia. Bogotá (Kolumbien): Academia Colombiana de Ciencias Económicas, 143–152.
COLUMBUS, C. (1964 [1946]): Los cuatro viajes del almirante y su testamento. Colección Austral 633. Madrid (Spanien): Espasa-Calpe.
CONTRERAS, C. (2009): La idea del desarrollo económico en el Perú del siglo XX. In: Jiménez, F. u. Dancourt, O. (Hrsg.). Desarrollo económico y bienestar. Homenaje a Máximo Vega-Centeno. Lima (Peru): Pontificia Universidad Católica del Perú, Fondo Editorial.
COOPERACCIÓN (2016): Noveno informe cartográfico sobre concesiones mineras en el Perú. Lima (Peru).
COOPERACCIÓN (2018): Mapa de principales unidades mineras en producción 2017.

COOPERACCIÓN (2019): Boletín electronico: Actualidad minera de Peru. Lima (Peru).
CORCUERA HORNA, C.A. (2015): Impacto de la contaminación de la minería informal en el Cerro El Toro – Huamachuco. Trujillo (Peru).
CORTEZ, D. u. WAGNER, H. (2010): Zur Genealogie des indigenen „Guten Lebens" („Sumak Kausay") in Ecuador. In: Gabriel, L. (Hrsg.). Lateinamerikas Demokratien im Umbruch. Wien (Österreich): Mandelbaum, 167–200.
COY, M. (2017): South American Resource Geographies. – Die Erde 148, 2–3.
COY, M., RUIZ PEYRÉ, F. u. OBERMAYR, C. (2017): South American resource-scapes: geographical perspectives and conceptual challenges. – Die Erde 148, 2–3, 93–110.
CRUZ LEDESMA, A. (2000): Lo que cuenta la abuela. Huamachuco (Peru).
CRUZ LEDESMA, A. (2015): Historias sin importancia – Tomo II. Huamachuco (Peru).
CUADROS FALLA, J. (2013): La minería informal en Perú. In: Hoetmer, R., Catro, M., Daza, M., Echave, J. de u. Ruiz, C. (Hrsg.). Minería y movimientos sociales en el Perú: Instrumentos y propuestas para la defensa de la vida, el agua y los territorios. Colección Diálogos y movimientos. Lima (Peru), Madrid (Spanien), Barcelona (Spanien): Programa democracia y transformación global; CooperAcción; AcSur Las Segovias; EntrePueblos, 191–212.
CUVELIER, J., VLASSENROOT, K. u. OLIN, N. (2014): Resources, conflict and governance: A critical review. – The Extractive Industries and Society 1, 340–350.
DANE (2005): Necesidades Básicas Insatisfechas – NBI, por total, cabecera y resto, según municipio y nacional a diciembre 31 de 2008. Lima (Peru).
DANE (2019): Resultados censo nacional de población y vivienda 2018. Popayán (Kolumbien).
DANNENBERG, P. (2020): 20. Internationale Wertschöpfungsketten: Akteurskonstellationen und Auswirkungen im Globalen Süden. In: Neiberger, C. u. Hahn, B. (Hrsg.). Geographische Handelsforschung. Berlin: Springer Spektrum, 229–238.
DEFENSORÍA DEL PUEBLO (2018): Alerta temprana No. 026–18: Localización geográfica del riesgo. Lima (Peru).
DENLY, M., FINDLEY, HALL, M, STRAVERS, A. u. IGOE WALSH, J. (2019): Natural resources and civil conflict: Evidence from a new, georeferenced dataset. – Journal of Conflict Resolution.
DENNINGHOFF, A. (2015): Ressourcenkonflikte als globales Sicherheitsrisiko? In: Jäger, T. (Hrsg.). Handbuch Sicherheitsgefahren. Globale Gesellschaft und internationale Beziehungen. Wiesbaden (Deutschland): Springer, 21–32.
DENZIN, C. (2018): Entwicklungsansätze in Lateinamerika: Herausforderungen einer sozialökologischen Transformation.
DEZA SALDAÑA, F., NICANOR SORIANO, C. u. MOYA, O.C. (1989): Región San Martín – La Libertad: Demarcación geográfica y política, Leyes de creación. Trujillo (Peru).
DÍAZ, F.D. (2014): Los múltiples Sendero Luminoso en el actual Perú. Lima (Peru).
DÍAZ, Z. (1996): Establecimiento de la economía minera. In: Valencia Llano, A. (Hrsg.). Historia del Gran Cauca: Historia regional del Suroccidente Colombiano. Cali.
DIETZ, K. (2013): (Neo-)Extraktivismus. – PERIPHERIE 33, 132, 511–513.
DIETZ, K. u. ENGELS, B. (2017): Contested extractivism: actors and strategies in conflicts over mining. – Die Erde 148, 2–3, 111–120.
DIRECCIÓN GENERAL DE MINERÍA (2018): Producción minero metálica de oro (gr/f) 2017/2018.

DITTMANN, A. (2014): Das post-revolutionäre Libyen: Entwicklungsperspektiven für einen ressourcenreichen, schwachen Staat. – Geographische Rundschau, 2, 35–39.
DITTMANN, A. U. DITTMANN, F. (2002): Jenseits der Peripherie – Entwicklungsperspektiven der Himba in Nordwestnamibia. – Petermanns Geographische Mitteilungen 146, 1, 44–53.
DOEVENSPRECK, M. (2012): Konfliktmineralien Rohstoffhandel und bewaffnete Konflikte im Ostkongo. – Geographische Rundschau 64, 2, 12–19.
DRESSE, A., FISCHHENDLER, T. U. OSTERGAARD NIELSEN, J. (2019): Environmental Peacebuilding: Towards a theoretical framework. – Cooperation and Conflict, 54, 99–119.
DUARTE, C. (29): Los macromodelos de la gobernanza indígena colombiana: un análisis socioespacial a los conflictos territoriales del multiculturalismo operativo Colombiano. – Maguaré (Kolumbien) 2015, 1, 181–234.
DUARTE, C. U. BENTANCOURT, D. (2017): Los territorios que dejaron las FARC: ¿cómo se vive bajo una paz incompleta? – Razón publica (2017), https://www.razonpublica.com/index.php/conflicto-drogas-y-paz-temas-30/10482-los-territorios-que-dejaron-las-farc-c%C3%B3mo-se-vive-bajo-una-paz-incompleta.html#.WZzjvBZ7Ios.facebook.
ECHANDÍA, C. (1999): Expansión territorial de la guerrilla colombiana: geografía, economía y violencia. Bogotá (Kolumbien).
ECHAVE, J. de (Hrsg.) (2018): Diez años de minería en el Perú, 2008–2017. Lima (Peru): CooperAcción, Acción Solidaria para el Desarrollo.
ECHAVE, J. de (2018): La minería artesanal y la idea de los Parques industriales mineros. In: Echave, J. de (Hrsg.). Diez años de minería en el Perú, 2008–2017. Lima (Peru): CooperAcción, Acción Solidaria para el Desarrollo, 78–80.
EGNER, H. (2010): Theoretische Geographie. Geowissen kompakt. Darmstadt (Deutschland): WBG.
EL COMERCIO (2019): Un hombre de 36 años es la nueva víctima de la ola de homicidios en La Libertad: En Trujillo y sus provincias costeñas se registra una ola de homicidios. Los número superan los reportados años anteriores. – El Comercio (2019-09-24), https://elcomercio.pe/peru/la-libertad/libertad-trujillo-hombre-36-anos-nueva-victima-ola-homicidios-libertad-noticia-679390-noticia/.
El COMERCIO (2019): La Libertad: se registran dos nuevos homicidios en las últimas 24 horas (2019-09-26), https://elcomercio.pe/peru/la-libertad/la-libertad-se-registran-dos-nuevos-homicidios-en-las-ultimas-24-horas-noticia/.
EL COMERCIO (2019): Minería informal: obrero de 17 años muere asfixiado en el cerro El Toro (2019-09-27), https://elcomercio.pe/peru/la-libertad/la-libertad-se-registran-dos-nuevos-homicidios-en-las-ultimas-24-horas-noticia/.
EL COMERCIO (2019): Huamachuco: identifican a 3 de los 4 fallecidos en enfrentamiento con ronderos en El Toro. – El Comercio (2019-10-06), https://elcomercio.pe/peru/la-libertad/la-libertad-huamachuco-identifican-a-3-de-los-4-fallecidos-en-enfrentamiento-con-ronderos-en-el-toro-noticia/ (Zugriff: 2020-07-20).
EL MUNDO (2016): San Bingo, el primer río que se traga la fiebre del oro (2016-01-30), https://www.elmundo.es/internacional/2016/01/30/56ace03922601dc46a8b45c2.html.
EL SIGLO (2018): Región La Libertad, es la que más produce oro pero los beneficios no se notan, 270 (2018), 1–2.
ELSNER, H. (2009): Goldgewinnung in Deutschland: Historie und Potenzial. Commodity Top News (Bundesanstalt für Geowissenschaften und Rohstoffe).

ENDARA, G. (Hrsg.) (2014): Post-crecimiento y el buen vivir: Propuestas globales para la construcción de sociedades equitativas y sustentables. Quito (Ecuador).
ENGWICHT, N. (2017): Rohstoffe als Mittel zum Friedensaufbau?: Environmental Peacebuilding in Sierra Leone. – Wissenschaft und Frieden, 3, 10–12, http://www.wissenschaft-und-frieden.de/seite.php?artikelID=2220.
EY (2017): Colombia Mining and metals tax guide.
EY (2017): Mining and metals tax guide May 2017.
FABY, H. (2009): Theorie u. Praxis: Zwei Perspektiven auf das sozialgeographische Methodenspektrum. In: Koch, M. (Hrsg.). Mensch-Umwelt-Interaktion: Überlagerungen zum theoretischen Verständnis und zur methodischen Erfassung eines grundlegenden und vielschichtigen Zusammenhangs. Salzburger Geographische Arbeiten 45. Salzburg (Österreich), 19–28.
FELIX- HENNINGSEN, P., NARIMANIDZE- KING, E., STEFFENS, D., SCHNELL, S., HANAUER, T., JUNG, S. U. KAPLAN, H. (2011): Gold schürfen – Gift ernten: Bergbaubedingte Schwermetallbelastung von Böden im Südosten von Georgien, 43–52.
FISCHER, K. (Hrsg.) (2008): Klassiker der Entwicklungstheorie: Von Modernisierung bis Post-Development. Gesellschaft, Entwicklung, Politik 11. Wien (Österreich): Mandelbaum.
FOCUS (2012): Neue Minen in Europa: Goldrausch in Griechenland.
FORBES (16.6.20): Forget diamonds, The new conflict commodity is gold. – Forbes (16.6.20), https://www.forbes.com/sites/timtreadgold/2020/06/16/forget-diamonds-the-new-con flict-commodity-is-gold/#3b8ead9d6bab (Zugriff: 8.7.20).
FRANK, A.G. (2008): Die Entwicklung der Unterentwicklung (1966). In: Fischer, K. (Hrsg.). Klassiker der Entwicklungstheorie: Von Modernisierung bis Post-Development. Gesellschaft, Entwicklung, Politik 11. Wien (Österreich): Mandelbaum, 147–167.
GAITÁN, J.E. (2017): El Manifiesto del Unirismo. Bogotá (Kolumbien): FARC Ediciones.
GALEANO, E. (2009): El libro de los abrazos. Biblioteca Eduardo Galeano. Madrid (Spanien): Siglo Veintiuno de España Editores, S.A.
GALEANO, E.H. (2007 (1984)76): Las venas abiertas de América Latina. Historia inmediata. Buenos Aires (Argentinien): Catálogos.
GALTUNG, J. (1969): Violence, Peace and Peace Research. – Journal of Peace Research 6, 3.
GARCÍA JACOME, E. (33): El oro en Colombia. – Sociedad Geográfica de Colombia 1978, 113.
GARCÍA PACHÓN, M. (2016): Derecho de aguas y minería en Colombia. In: Henao PÉREZ, J.C., MONTOYA PARDO, M.F., GARCÍA PACHÓN, M., RESTREPO RIVILLAS, C.A., GONZÁLES ESPINOSA, A.C., DÍAZ ÁNGEL, S., ACERO GALLEGO, L.G., BAQUERO HERRERA, M., BRUSZIES, C., ALFONSO R., Ó.A. U. ARIAS RESTREPO, J. (Hrsg.). Minería y desarrollo: Medio Ambiente y desarrollo sostenible en la actividad minera. Colección Así habla el Externado. Bogotá (Kolumbien): Universidad Externado de Colombia, 107–151.
GASKIN- REYES, C. (1986): Der informelle Wirtschaftssektor in seiner Bedeutung für die neuere Entwicklung in der peruanischen Regionalstadt Trujillo und ihrem Hinterland. Bonner Geographische Abhandlungen. Bonn (Deutschland): Ferdinand Dümmlers.
GAVILÁN, L. (2017): Memorias de un soldado desconocido. Lima (Peru): Instituto de Estudios Peruanos.

Gebhardt, H. (2013): Ressourcenkonflikte und nachhaltige Entwicklung – Perspektiven im 21. Jahrhundert. – Mitteilungen der Fränkischen Geographischen Gesellschaft, 59, 1–12.
GEMyH – Gerencia de Energías, Minas e Hidrocarburos – La Libertad (2018): Lista de Declarantes de Compromiso. Documento Interno.
GEO GPS PERU: Mapa de Concesiones Mineras, Zona 17,18, https://www.geogpsperu.com/2019/08/mapa-de-concesiones-mineras-actualizado.html.
Gesundheitsbehörde La Libertad (2016): Informe sobre problemas sanitarios relacionados a la minería (Cerro el Toro). Trujillo (Peru).
GIATOC (2016): Organized crime and illegally mined gold in Latin America. Global Initiative Against transnational Organized Crime. https://globalinitiative.net/wp-content/uploads/2016/03/Organized-Crime-and-Illegally-Mined-Gold-in-Latin-America.pdf
GIBRAJA VARGAS-PRADA, P. (1990): Violencia Terrorista y alternativas de pacificación en el Perú actual. Lima (Peru).
GIRALDO ISAZA, F. U. REVÉIZ, E. (Hrsg.) (2015): El posconflicto: Una mirada desde la academia. Colección Controversia. Bogotá (Kolumbien): Academia Colombiana de Ciencias Económicas.
GLAVE, M. U. KURAMOTO, J. (2002): Minería, minerales y desarrollo sustentable en Perú. In: Centro de Investigación y Planificación del Medio Ambiente (Hrsg.). Minería, minerales y desarrollo sustentable. London (UK).
GLOBAL WITNESS (2020): Defending tomorrow. The environmental crisis and threats against land and environmental defenders. https://www.globalwitness.org/en/campaigns/enviro nmental-activists/defending-tomorrow/.
GOLD.de (2020a): Goldpreis aktuell in Euro und Dollar, https://www.gold.de/kurse/goldpreis/.
GOLD.de (2020b): Goldpreisentwicklung, https://www.gold.de/kurse/goldpreis/entwicklung/2011/ (Stand: 2020b-07-07).
GOLDFACTS (2020): The Importance of gold in our lives, http://goldfacts.org/.
GÓMEZ, E. (2013): Continuidades y rupturas de la minería en el país. In: Hoetmer, R., Catro, M., Daza, M., Echave, J. de u. Ruiz, C. (Hrsg.). Minería y movimientos sociales en el Perú: Instrumentos y propuestas para la defensa de la vida, el agua y los territorios. Colección Diálogos y movimientos. Lima (Peru), Madrid (Spanien), Barcelona (Spanien): Programa democracia y transformación global; CooperAcción; AcSur Las Segovias; EntrePueblos, 123–131.
GÓMEZ LEE, M.I. (2016): Colombia megadiversa, entre la biodiversidad o la minería? In: HENAO PÉREZ, J.C., MONTOYA PARDO, M.F., GARCÍA PACHÓN, M., RESTREPO RIVILLAS, C.A., GONZÁLES ESPINOSA, A.C., DÍAZ ÁNGEL, S., ACERO GALLEGO, L.G., BAQUERO HERRERA, M., BRUSZIES, C., ALFONSO R., Ó.A. U. ARIAS RESTREPO, J. (Hrsg.). Minería y desarrollo: Medio Ambiente y desarrollo sostenible en la actividad minera. Colección así habla el Externado. Bogotá (Kolumbien): Universidad Externado de Colombia, 71–106.
GORRITTI, G. (2017): Sendero. Lima (Perú): Editorial Planeta.
GRDIS GERENCIA REGIONAL DE DESARROLLO E INCLUSIÓN SOCIAL – Behörde für Regionalentwicklung (2016): Informe Técnico de Investigación: Una aproximación a la situación social en la zona de influencia de la minería en el Cerro El Toro Huamachuco – Provincia de Sánchez Carrión. Trujillo (Peru).

GREMH – GERENCIA REGIONAL DE ENERGIAS, MINAS E HIDROCARBUROS, LA LIBERTAD – Regionale Behörde für Energie, Bergbau und Kohlenwasserstoffe (2016): Informe respecto a la supervisión realizada en el paraje denominado "Cerro el Toro", Distrito Huamachuco, Provincia Sanchez Carrión. Trujillo (Peru).
GUDYNAS, E. (2009): El buen vivir más allá del extractivismo. In: Acosta, A. (Hrsg.). La maldición de la abundancia. Quito (Ecuador): Abya-Yala; Comité Ecuménico de Proyectos, 15–20.
GUEGIA HURTADO, G. (2020): Quintín Lame: Raíz de Pueblos: POLIMORFO CINE (2020-04-29), https://www.youtube.com/watch?v=7MlOx214tEEu.t=3033s.
GUEVARA, C.A. (2019): Panorama de las personas defensoras de derechos humanos y líderes sociales en riesgo en Colombia 2018–2019. Bogotá (Kolumbien).
GUÍO, S.C. u. PÉREZ, H. (20171): Radiografía de los conflictos sociales del sector minero-energético en Colombia 2000–2016. In: Valencia, L. u. RIAÑO, A. (Hrsg.). La minería en el Posconflicto: Un asunto de quilates. Bogotá (Kolumbien): B, Grupo Zeta, 93–172.
GÜIZA SUAREZ, L. (2014): Colombia. In: Heck, C. u. TRANCA, J. (Hrsg.). La realidad de la minería ilegal en países amazónicos: Bolivia – Brasil – Colombia – Ecuador – Perú – Venezuela. Lima (Peru): Sociedad Peruana de Derecho Ambiental (SPDA), 101–120.
GURMENDI, A. (1994): The mineral industry of Peru. In: USGS (Hrsg.). Minerals Yearbook: Area Reports, International, Latin America and Canada.
GURMENDI, A. (1995): The mineral industry of Peru. In: USGS (Hrsg.). Minerals Yearbook: Area Reports, International, Latin America and Canada.
HAFNER, R., RAINER, G., RUIZ PEYRÉ, F. U. COY, M. (2016): Ressourcenboom in Südamerika: alte Praktiken – neue Diskurse? – Zeitschrift für Wirtschaftsgeographie 60, 1–2, 25–39.
HAMILTON, D. (2018)a: Ein neues El Dorado: In Kolumbien wehren sich lokale Gemeinden gegen den Goldabbau. – iz3w, 365, 10–11.
HAMILTON, D. (2018)b: Weitere Mord an Menschenrechtsaktivist in Kolumbien. – Amerika21 (2018-03-10), https://amerika21.de/2018/03/196872/mord-menschenrechtler-kolumbien
HAMILTON, D. (2018)c: UN-Menschenrechtsbeauftragter nennt Situation in Kolumbien „dramatisch". – amerika 21 (2018-12-09), https://amerika21.de/2018/12/219077/kolumbien-uno-menschenrechte-frost.
HAMILTON, D. (2019): Un „mendigo sentado en un banco de oro"?: Risiken und Nebenwirkungen des Goldabbaus in Lateinamerika. Matices 95, H.3, 9–12.
HAMILTON, D., CUSI, M., RUÍZ, A. u. A. PERALTA (2019): Fiebre de oro en tiempos de "paz" – implicaciones y dimensiones del avance aurífero en el Cauca (Colombia) después del Acuerdo de La Habana. – Espiral, revista de geografía y ciencias sociales 1,H. 1, S. 29–44.
HAMILTON, D. u. GRENZ, M. (2020): Der Frieden in Kolumbien „ist nicht der Frieden, den wir wollen" – Wissenschaft und Frieden 38, H. 2, S. 27–29.
HAMILTON, D., CUSI, M. u. A. RUIZ (2020): Minería, violencia y riesgo social. Un acercamiento cuantitativo al Pacífico Colombiano. Documento de Trabajo des CAPAZ Nr. 2/2000. Bogotá (Kolumbien).
HAMILTON, D. (2021): Sozial-ökologische Resilienz der Hochanden. In: DITTMANN, A., GIELER, W. u. A. PINTO ESCOVAL (Hrsg.): Entwicklungsforschung – Beiträge zu interdisziplinären Studien in Ländern des Südens, Bd. 21, WVB, Berlin (Deutschland).

HAMILTON, E.J. (1934): American treasure and the price revolution in Spain, 1501–1650. Harvard Economic Studies 43. Cambridge (USA): Harvard University Press.

HARVEY, D. (1975): The geography of capitalist accumulation: a reconstruction of the marxian theory. – Antipode.

HASLAM, P. u. TANIMOUNE N. A. (2016): The determinants of social conflict in the Latin America mining sector: New evidence with quantitative data. – World Development, 78, 401–419.

HECK, C. u. TRANCA, J. (Hrsg.) (2014): La realidad de la minería ilegal en países amazónicos: Bolivia – Brasil – Colombia – Ecuador – Perú – Venezuela. Lima (Peru): Sociedad Peruana de Derecho Ambiental (SPDA).

HEINRICH BÖLL STIFTUNG (2015): Extraktivismus. – perspectivas, 1, 4.

HEINRICH BÖLL STIFTUNG (2018): Informe especial de derechos humanos situación de lideresas y líderes sociales, de defensoras y defensores de derechos humanos y de excombatientes de las Farc-EP y sus familiares. Bogotá (Kolumbien).

HENAO PÉREZ, J.C., MONTOYA PARDO, M.F., GARCÍA PACHÓN, M., RESTREPO RIVILLAS, C.A., GONZÁLES ESPINOSA, A.C., DÍAZ ÁNGEL, S., ACERO GALLEGO, L.G., BAQUERO HERRERA, M., BRUSZIES, C., ALFONSO R., Ó.A. U. ARIAS RESTREPO, J. (Hrsg.) (20161): Minería y desarrollo: Medio Ambiente y desarrollo sostenible en la actividad minera. Colección Así habla el Externado. Bogotá (Kolumbien): Universidad Externado de Colombia.

HEPP, J. (2019): Der steinige Weg zum fairen Gold: Herausforderungen der Zertifizierung von Kleinbergbau in Ostafrika. – Geographische Rundschau, 5, 46–51.

HERNÁNDEZ REYES, H. (2013): Minería de oro en el período 2002–2011: Implicaciones y apuestas de política pública para Colombia. Bogotá (Kolumbien).

HERTOGHE, A., LABROUSSE, A. u. LAABS, K. (1990): Die Koksguerilla: Der Leuchtende Pfad in Peru. Berlin (Deutschland): Rotbuch.

HIICP (201826): Conflict Barometer 2017. Heidelberg (Deutschland).

HOETMER, R., CATRO, M., DAZA, M., ECHAVE, J. DE U. RUIZ, C. (Hrsg.) (2013): Minería y movimientos sociales en el Perú: Instrumentos y propuestas para la defensa de la vida, el agua y los territorios. Colección Diálogos y movimientos. Lima (Peru), Madrid (Spanien), Barcelona (Spanien): Programa democracia y transformación global; CooperAcción; AcSur Las Segovias; EntrePueblos.

HOMER- DIXON, T., BOUTWELL, J. U. RATJENS, G. (1993): Environmental change and violent conflict: Growing scarcities of renewable resources can contribute to social instability and civil strife. – Scientific American.

HRENO, J. (Hrsg.) (2015): Südamerika: Geschichte eines Kontinents, 1499–1998 Konquistadoren, Freiheitskämpfer, Guerilleros. Geo Epoche Nr. 71. Hamburg (Deutschland): Gruner + Jahr.

HUERTAS FERNÁNDEZ, L. (2016): Catarsis para la Memoria: Ilustraciones sobre el conflicto armado en el Cauca. Popayán (Kolumbien): Editorial Gráfica Ramirez.

HURTADO OICEDO, F. U. HOETMER, R. (2018): Abusos de poder contra defensores y defensoras de los derechos humanos, del territorio y del ambiente: Informe sobre Extractivismo y Derechos en la región Andina. Bogotá (Kolumbien), La Paz (Bogotá), Quito (Ecuador), Brüssel (Belgien).

IDE, T. (2015): Sicherheitsgefahr Ressourcenfluch?: Zum Zusammenhang von Ressourcenreichtum und innerstaatlichen Gewaltkonflikten. In: Jäger, T. (Hrsg.). Handbuch

Sicherheitsgefahren. Globale Gesellschaft und internationale Beziehungen. Wiesbaden (Deutschland): Springer, 43–52.
IDROBO, N., MEJÍA, D. U. TRIBIN, A.M. (2014): Illegal gold mining and violence in Colombia. – Peace Economics, Peace Science and Public Policy 20, 1, https://www.degruyter.com/view/j/peps.2014.20.issue-1/peps-2013-0053/peps-2013-0053.xml.
INACC (2001): Instituto nacional de concesiones y catastro minero. Lima (Peru).
INEI (2000): Producción de oro, según empresas mineras, 1990 – 2000, www.inei.gob.pe.
INEI (2007): Perfil sociodemográfico del departamento de La Libertad. Trujillo (Peru).
INEI (2008): Comportamiento de la economía Peruana en el primer trimestre de 2018. Informe Técnico. Lima (Peru).
INEI (2013): Volumen de la producción minero metálica, por principales metales. Lima (Peru).
INEI (Hrsg.) (2015): Compendio estadístico Perú 2015. Lima (Peru).
INEI (2015): Mapa de pobreza provincial y distrital 2013. Lima (Peru), https://www.inei.gob.pe/media/MenuRecursivo/publicaciones_digitales/Est/Lib1261/Libro.pdf.
INEI (2015): Minería e hidrocarburos. In: INEI (Hrsg.). Compendio Estadístico Perú 2015. Lima (Peru).
INEI (2015): Producción de oro, según empresa minera, 2010–2014. Lima (Peru).
INEI (2017): Panorama de la economía Peruana 1950–2016. Lima (Peru).
INGEMED (2017): Actividad de minería artesanal en Apurímac y La Libertad. Boletín Serie E: Minería No. 12. Lima (Peru).
INGEMED (2017): Atlas Geoquímico de Perú. Lima (Peru).
INGEMED (2017): Memoria Anual 2016. Lima (Peru).
INSTITUTO DE INGENIEROS DE MINAS DE PERÚ (2017): El Perú no es un mendigo sentado en un banco de oro, http://iimp.org.pe/actualidad/actualidad/el-peru-no-es-un-mendigo-sentado-en-un-banco-de-oro.
INSTITUTO GEOGRÁFICO "AGUSTÍN CODAZZI" (1970): Atlas básico de Colombia. Bogotá (Kolumbien).
JÄGER, T. (2007): Die Tragödie Kolumbiens: Staatszerfall, Gewaltmärkte und Drogenökonomie. Wiesbaden (Deutschland): Verlag für Sozialwissenschaften.
JAIME ESPEJO, L. (2014): Evaluación fisicoquímica de los efluentes emitidos por la minera El Toro en Huamachuco en segundo trimestre del año 2014 y su influencia en el cambio climático. Trujillo (Peru).
JENNS, A. (2016): Grauzonen staatlicher Gewalt: Staatlich produzierte Unsicherheit in Kolumbien und Mexiko. Bielefeld (Deutschland): transcript.
JIMÉNEZ, C. U. NOVOA, E. (2014): Producción social del espacio: el capital y las luchas sociales en la disputa territorial. Bogotá (Kolumbien): Ediciones desde abajo.
KAHHAT, F. (2016): Las industrias extractivas y sus implicaciones políticas y económicas. – Revista de Ciencia Política y Gobierno 3, 5, 157–176.
KAPPEL, R. (1999): Wirtschaftsperspektiven Afrikas zu Beginn des 21. Jahrhunderts: Strukturfaktoren und Informalität. In: KAPPEL, R. (Hrsg.). Afrikas Wirtschaftsperspektiven: Strukturen, Reformen und Tendenzen. Hamburger Beiträge zur Afrika-Kunde 59. Hamburg (Deutschland): Institut für Afrika-Kunde, 5 ff.
KNOBLOCH, E. (2015): Alexander von Humboldt- Jean-Baptiste Boussingault, Briefwechsel. Beiträge zur Alexander-von-Humboldt-Forschung. Schriftenreihe der Alexander-von-Humboldt-Forschungsstelle 41. Berlin (Deutschland): De Gruyter Akademie Forschung.

KNOX, J. (2017): Defensores de derechos humanos ambientales: Una crisis global. Informe de Politicas Públicas.

KOCH, M. (Hrsg.) (2009): Mensch-Umwelt-Interaktion: Überlagerungen zum theoretischen Verständnis und zur methodischen Erfassung eines grundlegenden und vielschichtigen Zusammenhangs. Salzburger Geographische Arbeiten 45. Salzburg (Österreich).

KOCH, M. (2018): Herausforderungen von Friedenskonsolidierung auf lokaler Ebene in Kolumbien (2016–2017). Marburg (Deutschland).

KÖHLER, B. (2005): Ressourcenkonflikte in Lateinamerika: Zur Politischen Ökologie der Inwertsetzung von Wasser. – Journal für Entwicklungspolitik 11, 2, 21–44.

KÖHLER, B. u. WISSEN, M. (2011): Gesellschaftliche Naturverhältnisse.: Ein kritischer theoretischer Zugang zur ökologischen Krise. In: LÖSCH, B. u. THIMMEL, A. (Hrsg.). Kritische politische Bildung: Ein Handbuch. Reihe Politik und Bildung 54. Schwalbach (Deutschland): Wochenschau-Verlag, 217–227.

KRAMER, D.R. (2011): Verdeckte militärische Operationen der USA: Informelle Netzwerke, Paramilitärs und delegierte Kriegsführung in den Drogenökonomien Laos, Nicaragua, Kolumbien und Afghanistan. Schriftenreihe Sicherheitspolitik 6. Berlin (Deutschland): Köster.

KRINGS, T. (2008): Politische Ökologie: Grundlagen und Arbeitsfelder eines geographischen Ansatzes der Mensch-Umwelt-Forschung. – Geographische Rundschau 80, 12, 4–9.

KUZMITS, B. (2008): Losing my illusions: Methodological dreams and reality in local governance research in the Amu Darya borderlands. In: Wall, C. u. Mollinga, P.P. (Hrsg.). Fieldwork in difficult environments: Methodology as boundary work in development research. ZEF development studies 7. Wien: LIT, 19–43.

LA REPÚBLICA (2018): La Libertad: Quiruvilca sufre mucho por cierre de empresa minera. – La Republica (2018-07-14), https://larepublica.pe/sociedad/1278466-quiruvilca-sufre-cierre-empresa-minera/.

LABROUSSE, A. (1999): Peru und Kolumbien: Politische Gewalt und Kriminalität. In: Jean, F. u. Rufin, J.-C. (Hrsg.). Ökonomie der Bürgerkriege. Hamburg (Deutschland): Hamburger Edition, 312–343.

LABROUSSE, A. (1999): Territorien und Netzwerke: Das Drogengeschäft. In: Jean, F. u. Rufin, J.-C. (Hrsg.). Ökonomie der Bürgerkriege. Hamburg (Deutschland): Hamburger Edition, 379–400.

LANDER, E. (2015): Neo-Extraktivismus, Ein umstrittenes Entwicklungsmodell und seine Alternativen. – perspectivas, 1, 8–12.

LE BILLON, P. (2001): The political ecology of war: natural resources and armed conflicts. – Political Geography, 20, 561–584.

Le BILLON, P. (Hrsg.) (2008): The geopolitics of resource wars: Resource dependence, governance and violence. London: Routledge.

LE BILLON, P. (2009): Natural resource types and conflict termination initiatives. – Colombia Internacional 70, 1.

LE BILLON, P. u. Duffy, R.(2018): Conflict ecologies: connecting the political ecology and peace and conflict studies. – Journal of Political Ecology, 25, 239–260.

Le BILLON, P. u. HUXLEY, T. (2013): Fuelling war: Natural resources and armed conflict. Adelphi paper 373. London (UK): Routledge.

LE BILLON, P., ROA- GARCÍA, M.C. U. LÓPEZ- GRANADA, A.R. (2020): Territorial peace and gold mining in Colombia: local peacebuilding, bottom-up development and the defence of territories. – Conflict, Security u. Development.

SANDNER GALL, V. (2007): Indigenes Management mariner Ressourcen in Zentralamerika: Der Wandel von Nutzungsmustern und Institutionen in den autonomen Regionen der Juna (Panama) und Miskito (Nicaragua). Kieler Geographische Schriften 116. Kiel (Deutschland): Geographisches Institut.

LESSMANN, R. (2016): Der Drogenkrieg in den Anden: Von den Anfängen bis in die 1990er Jahre. Globale Gesellschaft und internationale Beziehungen. Wiesbaden (Deutschland): Springer VS.

LI, F. (2017): Desenterrando el conflicto: Empresas mineras, activistas y expertos en el Perú. Minería y sociedad 8. Lima (Peru): IEP, Instituto de Estudios Peruanos.

LIEN, N.N. (Hrsg.): Global Ethics I: Geographie und Frieden: Geographie und Frieden? Annäherungen an die Friedensgeographie. Augsburg (Deutschland).

LOAYZA, M. U. RIGOLONI, J. (2016): The local impact of mining on poverty and inequality: Evidence from the commodity Boom in Peru. – World Development, 84, 219–234.

LONG, N. U. ROBERTS, B. (Hrsg.) (2001): Mineros, campesinos y empresarios en la sierra central del Perú. Estudios de la sociedad rural 19. Lima (Peru): Instituto de Estudios Peruanos.

LOSSAU, J. (2002): Die Politik der Verortung. Bielefeld (Deutschland): transcript.

LUJALA, P. (2010): The spoils of nature: Armed civil conflict and rebel access to natural resources. – Journal of Peace Research, 15–28.

LUJALA, P. u. RUSTAD, Siri Camilla INDRELAND AAS (2012): High-value natural resources and post-conflict peacebuilding. Peacebuilding and natural resources series. New York (USA): Earthscan.

LUJALA, P. (Hrsg.) (2012): High-value natural resources and peacebuilding. London (UK): Earthscan.

LUJALA, P. U. RUstad, S.A. (2012): High-value natural resources: A blessing or a curse for peace. In: Lujala, P. (Hrsg.). High-Value Natural Resources and Peacebuilding. London (UK): Earthscan, 3–18.

LUQUE REVUELTO, R.M. (2016): Los desplazamientos humanos forzados recientes en el Cauca (Colombia): Características e impactos sociales y espaciales. – Investigaciones Geográficas, 65.

MAIHOLD, G. (2016): Kolumbien und der „vollständige Frieden". – SWP-Aktuell, 43, 1–8.

MARINI, R.M. (1980): Unterentwicklung und Revolution in Lateinamerika.: Versuch einer marxistischen Interpretation. In: Echeverría, B. (Hrsg.). Lateinamerika: Entwicklung der Unterentwicklung ; [sechs Analysen zur ökonomischen und sozialen Lage in Lateinamerika. Politik 15. Berlin (Deutschland): Wagenbach, 43–64.

MARKTANNER, M. u. MERKEL, A. (20191): Ordnungspolitik und Sozialverfassung. In: Maihold, G., Sangmeister, H. u. Werz, N. (Hrsg.). Lateinamerika: Handbuch für Wissenschaft und Studium. Baden-Baden (Deutschland): Nomos, 432–442.

MASSÉ, F. (2016): Minería y post conflicto: ¿es posible una minería de oro libre de conflicto en Colombia? In: HENAO, J.C. u. GÓNZALEZ ESPINOZA, A.C. (Hrsg.). Minería y desarrollo: Minería y comunidades: impactos, conflictos y participación ciudadana. 3. Bogotá (Kolumbien), 257–282.

MATTHES, S. (2012): Eine quantitative Analyse des Extraktivismus in Lateinamerika. OneWorld Perspectives. Kassel (Deutschland): Universität Kassel, Fachbereich Gesellschaftswissenschaften, Fachgebiet Internationale und Intergesellschaftliche Beziehungen.

MAYRING, P. (2016): Einführung in die qualitative Sozialforschung: Eine Anleitung zu qualitativem Denken. Weinheim (Deutschland): Beltz.

MELO, D. (2016): La Minería en Chocó, en clave de derechos. Investigación y propuestas para convertir la crisis socio-ambiental en paz y justicia territorial. Bogotá (Kolumbien).

MENDOZA, B. (2017): Huamachuco: intervienen mina ilegal en Shiracmaca. – Radio los Andes (2017-04-23), http://www.radiolosandeshuamachuco.com/locales/huamachuco-intervienen-mina-ilegal-en-shiracmaca/.

MERTINS, G. (1991): Die Koka-Wirtschaft: Ausgewählte Aspekte räumlicher Auswirkungen am Beispiel Kolumbiens. – Geographische Rundschau, 43, 158–166.

MERTINS, G. (1996): Bodenrechtsordnung und Bodenrechtsformen in Lateinamerika: Strukturen – Probleme – Trends; ein Überblick. Marburg (Deutschland).

MERTINS, G. (2004): Kolumbien im Einfluss von Guerillas, Drogenmafia und Paramilitärs. – Geographische Rundschau, 3, 43–47.

MERTINS, G. (2007): Wer regiert Kolumbien: Sozioökonomische und raumstrukturelle Auswirkungen der Gewaltökonomien. – Zeitschrift für Wirtschaftsgeographie 51, 3–4, 176–190.

MERTUS, J. (2009): Introduction: Surviving field research. In: Sriram, C.L. (Hrsg.). Surviving field research: Working in violent and difficult situations. London (UK): Routledge, 1–7.

MIDDELDORP, N. u. LE BILLON, P. (2019): Deadly environmental governance: Authoritarianism, Eco-populism, and the repression of environmental and land defenders. – Annals of the American Association of Geographers 109, 2, 324–337.

MILDNER, S.-A. (Hrsg.) (2011): Konfliktrisiko Rohstoffe?: Herausforderungen und Chancen im Umgang mit knappen Ressourcen. swp studie. Berlin (Deutschland).

MILDNER, S.-A. u. LAUSTER, G. (2011): Einleitung: Immer teurer, immer knapper. In: Mildner, S.-A. (Hrsg.). Konfliktrisiko Rohstoffe?: Herausforderungen und Chancen im Umgang mit knappen Ressourcen. swp studie. Berlin (Deutschland), 133–149.

MINERÍA DE ECONOMÍA Y FINANZAS (2020): Política económica y social, metodología de cálculo y distribución de la regalía minera, https://www.mef.gob.pe/es/politica-econom ica-y-social-sp-2822/150-transferencia-y-gasto-social/5324-metodologia-de-calculo-y-distribucion-de-la-regalia-mineral (Stand: 2020-05-03).

MINING PRESS (2015): Santos relanza minería en Colombia. Salvavidas, diálogo y lucha en Ilegal. Los números. – , http://www.miningpress.com/nota/282578/santos-relanza-min eria-en-colombia-salvavidas-dialogo-y-lucha-a-ilegal.

MINISTERIO DE ENERGÍA Y MINAS (1975): Anuario de la minería del Perú 1975: Producción, exportación, recursos humanos, contabilidad sectorial, Insumos 38. Lima (Peru).

MINISTERIO DE ENERGÍA y MINAS (1976): Anuario de la Minería 1976: Producción, Exportación, Recursos Humanos, Contabilidad Sectorial, Insumos 39. Lima (Peru).

MINISTERIO DE ENERGÍA y MINAS (1986): Anuario de la minería del Perú. Lima (Peru).

MINISTERIO DE ENERGÍA y MINAS (1989): Anuario de la minería del Perú. Lima (Peru).

MINISTERIO de ENERGÍA y MINAS (1990): Peru: Desarrollo económico y social basado en su minería: Una propuesta preparada por la indústria minera del Perú y la comisión consultiva del Ministerio de Energía y Minas. Lima (Peru).

MINISTERIO de ENERGÍA y MINAS (1998): Atlas minería y energía en el Perú. Lima (Peru).
Ministerio de Minas y Energía (2014): Producción y exportaciones de metales preciosos en Colombia a tercer trimestre de 2014. Bogotá (Kolumbien).
MINISTERIO de MINAS y ENERGÍA (2016): Anexo memorias minería. Bogotá (Kolumbien)
MINISTERIO de Minas y Energía COLOMBIA (2020): Regalías – Conceptos básicos, https://www.minenergia.gov.co/regalias (Stand: 2020-05-03).
MISOCH, S. (2015): Qualitative Interviews: De Gruyter.
MONGE, C. (2012): Entre Río y Río: El agogeo y la crisis del extractivismo neoliberal y los retos del postextractivimso en el Peru. In: ALAYZA MONCLOA, A., GUDYNAS, E. U. AZEÑAS, R. (Hrsg.). Transiciones y alternativas al extractivismo en la región andina: Una mirada desde Bolivia, Ecuador y Perú. Lima (Peru): CEPES Centro Peruano de Estudios Sociales, 75–99.
MORE, R. (2008): La guerra del oro. – Caretas (2008-02-14).
MORENO, J. u. RÍOS, F.: Zurück in die Hölle: Drei Jahre lang herrschte Frieden zwischen Staat und Farc. Nun bewaffnen sich einige Guerilleros wider. Unters mit Dschungelkämpfern. – Der Spiegel 37, 78–84.
MORUS, T. (1516): Utopia.
MOSQUERA, C. (20091): Estudio diagnóstico de la actividad minera artesanal en Madre de Dios. Lima (Peru): Fundación Conservación Internacional.
MÜLLER-MAHN, D. u. VERNE, J. (2014): Entwicklung. In: Lossau, J., Freytag, T. u. Lippuner, R. (Hrsg.). Schlüsselbegriffe der Kultur- und Sozialgeographie. UTB 3898. Stuttgart (Deutschland): Ulmer, 94–107.
MULTINATIONAL OBSERVATORY (2015): Salsigne: A century of mining, 10,000 years of pollution? https://multinationales.org/Salsigne-A-Century-of-Mining-10-000-Years-of-Pollution
MUNICIPALIDAD DE SÁNCHEZ CARRIÓN (2011): Estudio para mejorar la calidad de agua de consumo humano de la ciudad de Huamachuco. Documento interno.
MUÑOZ CASALLAS, D., IDÁRRAGA FRANCO, A., ANDRÉS U. VÉLEZ GALEANO, H. (2010): Conflictos socio-ambientales por la extracción minera en Colombia: Casos de la inversión británica. Bogotá (Kolumbien): CENSAT Agua Viva Amigos de la Tierra.
NARANJO ESCOBAR, C. (2020): Situación de líderes y lideresas sociales y personas defensoras de derechos humanos en Colombia en el 2019 y su prospección para el 2020. – Policy Brief des CAPAZ, 3.
NAUCKE, P. U. OETTLER, A. (2018): Kolumbien: Frieden in Gefahr? – Wissenschaft und Frieden, 2.
NEIBERGER, C. U. HAHN, B. (Hrsg.) (2020): Geographische Handelsforschung. Berlin: Springer Spektrum.
NOTICIAS CARACOl (2015): Minería ilegal: un cáncer que carcome los recursos naturales. – Noticias Caracol (2015-04-06), https://noticias.caracoltv.com/colombia/mineria-ilegal-un-cancer-que-carcome-los-recursos-naturales.
NOTICIAS CARACOl (2017): Red de minería ilegal fue desarticulada en zona rural de Buenaventura, Valle del Cauca. – Noticias Caracol (2017-05-08).
NOTICIAS CARACOL (2017): Caen en Cali la 'Reina del Oro' y sus hijos, presuntos mercaderes de este metal extraído ilegalmente. – Noticias Caracol (2017-08-17), https://noticias.caracoltv.com/cali/cae-en-cali-la-reina-del-oro-y-sus-hijos-presuntos-mercaderes-de-este-metal-extraido-ilegalmente.

NOTICIAS CARACOL (2018): Atentado con granada deja dos muertos y dos heridos en zona rural de Jamundí, Valle del Cauca (2018-01-24).
NUEVA MINERÍA (2013): Minera Yanacocha. http://www.nuevamineria.com/revista/wp-content/uploads/2013/05/minera_yanacocha_cajamarca_peru-1.jpg
OBSERVATORIO DEL PROGRAMA PRESIDENCIAL DE DERECHOS HUMANOS (2009): Dinámica reciente de la violencia en la Costa Pacífica nariñense y caucana y su incidencia sobre las comunidades afrocolombianas. Bogotá (Kolumbien).
OFOSU, G., DITTMANN, A., SARPONG, D. U. BOTCHIE, D. (2020): Socio-economic and environmental implications of Artisanal and Small-scale Mining (ASM) on agriculture and livelihoods. – Environmental Science and Policy, 106, 210–220.
OGWANG, T., VANCLAY, F. U. VAN DEN ASSEM, A. (2019): Rent-seeking practices, local resource curse, and social conflict in Uganda's emerging oil economy. – Land 53, 8.
OJO PÚBLICO (2020): Acusado de lavado Fidel Sánchez aparece detrás de exportadora de oro en zona de minería ilegal. – Ojo Publico (2020-02-17), https://ojo-publico.com/1619/fidel-sanchez-detras-de-exportadora-de-oro-en-la-libertad.
ORBEGOZO RODRIGUEZ, E. (1987): Geografía del Departamento La Libertad. Trujillo (Peru).
ORTIZ CUETO, E.F., MARTÍNEZ GUTIÉRREZ, J., GONZÁLEZ GÓMEZ, S. U. GIRALDO POSADA, A.M. (2017): Legalización de minería de oro en Colombia. Serie Libro Resultado de investigación. Medellín (Kolumbien): Ediciones UNAULA.
OßENBRÜGGE, J. (2007): Ressourcenkonflikte ohne Ende? Zur Politischen Ökonomie afrikanischer Gewaltökonomien. – Zeitschrift für Wirtschaftsgeographie 51, 3–4, 150–162.
OSTERMANN, M. (2010): Gold to go. Der Regelkreis der Rohstoffverarbeitung am Beispiel des Edelmetalls Gold. – Geographische Rundschau 40, 4, 14–17.
PACHAS, H.V. (2014): Análisis de la comercialización de oro en el proceso de formalización minera en Madre de Dios. Lima (Peru): DescoSur.
PANTA MESONES, J.T. (2010): Estudio de la minería informal en el cerro El Toro de Huamachuco. VHS Ingenieros Minería y Construcción; Universidad Nacional de Trujillo.
PARTZSCH, L. (2015): Ressourcenkriege und Blutkonsum: Über den Zusammenhang von Umweltzerstörung und Gewaltkonflikten. In: Jäger, T. (Hrsg.). Handbuch Sicherheitsgefahren. Globale Gesellschaft und internationale Beziehungen. Wiesbaden (Deutschland): Springer, 54–63.
PÉREZ H. (2017): El sector extractivo en Colombia: Importancia macroeconómica y transformaciones recientes. In: Valencia, L. u. Riaño, A. (Hrsg.). La minería en el Posconflicto: Un asunto de quilates. Bogotá (Kolumbien): B, Grupo Zeta, 54–92.
PETERS, S. (2019): Rentengesellschaften: Der lateinamerikanische (Neo-)Extraktivismus im transregionalen Vergleich. Baden-Baden (Deutschland): Nomos.
PIETH, M. (2019): Goldwäsche: Die schmutzigen Geheimnisse des Goldhandels. Zürich (Schweiz): Salis.
PNUD (2009): Informe sobre desarrollo humano: Por una densidad del estado al servicio de la gente. Lima (Peru).
POLICÍA REGIONAL DE CAUCA (2017): Minería ilegal (2017-11-03). Popayán (Kolumbien).
POVEDA, P., CÓRDOVA E., H., PULIDO, A., SACHER, W., OLIVEIRA, L.J.D., DARÓ, E. U. MARCHEGIANI, P. (Hrsg.) (2015): La economía del oro: Ensayos sobre la explotación en Sudamérica. La Paz (Bolivien): Centro de Estudios para el Desarrollo Laboral y Agrario-CEDLA.

PNUD - - PROGRAMA DE LAS NACIONES UNIDAS PARA EL DESARROllo (2014): Cauca: Análisis de conflictividades y construcción de paz.
PULIDO, A. (2015): El cartel de la gran minería del oro en Colombia: ¿Amenaza a las democracias locales? In: POVEDA, P., CÓRDOVA E., H., PULIDO, A., SACHER, W., OLIVEIRA, L.J.D., DARÓ, E. U. MARCHEGIANI, P. (Hrsg.). La economía del oro: Ensayos sobre la explotación en Sudamérica. La Paz (Bolivien): Centro de Estudios para el Desarrollo Laboral y Agrario-CEDLA, 77–94.
RÄHME, S. (2019): Kolumbiens Gewalt-Frieden: Zum Anstieg der Gewalt gegen soziale Aktivisten und Aktivistinnen seit dem Friedensabkommen 2016. PRIF Report.
REARDON, S. (2018): Peace is killing Colombia's jungle — and opening it up. – Science, 558, https://www.nature.com/magazine-assets/d41586-018-05397-2/d41586-018-05397-2.pdf.
REBAYA ACOSTA, A. (1920): Monografía de la provincia de Huamachuco. Huamachuco (Peru).
RUV – Registro Único de Víctimas (2020): Cifras RUV. Lima (Peru).
REINHARD, W. (1985): Die Neue Welt. Geschichte der europäischen Expansion. Stuttgart (Deutschland): Kohlhammer.
REINHARD, W. (2016): Die Unterwerfung der Welt: Globalgeschichte der europäischen Expansion, 1415–2015. München (Deutschland): Beck.
RETTBERG, A. (2015): Gold, oil and the lure of violence: the private sector and post-conflict risks in Colombia.
RETTBERG, A., LEITERITZ, R. U. NAS, C. (Hrsg.) (2014): Different resources, different conflicts? A framework for understanding the political economy of armed conflict and criminality in Colombian regions.
RETTBERG, A. U. MIKLIAN, J. (2017): From War-Torn to Peace-Torn? Mapping Business Strategies in Transition from Conflict to Peace in Colombia. – SSRN, https://papers.ssrn.com/sol3/papers.cfm?abstract_id=2925244.
Rettberg, A. u. Ortiz RIOMALO, J.F. (2016): Golden opportunity, or a new twist on the resource–conflict relationship: links between the drug trade and illegal gold mining in Colombia. – World Development 84, 82–96.
REUBER, P. (2005): Konflikte um Ressourcen: Ein Thema der Politischen Geographie und der Politischen Ökologie. – Praxis Geographie, 9, 5–13.
REYES POSADA, A. (2016): Guerreros y campesinos: Despojo y restitución de tierras en Colombia. Bogotá (Kolumbien): Editorial Planeta Colombiana.
RIAÑO, A. (2017)a: Institucionalidad, política y normatividad del sector: los detonantes del conflicto. In: VALENCIA, L. u. RIAÑO, A. (Hrsg.). La minería en el Posconflicto: Un asunto de quilates. Bogotá (Kolumbien): B, Grupo Zeta.
RIAÑO, A. (2017)b: Introducción. In: Valencia, L. u. Riaño, A. (Hrsg.). La minería en el posconflicto: Un asunto de quilates. Bogotá (Kolumbien): B, Grupo Zeta, 15–28.
RÍOS SIERRA, J. u. CAIRO CAROU, H. (2017): Breve historia del conflicto armado en Colombia. Madrid (Spanien): Catarata.
RÍOS SIERRA, J., SÁNCHEZ VILLAGÓMEZ, M. u. Harto de Vera, F. (2018): Breve historia de Sendero Luminoso. Madrid (Spanien): Catarata.
RISLER, J. U. ARES, P. (Hrsg.) (2013): Manual de mapeo colectivo recursos cartográficos críticos para procesos territoriales de creación colaborativa. Buenos Aires (Argentinien): Tinta Limón.

ROA AVENDAÑO, T., ROA GARCÍA, M.C., TOLOZA CHAPARRO, J. U. NAVAS CAMACHO, L.M. (Hrsg.): Como el Agua y el Aceite: Conflictos socioambientales por la extracción petrolera. Popayán (Kolumbien).
Rodríguez Garavito, C.A., Rodríguez Franco, D. u. Durán Crane, H. (2017): La paz ambiental: Retos y propuestas para el posacuerdo. Documentos ideas para construir la paz 30. Bogotá (Kolumbien): Dejusticia.
ROMERO, M.D. (1996^2): La conquista de Popayán. In: Valencia Llano, A. (Hrsg.). Historia del Gran Cauca: Historia regional del Suroccidente Colombiano. Cali, 25–28.
ROSENSTEIN- RODAN, P.N. (2008): Die internationale Entwicklung ökonomisch rückständiger Gebiete (1944). In: Fischer, K. (Hrsg.). Klassiker der Entwicklungstheorie: Von Modernisierung bis Post-Development. Gesellschaft, Entwicklung, Politik 11. Wien (Österreich): Mandelbaum, 27–38.
ROSS, M. (1999): The political economy of the resource curse. – World Politics 51, 297–322.
ROSS, M. (2003): Oil, Drugs, and Diamonds: The varying roles of natural resources in civil war. In: Ballentine, K. u. Sherman, J. (Hrsg.). The political economy of armed conflict: Beyond greed and grievance. London (UK): Lynne Rienner, 47–72.
ROSS, M. (2004)a: How do natural resources influence civil war? evidence from thirteen cases. – International Organization 58, 1, 35–67.
ROSS, M. (2004)b: What do we know about natural resources and civil war? – Journal of Peace Research 41, 3, 337–356.
ROSS, M. (2014): Conflict and natural resources: Is the Latin American and caribbean region different from the rest of the world? In: Vieyra, J.C. u. Masson, M. (Hrsg.). Transparent governance in an age of abundance: Experiences from the extractive industries in Latin America and the Caribbean. Washington D.C. (USA): Inter-American Development Bank.
ROSSELL, L., COSSIO, J. u. VILLAR, A. (20181): Der leuchtende Pfad: Chroniken der politischen Gewalt in Peru 1980–1990. Wien (Österreich): Bahoe Books.
ROSTOW, W.W. (2008): Die fünf Wachstumsstadien – eine Zusammenfassung (1960). In: Fischer, K. (Hrsg.). Klassiker der Entwicklungstheorie: Von Modernisierung bis Post-Development. Gesellschaft, Entwicklung, Politik 11. Wien (Österreich): Mandelbaum.
ROTHEN, D., RIVERA CH., G.A. U. YAMITH MENESES, W. (2013): La avalancha minera en el Macizo Alto Patía: Una investigación sobre la situación minera en el Macizo Alto Patía. Popayán (Kolumbien).
ROULIN, A., RASHID, M., SPIEGEL, B., DREISS, C.M. U. LESHEM, Y. (2017): 'Nature knows no boundaries': The role of nature conservation in peacebuilding. – Trends in Ecology u. Evolution 32, 5, 305–310.
RPP (2019): Cuatro muertos tras enfrentamiento entre supuesta seguridad de minera y rondas campesinas en Huamachuco. – RPP Noticias (2019-10-06), https://rpp.pe/peru/actualidad/la-libertad-cuatro-muertos-tras-enfrentamiento-entre-seguridad-de-minera-y-rondas-campesinas-en-huamachuco-audio-noticia-1223223.
SAADE HAZIN, M. (2017): Desarrollo minero y conflictos socioambientales: Los casos de Colombia, México y Perú. Macroeconomía y Desarrollo 137. Santiago de Chile (Chile): Naciones Unidas.
SACHS, J.D. U. WARNER, A.M. (1995): Natural resource abundance and economic growth. – NBER Working Paper, w5398.

SALAS SALAZAR, L.G. (2016): Conflicto armado y configuración territorial: elementos para la consolidación de la paz en Colombia. – Bitácora 26, 2, 45–57.
Salas Salazar, L.G., Wolff, J. u. CAMELO, F.E. (2018): Dinámicas territoriales de la violencia y del conflicto armado antes y después del acuerdo de paz con las FARC-EP: Estudio de caso: municipio de Tumaco, Nariño. – Documento de Trabajo del CAPAZ (Colombo Alemán Instituto para la Paz), 1.
SANTOS, M. (2017): No al populismo minero. – Mundo Minero, 4, 9.
SCHILLING-VACAFLOR, A. u. FLEMMER, R. (2013): Why is prior consultation not yet an effective tool for conflict resolution? The case of Peru. GiGA Working Papers 220.
SCHMIDT, C. u. LUBBECKER, A. (2018): Gold und seine Herkunft – eine Stoffreise. – Geographische Rundschau, 2, 24–29.
SCHMITT, T. u. SCHULZ, C. (2016): Sustainable resource governance in global production networks – challenges for Human Geography. – Erdkunde – Archive for Scientific Geography, 70, 297–312.
SCHMITT, T. (2017): Dürre als gesellschaftliches Naturverhältnis: Die politische Ökologie des Wassers im Nordosten Brasiliens. Erdkundliches Wissen 162. Stuttgart (Deutschland): Franz Steiner Verlag.
SCHNECKENER, U. (Hrsg.) (2014): Wettstreit um Ressourcen: Konflikte um Klima, Wasser und Boden. München (Deutschland): Oekom.
SCHNEIDER, C. (2015): Die Legende vom Reich des Goldes. In: Hreno, J. (Hrsg.). Südamerika: Geschichte eines Kontinents, 1499–1998 Konquistadoren, Freiheitskämpfer, Guerilleros. Geo Epoche Nr. 71. Hamburg (Deutschland): Gruner + Jahr, 34–48.
SCHOLZ, A. (2012): Die Neue Welt neu vermessen: Zur Anerkennung indigener Territorien in Guayana/Venezuela. Münster (Deutschland): LIT.
SCHOLZ, F. (2002): Die Theorie der fragmentierenden Entwicklung. – Geographische Rundschau 54, 10.
SECKELMANN, A. u. POTH, H. (2009): Wenn Gold nicht glänzt: Ressourcenabbau, Entwicklung und politische Konflikte: Wer profitiert vom Gold- und Kupfervorkommen in West Papua/Indonesien. – Geographische Rundschau, 9, 27–31.
SEMANA (2017): Las seis amenazas de paz en el Cauca (2017-08-29), http://www.semana.com/nacion/articulo/los-problemas-sociales-y-de-orden-publico-que-amenazan-la-paz-en-cauca/538035.
SEMANA (2018): Violento comienzo de año en Cauca. – Semana (2018-01-24), http://www.semana.com/nacion/articulo/violento-comienzo-de-ano-en-cauca/554663.
SENGHAAS, D. (1996): Wohin driftet die Welt?: Über die Zukunft friedlicher Koexistenz. Edition Suhrkamp 916. Frankfurt am Main (Deutschland): Suhrkamp.
SERVICIO GEOLÓGICO DE COLOMBIA (2018): Atlas geoquímico de Colombia: Concentración de oro (Au), https://srvags.sgc.gov.co//Archivos_Geoportal/Recursos_Minerales/Atlas_Geoquimico_2018/PDF/4_Au.pdf (Stand: 2020-07-15).
SEXTON, R. (2019): Unpacking the local resource curse: How externalities and Governance shape social conflict. – Journal of Conflict Resolution, 1–34.
SMITH, A. u. SUTHERLAND, K. (1993 [1776]): An inquiry into the nature and causes of the wealth of nations. Oxford world's classics. Oxford (UK), New York (USA): Oxford University Press.
SNMP – SOCIEDAD NACIONAL DE MINERÍA Y PETRÓLEO (1991): Evaluación del Sector Minero y Petrolero. 001–91. Lima (Peru).

Sonia MORALES (2012): Homenaje al Minero.
Sousa, L. de (2013): Gold und Silber als Wertanlage und Zahlungsmittel. In: BARDI, U. u. LEIPPRAND, E. (Hrsg.). Der geplünderte Planet: Die Zukunft des Menschen im Zeitalter schwindender Ressourcen. Schriftenreihe / Bundeszentrale für Politische Bildung 1373. Bonn (Deutschland): Bundeszentrale für politische Bildung, 116–134.
SPIVAK, G. (2014): Can the subaltern speak?: Postkolonialität und subalterne Artikulation. Wien (Österreich): TURIA u. KANT.
SRIRAM, C.L. (Hrsg.) (2009): Surviving field research: Working in violent and difficult situations. London (UK): Routledge.
STATISTA RESEARCH DEPARTMENT (2020): Entwicklung des Goldpreises bis 2019.
STIGLITZ, J. (2010): Die Chancen der Globalisierung. München (Deutschland): Pantheon.
SVAMPA, M. (2019): Neo-Extractivism in Latin America. Cambridge (UK): Cambridge University Press.
TAGESSCHAU (2020): Demokratische Republik Kongo: Kein Frieden nach 20 Jahren UN-Mission (2020-09-22), https://www.tagesschau.de/ausland/kongo-181.html.
TAPIAS TORRADO, N. (2019): Situación de las lideresas y defensoras de derechos humanos: análisis desde una perspectiva de género e interseccional. Bogotá.
THOMSON REUTER FOUNDATION (2020): Colombia lost more than 158,000 hectares to deforestation in 2019, https://news.trust.org/item/20200709184816-80ir7/.
TORRES, I. (1995): The mineral industry of Colombia. In: USGS (Hrsg.). Minerals Yearbook: Area Reports, International, Latin America and Canada.
TORRES CUZCANO, V. (2007): Minería artesanal y a gran escala en el Perú: El caso del Oro. Lima (Peru): CooperAcción.
TORRES CUZCANO, V. (2015): Minería ilegal e informal en el Perú: Impacto socioeconómico. Lima (Peru): CooperAcción, Acción Solidaria para el Desarrollo.
ULLOA, A. (2015): Territorialer Widerstand in Lateinamerika. – perspectivas, 1, 39–42.
UNIFORUM (2017): Forschen für den Frieden: Das deutsch-kolumbianische Friedensinstitut – Instituto CAPAZ – hat in Bogotá seine Arbeit aufgenommen – Begleitung des Friedensprozesses in Kolumbien aus wissenschaftlicher Perspektive. – uniforum 30, 2 (2017-05-11), 2, http://geb.uni-giessen.de/geb/volltexte/2017/12801/pdf/uniforum-2017-02.pdf.
UNITED NATIONS (2017): Colombia: La misión de la ONU completa el almacenamiento de las armas registradas de las FARC, https://news.un.org/es/story/2017/06/1381501.
UNODC (2011): Perú: Monitoreo de cultivos de coca 2010.
UNODC (2012): Cultivos de coca: Estadísticas municipales censo 31 de diciembre 2011. Bogotá (Kolumbien).
UNODC (2014): Colombia monitoreo de cultivos de coca 2013. Bogotá (Kolumbien).
UNODC (2016): Colombia: Explotación de oro de aluvión: Evidencias a partir de percepción remota. Bogotá (Kolumbien).
UNODC (2019)a: Colombia: Monitoreo de territorios afectados por cultivos ilícitos 2018. Bogotá (Kolumbien).
UNODC (2019)b: Summary fact sheet – Colombia coca cultivation survey 2019. Bogotá (Kolumbien).
UNODCCP (2001): Global illicit drug trends: Producción de hoja de cocaina, 1988–2000. ODCCP studies on drugs and crime. New York (USA): United Nations Office for Drug Control and Crime Prevention.

URÁN, A. (2018): Small-scale gold-mining: Opportunities and risks in post-conflict Colombia. In: Lahiri-Dutt, K. (Hrsg.). Between the plough and the pick: Informal, artisanal and small-scale mining in the contemporary world. London (UK): ANU Press, 275–293.
URIBE, D. (2013): El mercado de oro en Colombia. – Revista del Banco de la República, 1035, https://publicaciones.banrepcultural.org/index.php/banrep/article/view/8015/8410.
URTEAGA CROVETTO, P. (2011): Conclusiones. In: Urteaga Crovetto, P. u. López, E. (Hrsg.). Agua e industrias extractivas: Cambios y continuidades en los Andes. Serie Agua y sociedad Sección Concertación 16. Lima: Instituto de Estudios Peruanos; Justicia Hídrica; Concertación, 247–286.
USGS (Hrsg.) (1994): Minerals Yearbook: Area Reports, International, Latin America and Canada. National Minerals Information Center. Washington D.C. (USA)
USGS (Hrsg.) (1995): Minerals Yearbook: Area Reports, International, Latin America and Canada.National Minerals Information Center. Washington D.C. (USA)
USGS (2018): Annual commodity summary: Gold.National Minerals Information Center. Washington D.C. (USA)
Valencia LLANO, A. (1996)a: La economía Caucana. In: Valencia Llano, A. (Hrsg.). Historia del Gran Cauca: Historia regional del Suroccidente Colombiano. Cali (Kolumbien),118–128.
VALENCIA LLANO, A. (1996)b: La sociedad de conquista a la sociedad colonial. In: Valencia Llano, A. (Hrsg.). Historia del Gran Cauca: Historia regional del Suroccidente Colombiano. Cali (Kolumbien), 37–44.
VALVERDE LUNA, V.S. U. COLLANTES AÑAÑOS, D.A. (unveröffentliches Manuskript): Alcances para una respuesta jurídica integral al comercio ilegal de oro.
VELÁSQUEZ, F. (20152): Paz territorial e industrias extractivas en Colombia. In: GIRALDO ISAZA, F. U. REVÉIZ, E. (Hrsg.). El posconflicto: Una mirada desde la academia. Colección Controversia. Bogotá (Kolumbien): Academia Colombiana de Ciencias Económicas, 153–168.
VERA, D. (2017): Handelspolitik und Außenhandel. In: Fischer, T., Klengel, S. u. Pastrana Buelvas, E. (Hrsg.). Kolumbien heute: Politik, Wirtschaft, Kultur. Bibliotheca Ibero-Americana 168. Frankfurt am Main (Deutschland): Vervuert, 339–362.
VITALE, L. (1969): Ist Lateinamerika feudal oder kapitalistisch? Brauchen wir eine bürgerliche oder eine sozialistische Revolution. In: Gunder Frank, A., Guevara, C. u. Vitale, L. (Hrsg.). Kritik des bürgerlichen Antiimperialismus 15. Berlin (Deutschland): Rotbuch, 67–90.
WALL, C. u. MOLLINGA, P.P. (Hrsg.) (2008): Fieldwork in difficult environments: Methodology as boundary work in development research. ZEF development studies 7. Wien: LIT.
WENNMANN, A. (2012): Sharing natural resource wealth during war-to-peace transitions. In: Lujala, P. (Hrsg.). High-Value Natural Resources and Peacebuilding. London (UK): Earthscan, 225–250.
WIENER FRESCO, R. (1996): Fujimori: El elegido del pueblo. Balance del proceso político en el Perú. Lima (Peru).
WORLD BANK (2007): Análisis ambiental del Perú: Retos para un desarrollo sostenible. Banco Mundial Perú. Unidad de Desarrollo Sostenible. Lima (Peru).
WRIGHT, G. u. CZELUSTA, J. (2004): The Myth of the Resource Curse. – Challenge 47, 2, 6–38.

ZAPATA, J. (2016): Perú: 50 muertos y 750 heridos en conflictos mineros desde 2011: Un informe de ONG ambientalistas revela el aumento de la represión a las protestas mineras, con decenas de muertos y cientos de heridos, durante el gobierno de Ollanta Humala. La Izquierda. Lima (Peru).

ZELIK, R. U. AZZELINI, D.N. (2000): Kolumbien: Große Geschäfte, staatlicher Terror und Aufstandsbewegung. Köln (Deutschland): ISP.

ZERDA SARMIENTO, Á. (2017): Die kolumbianische Wirtschaft zwischen apertura und Extraktivismus. In: Fischer, T., Klengel, S. u. Pastrana Buelvas, E. (Hrsg.). Kolumbien heute: Politik, Wirtschaft, Kultur. Bibliotheca Ibero-Americana 168. Frankfurt am Main (Deutschland): Vervuert, 319–337.

ZILLA, C. (2015): Ressourcen, Regierungen und Rechte: Die Debatte um den Bergbau in Lateinamerika: swp Studie.

ZIMMERER, J. (2004): Im Dienste des Imperiums: Die Geographen der Berliner Universität zwischen Kolonialwissenschaften und Ostforschung. Jahrbuch für Universitätsgeschichte. Berlin (Deutschland).

ZIMMERMANN, E.W. (1951): World resources and industries: A functional appraisal of the availability of agricultural and industrial resources. New York (USA): Harper u. Brothers.

The manufacturer's authorised representative in the EU is Springer Nature Customer Service Centre GmbH, Europaplatz 3, 69115 Heidelberg, Germany. If you have any concerns regarding our products, please contact ProductSafety@springernature.com

Printed and bound by CPI Group (UK) Ltd, Croydon, CR0 4YY

25/03/2026

02078172-0007